自動車技術シリーズ

(社)自動車技術会 ……………… 編集

7

自動車の計測解析技術

●編集幹事──
城井幸保

朝倉書店

序

　本書は(社)自動車技術会が企画編集した「自動車技術シリーズ」全12巻の1冊として刊行されるものである．このシリーズは，自動車に関わる焦点技術とその展望を紹介する意図のもとに，第一線で活躍されている研究者・技術者に特別に執筆を依頼して刊行の運びとなったものである．

　最新の技術課題について的確な情報を提供することは自動車技術会の重要な活動のひとつで，当会の編集会議の答申にもとづいてこのシリーズの刊行が企画された．このシリーズの各巻では，関連事項をくまなく網羅するよりも，内容を適宜取捨選択して主張や見解も含め自由に記述していただくよう執筆者にお願いした．その意味で，本書から自動車工学・技術の最前線におけるホットな雰囲気がじかに伝わってくるものと信じている．

　このような意味で，本書のシリーズは，基礎的で普遍的事項を漏れなく含める方針で編集されている当会の「自動車技術ハンドブック」と対極に位置している．また，ハンドブックはおよそ10年ごとに改訂され，最新技術を含めて時代に見合うよう更新する方針となっており，本自動車技術シリーズはその10年間の技術進展の記述を補完する意味ももっている．さらに，発刊の時期が自動車技術会発足50年目の節目にもあたっており，時代を画すマイルストーンとしての意義も込められている．本シリーズはこのような多くの背景のもとで企画されたものであり，本書が今後の自動車工学・技術，さらには工業の発展に役立つことを強く願っている．

　本シリーズの発刊にあたり，関係各位の適切なご助言，本シリーズ編集担当幹事ならびに執筆者諸氏の献身的なご努力，会員各位のご支援，事務局ならびに朝倉書店のご尽力に対して，深く謝意を表したい．

　1996年7月

社団法人　自動車技術会
自動車技術シリーズ出版委員会
委員長　池上　詢

(社)自動車技術会　編集
<自動車技術シリーズ>
編集委員会

編集委員長	池　上　　　詢	京都大学工学部
副委員長	近　森　　　順	成蹊大学工学部
編集委員	安　部　正　人	神奈川工科大学工学部
	井　上　憓　太	トヨタ自動車(株)
	大　沢　　　洋	日野自動車工業(株)
	岡　　　克　己	(株)本田技術研究所
	小　林　敏　雄	東京大学生産技術研究所
	城　井　幸　保	三菱自動車工業(株)
	芹　野　洋　一	トヨタ自動車(株)
	高　波　克　治	いすゞエンジニアリング(株)
	辻　村　欽　司	(株)新エィシーイー
	農　沢　隆　秀	マツダ(株)
	林　　　直　義	(株)本田技術研究所
	原　田　　　宏	防衛大学校
	東　出　隼　機	日産ディーゼル工業(株)
	間　瀬　俊　明	日産自動車(株)
	柳　瀬　徹　夫	日産自動車(株)
	山　川　新　二	工学院大学工学部

(五十音順)

まえがき

　最近の科学技術の発展には目を見はらされるものがあるが，その基盤として，計測解析技術の高度化と普及を見逃すことができない．自動車技術は，計測解析技術の発展と自動化にその典型を見ることができる．理論的な研究と実験的な計測は互いに補完，確認しあい，進展を促すものであるが，計測は証明，高レベルへの改良につながるものであり，重要な手段である．

　コンピュータに代表される科学の進歩は，計測解析技術を高度化し，情報を多量に処理し，データの質の向上を実現してきた．従来，技術者の想像力や勘に頼っていた分野を数値化し，可視化することを可能にし，その結果，原因と結果が証明され，多くの新しい理論的展開の裏付けがなされるようになってきた．

　反面，技術者の想像力を失わせ，生のデータを生かしきれなくなってきたことも事実である．計測解析は現象の証明であるはずなのだが，膨大な実験計測解析，処理，データに埋没し，観察を怠る失敗に陥りやすくなってきている．

　モータースポーツの世界では，車の性能はドライバーの能力に合わせて作り上げると聞いたことがある．レース用の車はもっと高性能に仕上げることができるが，人間が制御できる限界があるのでそのギリギリを狙って整備するのである．

　計測解析の世界も，従来は，データを見ながら何故そうなるかを考えながら計測解析できたが，コンピュータ化されると，計測解析からデータ処理までの時間が短く，考察する余裕が失われてきているように思われる．装置はますます高度化し，機械が人間を振り回すようになってきている．そのため，技術者は現象の把握を行わず，データだけを信じミスを犯すことにもなっている．

　これからの計測解析技術は，人間との関わりをいかに考えるかということになる．音や振動，燃焼などの可視化技術，内装品風合い，匂いなどの数値化，人間の疲労や覚醒度など人間そのものの計測解析，など人間がらみの計測解析技術の発展が望まれている．

　本書では，自動車の開発に必要なすべての計測解析技術を載せることはできなかったが，代表的に，①エンジン，②振動騒音乗り心地，③操縦性・安定性，④衝突安定性，⑤空力特性，⑥人間工学特性，の各項目について，基礎的な計測解析技術の現状を紹介し，さらに応用を含む最新技術と課題を概説した．

　1998年2月

城井幸保

編集幹事

城井 幸保　　三菱自動車工業(株)　乗用車開発本部材料技術部

執筆者 (執筆順)

桑原 一成　　三菱自動車工業(株)　乗用車開発本部エンジン研究部
塚本 時弘　　(株)堀場製作所　エンジン計測システム統括部
小野 裕行　　三菱自動車工業(株)　乗用車開発本部研究部
宮下 哲郎　　三菱自動車工業(株)　乗用車開発本部エンジン実験部
小野 明　　　三菱自動車工業(株)　乗用車開発本部駆動系実験部
北田 泰造　　三菱自動車工業(株)　乗用車開発本部エンジン研究部
鎌田 慶宣　　三菱自動車工業(株)　乗用車開発本部研究部
岸本 博志　　三菱自動車工業(株)　乗用車開発本部機能実験部
森田 隆夫　　三菱自動車工業(株)　乗用車開発本部研究部
佐々木 由夫　三菱自動車工業(株)　乗用車開発本部機能実験部
丹羽 史泰　　三菱自動車工業(株)　乗用車開発本部エンジン実験部
岡部 紳一郎　三菱自動車工業(株)　乗用車開発本部機能実験部
御室 哲志　　三菱自動車工業(株)　乗用車開発本部研究部
藤田 春男　　ダイハツ工業(株)　実験部第2車両実験室
中川 邦夫　　三菱自動車工業(株)　乗用車開発本部機能実験部
知名 宏　　　三菱自動車工業(株)　乗用車開発本部研究部
柳瀬 徹夫　　日産自動車(株)　総合研究所車両研究所
平松 真知子　日産自動車(株)　総合研究所車両研究所
早野 陽子　　日産自動車(株)　総合研究所車両研究所

目　　次

1. エンジン

1.1　流れの計測解析 ……………［桑原一成］…1
 1.1.1　シーディング粒子 ……………………1
 1.1.2　レーザドップラ流速計（LDV）………2
  a.　バルクフローの計測 …………………4
  b.　乱れの計測 ……………………………4
 1.1.3　レーザシート法 ………………………7
  a.　PIV ……………………………………7
  b.　PTV ……………………………………9
  c.　3次元PTV ……………………………11
  d.　高速度ビデオを使ったPIV …………12
1.2　噴霧の計測解析 ………………………………14
 1.2.1　噴霧外形の観測 ………………………14
 1.2.2　噴霧断面の観測（レーザシート法）……15
 1.2.3　局所の計測 ……………………………17
  a.　透過光減衰法 …………………………17
  b.　位相ドップラ法（PDPA）……………19
1.3　混合気の計測解析 ……………………………21
 1.3.1　シュリーレン撮影 ……………………22
 1.3.2　四塩化チタン法 ………………………23
 1.3.3　赤外吸収法 ……………………………23
 1.3.4　レイリー散乱法 ………………………24
 1.3.5　レーザ誘起蛍光法（LIF法）…………25
1.4　燃焼の計測解析 ………………………………27
 1.4.1　指圧解析 ………………………………27
  a.　DSPによるリアルタイムの指圧解析 …28
  b.　副室付ディーゼルエンジンの指圧解析 ……28
  c.　自己着火, ノッキングの検知 …………29
 1.4.2　火炎発光の計測 ………………………29
  a.　化学発光の観測 ………………………29
  b.　燃焼場の流速計測解析 ………………30
  c.　分光分析 ………………………………31
  d　着火前反応の検知 ……………………32
 1.4.3　火炎断面の観測 ………………………33
 1.4.4　すすの計測 ……………………………34
  a.　2色法 …………………………………34
  b.　すすの観測 ……………………………35
 1.4.5　CARS法 ………………………………37
1.5　排気ガスの計測解析 …………［塚本時弘］…37
 1.5.1　計測法 …………………………………37
  a.　非分散型赤外線吸収法（NDIR法）……37
  b.　水素炎イオン化法（FID法）…………38
  c.　化学発光法（CLD法）…………………39
  d.　磁気圧法 ………………………………40
  e.　フーリエ変換赤外吸収法（FTIR法）…40
 1.5.2　サンプリング法 ………………………42
  a.　直接法 …………………………………42
  b.　定容量サンプリング法（CVS法）……42
  c.　パティキュレートの計測 ……………43
  d.　インピンジャ …………………………44
 1.5.3　排気ガス計測の応用 …………………44
  a.　空燃比の計測 …………………………44
  b.　EGR率の計測 …………………………45
  c.　クエンチングの計測 …………………45
  d.　ノッキングの計測 ……………………46
  e.　排気流量の計測 ………………………46
  f.　エンジンオイル消費率の計測 ………47
  g.　燃料輸送の計測 ………………………47

2. 振動騒音乗り心地

2.1　振動騒音の計測解析 …………［小野裕行］…55
 2.1.1　振動騒音の計測一般 …………………55
  a.　振動計測器 ……………………………55
  b.　騒音計測器 ……………………………56

	c.	騒音レベル計測 ……………………………56
	d.	データ処理 …………………………………57
2.1.2		周波数分析 ………………………………57
	a.	フーリエ変換 ………………………………57
	b.	FIR フィルタ処理 …………………………58
	c.	トラッキング分析 …………………………58
	d.	オクターブバンド分析 ……………………58
	e.	時間-周波数分析 …………………………59
	f.	包絡線分析 …………………………………59
	g.	ケプストラム ………………………………60
2.2		自動車の振動騒音計測法 ………………………60
2.2.1		加振試験法 ………………………………60
	a.	一点加振による周波数応答関数計測 ……60
	b.	多点加振による周波数応答関数計測 ……61
	c.	スピーカ加振法 ……………………………61
2.2.2		レーザホログラフィ振動計測法 …………61
2.2.3		レーザドップラ振動計測法 ………………63
2.2.4		音響インテンシティ計測法 ………………63
2.2.5		音響ホログラフィ計測法 …………………63
2.3		実験解析法 …………………………………………64
2.3.1		振動騒音の寄与度分析 ……………………64
	a.	ベクトル合成法 ……………………………64
	b.	スカラ和法 …………………………………64
	c.	コヒーレンス法 ……………………………64
2.3.2		実験モード解析 ……………………………65
	a.	曲線適合 ……………………………………65
	b.	システム同定法 ……………………………65
	c.	部分構造合成法 ……………………………66
	d.	伝達関数合成法 ……………………………66
2.4		振動騒音評価 ………………………………………66
2.4.1		振動騒音評価指数 …………………………66
	a.	振　動 ………………………………………66
	b.	騒　音 ………………………………………66
2.4.2		官能評価試験法 ……………………………68
2.4.3		台上再現試験法 ……………………………69
	a.	シャシダイナモ試験 ………………………69
	b.	フラットベルト式ダイナモ試験 …………69
	c.	加振シミュレーション試験 ………………70
2.5		車両要素の振動騒音計測解析 …………………70
2.5.1		パワープラント振動騒音計測解析 ……………………………………[宮下哲郎]…70
	a.	パワープラント振動計測解析 ……………70
	b.	パワープラント騒音計測解析 ……………72

2.5.2		駆動系ねじり振動騒音計測解析 ………………………………………[小野　明]…74
	a.	こもり音 ……………………………………74
	b.	かみ合い音 …………………………………74
	c.	ガラ音 ………………………………………75
2.5.3		吸排気系騒音の計測解析 ……[北田泰造]…76
	a.	吸気騒音 ……………………………………76
	b.	排気騒音 ……………………………………77
2.5.4		車体の振動騒音計測解析 ……[鎌田慶宣]…78
	a.	車体の曲げ・ねじり基本振動 ……………78
	b.	パネルの膜振動 ……………………………79
	c.	車室空間の音響特性 ………………………80
2.5.5		懸架系の振動騒音計測解析 ………………80
	a.	伝達関数合成法 ……………………………81
	b.	車軸振動入力 ………………………………81
	c.	サスペンション FE モデルのアップ デート ………………………………………82
	d.	車体伝達関数の計測 ………………………82
	e.	合成の実施 …………………………………82
	f.	構造変更シミュレーション ………………83
2.5.6		ブレーキ系の振動騒音計測解析 ………………………………………[岸本博志]…83
	a.	ブレーキ鳴き …………………………………83
	b.	ブレーキジャダ ……………………………84
2.6		車両の振動乗り心地計測解析 …………………84
2.6.1		乗り心地計測解析 ……………[森田隆夫]…84
	a.	加振試験と解析 ……………………………84
	b.	突起乗り越し試験と解析 …………………86
	c.	乗り心地解析の動向 ………………………86
2.6.2		車両の振動計測解析 …………[小野裕行]…87
	a.	アイドル振動 ………………………………87
	b.	加減速時のショックしゃくり振動 ………87
	c.	ワインドアップ振動 ………………………88
	d.	車体シェーク ………………………………88
2.7		車両の騒音計測解析 ……………………………88
2.7.1		車室内騒音 ……………………[佐々木由夫]…88
	a.	走行騒音 ……………………………………89
	b.	こもり音 ……………………………………90
	c.	エンジン騒音評価 …………………………90
	d.	ギヤノイズ …………………………………91
	e.	ロードノイズ・タイヤノイズ ……………91
	f.	アイドル騒音（車内音） …………………92
	g.	その他の騒音 ………………………………92

2.7.2	車室外騒音 …………………………92	b.	通過時の車室外騒音 ……[岡部紳一郎]…93
	a. アイドル時の車室外騒音 ……[丹羽史泰]…92		

3. 操縦性・安定性
[御室哲志]

- 3.1 要素特性 …………………………………95
  - 3.1.1 車両マス特性 …………………………95
  - 3.1.2 サスペンション・ステアリング系の特性 ………………………………95
  - 3.1.3 タイヤ特性 ……………………………97
  - 3.1.4 路面摩擦 ………………………………98
- 3.2 走行試験の色々 …………………………98
- 3.3 走行試験の計測 …………………………98
  - 3.3.1 標準的な試験条件 ……………………98
  - 3.3.2 走行軌跡の計測 ………………………99
  - 3.3.3 車両応答の計測 ………………………99
  - 3.3.4 ハンドル角・力の計測 ……………100
- 3.4 直進安定性試験 ………………………100
  - 3.4.1 偏向性試験 …………………………100
  - 3.4.2 路面外乱安定性試験 ………………100
  - 3.4.3 横風安定性試験（横ずれ量計測）…101
  - 3.4.4 横風安定性試験（伝達特性計測）…102
  - 3.4.5 制動安定性試験 ……………………102
  - 3.4.6 直進近傍の操舵応答性試験 ………103
- 3.5 円旋回試験 ……………………………103
  - 3.5.1 定常円旋回試験 ……………………103
  - 3.5.2 円旋回をベースにした試験 ………103
- 3.6 過渡応答試験 …………………………104
  - 3.6.1 単一正弦波入力 ……………………104
  - 3.6.2 ランダム入力 ………………………104
  - 3.6.3 連続正弦波（スイープ）入力 ……105
  - 3.6.4 ステップ入力 ………………………105
  - 3.6.5 パルス入力 …………………………105
  - 3.6.6 周波数領域の評価法 ………………105
- 3.7 その他の走行試験 ……………………107
  - 3.7.1 トレーラ牽引時の安定性試験 ……107
  - 3.7.2 手放し安定性試験 …………………107
  - 3.7.3 官能評価と生理反応評価 …………107
- 3.8 室内走行試験 …………………………108
  - 3.8.1 運動性能用フラットベルト式試験装置 …108
  - 3.8.2 室内円旋回試験 ……………………109
    - a. 水平面内の釣合い …………………109
    - b. ロール方向の釣合い ………………109
    - c. 定常円旋回試験の実行方法 ………110
    - d. ヨーモーメントの計測 ……………110
  - 3.8.3 その他への適用 ……………………110
- 3.9 ロールオーバ試験 ……………………111
  - 3.9.1 静的ロールオーバ安定性指標 ……111
    - a. TTR（Tilt Table Ratio）…………111
    - b. SSF（Static Stability Factor）$T/2h$ …111
    - c. SPR（Side Pull Ratio）……………111
  - 3.9.2 ハンドリングロールオーバ試験 …112
  - 3.9.3 トリップトロールオーバ安定性指標 …112

4. 衝突安全性
[藤田春男]

- 4.1 乗員傷害値の計測技術と解析ソフトウェア …115
  - 4.1.1 車載計測システムの概要 …………115
  - 4.1.2 計測チャンネルの精度 ……………116
    - a. トランスデューサと増幅器の精度 ……116
    - b. AD変換処理時の精度 ……………117
    - c. フィルタ処理 ………………………118
    - d. 計測システム検定 …………………118
  - 4.1.3 乗員傷害値計測の解析ソフトウェア …120
    - a. ディジタルフィルタ処理 …………120
    - b. 合成加速度，HICなどの計算 ……121
    - c. TTI，VCの計算 …………………121
- 4.2 衝突用ダミー …………………………123
  - 4.2.1 ダミーの種類 ………………………123
    - a. 前面衝突ダミー ……………………123
    - b. 側面衝突ダミー ……………………126
  - 4.2.2 ダミー検定試験の計測技術 ………126
    - a. 頭部落下試験 ………………………127
    - b. アーム式振り子試験 ………………127
    - c. 振り子衝撃試験 ……………………133
    - d. その他の試験 ………………………133

5. 空力特性　　［中川邦夫・知名　宏］

- 5.1　概説 …………………………………… 137
- 5.2　風洞設備 ………………………………… 137
  - 5.2.1　風洞 ………………………………… 137
    - a.　実車風洞 …………………………… 137
    - b.　模型風洞 …………………………… 138
  - 5.2.2　付属設備 …………………………… 138
    - a.　境界層制御装置 …………………… 138
    - b.　ムービングベルト装置 …………… 139
    - c.　天秤 ………………………………… 139
- 5.3　空気力と流れ場の計測解析 …………… 140
  - 5.3.1　空気力の計測 ……………………… 140
  - 5.3.2　流れの計測 ………………………… 141
    - a.　ピトー管 …………………………… 141
    - b.　熱線風速計 ………………………… 141
    - c.　レーザ流速計 ……………………… 142
    - d.　圧力の計測 ………………………… 142
- 5.4　空力実用性能の計測解析 ……………… 143
  - 5.4.1　汚れ付着試験 ……………………… 143
    - a.　走行試験による汚れ付着の計測 … 143
    - b.　散水による汚れ付着の計測 ……… 143
    - c.　CFDによる汚れの予測 …………… 144
  - 5.4.2　通風性能試験 ……………………… 144
    - a.　冷却風の計測 ……………………… 145
    - b.　通風抵抗の計測 …………………… 146
    - c.　CFDによる通風性能の予測 ……… 146
  - 5.4.3　ワイパ浮上りの計測 ……………… 146
    - a.　実車試験 …………………………… 147
    - b.　ワイパ単体試験 …………………… 147
    - c　CFDによる浮上り予測 …………… 148
- 5.5　空力騒音の計測解析 …………………… 148
  - 5.5.1　空力騒音の種類と発生メカニズム … 148
  - 5.5.2　計測の目的と計測法の分類 ……… 150
- 5.5.3　風洞試験 …………………………… 150
  - a.　風洞試験と走行試験 ……………… 150
  - b.　風洞暗騒音の低減 ………………… 151
  - c.　縮尺模型風洞試験 ………………… 152
- 5.5.4　計測方法 …………………………… 153
  - a.　車室内音場の計測 ………………… 153
  - b.　車室外音場の計測 ………………… 154
  - c.　流れ場の計測 ……………………… 155
- 5.6　可視化計測解析 ………………………… 156
  - 5.6.1　可視化設備 ………………………… 156
    - a.　煙風洞 ……………………………… 156
    - b.　水槽 ………………………………… 156
  - 5.6.2　空気流の可視化 …………………… 157
    - a.　煙線法 ……………………………… 157
    - b.　オイル法 …………………………… 157
    - c.　タフト法 …………………………… 158
    - d.　粉末 ………………………………… 158
  - 5.6.3　水流の可視化 ……………………… 158
    - a.　染料 ………………………………… 159
    - b.　粒子 ………………………………… 159
    - c.　水素気泡 …………………………… 159
  - 5.6.4　数値的な可視化 …………………… 159
    - a.　流跡線 ……………………………… 160
    - b.　速度ベクトル ……………………… 160
    - c.　圧力分布 …………………………… 160
    - d.　渦度分布 …………………………… 160
    - e.　その他の応用 ……………………… 161
  - 5.6.5　可視化画像処理 …………………… 161
    - a.　画像処理の手順 …………………… 161
    - b.　時刻相関法による画像処理計測 … 163
    - c.　計測結果例 ………………………… 163

6. 人間工学特性　　［柳瀬徹夫・平松真知子・早野陽子］

- 6.1　人間の形態的特性計測解析技術 ……… 167
  - 6.1.1　計測値のデータベースとモデル化 … 169
- 6.2　人間の動態的特性計測解析技術 ……… 170
  - 6.2.1　到達域と身体運動の計測 ………… 170
  - 6.2.2　形態変形の計測 …………………… 172
- 6.3　生理的計測解析技術 …………………… 172
  - 6.3.1　運転者の覚醒度評価法 …………… 174
  - 6.3.2　覚醒度評価の指標 ………………… 174
    - a.　脳波による覚醒度評価 …………… 175
    - b.　眼球運動による覚醒度評価 ……… 176

c.	心拍による覚醒度評価 ……………… 178	6.4.5	一対比較法と視線計測 …………… 184
d.	皮膚電位による覚醒度評価 ………… 180	6.5	感性評価技術 ………………………… 185

6.4 感覚的知覚的計測解析技術 ……………… 181
   6.4.1 精神物理学的測定法 ……………… 182
      a. 閾値の測定 ……………………… 182
      b. PSE の測定 ……………………… 182
   6.4.2 信号検出理論 ……………………… 182
   6.4.3 マグニチュード推定法 …………… 183
   6.4.4 測定法 ……………………………… 183
      a. 調整法 …………………………… 183
      b. 極限法 …………………………… 183
      c. 上下法 …………………………… 183
      d. 恒常法 …………………………… 183

   6.5.1 内装材料臭評価試験 ……………… 185
      a. 官能評価 ………………………… 185
      b. 機器分析 ………………………… 187
      c. 車室内の低臭気化対策 ………… 188
      d. 匂いの生理的評価 ……………… 188
   6.5.2 感性評価法 ………………………… 189
      a. 自由連想法 ……………………… 189
      b. 選択法, 評定法 ………………… 190
      c. SD 法 ……………………………… 190
      d. 心理物理尺度値と感性評価値の関係 ……191

索　引 ……………………………………………………………………………………………… 193

1 エンジン

1.1 流れの計測解析

エンジンの中の流れ場は、ピストンの運動とともに形状と大きさが変化する空間内に閉じ込められ、時間的、空間的に大きく変化する複雑な構造をもっている。吸気行程から圧縮行程の前半にかけて形成されるスワールやタンブルのような構造が明確な流れも、燃焼が始まる圧縮行程の終わりには崩壊し、流れ場は変動の大きいバルクフローや比較的スケールの大きい渦、これから生成する乱れが共存する複雑な場となる。こうした流れの特性は混合気形成・燃焼過程を支配する主要因であるため、実質的な燃焼制御の手段としてさまざまな流れの制御が試みられている。このためには複雑な流れの特性を的確にとらえることが重要であり、レーザドップラ流速計（LDV：Laser Dopplar Velocimetry）やレーザシートを適用した流れの計測が幅広く行われている。

1.1.1 シーディング粒子

LDV，レーザシート法はいずれも流体中に微粒子を供給し、流れに追従する粒子による散乱光から速度情報を得る手法である。これらの手法が流れの計測の主流になってきた背景には、多くの新しい粒子が見出され、目的に応じて最適な粒子を選ぶことによって高度な計測を実現できるようになったことがある。

表1.1，図1.1に代表的なシーディング粒子を示す[1~3]。流速計測でシーディング粒子に要求される特性としては、流れに対する応答性が高いこと、散乱光が強いことがあげられる。これらの要求に対しては、できるだけ粒径が大きく密度が小さい粒子が望まれる。しかし、どの程度まで小スケールの流れを計測の対象とするかによって粒径の上限が決まってくる。したがって、計測の対象と目的に応じて各種の粒子を使い分けることが重要である。

バルクフローの計測では、粒径数十 μm の樹脂バルーンを利用することが多い。粒径がこの程度に大き

表1.1 代表的なシーディング粒子の諸元[1~3]

分類	粒子名	商品名 メーカ名	平均粒径 μm 粒径範囲 μm	真比重 g/cm³
中空粒子	ガラス マイクロバルーン	ニップセル K-135 日本シリカ工業	40 10~100	0.4
	樹脂 マイクロバルーン	エクスパンセル 日本フィライト	40 10~100	0.04
多孔質粒子	ポリエステル マイクロスフェア	バイロン 東洋紡	任意 単分散	1.2
	シリカ マイクロスフェア	MSF-30M リキッドガス	2.7 SD：0.18	0.9
2次凝集 粒子	ホワイトカーボン	ニップシル SS-50 日本シリカ工業	1.3 —	0.12
金属酸化物 粉末粒子	酸化チタン	—	0.25 —	4.2
	酸化アルミニウム	—	0.2 —	4.0

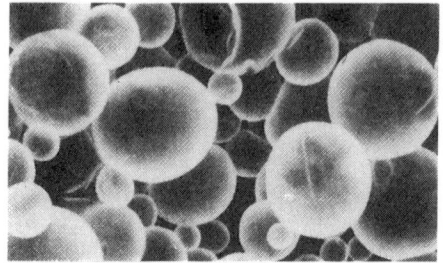

(a) 樹脂マイクロバルーン

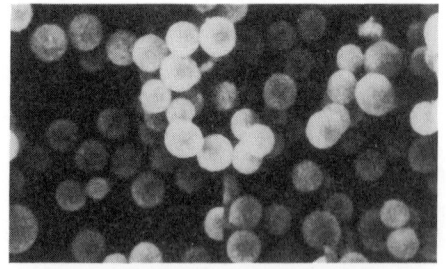

(b) ポリエステルマイクロスフェア

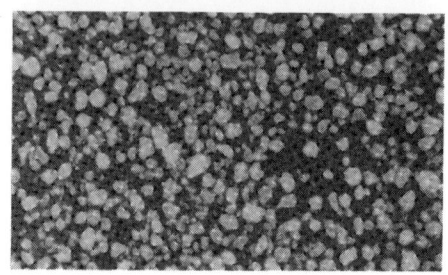

(c) ホワイトカーボン

図1.1 代表的なシーディング粒子[2,3]

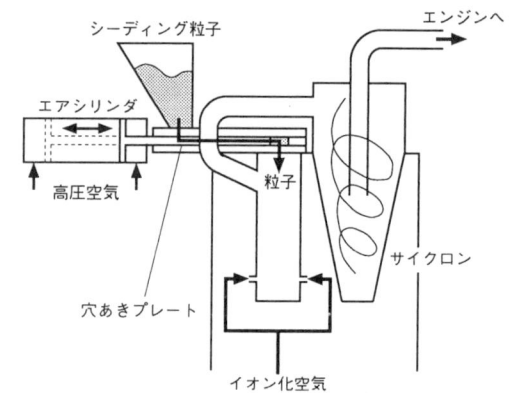

図1.2 シーディング粒子供給装置の一例[2]

性が必要であり，100 μm 程度のスケールの乱れに対して粒径は数 μm 以下としたい．これらの条件に即した粒子として2次凝縮粒子であるホワイトカーボンをあげることができる．

流速計測では粒子を時間的，空間的に均一な密度で供給することが重要である．また，粒子密度を自由に制御できることが求められる．図1.2は，この要求を満たす粒子供給装置の一例である[2]．これは，恒温槽で乾燥させた粒子をエアシリンダで駆動される穴あきプレートを通して間欠的に落下させ，上方に向かうイオン化空気の流れに乗せてサイクロンに導いてから供給するというものである．粒子をサイクロン内に十分な時間滞留させることによって，粒子密度を均一にすることができる．粒子密度の制御は，穴あきプレートの往復運動の繰返し頻度を調節して行われる．

1.1.2 レーザドップラ流速計（LDV）

レーザドップラ流速計（LDV：Laser Dopplar Velocimetry）の適用によって広い空間の中の局所的な流速を非接触で計測できるようになり，エンジン内の流れの特性を明らかにしようとする取組みは急速に進歩した[4〜29]．

LDV は，二本のレーザビームの交点を通過する粒子の散乱光を干渉させて得られるバースト信号の周波数（ドップラ周波数）が流速に比例することに基づく計測法である．すなわち，ドップラ周波数 f_D は次式によって与えられる．

$$f_D = 2v \sin\theta / \lambda \quad (1.1)$$

ここで，v：粒子速度，θ：ビームの交差半角，λ：波長である．

くなると，散乱光強度は粒径の2乗に比例するようになり，酸化チタンやアルミナなど従来の粒子に比べて LDV のデータ密度を二桁近く向上させることができる．レーザシート法に適用する場合，大粒径の粒子は容易に鮮明な画像を得ることができるという利点をもつ．

粒径 40 μm，真比重 0.04 g/cm³ の樹脂バルーンは，ステップ状の流速変動に対する遅れの時定数 40 μs，正弦状の流速変動に振幅応答 0.9 で追従する応答周波数 2.5 kHz を示し，バルクフローに対しては十分な応答性をもつ．粒径のばらつきは大きいが，殻の厚みがほぼ一定であるため，径が大きくなるほど密度は小さくなる傾向にあり，応答性のばらつきは抑えられる．

乱れの特性を解析する場合，シーディング粒子に求められる特性はさらに厳しくなる．数百 kHz の応答

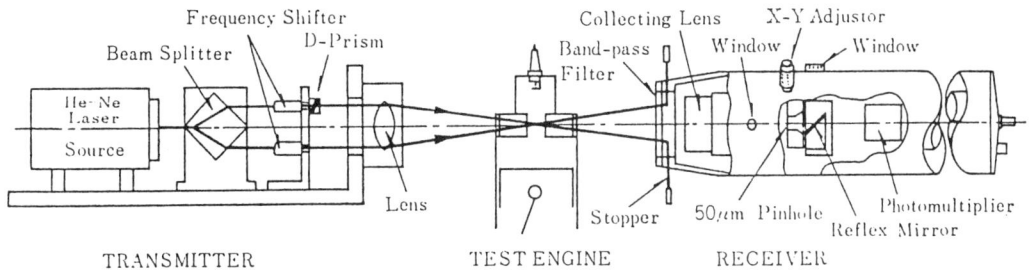

(a) 前方散乱式 LDV[11]

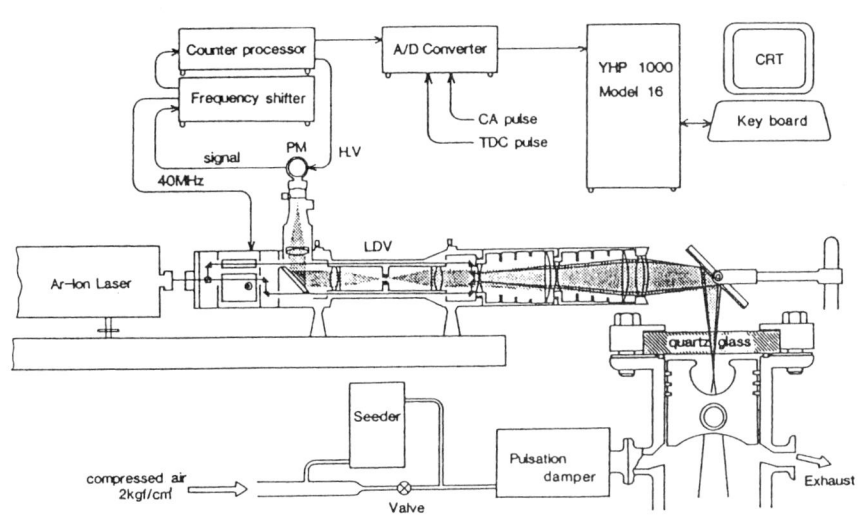

(b) 後方散乱式 LDV[24]

図1.3 代表的な LDV の光学系

LDV は散乱光の検出方向によって前方散乱式と後方散乱式に大別される（図1.3）[11,24]．前方散乱式 LDV は，信号強度が大きく高データ密度の計測が可能であるため乱れの計測に適している．しかし，エンジン内の流れに適用する場合，対向する2つの計測窓が必要であることによって計測範囲が限定されることが多い．一方，後方散乱式 LDV はデータ密度の点で前方散乱式に劣るが，計測窓が一つで済むため計測の自由度が高い．また，レーザ射出系と信号受光系が一体であるため，光軸の調整が簡単である．広い空間の中に多数の計測点を設定することが必要なバルクフローのトラバース計測には，この方式が有効である．

LDV が一般的な計測法として確立されてから10年以上になるが，この間には信号処理法や光学系の改良によってデータ密度の向上が図られてきた．とくに，

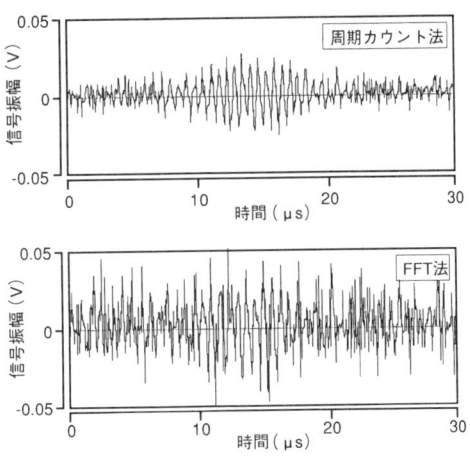

図1.4 周期カウント法と FFT 法の計測限界バースト信号[1,2]

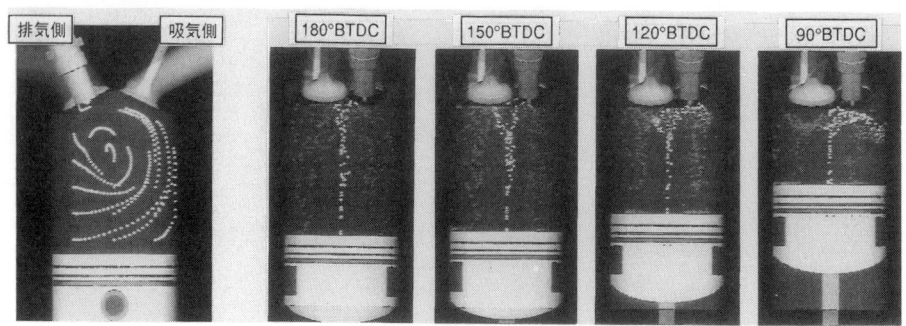

(a) 下死点の旋回構造　　　(b) 圧縮行程の流れ構造(旋回軸に直交する方向から表示)
　　(旋回軸方向から表示)

図1.5　タンブルの3次元構造[2]
粒子軌跡法による表示，1 000 rpm，WOT，モータリング．

演算素子の高速化に伴い実時間のFFT (Fast Fourier Transform) 法処理が可能になり，FFT法による信号処理が実用化されたことは計測限界のS/N比を大幅に改善した．図1.4に，FFT法と従来の周期カウント法について計測限界のバースト信号を示す[1,2]．周期カウント法ではS/N比6 dBが限界であるのに対し，FFT法では2 dBまでの信号処理が可能である．従来は，壁面による散乱光が強い壁近傍の計測は困難であったが，FFT法を適用し必要であれば大粒径の粒子を用いることによって，壁面からの距離が1 mm以内の空間を計測範囲にすることができる．

a．バルクフローの計測

構造が明確な流れに対し高い定量性をもってその構造を評価したい場合，後方散乱式LDVによる多サイクル，多点の計測結果を用いてサイクル平均の流れの構造を構成する手法が有効である．このとき，後方散乱式LDVのデータ密度は低いため，多サイクルにわたりデータが出現するごとにサンプリングを行う方法が合理的である．すなわち，信号処理器の粒子認識信号に同期させて流速データ，そのときのクランク角やサイクル番号を記録していく．

図1.5は，シリンダ内の64の計測点で得られた結果からタンブルの3次元構造を構成したものである[2]．(a)はタンブルの旋回軸方向に視線を向けた表示で，(b)はそれに直交する方向からの表示である．(a)に見られる旋回方向の流速成分に比べ，(b)の軸方向の流速成分がきわめて小さいことがタンブルの特徴であることがわかる．

この手法では，多サイクルの計測結果を総合して流れの構造を求めるため，圧縮行程の後半にバルクフローが崩壊し，流れ場の局所変動やサイクル変動が大きくなるときに十分な解析を行うことができない．

b．乱れの計測

図1.6に，後方散乱式LDVによる200サイクル分のアンサンブルデータ (上) と，後述する手法で得られたサイクル分離データの20サイクルの重ね合わせ (下) を示す[1,2]．いずれの場合も点火プラグ近傍でタンブル旋回方向の流速成分を計測している．アンサンブルデータではバルクフローのサイクル変動が重なり，高周波成分の位相がサイクルごとにずれているため，このデータから乱れの強度やスケールを求めることはできない．乱れの解析を行うためには，サイクル

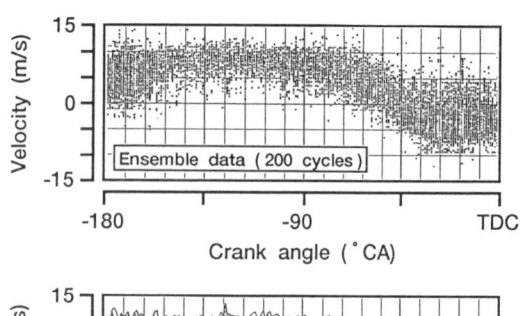

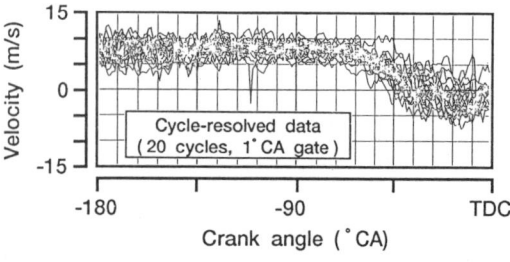

図1.6　後方散乱式LDVによるアンサンブルデータ(上)と前方散乱式LDVによるサイクル分離データ(下)の比較[1,2]
点火プラグ下方8 mmのタンブル旋回方向の流速，
1 000 rpm，WOT，モータリング．

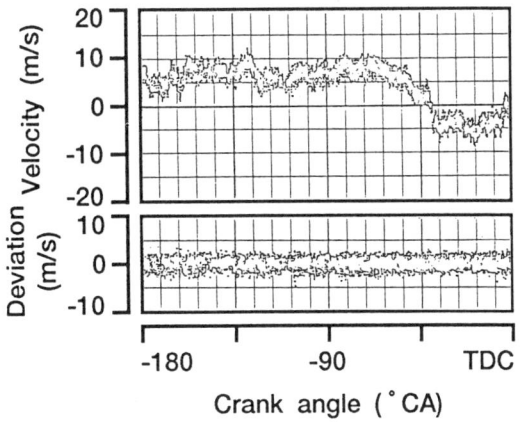

図1.7 高データ密度LDV計測による単一サイクルの流速データ(上)とクランク角1°のゲートで分離された高周波成分(下)[29]
点火プラグ下方8 mmのタンブル旋回方向の流速，1 000 rpm, WOT, モータリング.

分離データを高時間密度で収集することが必要になる.

図1.7に示すのは，高データ密度計測による単一サイクルの流速データ（上）とその高周波成分（下）である[29]．ここでは，エンジン回転速度1 000 rpmでクランク角180°の期間に10 000個を超える生データが得られており，このデータを0.05°のゲートで平均化した結果を流速データとしている．0.05°の分解能は120 kHzに相当する．高周波成分は，クランク角1°のゲートで分離された結果である.

この例では，2 Wと比較的高出力のアルゴンイオンレーザを光源とし，ホワイトカーボンを用いた前方散乱式LDVによって高データ密度の計測を実現している．数百kHzというデータ密度を確保するには当時のFFT素子の演算能力では不十分であったため，500 MHzのクロックで作動するカウンタ処理器で得られる流速データと粒子識別信号を$0.5\,\mu s$のクロックに同期させて記録し，粒子識別信号を基準に粒子ごとのデータを分離，抽出している.

エンジンに前方散乱式LDVを適用する際の問題点は，対向する一対の窓を設けることが困難な場合が多いことである．このため，後方散乱式LDVによってでも乱れの解析に十分な高データ密度が得られるよう光学系や信号処理法の改良がなされている．効果的な手段の一つに，図1.8に示す回転格子式LDVがある[28]．これは，流れの方向を識別するために通常用いられる電気的な周波数シフタを機械的に回転するグレーティングに置き換えたものである．周波数シフタの電気的ノイズがないことの他に，計測点でのビームの交差が保証される（self-aligning）という利点があり，データ密度は飛躍的に改善される．この方式に集光レンズ径の拡大，FFTによる信号処理を組み合わせると，20 kHz以上のデータ密度を確保できる.

シリンダ内の乱れの解析法は，短期間の流速変動を定常流として取り扱う仮定（定常的時間平均法）に基

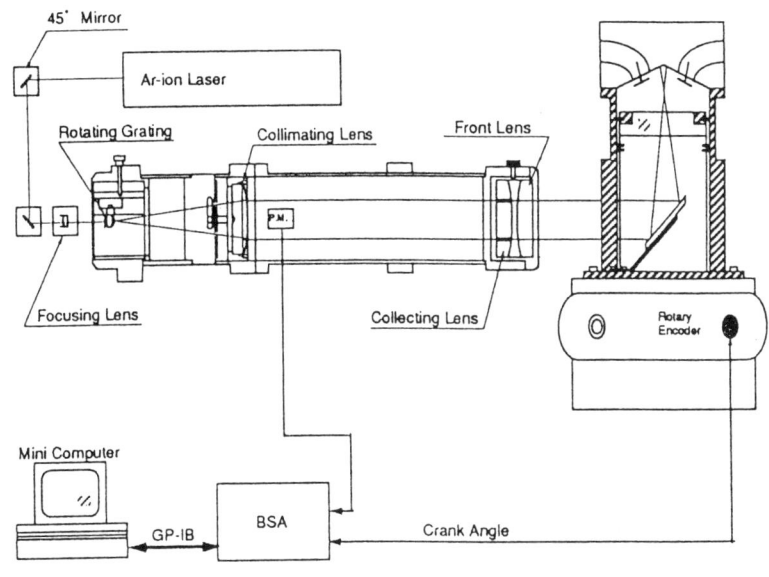

図1.8 回転格子式LDV[28]

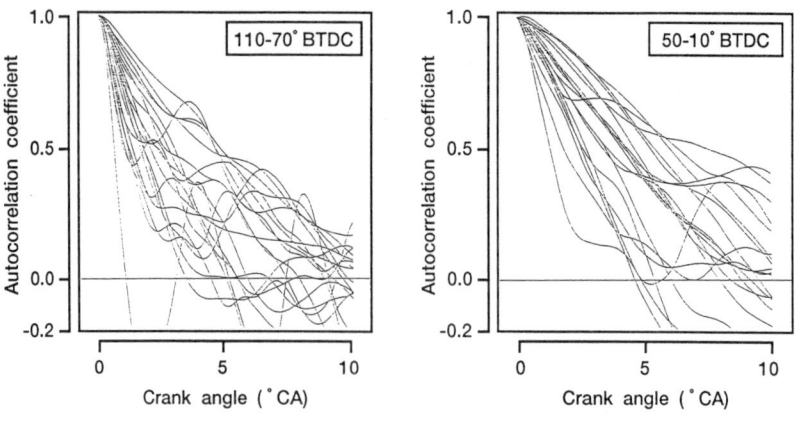

図1.9 流速のサイクル分離データから得られる自己相関係数[29]
点火プラグ下方8mm，1 000 rpm，WOT，モータリング．

づくスペクトル解析によって乱れの特性値を求める手法として確立されてきた[31~39]．すなわち，次式によって乱れ強度 u'，自己相関係数 R，1次元正規化エネルギースペクトル E が求められる．

$$u(t) = U(t) - \{\int_0^T U(t)\,dt\}/T \quad (1.2)$$

$$u' = [\{\int_0^T u(t)^2 dt\}/T\,]^{1/2} \quad (1.3)$$

$$R(\tau) = \{\int_0^{T-\tau} u(t)u(t+\tau)\,dt\}/(T-\tau)/(u')^2 \quad (1.4)$$

$$E(f) = 4\int_0^{T/2} R(\tau)\cos(2\pi f\tau)\,d\tau \quad (1.5)$$

ここで，t：時間，T：平均化時間幅，$U(t)$：流速データ，$u(t)$：流速の変動成分，τ：遅れ時間，f：周波数，である．

前述のような配慮を払って得られる高データ密度の流速データを用いれば，乱れの解析を行うことができる．図1.9は，サイクル分離データから求めた自己相関係数の20サイクル分の重ね合せである[29]．タンブル崩壊前に当たる圧縮上死点前110~70°の期間では，頂点から連続する乱れの成分に比較的大きい時間スケールをもつ非平衡の渦が重畳している．タンブル崩壊過程の圧縮上死点前50~10°になると，崩壊前に比べて乱れのスケールが増大し，非平衡の渦は減少することが認められる．ここで非平衡の渦と認識されるものの中には，タンブルの旋回中心と計測点の相対位置の変化などバルクフローの構造の非定常性に起因するものも含まれる．乱れのエネルギースペクトルや積分スケールを求めるときには，自己相関係数をアンサンブル平均化することによって非平衡の渦の成分を取り除いた結果を用いるのが妥当である．図1.10に，こうして求めた1次元正規化エネルギースペクトルを示す[29]．タンブル崩壊過程ではおおむねべき関係が成立するのに対し，崩壊前のデータはこの関係からはずれ，2kHz程度の乱れの生成項が存在することが認められる．

以上の乱れの解析では定常流の考え方をシリンダ内乱流に展開しているため，バルクフローと乱れをどのように分離するかに関して両者のカットオフ周波数に対応する平均化時間幅の設定基準が必ずしも明確にされていないことが問題である．

LDVによる時系列データの解析結果からは，テイラーの仮説（Taylor's hypothesis）に基づき，平均流の流速に時間スケールを乗じることによっておおむねの空間スケールを見積もることができる．これに対

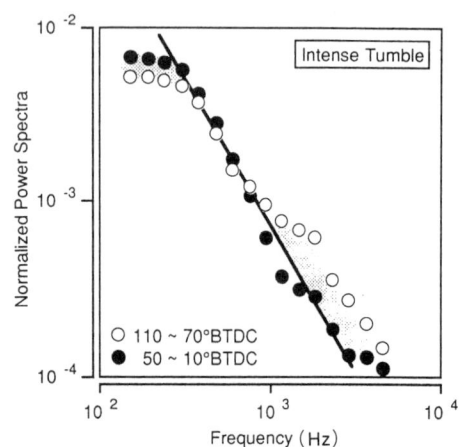

図1.10 1次元正規化エネルギースペクトル[29]
点火プラグ下方8mm，1 000 rpm，WOT，モータリング．

して，2点同時LDV[19,23]，スキャニングLDV[20,27]，レーザホモダイン法[40]によって空間スケールを直接求める手法が提案されている．レーザホモダイン法とは，複数の粒子からの散乱光の重ね合せによるバースト信号が粒子間の平均相対速度に対応する周波数をもつことを原理とした乱れの計測法である．これらの手法でも，計測点の間隔や測定部の長さの設定に関してカットオフ周波数の問題がつきまとうことになる．

1.1.3 レーザシート法

最近，レーザシートを用いて流れ場の可視化，定量化を試みることが多くなってきた．レーザシートの中を通過するトレーサ粒子の挙動を直接撮影しその画像から流速を求めるため，スケールの小さい乱れを計測の対象とすることは困難である．しかし，瞬間的な流速ベクトルの空間分布をとらえることができ，局所変動，サイクル変動が大きいエンジン内のバルクフローの構造を明らかにするには効果的な手法である．

レーザシート法には，パルスレーザを所定の時間間隔をおいて発振させ，得られる2時刻の粒子画像から粒子ペアを抽出し，これを結ぶ直線として流速を求めるPIV（Particle Image Velocimetry）[41〜50]と，連続発振のレーザを所定の期間だけ発光させたときの粒子軌跡の画像から直接流速を求めるPTV（Particle Tracking Velocimetry）[29,51〜55]がある．

a．PIV

PIV（Particle Image Velocimetry）には以前，粒子密度が高いと粒子ペアの対応づけが困難になるため，データ密度が低く抑えられるという問題があった．しかし，粒子画像から速度情報を抽出するのに画像相関が利用されるようになって，高データ密度の計測が可能になった．

図1.11に光学系の一例を示す．2台のNd：YAGレーザを用いてダブルパルス発振のレーザビームを形成し，シリンドリカルレンズを通してシート状に変形する．カメラのシャッタを開放にしている間に所定の時間間隔でシートを発光させ，2時刻の粒子画像を同一画面に記録する．レーザの出力が大きいため，酸化チタンのように微細な粒子を高密度に供給しても鮮明な画像を得ることができる．レーザシート法の最大の問題は，いかにして流速ベクトルの方向を識別するかであるが，この例ではシートとカメラの間に図1.12に示す回転ミラーを置き，粒子画像の一方をわずかに

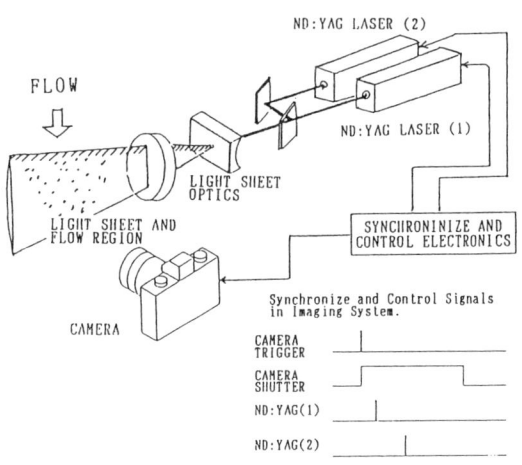

図1.11 代表的なPIVのシステム構成

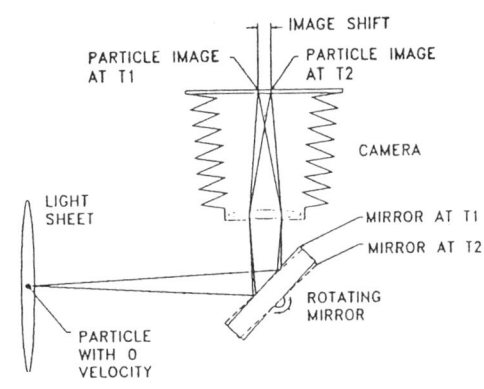

図1.12 回転ミラーによる粒子画像の移動

移動させることによって粒子の変位に一定のシフトを与えている（イメージシフト法）．その他に，異なる時間間隔をおいて3回の露光を行う手法[45]，蛍光を利用して粒子画像に裾を引かせる手法[46]，偏光によって粒子画像の一方をわずかに移動させる手法[47]，2種類のレーザを用いて粒子ペアの色を変化させる手法[48]，などが提案されている．

高データ密度の計測では，高粒子密度の画像を高分解能で記録するためフィルムを用いることが多い．この場合は，図1.13に示すような装置と手順によって粒子画像に画像相関処理を施すことができる[41]．すなわち，フィルムの微小領域を拡大投影して画像処理装置に取り込み，2回の2次元FFT処理によって空間相関係数を求める．相関係数のピークを結ぶ直線

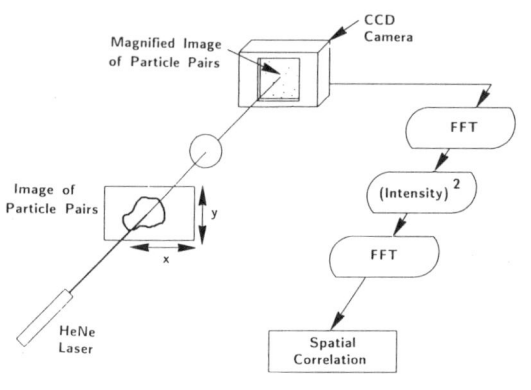

図1.13 画像相関処理の手順[41]

として得られる粒子の変位をシートの発光時間間隔で除することによって，流速が与えられる．

高密度で流速ベクトルの空間分布が求まれば，これを用いて渦度，ストレス，散逸エネルギーの解析を行うことができる．すなわち，次式によってこれらの値が求められる．

$$\omega z(x, y) = \{\partial v(x, y)/\partial x - \partial u(x, y)/\partial y\}/2 \quad (1.6)$$

$$\phi(x, y) = v[2\{\partial u(x, y)/\partial x\}^2 + 2\{\partial v(x, y)/\partial y\}^2 + [\{\partial v(x, y)/\partial x\} + \{\partial u(x, y)/\partial y\}]^2] \quad (1.7)$$

$$\varepsilon x(x, y) = \partial u(x, y)/\partial x$$
$$\varepsilon y(x, y) = \partial v(x, y)/\partial y \quad (1.8)$$
$$\varepsilon z(x, y) = -\{\varepsilon x(x, y) + \varepsilon y(x, y)\}/2 - (d\rho/dt)/\rho$$

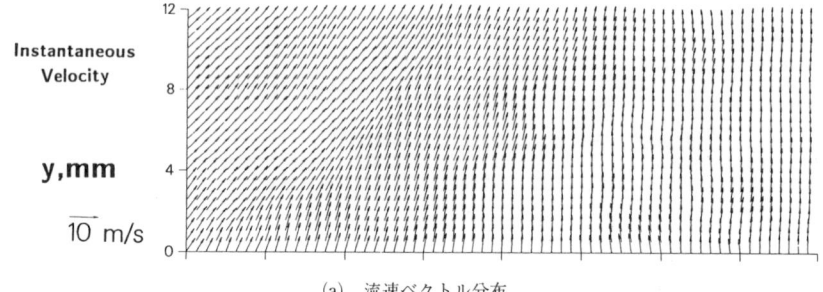

(a) 流速ベクトル分布

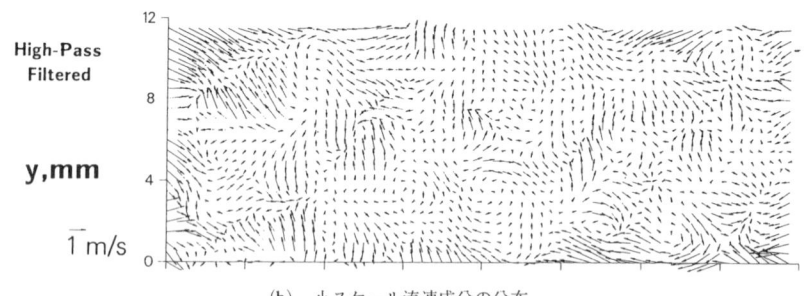

(b) 小スケール流速成分の分布

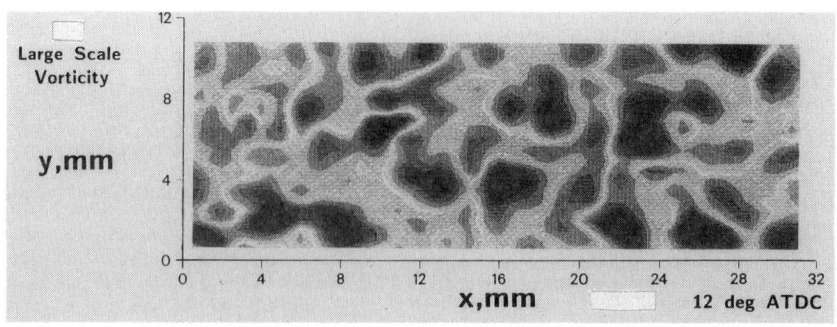

(c) 渦度分布

図1.14 高データ密度PIVによる燃焼室内流れ場の計測結果[42]
600 rpm, WOT.

ここで，x, y：シート上の直交する座標，z：シートに直交する座標，$u(x, y)$, $v(x, y)$：x, y方向の流速成分，$\omega z(x, y)$：渦度，$\phi(x, y)$：エネルギー散逸率，ν：動粘性係数，$\varepsilon x(x, y)$, $\varepsilon y(x, y)$, $\varepsilon z(x, y)$：各方向の垂直ひずみ，ρ：密度，である．

ロイス（Reuss）らは，燃焼室内の流速ベクトル分布から渦度やストレスの分布を求め，渦のスケールを抽出することに成功している[41,42]．図1.14に解析結果の一例を示す[42]．図(a)は，直径0.9 mmの領域の画像相関によって0.5 mmピッチで流速ベクトルを求めた結果である．図(b)は，10 mmのスケールの空間フィルタによって分離された小スケールの流速成分で，図(c)は渦度の分布である．これらの結果に空間相関を適用すれば，渦の積分スケールを見積もることができる．

以上は，同一画面に記録された2時刻の粒子画像の自己相関によって速度情報を求める手法であるが，2時刻の粒子画像を別々に記録し，これらの相互相関を用いる手法も提案されている[50]．2系統の撮影系か，高速で複数の画像を取得できるフレーミングカメラを用いる必要があり実験装置が複雑になるが，画像相関により誤ベクトルが得られる可能性が低いという利点がある．また，流速ベクトルの方向を識別する工夫を必要としない．

b．PTV

PTV (Particle Tracking Velocimetry) では，粒子軌跡の分離が容易であるため，比較的高密度でデータを得ることができる．しかし，パルスレーザに比べて低出力の連続発振レーザを用いる必要があるため鮮明な画像を得にくいことや，発光期間中にシートを突き抜ける不良軌跡が存在することが問題になる．また，流れの方向を決定するための新しい工夫が必要になる．

これらの問題を解決するために2色のレーザシートを用いる手法が提案されている．図1.15にその計測原理を示す[29]．アルゴンイオンレーザの発光を青（波長：488 nm）と緑（波長：514.5 nm）のビームに分離し，二つの音響光学素子（AOM：Acousto-Optic Modulator）によって異なるタイミングで矩形変調してから再び集合させ，シリンドリカルレンズを介してシート状に変形する．シートを緑，緑＋青（シアン），青の順に発光させ，その中を通過する粒子を撮影すれば，緑，シアン，青の部分から構成される

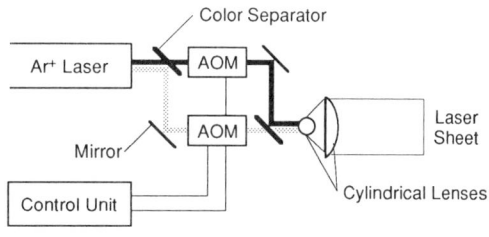

(a) 光学系の概略

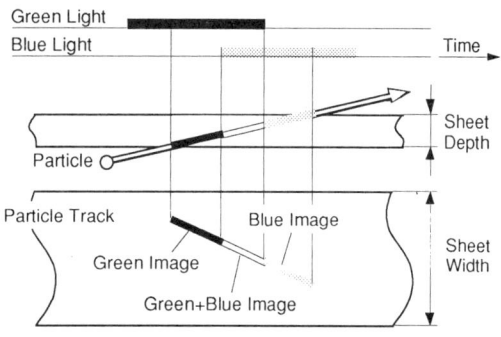

(b) 発光タイミング，粒子軌跡形成の概略

図1.15 2色PTVの計測原理[29]

粒子軌跡の画像が得られる．この中で3色がすべて揃ったものだけを対象としてシアン部分の長さから流速を求め，緑部分を粒子軌跡の始点として方向を決定する．カラーパターンが不完全な軌跡は，不良軌跡として完全に除去される．二つの粒子軌跡が重なり合う場合でもこれらを容易に分離できるため，高データ密度の計測が可能である．出力6W以上のレーザ，樹脂バルーン，高感度35 mmフィルムを組み合わせて撮影を行えば，鮮明な粒子軌跡を得ることができる．

図1.16は，燃焼室内の水平・垂直断面の撮影結果である[29]．図中に示す光学系の配置は，レーザシートを用いて燃焼室内を観測する場合の基本的なかたちである．この画像の74×40 mmの領域には1500程度のデータが含まれており，これを補間することによって1 mmピッチで流速ベクトルの分布を求めることができる．図1.17は，代表的なサイクルのベクトル分布を組み合わせてタンブルに支配される流れ場の構造の変化を示したものである[29]．この結果によれば，圧縮行程の終りにはタンブルは10 mm程度と比較的スケールの大きい多数の渦に変換されることが認められる．このように局所変動が大きい複雑な流れ場の構造を理解するには，この手法が効果的な計測法となる．

(a) 点火プラグ下方 8mm の水平断面

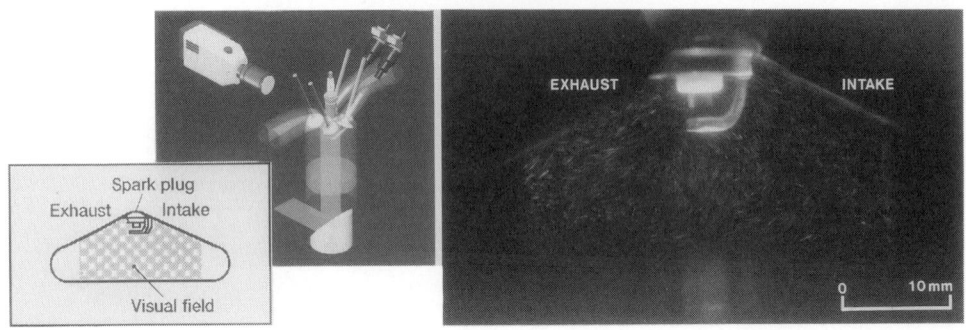

(b) 燃焼室中心の垂直断面

図 1.16　2色 PTV による燃焼室内流れ場の撮影結果[29)]
1 000 rpm, WOT, モータリング.

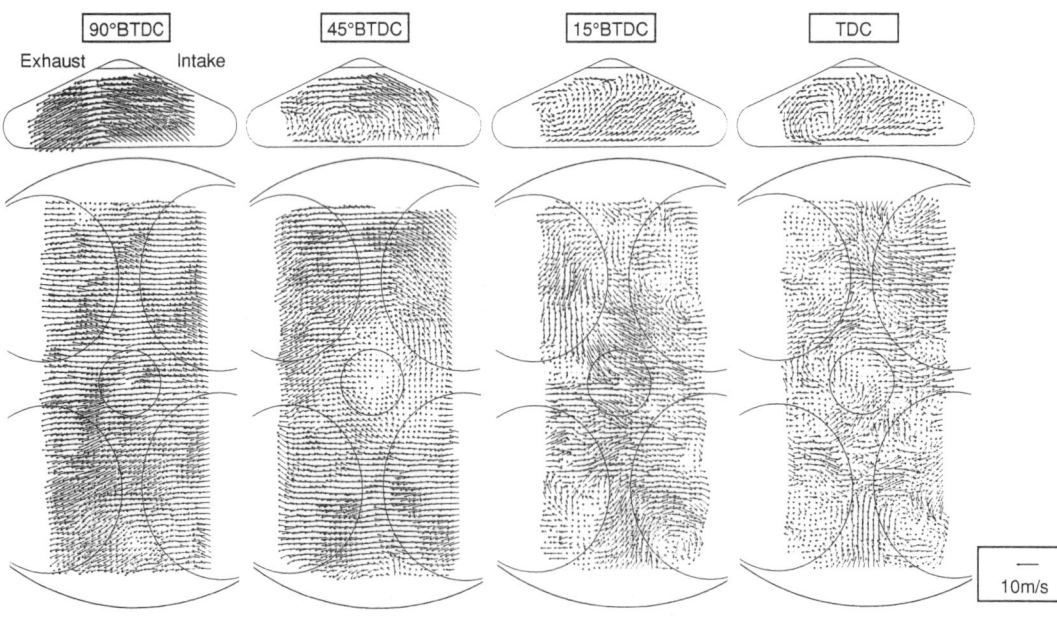

図 1.17　タンブルに支配される流れ場の構造[29)]
1 000 rpm, WOT, モータリング.

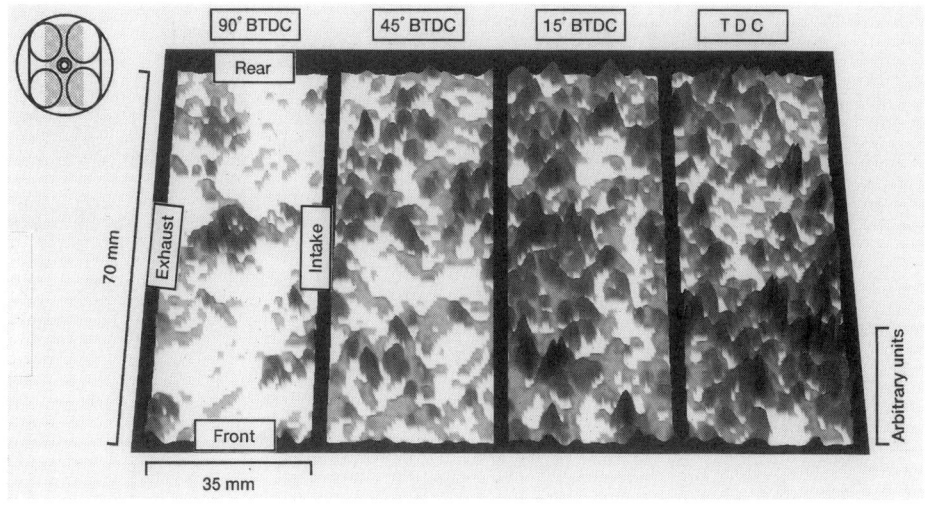

図1.18 タンブルに支配される流れ場の散逸エネルギー分布[29]
点火プラグ下方8 mmの水平断面, 1 000 rpm, WOT, モータリング.

これだけの高密度で流速ベクトルが得られれば，数mmのスケールで渦度，ストレス，散逸エネルギーの解析を行うことができる．その一例として，水平断面の結果から求めた散逸エネルギーの分布を図1.18に示す[27]．色が濃く山が高い領域で，エネルギーの散逸速度が大きい．圧縮行程の中期まではタンブルはエネルギーを保存しやすい構造であるといえるが，圧縮上死点の直前になると大量のエネルギーが散逸し始めることがわかる．このエネルギーは乱れエネルギーに変換されると考えられる．このように高密度でデータが得られれば，バルクフローの構造から乱れに関する情報を得ることもできる．

c．3次元PTV

エンジンの中の流れ場は複雑な3次元構造をもち，そのサイクル変動は大きい．このため，異なるサイクルの多断面の計測結果を組み合わせて流れ場の3次元構造を求める手法を適用できない場合も多い．そこで，3色のレーザシートを用いて得られる単一画像から3次元流速を抽出する手法が試みられている．

図1.19に計測原理を示す[56]．アルゴンイオンレーザの青と緑のビームをAOMによって異なるタイミングと時間幅で矩形変調する．これらにYAGレーザの第2高調波（黄緑）のビームを加え，3色が重なる層と緑だけの層から構成される2層構造のシートを形成する．緑のシートを粒子が貫通するのに十分な時間幅で発光させ，その中間で青のシートを短く発光させ

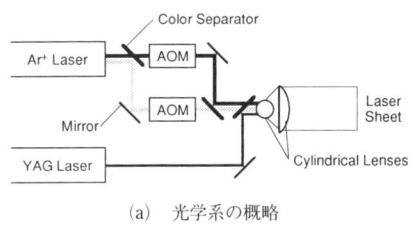

(a) 光学系の概略

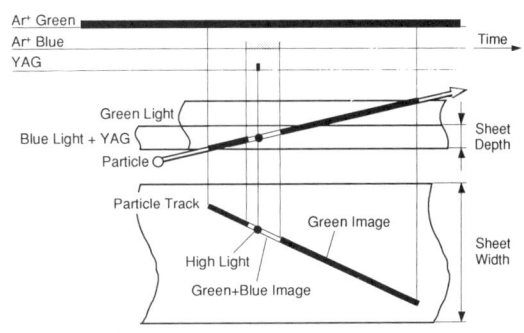

(b) 発光タイミング，粒子軌跡形成の概略

図1.19 3色PTVによる3次元流速計測の原理[56]

る．YAGレーザによって，青のシートの発光期間を不等長に分割するようにマーキングする．こうして得られる粒子軌跡のシアン部分とマーキングから，シートに平行な流速成分が求められる．粒子軌跡のカラーパターンの比率と発光期間の比率を比較することによって緑の発光期間中にシートに突入し貫通した粒子軌跡を抽出し，シアン部分の長さを基準に粒子がシートを貫通するのに要した時間を求めれば，シートに垂直

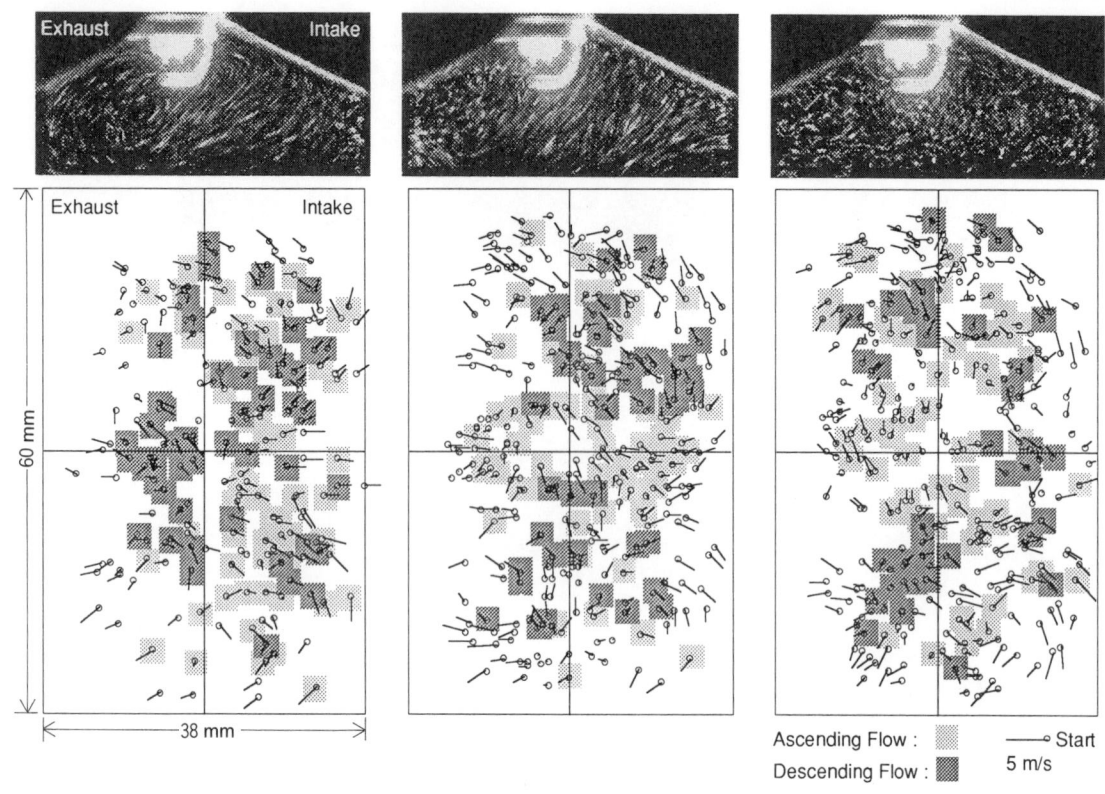

図 1.20 タンブル崩壊過程の流れ場の 3 次元計測結果[56]
点火プラグ下方 8 mm の水平断面，1 000 rpm，WOT，モータリング．

な流速成分が得られる．カラーパターンを解読することによって，粒子が上方と下方のどちらからシートに突入したかを判別する．

この手法には，データ密度が 2 次元計測の場合の 1/10 程度に抑えられるという問題がある．また，シートに垂直な流速が大きくなるほど粒子軌跡は短くなり測定精度が低下するという原理的な矛盾がある．しかし，シリンダ内に閉じ込められた流れ場では，流れの方向がわかればその構造をある程度理解できることも多いので，利用の仕方によっては効果を発揮できる．

図 1.20 は，タンブル崩壊過程に当たるタイミングの計測結果である[56]．上段に示すのは垂直断面の流れの撮影結果であり，下段は水平断面の 3 次元計測の結果である．両断面の交線上の流れが類似するものを上下に配置してある．3 次元計測の結果では垂直方向の流速を 3 水準に分類し，薄いシャドウで上昇する流れを，濃いシャドウで下降する流れを，シャドウなしで水平な流れを表現している．垂直断面の流れの

パターンに関係なく，水平断面には互いに逆方向に旋回する一対の水平渦が存在することが導かれている．

d．高速度ビデオを使った PIV

表 1.2 に高速度ビデオシステムの一覧を示す[3]．高速度撮影に関する最近の技術展開として，フィルムやテープなどのメディアを介さず，画像をメモリに直接記録するシステムが出現したことがあげられる．最高速のシステムでは 256×256 の分解能で毎秒 4 500 コマ，128×128 で毎秒 13 500 コマの速度で撮影が可能である．高速化に伴う光量の不足を補うためにイメージインテンシファイアを用いる場合が多いことや，画像データは最終的に画像処理装置に転送されることを考えれば，空間分解能がそれほど高くないことが問題になることは少なく，撮影当初からデータがディジタル化され，その後の行程で分解能が維持されることに意義があると考えられる．

時間連続の撮影結果は，各フレームごとの画像情報に加えフレーム間にまたがる微分情報を含むため，分解能が低い場合でも強い印象を与える．流れ場の微細

表1.2 代表的な高速度ビデオシステムの特性[3]

機種名	撮影速度	撮像素子分解能	記録方式
コダック SP2000-C	2 000 fps (フルフレーム) 12 000 fps (分割フレーム)	192×240 (フルフレーム)	専用テープ
ナック HVC-1000	500 field/s (フルサイズ) 1 000 field/s (分割サイズ)	180×240 (フルフレーム)	VHS テープ S-VHS テープ
コダック エクタプロ IMG6000	1 000 fps (フルフレーム) 6 000 fps (分割フレーム)	192×238 (フルフレーム)	IC メモリ
フォトロン ファーストカム アルチマ	4 500 fps (フルフレーム)	256×256×8bit (フルフレーム)	IC メモリ
コダック HS4540	40 500 fps (分割フレーム)		

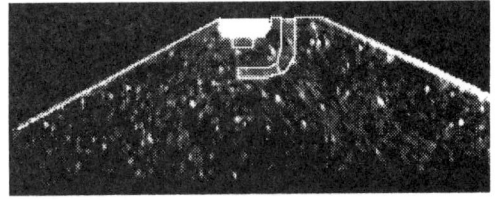

(a) 単一フレームの画像

(b) 粒子の識別，重心点の抽出

(c) 重心点の連続5フレームの重ね合せ

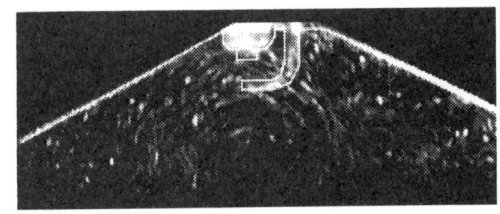

(d) 画像演算による粒子軌跡の抽出

図 1.21 高速度撮影結果からの流速情報の抽出[3]
燃焼室中心の垂直断面，1 000 rpm，WOT，モータリング．

構造を解析する場合にはスチルカメラなど高解像度のデバイスを用いる必要があるが，流れ場の構造の変化を大づかみに理解したい場合には高速度ビデオを使用することが有効である．シリンダ内の流れ場で形成される渦の中には連続する流線を完成させる前に変形，崩壊してしまうものが多い．瞬時の画像ではこれらを湾曲した流れとしかとらえられず，そこからは渦の存在を察知できない可能性がある．時間連続の画像であれば，このような渦も旋回する流れとして認識することができる．

時間連続の撮影では連続発振のレーザを光源とすることが前提であり，鮮明な画像を得るため樹脂バルーンをトレーサ粒子とすることが適している．得られた画像データのすべてをディジタルで保管するには膨大な容量のメモリが必要になるため，現実的には撮影結果をコンポーネント信号など劣化の少ないアナログ信号に変換し，任意のフレームへのランダムアクセスが可能な光ディスクに蓄積するのが合理的である．

高速度撮影の結果から定量的な速度情報を得たい場合には，図1.21に示す処理を行えばよい[3]．図(a)は，点火プラグ近傍の流れを毎秒4 500コマで撮影した際の単一フレームの画像データである．エンジン回転速度は1 000 rpmである．1フレームの間の粒子の移動はわずかであり，粒子軌跡というよりは粒子画像に近いデータとなっている．したがって，この結果から速度情報を得るためには多フレームのデータを用いることが必要である．解析の手法としては次の二つが考えられる．

一つは，画像解析による粒子の識別に基づく手法である．図(b)は図(a)の画像から粒子を識別した結果である．輪郭処理によって閉空間を識別し，その重心点を粒子座標と定義している．連続5フレームの粒子座標点を重ね合わせたものが図(c)であり，これらを結ぶ線として流速が求められる．ここでは流れの方向を示すため，最終フレームのデータを大きいシンボルで示してある．

他の手法は画像データの直接演算によるものである．図(d)がその結果であり，連続5フレームの画像

データを合成することで粒子軌跡を得ている．このとき，後のフレームになるほど輝度が高くなるよう重み付けし，軌跡上の輝度の明暗によって流れの方向を識別できるようにする．粒子軌跡を得るだけなら，単に撮影速度を低下させ露光時間を伸ばせばよいが，方向を予測できない複雑な流れに対しては，高速度撮影の結果を用いて方向の情報を得るこの手法が有効である．

[桑原一成]

1.2 噴霧の計測解析

噴霧燃焼を行うディーゼルエンジンでは，燃料噴霧の特性は燃焼や有害排出物の生成に多大な影響を及ぼす因子であり，液滴の微粒化を主として噴霧特性を最適化するために数多くの研究が行われている．最近発表された筒内噴射ガソリンエンジンでは，部分負荷域と高負荷域で層状混合燃焼と均一混合燃焼を切り替えており，燃焼噴霧の高度な制御がシステムを成立させるためのキーポイントとなっている．通常のガソリンエンジンでも，ポート内で吸気バルブに向かって噴射された燃料の一部は液滴のままシリンダ内に流入するため，噴霧特性が燃焼に及ぼす影響は少なからずある．

燃料噴霧の制御項目は，マクロな混合を支配する到達距離，広がり角，平均液滴径などや，ミクロな混合に関与する燃料液滴の挙動や分散などの多岐にわたる．非定常噴霧では，これらの特性の時間変化も重要な制御対象になる．これらを考慮して噴霧特性の最適化を進めるためには，種々の計測法を利用して複雑な噴霧の構造や挙動を明らかにすることが重要である．

1.2.1 噴霧外形の観測

非定常な燃料噴霧の挙動には多くのサイクル変動要因が関与しているが，マクロな挙動を見る限りではそのサイクル再現性は高い．したがって，到達距離や広がり角などを指標に噴霧形状を時間追跡する場合は，マイクロフラッシュ光源とスチルカメラを使ってストロボスコピックに撮影を行うことで十分なことが多い．すなわち，カメラのシャッタを開放にしている間に1回の露光を行う撮影法によって，露光時刻をずらしながら多サイクルにわたり撮影を行う．サイクル

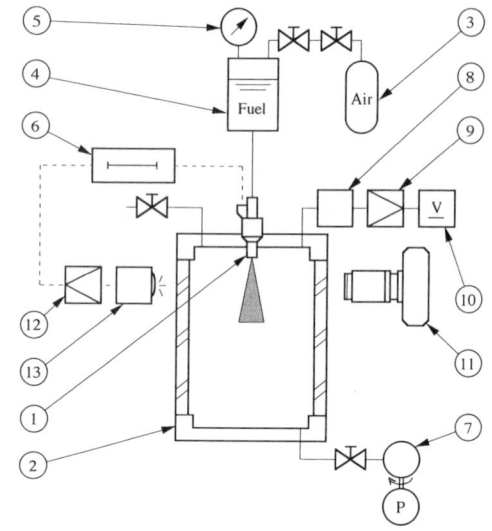

1. Injector
2. Constant volume chamber
3. Air cylinder
4. Accumulator
5. Pressure gauge
6. Control circuit
7. Vacuume pump
8. Pressure sensor
9. Amplifier
10. Digital voltmeter
11. Camera
12. Amplifier
13. Micro-flash

図1.22 燃料噴霧のストロボ撮影装置

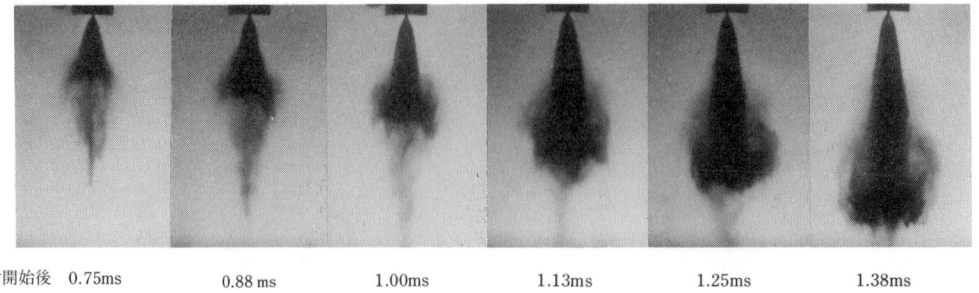

噴射開始後　0.75ms　　0.88 ms　　1.00ms　　1.13ms　　1.25ms　　1.38ms

図1.23 ピントルノズルにより形成される燃料噴霧の挙動
噴射圧力：13.3 MPa，雰囲気圧力：100 kPa，常温．

変動が小さいことを前提にすれば，異なるサイクル，異なる時刻の画像を並べて現象の時間変化を求めることができる．

図 1.22 に撮影装置の配置を，図 1.23 に観測結果の一例を示す．噴霧後方にカメラに対向するように光源を設置し，噴霧を透過する光が途中で減衰する様子を撮影することによって噴霧液相部の外形を影としてとらえることができる（背景光撮影法）．噴霧を通過する光を平行光にしシュリーレン・シャドウグラフ光学系を組んで撮影を行えば，噴霧気相部の形状を可視化することもできる．

観測窓の配置に制約がある場合は，カメラ側や噴霧側方から光を照射することによって噴霧液相部からの散乱光を撮影することもあるが，観測窓や壁面からの反射光による妨害があり，コントラストの高い画像を得ることはむずかしい．

1.2.2 噴霧断面の観測（レーザシート法）

噴霧内部の構造や燃料液滴の挙動を調べるには，レーザシートを噴霧断面に照射したときの散乱光を観測する手法が有効である[57~59]．具体的な撮影法には流れの計測と同様に，連続発振のレーザと高速度ビデオを組み合わせた時間連続の撮影，連続発振のレーザとスチルカメラによる粒子軌跡の撮影，パルスレーザとスチルカメラによる粒子画像の撮影がある．

以下に，筒内噴射ガソリンエンジン用の電磁式スワールインジェクタによって形成される噴霧の観測結果[60]を紹介する．

図 1.24 は，6 W のアルゴンイオンレーザを光源とし，噴霧の垂直・水平断面の様相を高速度ビデオで撮影した結果である[60]．これによって噴霧内部の構造や燃料の空間分布，その時間変化，噴霧周辺の空気流動と噴霧運動の相互作用などを明らかにすることができる．雰囲気圧力に応じて噴霧構造が変化しているが，筒内噴射ガソリンエンジンではこの特性を利用して混合制御を行っている．吸気行程噴射に相当する常圧の条件では均一混合を実現する広い分散構造の噴霧が，圧縮行程噴射に対応する条件では層状混合をねらいにするコンパクトな構造の噴霧が形成されているのがわかる．

図 1.25 は，レーザシートと拡大光学系を組み合わせてインジェクタ噴孔近傍の燃料液滴を観測した例である[60]．Nd：YAG レーザを用いて液滴の粒子画像を撮影している．高倍率の撮影では光学系の F 値が大きくなるため，高出力のパルスレーザによって光量不足を補う必要がある．シートが光学系の焦点深度に比べて厚くなると粒子画像の大半は回折像となるため，数密度の高い領域で個々の液滴を分離してとらえるこ

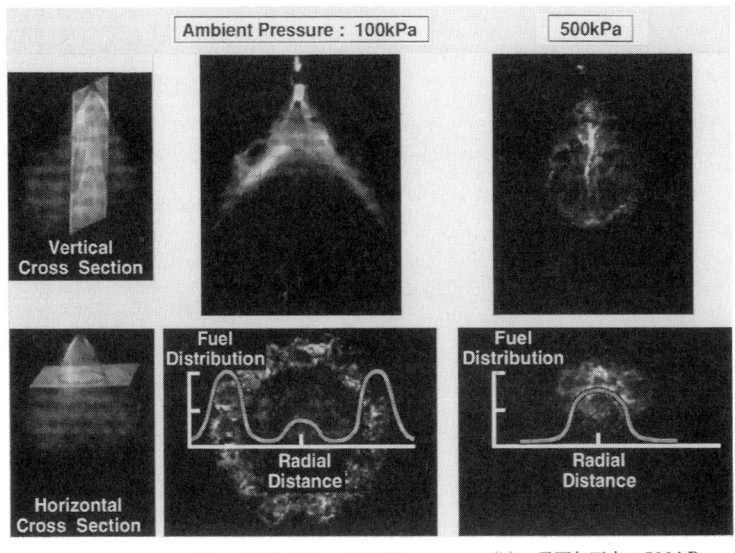

(a) 雰囲気圧力：100 kPa　　(b) 雰囲気圧力：500 kPa
　　（吸気行程噴射に相当）　　　　（圧縮行程噴射に相当）

図 1.24 筒内噴射ガソリンエンジン用のインジェクタで形成される燃料噴霧の断面構造[60]
電磁式スワールインジェクタ，噴射圧力：5 MPa，常温，空気雰囲気．

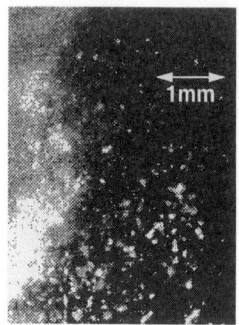 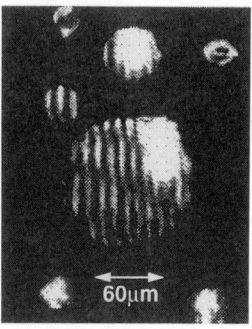

図1.25 噴孔近傍の拡大撮影結果[60]
電磁式スワールインジェクタ,噴射圧力:5 MPa,
雰囲気圧力:100 kPa,常温,空気雰囲気.

図1.27 噴霧運動によって誘起される周辺空気の旋回運動[60]
電磁式スワールインジェクタ,噴射圧力:5 MPa,雰囲気圧力:100 kPa,常温,空気雰囲気.

とができなくなる.

図1.26は,アルゴンイオンレーザの発光期間を比較的長く設定し,噴霧内部や周辺の燃料液滴の挙動を粒子軌跡として撮影した結果である[60].表層部の液滴がスワール旋回方向の速度成分をもって整然と運動しているのに対し,内部の液滴の運動は乱れている.この結果は,燃料液滴の挙動を記述するためには液滴自身が作る空気の流れと液滴の運動との干渉を考慮することが必要であることを示している.この画像では個々の液滴を分離してとらえることができており,これは粒子を軌跡として撮影することの意義の一つであると考える.

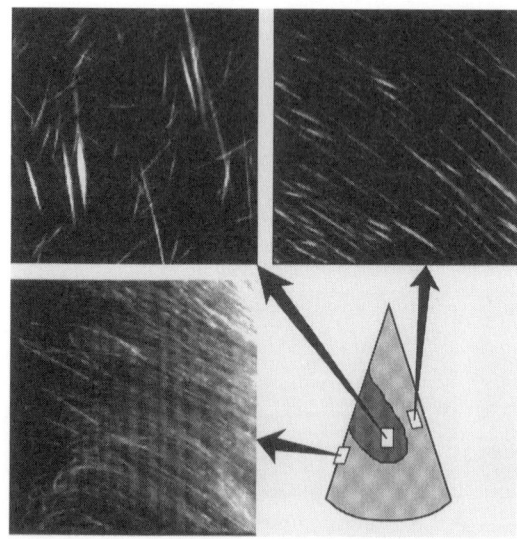

図1.26 噴霧表層部と内部の燃料液滴軌跡[60]
電磁式スワールインジェクタ,噴射圧力:5 MPa,
雰囲気圧力:100 kPa,常温,空気雰囲気.

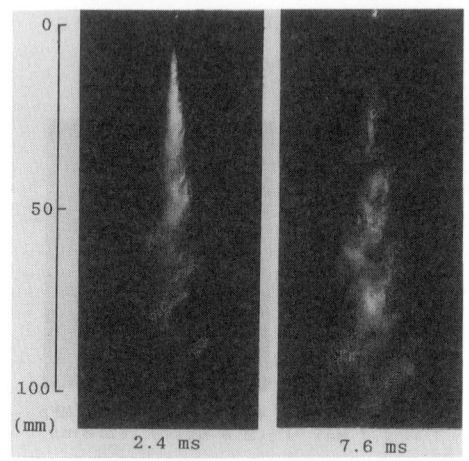

(a) 噴霧中心軸を通る垂直断面

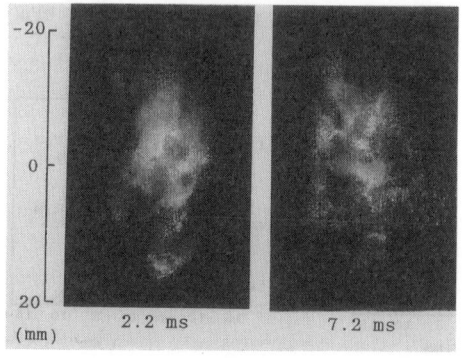

(b) 斜め断面

図1.28 ディーゼル噴霧の断面構造[58]
噴射圧力:49.1 MPa,噴射期間 3.6 ms,雰囲気圧力:1.57 MPa,常温,窒素雰囲気.

図1.27は，噴霧周辺の雰囲気中に樹脂バルーンをシードし，噴霧運動が引き起こす空気流動の粒子軌跡をとらえたものである[60]．スワール旋回方向の速度成分が与えられた液滴に引きずられて周辺の空気が旋回運動を行う状況が認められる．この手法によって噴霧の運動や噴霧内への空気導入の状況を解析することができる[58,59]．

ここで，ディーゼル噴霧の観測結果[58]の一例を図1.28に示しておく．Nd：YAGレーザと35mmスチルカメラを用いた高解像度の撮影によって，噴霧内部の微細な構造をとらえることができている．垂直断面と斜め断面の観測結果を組み合わせることにより，垂直断面で見られる枝状の構造が，3次元的な一種のコーン状の形状の稜線が現れているものであることを導いている．

レーザシート法による噴霧観測の応用例としてシリコンオイル粒子散乱法がある[63]．予めシリコンオイルを混入した燃料を高温場に噴射すると，燃料が蒸発した後もシリコンオイルの微粒子が残留する．この微粒子をトレーサとして燃料蒸気を可視化する手法であり，得られる散乱光強度から燃料蒸気濃度を見積もることができる可能性がある．

1.2.3 局所の計測

液滴の粒径や数密度など噴霧内部の局所情報を得るための計測法には，表1.3に示す各種の光学的手法がある[64]．いずれの手法もミーの理論（Mie theory）に基づくものであるが，計測原理によって適用可能な粒径・密度範囲が異なっている．有用性を考慮すると高密度域への適用の限界が高いことが重要であり，この点で透過光減衰法と位相ドップラ法（PDPA：Phase Dopplar Particle Analysis）が効果的である．回折を利用する手法があるが，適用限界の液滴密度が抑えられ，また乱れが光学的外乱になりやすいためシリンダ内への適用は困難である．

a. 透過光減衰法

透過光減衰法は，噴霧内の局所液滴密度と噴霧全体のザウタ平均粒径を求めるために用いられ[65~69]，高密度域への適用範囲が最も広い手法の1つである．また，光学系が簡単であるという利点がある．

粒径D，数密度Nの粒子群の中を平行光が通過するときの減衰率は，ランバート-ベールの法則（Lambert-Beer law）によって次式のように表される．

$$I/I_0 = \exp(-Q_{ext} \pi D^2 NL/4) \quad (1.9)$$

ここで，I_0：入射光強度，I：透過光強度，I/I_0：減衰率，Q_{ext}：減衰係数，L：光路長である．この関係は，多重散乱の影響を無視できる条件で成立する．燃料液滴の場合，特定の波長帯以外では吸収による減衰を無視し，散乱だけを考慮すればよく，減衰係数（散乱係数）はミーの理論によって粒径パラメータ（$\pi D/\lambda$，λ：波長）と屈折率の関数で与えられる．粒径が$5\mu m$以上，粒径パラメータが30以上，光学系の検出半角が0.1°以下の条件では減衰係数を2.0とすることが

表1.3 噴霧内部の局所情報を得るための光学的計測法[64]

計測法	計測項目	光学系	内容
ホログラフィ法	液滴径	透過型光学系 コヒーレント光	・単一液滴の回折像（ホログラム）を解析 ・小粒子の情報を見逃さないため広角レンズを使用 ・比較的液滴密度の低い領域に適用 ・画像計測による複数粒子の解析が可能
フラウンホーファ回折法	液滴径	透過型光学系 コヒーレント光	・粒子群によるフラウンホーファ回折縞を解析 ・粒径分布関数を仮定 ・適用限界の液滴密度はホログラフィ法と透過光減衰法の中間
透過光減衰法	噴霧全体の平均液滴径 局所の液滴密度	透過型光学系	・平行光の減衰率を計測 ・アパーチャを用いて検出半角を規定 ・高密度域への適用範囲が広い ・噴霧根本付近への適用困難 ・画像計測が可能
位相ドップラ法（PDPA：Phase Dopplar Particle Analysis）	液滴径 液滴速度	LDV光学系 コヒーレント光 複数の検出器	・ドップラバースト信号の周波数と空間位相を検出 ・高密度域への適用限界が高い ・噴霧根本付近への適用困難

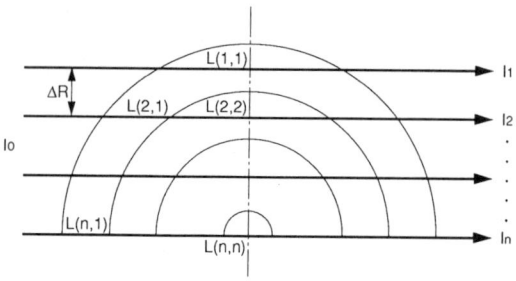

図 1.29 同心円モデル[65,66]

できる．計測のポイントは透過光を一旦集光し，集光点にアパーチャを置くことによって検出半角を規定することにある．

軸対称噴霧の場合，光路上の積算値である減衰率の計測データから局所燃料量を抽出するため，図1.29に示す同心円モデルを用いる[65,66]．最外層を通る光路の減衰率からこの層の液滴面積密度 $\gamma(1)(=\pi D^2 N(1)/4)$ を求め，この値を反映させながら順次内側の層の値を求めていくと，外側から i 番目の層の値 $\gamma(i)$ は次式によって与えられる．

$$\gamma(i) = [(-1/Q_{ext}) \cdot \log(I/I_0) - \sum_{j=1}^{i-1} \gamma(j) 2L(i,j)] / \{2L(i,i)\} \quad (1.10)$$

液滴面積密度の空間分布が得られれば，噴霧全体のザウタ平均粒径 D_{32}，局所の液滴密度 $C_f(r,z)$ は次式によって求められる．

$$D_{32} = 3/2 \cdot Q / \{\sum_z \sum_r \gamma(r,z) V(r,z)\} \quad (1.11)$$
$$C_f(r,z) = 2/3 \cdot D_{32} \gamma(r,z) \quad (1.12)$$

ここで，r：半径方向座標，z：軸方向座標，$V(r,z)$：座標 (r,z) にある層の体積，Q：燃料噴射量である．

同心円モデルを適用できない非軸対象噴霧に対しては，多方向からの計測データに CT（Computed Tomography）処理を施すことによって局所情報が求められる[66~68]．

これらの断面処理は，サイクル変動成分を除去したデータに対して行われるもので，処理に先立って多サイクルのデータを収集し，平均化することが必要である．

図 1.30 は，同心円モデルを用いてディーゼル噴霧内の液滴密度分布を求めた結果である[66]．上段の画像に見られる壁面衝突噴霧に対し，ヘリウム−ネオンレーザのスリット光とフォトダイオードアレイによる

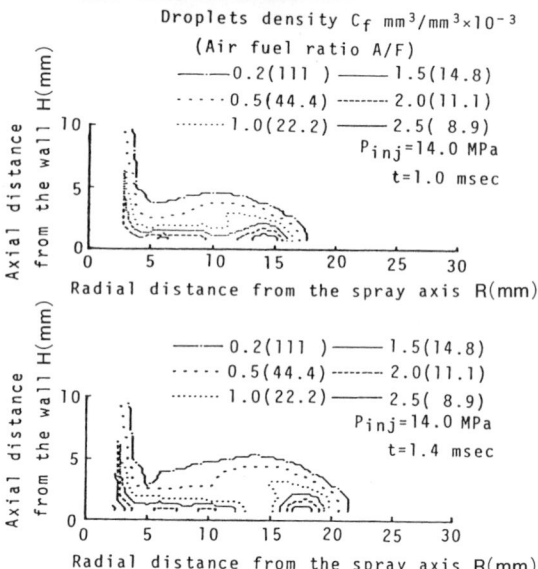

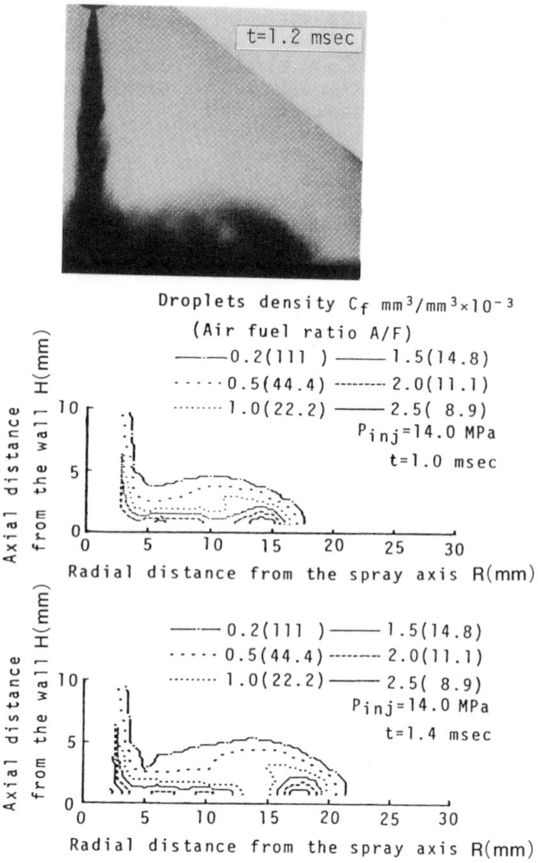

図 1.30 壁面衝突ディーゼル噴霧内の液滴密度分布[66]
ノズル位置：壁面上方 20 mm，噴射圧力：14 MPa，噴射期間：1.2 ms，雰囲気密度：18.5 kg/m³，常温．

1次元計測を噴霧軸方向にトラバースしながら行い，噴霧全体像を構成している．同心円モデルを用いた解析の問題点は誤差が内側の層に向かって蓄積されていくことであり，噴霧軸近傍で妥当な結果を得るためには細心の注意を払って精度の高い計測を行うことが必要である．

実際のエンジンの中では燃焼室形状や噴霧の挙動が複雑であり，また計測の方向が限定されるため，以上のような断面処理を適用することは困難である．

注目すべき透過光減衰法の応用に，蒸発噴霧を計測の対象とし，吸収による減衰を積極的に利用して気相と液相の燃料量を分離する手法がある（紫外・可視光2波長吸収・散乱光度法）．図1.31はこの手法の概略を示したものである[70]．α-メチルナフタレンを燃料とすると，560 nm の可視光では液滴散乱のみによる

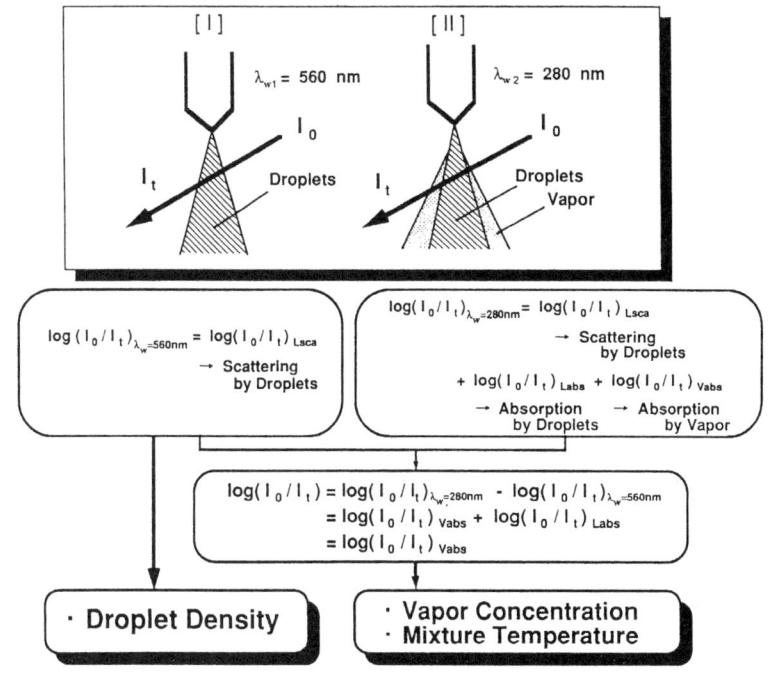

図 1.31 紫外・可視光 2 波長吸収・散乱光度法の原理[70]

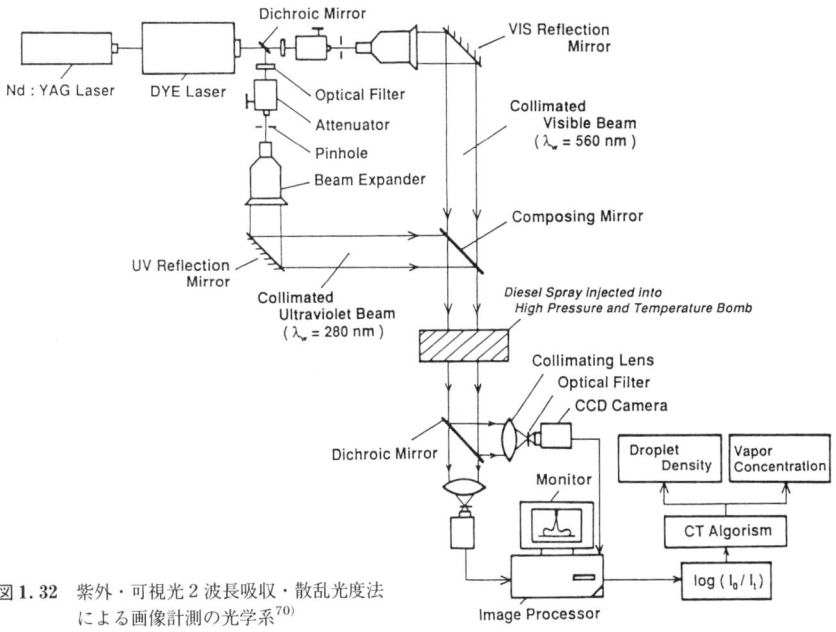

図 1.32 紫外・可視光 2 波長吸収・散乱光度法による画像計測の光学系[70]

減衰が生じ，280 nm の紫外光では液滴散乱と蒸気吸収が減衰の支配的な要因になる．このとき液滴吸収は十分に小さいことがわかっている．このため，紫外光の減衰率は液滴散乱による減衰率と蒸気吸収による減衰率の積として得られると仮定し，可視光のデータを紫外光のデータに反映させることによって，液滴密度と蒸気濃度を分離して求めることができる．なお，減衰率と蒸気密度の間の関係式は後述の赤外吸収法と同

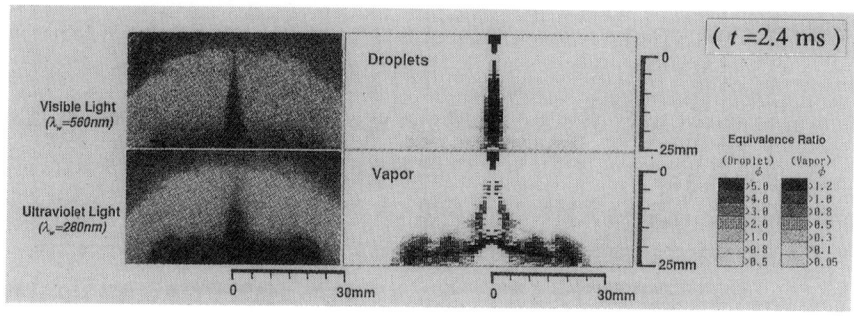

(a) 取込み画像　　　　　　　　(b) 燃料当量比の空間分布

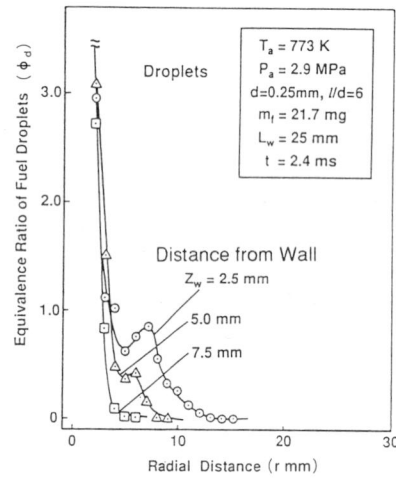

(c) 液滴燃料当量比の半径方向分布

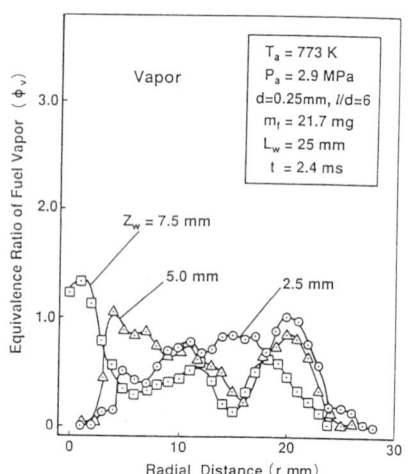

(d) 蒸気燃料当量比の半径方向分布

図1.33　壁面衝突ディーゼル噴霧内の気相・液相燃料濃度分布[70]
ノズル位置：壁面上方25 mm，ノズル開弁圧力：19.6 MPa，燃料噴射量：21.7 mg，
雰囲気圧力：2.9 MPa，雰囲気温度：773 K，窒素雰囲気．

様のかたちをとる．

図1.32に光学系の配置を，図1.33に計測結果の一例を示す[70]．色素レーザによって可視と紫外の光を同時発振し，2台のCCDカメラを用いてそれぞれの減衰率の空間分布を画像データとして求めている．

b．位相ドップラ法（PDPA）

位相ドップラ法（PDPA：Phase Dopplar Particle Analysis）は，LDVに類似の光学系を用いて液滴の速度と粒径の同時計測を行う手法である．すなわち，LDVの計測原理に基づき速度を求めるとともに，ドップラバースト信号を2方向から検出したときの位相差から球形仮定によって粒径を算出する．燃料液滴のように透明な粒子に適用する場合，2次屈折光がドップラバースト信号の生成に対して支配的となる．位相という光減衰の影響を受け難い情報を用いるため比較的高密度域まで適用が可能であるが，計測点に複数の粒子が存在しないことが計測の前提であり，噴霧の根本付近のように液滴密度がきわめて高い領域への適用は困難である．局所の時系列情報を直接求めるため，噴霧内部の空間的，時間的特性を詳細に解析することが可能である[71〜74]．

図1.34に，高圧噴射ガソリン噴霧に対する計測結果を示す．ここでは，速度と粒径の時間変化が多サイクルのアンサンブルデータとして得られている．図1.35は液滴径分散の空間特性を示したものである．液滴個々の情報を収集しているため，液滴の存在確率や速度と粒径の分散など統計的な情報を得ることができることが，この手法の大きな利点である．これらのデータを用いれば，局所の質量流束や運動量を求めることもできる．

［桑原一成］

1.3 混合気の計測解析

エンジンの燃焼制御は，一般に流れや噴霧の制御を通じて混合気形成を操作することによって行われる．

ガソリンエンジンでは基本的に均一混合気を形成することが必要であるが，現実には均一混合の実現は困難である．すなわち，吸気ポート内の気流に乗って輸送される燃料量が時間的に変動することや，シリンダ内に流れ込む混合気の流れがシリンダ軸に対して偏りをもつことによって，混合気はリッチな領域とリーンな領域にマクロに分離される．また，シリンダ内に液滴で供給される燃料が気化，拡散するのに十分な時間がなく，周辺のミクロな領域にリッチな混合気が滞留する状況が発生する．これに対しリーンバーンエンジンでは，希薄燃焼限界を延ばすため混合気にわずかな濃淡を付けた層状混合を意図的に形成する場合もある．ディーゼルエンジンと筒内噴射ガソリンエンジンでは，濃い混合気を形成する空間とタイミング，混合気塊の濃度分布が燃焼特性を決定している．

均一混合気の実現，不均一な混合状態の積極的な利用，いずれを混合制御のアプローチにする場合も，現象の最適化を進めるためには混合気濃度の分布状況を

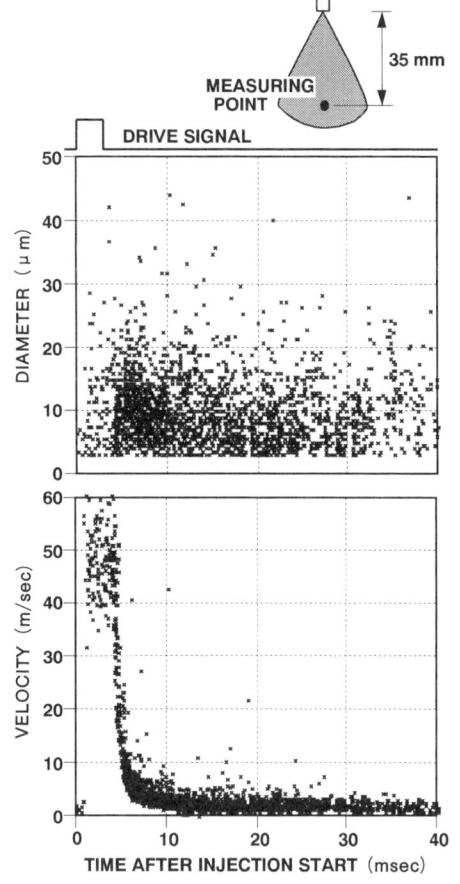

図1.34 噴霧軸上の粒径と流速の時間変化
(多サイクルのアンサンブルデータ)

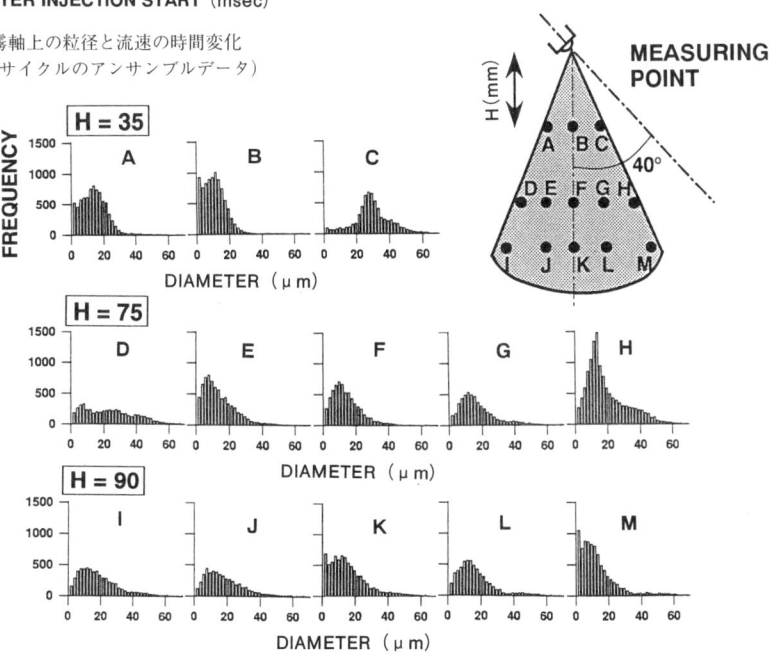

図1.35 燃料噴霧の局所粒径分布

表1.4 レーザ技術を応用した混合気計測の手法

計測法	内 容	信号強度
ラマン散乱法	・振動準位，回転準位間の遷移の分だけ波長がシフトした散乱光 ・ミー散乱，壁面反射光による妨害 ・局所燃料濃度	小
レイリー散乱法	・気体分子による弾性散乱 ・トレーサとして散乱断面積の大きい気体を使用 ・レーザ光源の波長の選択が自由 ・ミー散乱，壁面反射光による妨害 ・局所燃料濃度	↓
レーザ誘起蛍光法 (LIF法：Laser Induced Fluorescence Method)	・燃料に蛍光剤を添加 ・酸素による消光の問題 ・局所燃料濃度 ・エキサイプレクス蛍光法による気層と液層の分離	大
赤外吸収法	・炭化水素の$3.39\,\mu m$の吸収帯 ・ヘリウム-ネオンレーザの赤外発振光を使用 ・光路上の平均的な燃料濃度 ・CT処理によって局所燃料濃度の抽出が可能	大

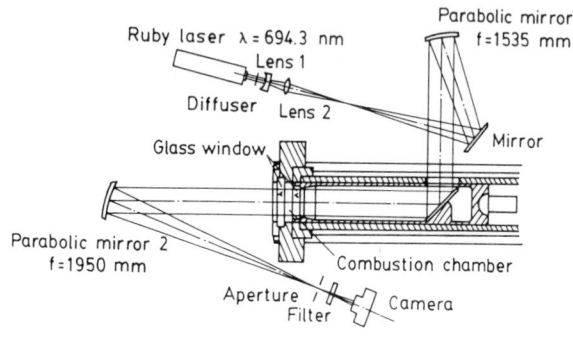
(a) シュリーレン法[75]

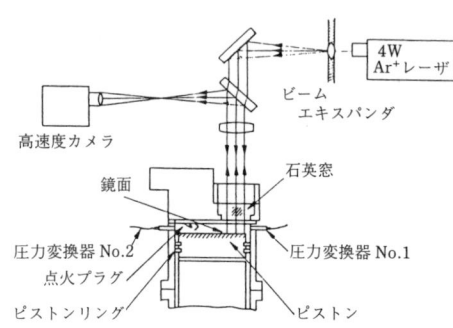
(b) シャドウグラフ法[83]

図1.36 シュリーレン・シャドウグラフ法の光学系

明らかにすることが重要である．

混合気の計測法としては，ここ数年の間にレーザ技術を適用した各種の光学的手法が著しい進歩を遂げている．これらの計測法を表1.4にまとめる．とくにレーザ誘起蛍光法（LIF法：Laser Induced Fluorescence Method）の実用レベルへの展開は，現実に近い条件での局所燃料濃度の定量計測を可能にし，エンジン内現象の診断技術を大幅に向上させた．ここでは，代表的な混合気計測の手法を紹介する．

1.3.1 シュリーレン撮影

シュリーレン撮影（Schlieren Photography）は，場の密度勾配に伴う屈折率の変化をその中を通過する平行光のずれとしてとらえる撮影法である．図1.36に光学系の配置を示す[72,80]．透過光の集光部にアパーチャやナイフエッジを置き，平行光からはずれた光をカットすることによってスクリーン上の画像に場の密度勾配に起因する光の濃淡が与えられる．またアパーチャ，ナイフエッジを取り除けば，画像の濃淡は密度勾配の変化に対応するものになる（シャドウグラフ法）．

これらの撮影法は従来から，燃料蒸気の挙動[75~78]，着火誘導期の火炎核形成[79~82]，ノッキング発生時の圧力波伝播[83,84]，火炎面の乱れ具合[79,85,86]など，直接撮影することが困難な現象を可視化するために活用されてきた．得られる情報が光路上の積算値であること，定量的な解析が困難であることなどの問題もあるが，不可視の現象を定性的，直感的に理解するためには容易で効果的な手法である．

蒸発噴霧に対し，シュリーレン・シャドウグラフ法

1.3 混合気の計測解析

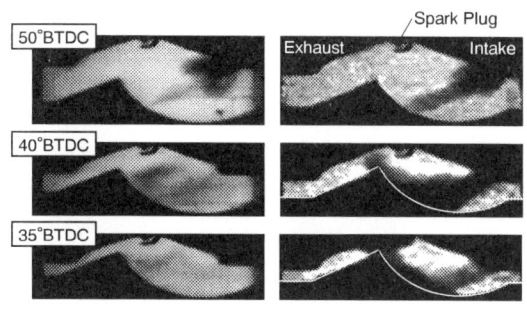

(a) 背景光撮影法　　(b) シャドウグラフ法

図 1.37 筒内噴射ガソリンエンジン内の噴霧挙動[60]
1 000 rpm, WOT, A/F：35, 噴射圧力：5 MPA, 噴射時期：圧縮上死点前 60°CA.

と背景光撮影法による撮影結果を比較することによって噴霧の液相部と気相部を分離してとらえ，その蒸発特性を明らかにすることができる．すなわち，背景光撮影法の対象が液相部であるのに対し，シュリーレン・シャドウグラフ法では液相部とこれを取り巻く気相部を可視化することができる．図 1.37 は，シャドウグラフ法と背景光撮影法によって撮影された筒内噴射ガソリンエンジンの中の噴霧挙動である[60]．湾曲したピストン頂面に向かって噴射された燃料は，ピストンの上昇運動とピストン頂面に沿った流れによって点火プラグ近傍に輸送されるが，この間の燃料の気化が急速に進行していることがわかる．

1.3.2　四塩化チタン法

燃料蒸気のマクロな混合の状況を模擬するのには四塩化チタン法が適している．四塩化チタンの溶液を空気中の水分と反応させると，きわめて微細な酸化チタンの粒子がスモーク状に形成される．これを燃料蒸気のトレーサとして用いる手法であり，四塩化チタン溶液の供給を制御することによってさまざまな空気と酸化チタンの混合状態を実現できる特徴がある．すなわち，空気を溶液中に潜らせれば完全に均一な混合状態が得られるし，空気中に溶液を噴射すれば空間的に偏った状態を作り出すことが可能である．前述の高データ密度 PIV では，この手法によって均一で高密度にトレーサ粒子を供給することが多い[41,42]．

図 1.38 は，強いタンブルを形成する吸気 2 弁エンジンの片方のポートだけに供給した燃料の挙動を模擬したものである[87]．図の右側のポートだけに酸化チタンを供給し，シリンダの下方から照明を与えたとき

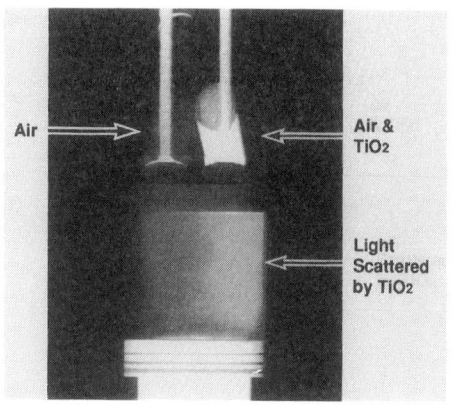

図 1.38 タンブルに支配される混合気形成[87]
500 rpm, WOT, モータリング．

の側方散乱光を撮影している．この結果によれば，それぞれのポートから流入する空気だけの流れと酸化チタンを含む空気の流れの間で層の分離が保たれており，タンブルの旋回軸方向，すなわち図の左右方向への燃料の移動がわずかなことが推測される．

1.3.3　赤 外 吸 収 法

炭化水素系燃料に特有な 3.39 μm の吸収帯がヘリウム-ネオンレーザの発振波長と一致することを利用し，気相燃料中をレーザ光が通過するときの透過率を計測すれば，ランバート-ベールの法則に基づき次式によって燃料モル濃度 C を求めることができる．

$$I/I_0 = \exp(-\varepsilon LC) \quad (1.12)$$

ここで，I：出射光強度，I_0：入射光強度，I/I_0：透過率，ε：モル吸光係数，L：光路長，である．

得られる蒸気濃度は光路上の平均的な値であるが，比較的簡単に高い定量性をもって計測を行うことができる利点がある．前述の同心円モデルや CT 処理を適用すれば，局所燃料濃度を求めることもできる．吸光係数は燃料の種類，圧力，温度の依存性をもつが，メタンとプロパンに対しては温度範囲 285～420 K で次のような実験式が得られ，理論計算結果とほぼ一致することが報告されている[88]．

$$\begin{aligned}\varepsilon &= 1.10\times 10^5 (P/P_0)^{-0.302} \quad \text{(メタン)}\\ \varepsilon &= 1.10\times 10^5 (P/P_0)^{-0.046} \quad \text{(プロパン)}\end{aligned} \quad (1.13)$$

図 1.39 は，火花点火エンジンに燃料としてプロパンを供給し点火プラグ近傍の燃料濃度を計測した結果である[88]．全体としての当量比は 0.64 である．計測

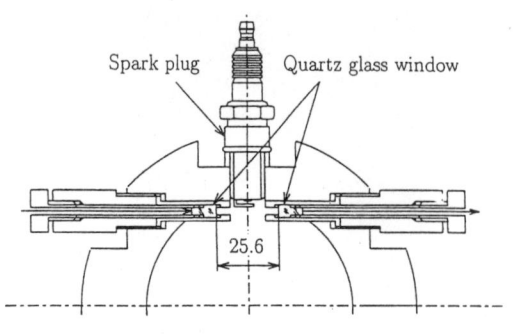

(a) 計測位置

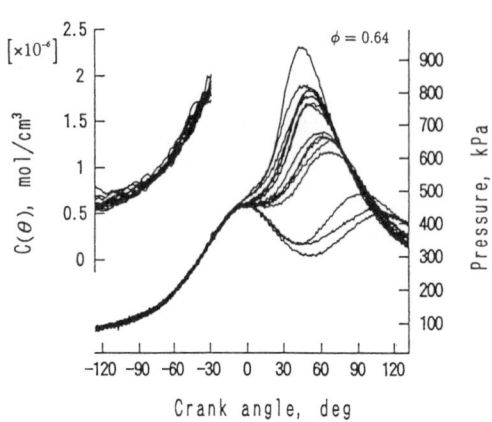

(b) 燃料濃度と指圧のサイクル変動

図 1.39 点火プラグ近傍の燃料濃度計測[88]
1 000 rpm, 体積効率:50%, 当量比:0.64, プロパン.

光路長は 25.6 mm であり, マクロな混合気の偏りであれば検知可能なレベルである. 燃料濃度のサイクル変動は数パーセントに過ぎないのに大きな燃焼変動が生じており, きわめてリーンな条件では混合気濃度の変動の他にも燃焼変動を引き起こす要因があることが示唆される.

1.3.4 レイリー散乱法

レイリー散乱 (Rayleigh scattering) は, 波長より小さい微粒子による分子レベルの散乱である. M 成分から成る混合気体の分子の強度 I_0 のレーザ光を照射する場合, レイリー散乱光の強度 I_r は次式のように表される.

$$I_r = CI_0 N \sum_{i=1}^{M} X_i \sigma_{ri} \quad (1.14)$$

ここで, C:光学系の定数, N:分子数密度, X_i:i 成分のモル分率, σ_{ri}:i 成分のレイリー散乱断面積, である. 気相燃料と空気の 2 成分系を考えると, ある計測条件の燃料濃度 X_f は, 参照条件 (添字 S) における空気のみによる散乱光強度 I_{ras} と既知燃料濃度の均一混合気による散乱光強度 I_{rfs} を用いて, 次式のように求められる.

$$X_f/X_{fs} = k(I_{rf} - I_{ra})/(I_{rfs} - I_{ras}) \quad (1.15)$$

ここで, k は参照条件と計測条件の間の密度の比である.

レイリー散乱法には, 波長の選択が自由であり目的に応じて各種のレーザを使い分けることができる利点がある反面, 気体中に浮遊する粒子のミー散乱や壁面の反射光による障害を受けやすいという問題がある.

エンジン内の混合気計測にレイリー散乱法を適用した例には, 気体燃料として散乱断面積の大きいフレオ

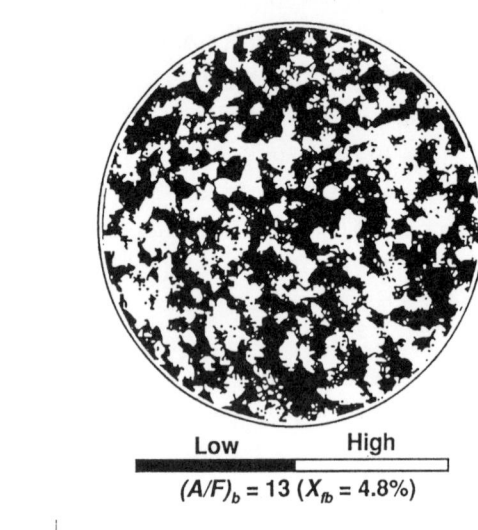

(a) 2 次元燃料濃度分布

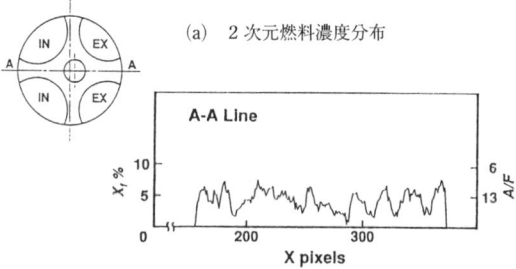

(b) 1 次元燃料濃度分布

図 1.40 燃料室内のプロパン-空気混合気濃度分布[91]
シリンダヘッド下方 6 mm の水平断面, 200 rpm, 体積効率:63.7%, A/F:13, 燃料噴射時期:排気上死点後 50°CA, 撮影時期:圧縮上死点前 90°CA.

ン12[86,87]やプロパン[88]を用いたものがある．図1.40は，ポート内にプロパンを噴射し燃焼室内でその濃度分布を計測した結果の一例である[91]．ここでは，Nd：YAGレーザ（波長：532 nm，出力：180 mJ/6 ns）のシート光を用い，得られるレイリー散乱光をイメージインテンシファイアとCCDカメラの組合せによって検出している．(a)は水平断面の燃料濃度分布を全体としてのA/F13をしきい値として2値化表示したもので，(b)は(a)のA-A線上の濃度分布である．燃焼室の全域にわたり，小スケールで不均質な混合気塊が存在する状況がとらえられている．

1.3.5 レーザ誘起蛍光法（LIF法）

レーザ誘起蛍光法（LIF法：Laser Induced Fluorescence Method）とは，強力なレーザ光によって電子励起された化学種が下順位に遷移する際に発する蛍光を検出する手法である．レーザの波長を化学種に固有の吸収帯にチューニングしておけば，この化学種だけを選択的に発光させることができる．LIF法を局所的な混合気濃度の計測に適用する場合，予め燃料に蛍光剤を添加しておき，この燃料を供給した場にレーザシートを照射してこの断面上の燃料濃度分布に対応する蛍光強度分布をとらえる．この蛍光は微弱で紫外域にあることも多いため，撮影に際してはイメージインテンシファイアによって光増幅，波長変換を行うことが必要である．蛍光の放射過程には温度・圧力依存性が高い確率過程が介在するため，燃焼場の計測で蛍光強度から定量的な情報を得ることは困難である．しかし，非燃焼の場では蛍光強度分布は燃料濃度分布と相対的に一致するし，予め燃料濃度と蛍光強度の関係に対する温度と圧力の依存性を検定しておけば定量的な燃料濃度を求めることができる．

LIF法による混合気計測の応用として，燃料の気層と液層を分離して検出することができるレーザ誘起エキサイプレックス蛍光法（LIEF法：Laser Induced Exciplex Fluorescence Method）がある．これは，特定の蛍光剤が気層では単体として励起されるが，分子間の衝突確率が高い液層では他の分子と励起錯体（エキサイプレックス）を形成し，両者の蛍光波長が異なるという特徴をもつことを利用している．

蛍光剤に要求される条件としては，蛍光強度が強いこと，酸素による消光の影響が少ないこと，沸点が燃料の沸点に近いことなどがあげられる．ディーゼル噴

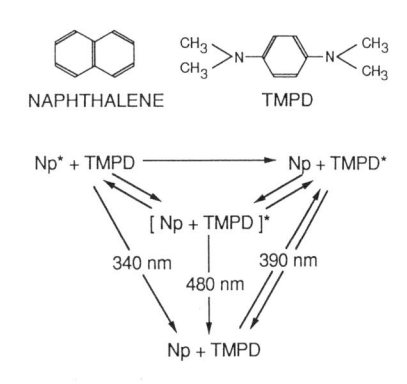

図1.41 TMPDとナフタレンによるエキサイプレックスのシステム[92]

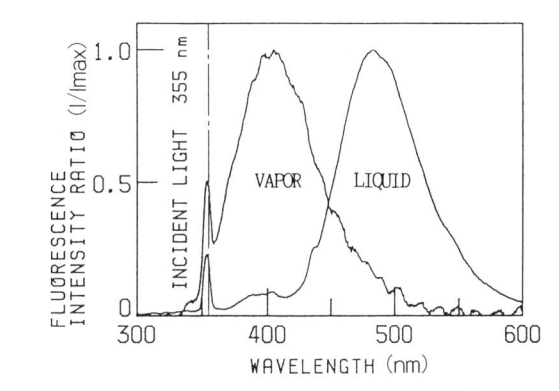

図1.42 蛍光のスペクトル特性[94]
デカン90%，ナフタレン9%，TMPD 1%の質量割合．

霧に対しては，メルトン（Melton）らによって提唱されたTMPD（N,N,N′,N′-tetramethyl-p-phenylenediamine）とナフタレンを蛍光剤とするエキサイプレックスのシステム（図1.41）を適用するのが一般的である[92~94]．図1.42に，このシステムによって得られる蛍光のスペクトル特性を示す[94]．TMPDは気相では波長390 nmにピークをもつ蛍光を発するが，液相ではナフタレンと励起錯体を形成し蛍光のピークを490 nmへとシフトさせるため，それぞれの蛍光を分光観測することによって燃料の気相と液相を分離することができる．図1.43はこのための光学系の一例である[94]．蛍光剤を励起するためには蛍光スペクトルより短波長側にある，すなわち量子エネルギーの大きい光が必要であり，この場合はNd：YAGレーザの第3高調波（波長：355 nm）が適当である．また，消光を避けるため，窒素雰囲気の中に場を形成することが求められる．図1.44は，デカンを燃料として高温壁面に衝突するディーゼル噴霧の挙動を調べた結果

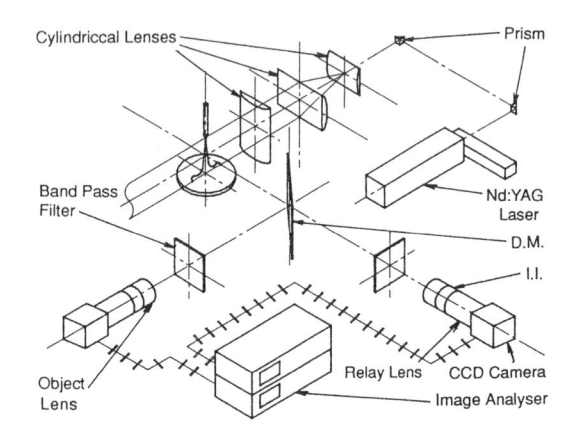

図 1.43 LIEF 法による混合気計測の光学系[94]

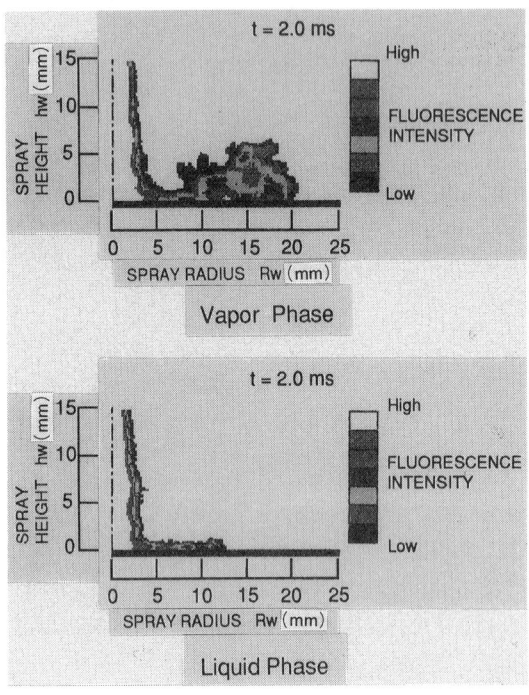

図 1.44 壁面衝突ディーゼル噴霧の気相・液相分離結果[94]
デカン 90%, ナフタレン 9%, TMPD 1% の質量割合, Nd:YAG レーザ (355nm, 60mJ/8ns, ノズル位置：壁面上方 24mm, 噴射圧力：16.4MPa, 噴射期間：1.8ms, 雰囲気密度：12.3kg/m³, 雰囲気温度：700K, 壁面温度：550K.

適性を調べ，蒸発特性がガソリンに類似し蛍光強度が酸素の影響を受け難いエチルメチルケトンのポテンシャルが高いことを結論づけている[95]．また，これを燃料とし，キセノン-塩素エキシマレーザ（波長：308 nm）を光源としてシリンダ内の局所混合気濃度を定量化することに成功している．バリトウ（Baritaud）らは，イソオクタンにビアセチルをドープして図 1.45 のように燃焼室内の混合気分布を可視化し，流れの構造が燃料濃度の不均一性に及ぼす影響について検討している[96]．ヨハンソン（Johansson）らは，酸素による消光を無視できイソオクタンに類似した蒸発特性をもつ 3-ペンタノン（ジエチルケトン）を見出し，イソオクタンにこれを 2% 添加した燃料とクリプトン-フッ素エキシマレーザ（波長：248 nm）を用いて当量比 0.03 以内の誤差で燃料濃度の定量計測が可能であることを報告している[97]．その他にもアセトン[98]を用いたり，ガソリンそのものの蛍光特性を利用するアプローチが提案されている[99,100]．

単一成分燃料であるイソオクタンに蛍光剤を添加する手法が主流であるが，この場合，燃料の気化・混合過程が現実の燃料，すなわち多成分燃料であるガソリンの場合と異なることが問題である．一方，ガソリンそのものの蛍光特性を利用する場合にも，紫外域にある励起光の吸収が強すぎ減衰が著しいという問題が生じる．伊東らはこれらの点を指摘し，より現実的な混

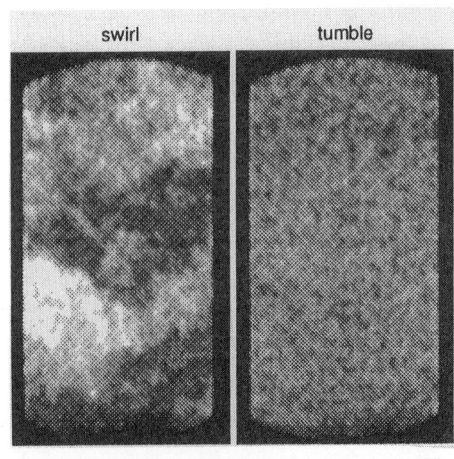

図 1.45 筒内流動が混合気濃度分布に及ぼす影響[96]
イソオクタン 98%, ビアセチル 2% の容積割合, Nd:YAG レーザ (355 nm, 80 mJ/パルス), シリンダヘッド下方 8 mm の水平断面, 2 400 rpm, 体積効率：100%, 当量比：1, 燃料噴射時期：圧縮上死点前 60°CA, 撮影時期：圧縮上死点前 25°CA.

である[94]．液相が壁面近傍にしか存在しないのに対し，気相は壁面上方に発達しており，蒸発が進行している状況を見て取れる．

火花点火エンジンの計測では種々の蛍光剤の有用性が提案されている．ローレンツ（Lawrenz）らはアルデヒド，ケトン類のいくつかについて蛍光剤としての

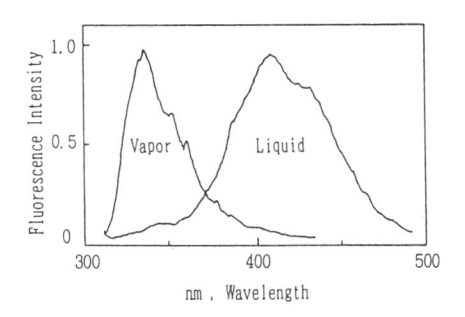

図 1.46 蛍光のスペクトル特性[102]
ガソリン 90％, ナフタレン 5％, DMA 5％
の質量割合.

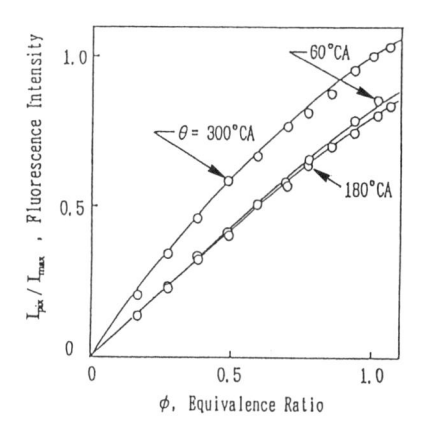

図 1.47 各クランク角における予混合気濃度
と蛍光強度の間の関係[102]
ガソリン 90％, ナフタレン 5％,
DMA 5％の質量割合.

合気計測を行うため，ガソリンと類似の蒸留特性をもち紫外励起光の吸収が弱く蛍光強度が強いという特性を備えた合成燃料を開発した[101].

火花点火エンジンに適用可能なエキサイプレクスのシステムとしては，清水らによって開発された DMA (N,N-dimethylaniline) とナフタレンのシステムが代表的である．図 1.46 に蛍光のスペクトル特性を示す[102]．これらの蛍光を得るためには，キセノン・塩素エキシマレーザを光源とすることが適当である．図 1.47 は燃焼室内で気相の蛍光強度と混合気濃度の間の関係を求めた較正曲線であり，このシステムによって混合気濃度を定量化することが妥当であることがわかる[99]．図 1.48 は燃焼室内の混合気形成過程を調べた結果である[102]．これには，シリンダ内に液相のまま流入した燃料も吸気行程の終わりにはほとんど気化してしまう状況が示されている．　　　[桑原一成]

1.4 燃焼の計測解析

1.4.1 指圧解析

指圧はエンジン内の状態を総括的に表す情報である．このデータの熱力学的な解析によって熱発生のプロフィールやサイクルの仕事，効率を求めたり，その結果のサイクル変動という統計的な情報を用いて燃焼状態を評価することがエンジンの燃焼解析の主要であることは言うまでもない．最近では，筒内圧センサがオンボードのエンジン制御用センサとして用いられる

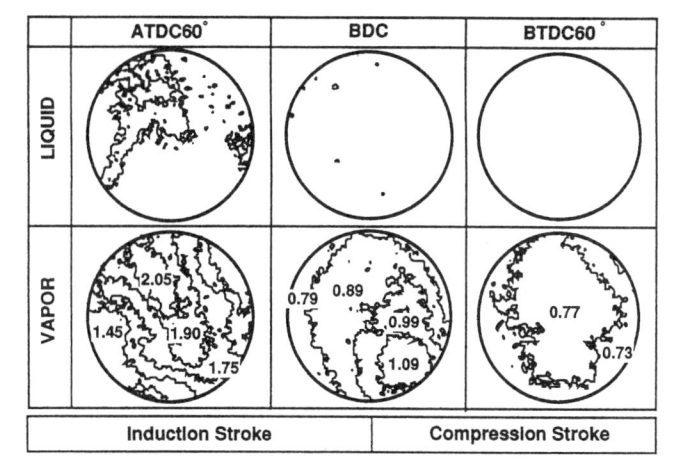

図 1.48 燃焼室内の気相・液相燃料分布[102]
ガソリン 90％, ナフタレン 5％, DMA 5％の質量割合, 点火プラグ下方 23 mm の水平断面, 1 200 rpm, 吸気圧力：−35 kPa, 当量比：0.8, 燃料噴射時期：排気上死点後 40°CA．

ようになり，指圧を利用した燃焼評価がエンジン制御ロジックに組み込まれようともしている．ここに，注目すべき指圧解析の例を紹介する．

a. DSPによるリアルタイムの指圧解析

エンジンの指圧解析ではクランク角1°前後の分解能で指圧データを取得する必要があるため，従来は専用機を用いて連続数千サイクルのデータ蓄積，解析が限界であった．ところが最近になって，DSP（Digital Signal Processor）技術の適用によってリアルタイムに指圧解析の計算を行い，このため膨大な指圧データの保管を不要とするシステムが出現した．図1.49にこのシステムの構成を示す[103]．

このシステムの利点としては，事実上無限大と見なせる連続サイクルの解析が可能で，実車の排ガスモード運転全体にわたる燃焼解析を実現できること，統計処理機能を利用して燃焼変動率などをモニタしながら運転条件を設定できることがあげられる．図1.50は解析結果の一例である．

b. 副室付ディーゼルエンジンの指圧解析

副室付ディーゼルエンジンでは燃焼室が主室と副室に分割されているため，圧縮，燃焼，膨張の期間中に連絡孔を通してガスの移動が起こる．このため，通常のエンジンの場合のように密閉系のエネルギー式を用いて指圧解析を行うことはできない．

この場合の熱力学的な関係式は，主室と副室を分離して考え，ポリトロープ変化を断熱変化と熱供給を伴う等容変化の和として表すことによって導かれる[104]．エネルギーの式は，$P_1 > P_2$のとき，副燃焼室に対して，

$$c_{p1}T_1 dm_2 + dQ_2 = d(m_2 c_{v2} T_2) \quad (1.16)$$

主燃焼室に対して，

$$c_{p1}T_1 dm_1 + dQ_1 = d(m_1 c_{v1} T_1) + AP_1 dV_1 \quad (1.17)$$

$P_1 < P_2$のとき，副燃焼室に対して，

$$c_{p2}T_2 dm_2 + dQ_2 = d(m_2 c_{v2} T_2) \quad (1.18)$$

主燃焼室に対して，

$$c_{p2}T_2 dm_1 + dQ_1 = d(m_1 c_{v1} T_1) + AP_1 dV_1 \quad (1.19)$$

で与えられる．また状態方程式は，

$$P_1 V_1 = m_1 R_1 T_1 \quad (1.20)$$
$$P_2 V_2 = m_2 R_2 T_2 \quad (1.21)$$

連続の式は，

$$m_1 + m_2 = m_{10} + m_{20} = G_0 \quad (1.22)$$
$$dm_1/d\theta = dm_2/d\theta \quad (1.23)$$

となる．ここで，c_p：定圧比熱，c_v：定容比熱，T：絶対温度，P：絶対圧力，m：ガス質量，V：燃焼室容積，R：ガス定数，Q：熱量，A：仕事の熱当量，m_{10}, m_{20}：圧縮始めの主室と副室のガス質量，m_0：

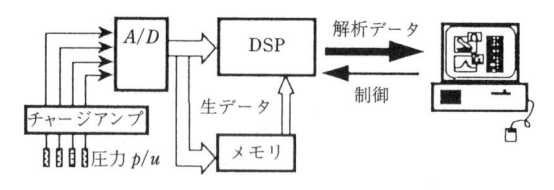

図1.49 DSPを利用したリアルタイム指圧計測のシステム[103]

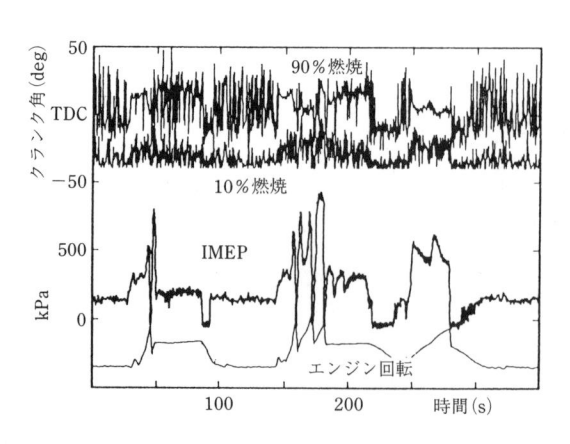

図1.50 リアルタイム指圧解析の一例

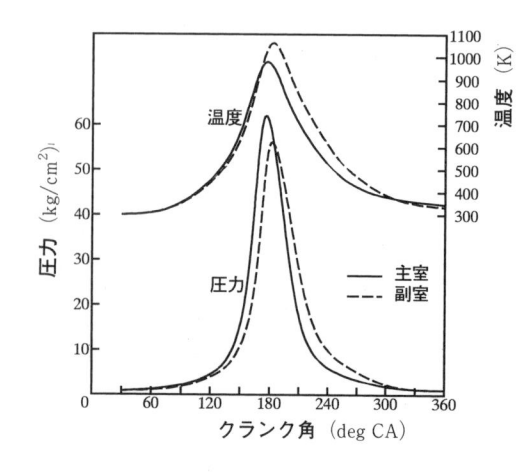

図1.51 副室付ディーゼルエンジンの指圧解析結果[104]

全燃焼室のガス質量，θ：クランク角，である．添字1は主室を，添字2は副室を表す．主室と副室で計測した指圧データを用いて連絡孔を通過するガス流量を見積もり，続いて上の関係式から熱発生率 dQ_1, dQ_2 を求める．この計算で注意すべきことは，連絡孔を通って移動するガスの運動エネルギーが直ちに熱エネルギーに変換されるとしていることである．図1.51に解析結果を示す[104]．

c．自己着火，ノッキングの検知

ノックは，自己着火によって誘起される確率的な振動現象である．すなわち，自己着火が発生しても気柱振動は検出されない場合が平然と起こり，気柱振動が発生した場合でもサイクルごとに振動のモードが異なっている．こうした現象を的確に検知するためには，筒内圧の高周波振動成分を用いてノック強度を評価する従来の手法よりも，自己着火が発生すると熱発生率の立ち下がりがシャープになることを利用し，熱発生率の2次微分値を自己着火の強さを表すインデックスとする手法の方が有効である[105]．

このインデックスを使って加速時に起こる過度ノックの特性を解析した結果を紹介する．エンジン回転速度を1000rpmの一定に保ち，無負荷からスロットルを全開にした場合に得られる熱発生率の2次微分値のトレースの様相を図1.52に示す[105]．点火時期は，全開の定常運転でライトノックが発生する点火時期より4°進角である．この場合，時間とともに自己着火の特性が変化し，加速直後の強いノックが発生する期間，壁温が上昇するまでのノックが抑止される期間を経て激しい定常ノックが発生する状況に至っている．ノックが抑止される期間は，自己着火が発生しない期間と，自己着火が発生しても気柱振動が誘起されない期間で構成される．このような知見は，気柱振動ではなく自己着火を検知することによって初めて得られるものである．

1.4.2 火炎発光の計測

エンジン燃焼で観測される火炎発光には，

① 燃焼生成物 H_2O, CO_2, CO などの振動・回転準位の遷移に伴い，赤外域から可視長波長域にかけて離散的に放射される熱発光

② 赤外域から可視域にかけて連続的に存在するすすの固体熱放射

③ 燃焼反応の過程で生成する活性化学種OH，CH，C_2 などの電子順位の遷移に伴い，可視短波長域から紫外域にかけて離散的に発せられる化学発光

④ COの燃焼過程のCOとOの再結合反応によって，可視域から紫外域にかけて連続的に発せられる化学発光

などの成分が含まれている．ディーゼル燃焼で観測される輝炎発光の主成分である固体熱放射は直接撮影するのに十分な輝度をもっており，従来からその観測が行われている[106~113]．それ以外の発光は低輝度あるいは不可視であるため，予め光増幅，波長変換しない限り撮影することは困難である[114~121]．

エンジンの燃焼解析では火炎の挙動を明らかにするため火炎発光を利用することが多いが，特定の化学種の発光を燃焼反応の進行状況と関連づけて燃焼過程を追跡しようというアプローチも見られる．

a．化学発光の観測

熱的な発光が燃焼領域だけでなく高温の既燃領域からも放射されるのに対し，化学発光は主に燃焼反応が活発な燃焼領域から発せられる．このため，化学発光のみを観測することによって燃焼領域の構造を明らかにできる可能性がある．ここでは，リーンバーンエンジンの中の火炎構造を調べるに際し，化学発光強度を

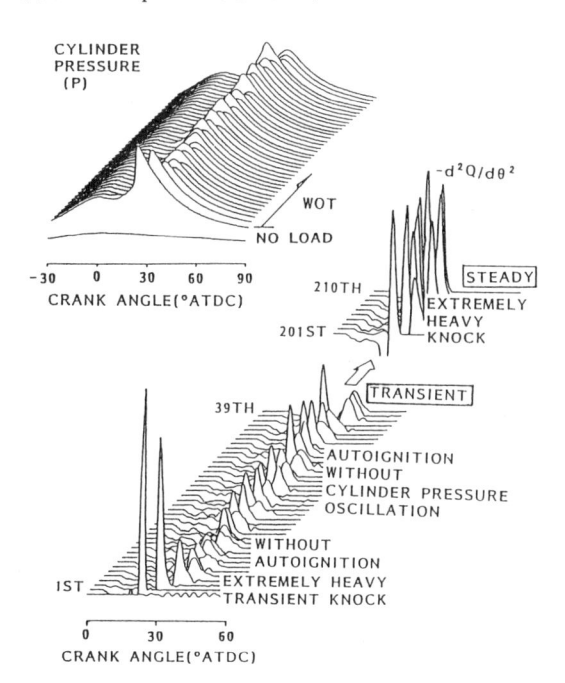

図1.52 加速時における熱発生率の2次微分値のトレースの様相[105]

1000rpm，吸気温度：25℃，ライトノック条件から4°CA進角．

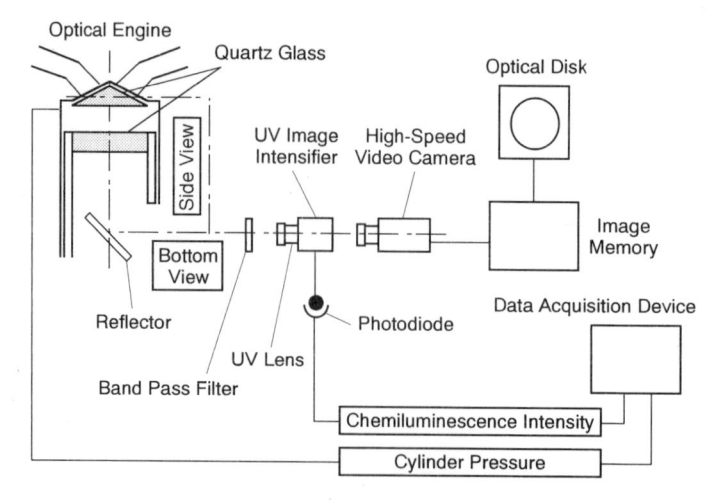

図 1.53　火炎化学発光観測システムの一例[122]

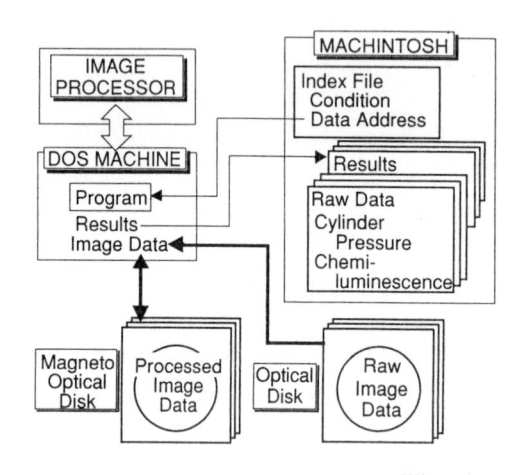

図 1.54　画像データベースシステム[123]

定量的に取り扱うことについて検討した取組みを紹介する[122,123]．

図1.53に，最近の光電子技術を適用した火炎化学発光の観測システムを示す[122]．バンドパスフィルタによって特定の波長域の発光を抽出し，紫外域でも感度が高く蛍光面の残像時間がきわめて短いイメージインテンシファイアを介して高速度ビデオやイメージコンバータカメラで撮影する．図1.54は，高速度ビデオによって得られる大量の画像を管理，解析するために構築された画像データベースシステムである[123]．システムを構成する主要な機器とその機能は以下の通りである．

① 光ディスク：画像の蓄積
② 光磁気ディスク：画像解析結果の蓄積
③ 画像処理装置：画像処理，画像解析
④ DOSマシーン：光ディスクと画像処理装置の制御
⑤ マッキントッシュ：光ディスク上の画像アドレスと関連情報を対応づけたデータベースの作成，画像解析結果の統計解析

このシステムを利用すれば，画像処理・解析の行程のほとんどを自動化できる利点を活かし，大量の画像を対象とする統計解析を行うことが可能になる．

図1.55は，波長360～390 nmの発光について火炎全域にわたる火炎輝度の積分値と熱発生率の関係を調べた結果である[123]．燃焼ガス温度が高くなる条件を除いて明確な相関関係が成立している．局所の火炎輝度を積分した値が場の総括的な物理量であり燃焼速度の指標になる熱発生率に対応することは，火炎輝度から局所の燃焼状態を推定することが定量的な妥当性をもつことを意味する．なお，この図では1つのドットが1枚の画像の解析結果に対応しており，このような大規模な画像解析は画像データベースシステムの利用によって初めて成しうる．

図1.56は，タンブルを強化した条件で希薄燃焼火炎の化学発光を撮影した結果である[123]．明るい部分は燃焼領域に相当し，暗い部分は未燃領域か既燃領域に区別されると考えられる．これによると，希薄燃焼火炎では燃焼領域が火炎面背後の広い領域に分布していることが推測される．

b．燃焼場の流速計測

火炎内部では急激なガス膨張によってシーティング

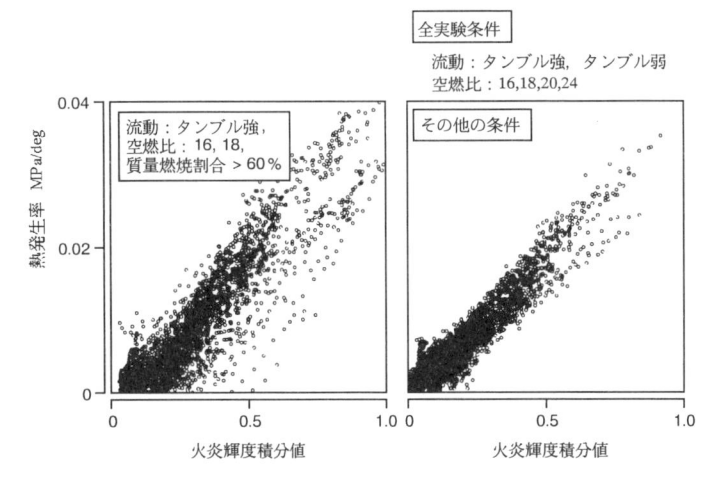

図1.55 火炎輝度の積分値と熱発生率の関係[123]
360〜390 nm の発光, 1500 rpm, IMEP：0.3 MPa.

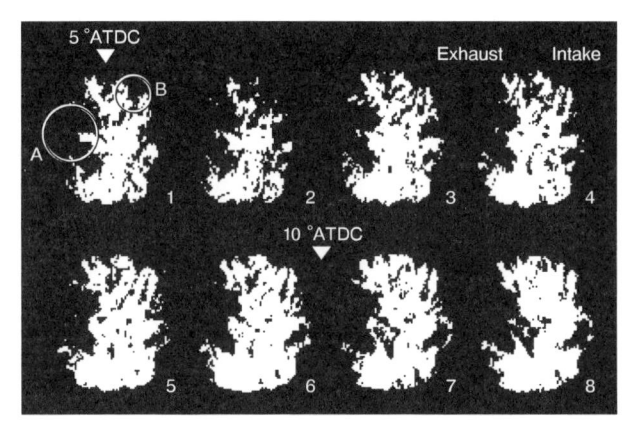

図1.56 希薄燃焼火炎の構造[123]
1500 rpm, A/F：20, IMEP：0.3 MPa.

粒子の密度が著しく低下するため, LDVやレーザシート法による流速計測が困難になる. このため, 火炎発光の高速度撮影による火炎画像の輝度ムラをトレーサとし, 2時刻間の画像相関によって局所流速を抽出する手法が提案されている[124,125]. 燃焼領域が広く分布するディーゼルエンジンやリーンバーンエンジンの火炎では, 火炎内の流速ベクトル分布を求めることができる. また, 輝度分布の時間変化が正規確率密度関数の拡散過程に従うと仮定すれば, その標準偏差, すなわち平均拡散速度と時間間隔の積が増大するのに応じて相関係数が減少することに基づき, 相関係数のピーク値から平均拡散速度として乱れ強度を推定することもできる.

図1.57にディーゼル火炎の中の局所流速分布と, 流速抽出点のすべてにわたる乱れ強度の平均値の時間変化を示す[125].

火炎の輝度ムラが強くない場合には, 火炎画像に予め空間微分処理を施しておき, 輝度の微分値のパターンをトレーサとして用いることもある.

c. 分光分析

高速で非定常なエンジン燃焼を対象として分光分析を行うためには, 最低でも 100 μs 程度の高分解能で多波長のスペクトルを計測することが求められる. 分光分析は, 分光器とフォトダイオードアレイを組み合わせた OMA（Optical Multi-channel Analyser）を使って行われているが, 通常のタイプでは数百本のスペクトルデータの取得に数 ms のスキャン時間を要するため, 内蔵のイメージインテンシファイアのゲーティ

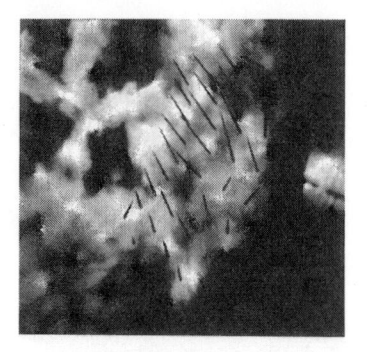

→ 速度ベクトルの方向
30 m/s

(a) 流速ベクトル分布

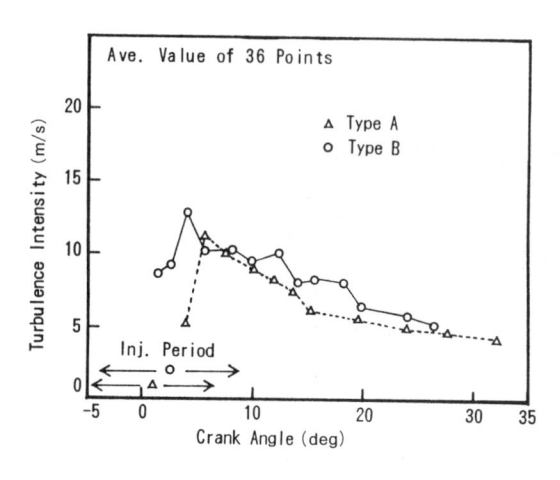

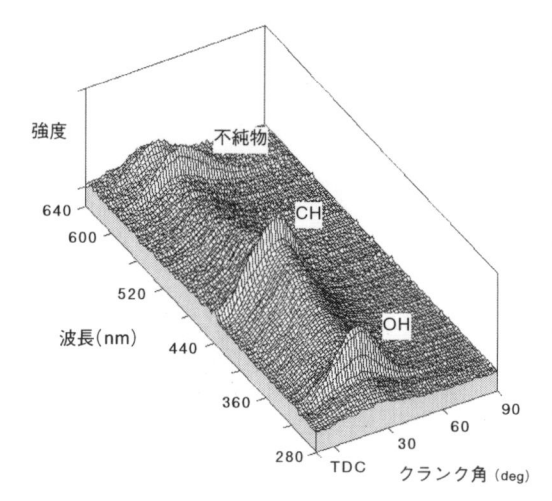

図1.58 ガソリンエンジンの火炎発光スペクトルの時間変化
1 000 rpm, IMEP : 0.4 MPa, A/F : 16.

(b) 乱れ強度の時間変化

図1.57 ディーゼル火炎の局所流速の計測結果[125]
エンジン回転速度：1 000 rpm, 空気過剰率：1.25

ング機能と蛍光面の残光を利用して瞬時のスペクトルデータをフリーズする手法がとられる[121]. このため時間連続の計測は不可能である. 従来, 時間連続の分光分析は分光器にストリークカメラを連結することによって実現されてきた[126,127].

しかし, 最近になって, エンジン燃焼に要求される時間分解能で時間連続の計測が可能なOMAを実現できる技術的な環境が整ってきた. すなわち, 短残光時間のイメージインテンシファイアを用い, ADコンバータなどの素子を高速化することで計測の繰返し時間を数 $10\,\mu s$ に短縮することができるようになった. 図1.58はこのOMAを使ってガソリンエンジンの青色火炎を分光した結果である[128]. 火炎のスペクトルがクランク角1°ごとに取得されており, その時間変

化を見て取れる. 波長300〜400 nmに広がる O_2 のシューマン-ルンゲバンドの発光と350〜500 nmにわたるCO-Oの再結合による発光が主成分であり, これにピーク波長306.4 nmのOHの発光と431.4 nmのCHの発光が重なっていることがわかる.

d．着火前反応の検知

自着火現象で熱炎が発現する前に進行する前炎反応の特性を明らかにすることは, 着火の制御, ノックの抑止という高次元の燃焼制御を具体化する上できわめて重要である.

1 000 K以下で起こる低温度自着火の前炎反応では, まず冷炎が発現し青炎を経て熱炎に至るが, その特性はそれぞれの炎の発現に要する遅れ時間を調べることによって理解されてきた. 冷炎の発光は340.5〜522.7 nmにわたるHCHOの脱活による微弱な発光である. 青炎の発光は, 冷炎にピーク波長306.4 nmのOHの発光と329.8 nmのHCOの発光が加わったものである. 熱発光は可視長波長域に見られる強い発光である. これらの発光の発現を検知するため, 選択的なバンドパスフィルタを介し光電子増倍管を用いて発光強度の履歴が計測されている[129,130].

n-ヘプタンと空気の量論混合気を急速圧縮機で急速圧縮し自己着火させたときの圧力と青色光の履歴が図1.59である[129]. 青色光は350〜520 nmの範囲で計測されており, 冷炎と青炎による発光を含んでいる. 圧縮が完了した後, 最初に見られる圧力上昇と青色光は冷炎の発現によるものである. 青色光の強度は

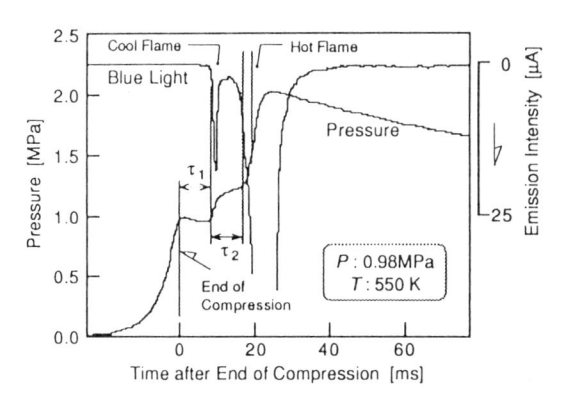

図 1.59　低温自着火時の圧力と青色光の履歴[129]
（n-ヘプタンと空気の量論予混合気）

一旦小さくなり，冷炎に特徴的な自己縮退が認められる．青炎が発現するとさらに圧力上昇が起こり，青色光の強度は再び大きくなり，急速に熱炎に到っていることが認められる．

1.4.3　火炎断面の観測

火花点火エンジンの燃焼が広範な回転速度域で成立する事実は，回転速度の増大に比例して乱れが強められ，これに応じて乱流燃焼速度が高められるという考え方で説明されている．一方，乱流燃焼理論では化学反応の特性時間と乱流運動の特性時間の大小の関係によって火炎の伸長に起因する消炎が説明されており，これに従えば，通常のガソリンエンジンでも高回転域の燃焼条件は消炎が起こりうる条件にあることが導かれる．ましてや層流燃焼速度が低く乱れが強化されているリーンバーンエンジンでは，この条件が低回転側にシフトすることが考えられる．それにも関わらず，現実のエンジンで高回転運転が持続されることは不思議であり，シリンダの中の火炎形態，火炎面の構造を明らかにすることが求められる．

ブラッコ（Bracco）らは，火炎断面を可視化することによってこの問題に信頼性の高い解を与えている．すなわち，既燃領域と未燃領域のガス温度の差に応じた散乱粒子の数密度の差をレーザシートによりとらえ，二つの領域の境界にある火炎面の2次元構造を抽出している[131]．さらに，ラマンシフタとプリズムを組み合わせて波長の異なるシートを多層配置し，複数の断面を同時に可視化することによって火炎面の構造を3次元的に求めることにも成功している[131]．

図 1.60 に実験装置を示す[131]．計測のポイントは，四塩化チタン法によって混合気に均一，高密度に散乱粒子をシードしておくこと，火炎発光を上回る強い散乱光を得るため Nd：YAG レーザのように高出力のレーザを用いることである．図 1.61 は可視化結果の一例である[131]．比較的低回転の条件で回転数の増大に伴い火炎面が複雑に入り組んでくる状況が示されている．

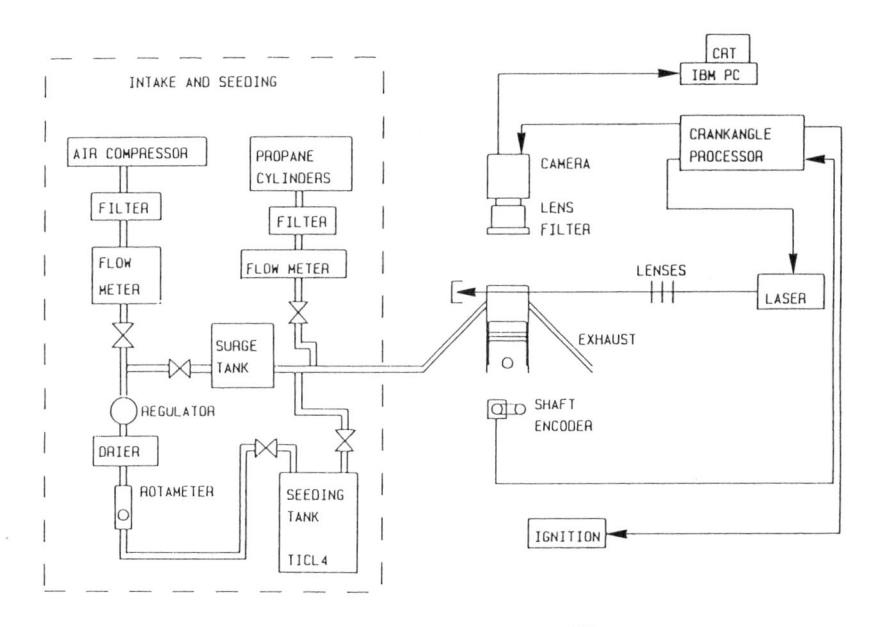

図 1.60　火炎断面の観測システム[131]

一方，レーザシートを用いたLIF法（PLIF法：Planer Laser Induced Fluorescence Method）によって燃焼反応の過程で生成する種々の化学種を検出し，火炎内部の燃焼状況を調べる手法が注目されている．燃焼に関与する化学種として$OH^{133\sim135)}$，$NO^{134\sim136)}$，$O_2^{134)}$，CH，$HCHO^{137)}$，C_2などを検出できる可能性がある．図1.62はOHの観測結果であり，OHが燃焼領域だけでなく既燃領域にも高濃度で存在することを示している[135]．LIF法では，励起化学種が放射遷移する確率（蛍光収率）を決定できれば蛍光強度から定量的な濃度情報を引き出すことが可能であるが，蛍光収率の温度・圧力依存性が大きいため，エンジン内の複雑な燃焼場では定性的な計測に留まっている．ただし，バーナ火炎では飽和蛍光法（LISF法：Laser Induced Saturation Fluorescence Method），前期解離蛍光法（LIPF法：Laser Induced Predissociation Fluorescence Method），時間分解形蛍光法（TRLIF法：Time Resolved Laser Induced Fluorescence Method）を適用することによって，それぞれCH，OH，NOの定量濃度計測を実現できるレベルにある．

エンジンの中の火炎形態を明らかにする取組みとして，以上の手法や類似の手法によって得られた火炎断面の包絡線にフラクタル解析を施し，火炎面のしわの特性を定量化しようという試みがなされている[138,139]．

1.4.4 すすの計測
a. 2色法

ディーゼル火炎はすすの固体熱放射を主成分とするため，その強度の波長依存性を明らかにすることによって温度情報を得ることができる．すなわち，すすからの単色射出能E_λは黒体放射を近似するウィーンの式（Wien expression）とすす粒子群の単色放射率ε_λを表すホッテル（Hottel）らの式によって次のように

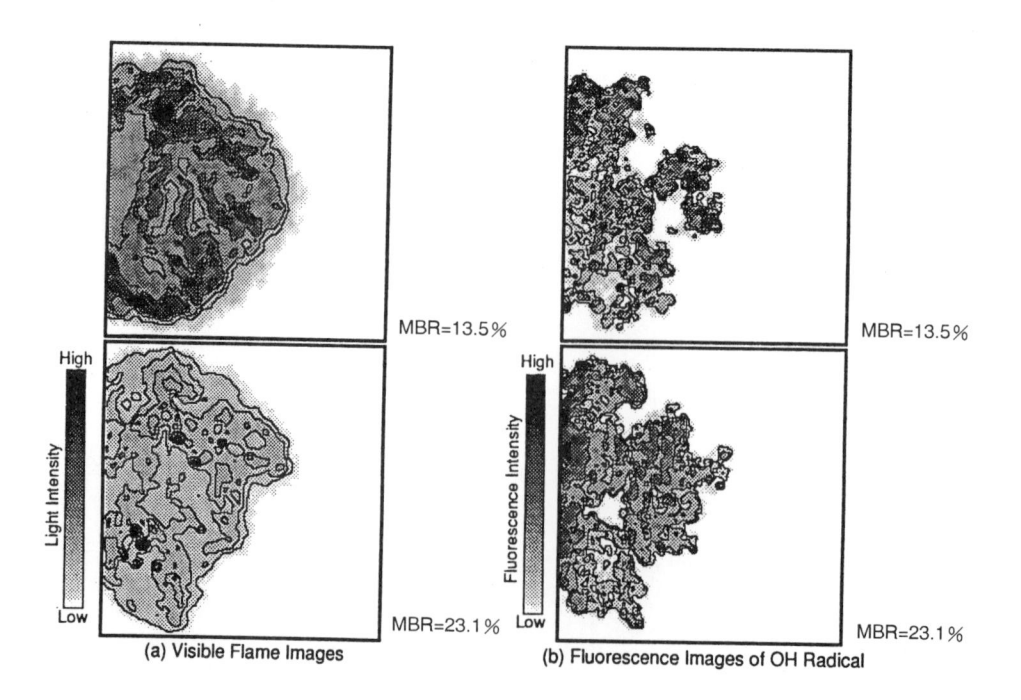

図1.61 エンジン回転速度が火炎面の2次元構造に及ぼす影響[131]

図1.62 OHラジカルの2次元分布[135]
1 000 rpm, IMEP：0.4 MPa, A/F：14.7.

記述されるため，E_λ の値を2波長で計測することによって未知数である火炎温度 T とすす濃度の相対指標 KL を求めることができる．

$$E_\lambda = C_1 \lambda^{-5} \exp(-C_2/\lambda T_a)$$
$$= \varepsilon_\lambda C_1 \lambda^{-5} \exp(-C_2/\lambda T) \quad (1.24)$$
$$\varepsilon_\lambda = 1 - \exp(-KL/\lambda^\alpha) \quad (1.25)$$

ここで，C_1, C_2：プランクの放射定数，λ：波長，T_a：輝度温度，K：すすの体積濃度に比例しすす粒子群による吸収の強さを示す指標，L：光路長，α：波長指数，である．α の値としては可視域で $\alpha=1.38$ という報告[141]に従っている．しかし，α の値がすす粒子の大きさに依存することを考えれば，あらゆる燃焼条件で同一の値とするのには問題がある．

検出器の出力と単色射出能の間の関係については，黒体炉や標準電球を用いて検定を行うことができる．

2色法を画像計測に応用する場合，16 mm ネガカラーフィルムで通常に撮影を行い，フィルム上のカラー画像から2色の分光画像を抽出する手法が従来からある[141〜143]．この計測のポイントは現像条件の違いを補正するため，フィルムの一部に基準光源を記録しておくことである．一方，フィルムを使わない手法として，カラー TV カメラの2つの撮像面に各々分光画像を結像させる手法[144]や，白黒ビデオカメラの同一フレームに2つの分光画像を並べて記録する手法[128,145]がある．これらの手法では，分光画像を得るためのバンドパスフィルタを介して撮影を行う．

図 1.63 に，キャビティに衝突するディーゼル火炎に画像2色法を適用した結果を示す[146]．2色法によって得られる火炎温度と KL の値について注意すべきことは，燃焼場が光路方向には均質であるとする仮定を前提にしており，必ずしも局所的な情報ではないことである．また，火炎温度と KL の値を計算する過程で複雑な非線形性をもつ連立方程式を取り扱うため，本質的に誤差が生じやすいことも問題である[128]．

前者の点を若干でも改善しようとする試みとして，すすが存在する領域を高温の燃焼領域とその周辺の低温領域の2つに分割するモデルを適用し，3波長以上の単色射出能を計測することによって高温領域の温度を求める手法が提案されている[148]．

b．すすの観測

レーザ光を用いた透過光減衰法によって火炎内部のすすを影としてとらえることができる[148]．噴霧計測の場合と異なる点は，噴霧内部では散乱のみによる減衰が生じるのに対し，粒径 20〜50 nm のすす粒子群の中では吸収による減衰が支配的であることである．このため，噴霧計測の場合のように検出半角を規定する必要はない．また，火炎発光に打ち勝つ強度のレーザ光を光源とし，この波長以外の火炎発光を狭域バンドパスフィルタで遮断する必要がある．この手法の問題点は，光路を通して得られる情報が局所のすすが与える情報に対応しないことである．

一方，レーザシートを用いて火炎断面のすすを可視化し，その空間分布を求めようとするアプローチが見られる．その1つがレーザ誘起赤熱法（LII 法：Laser Induced Incandescence Method）である[149〜151]．Nd：YAG レーザなど高出力のレーザ光をすすに照射すると，すすの温度は2千数百 K の火炎温度から4500 K 程度に上昇し，これによる熱放射，すなわち LII の強度は周辺のすすの熱放射より2桁以上高くな

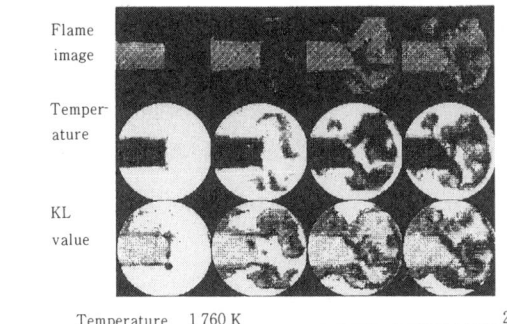

図 1.63 火炎温度と KL 値の空間分布[146]

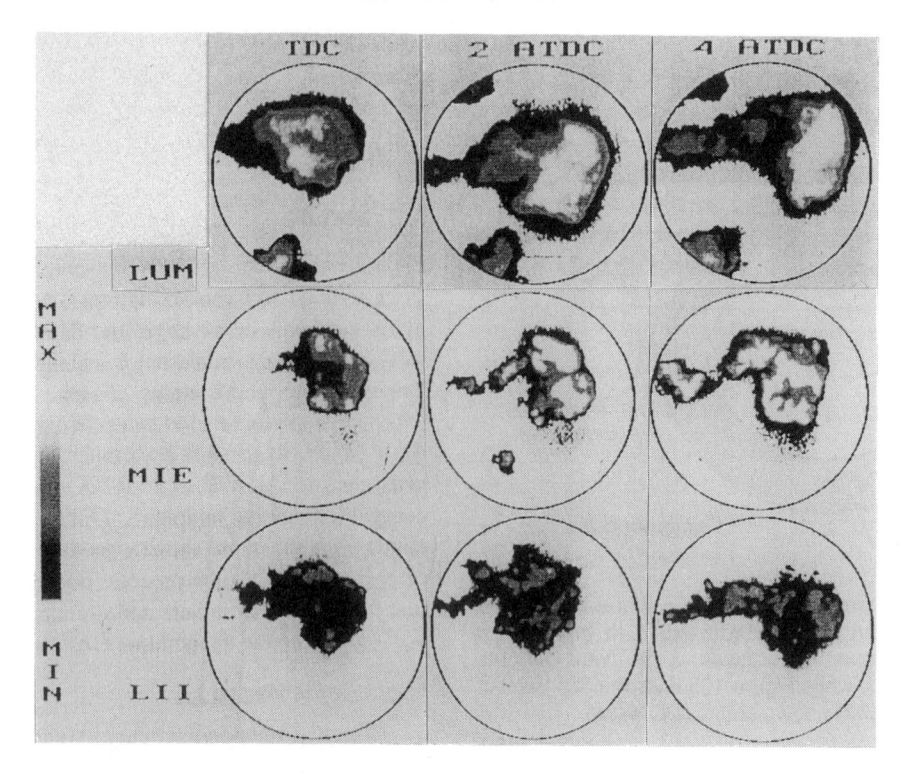

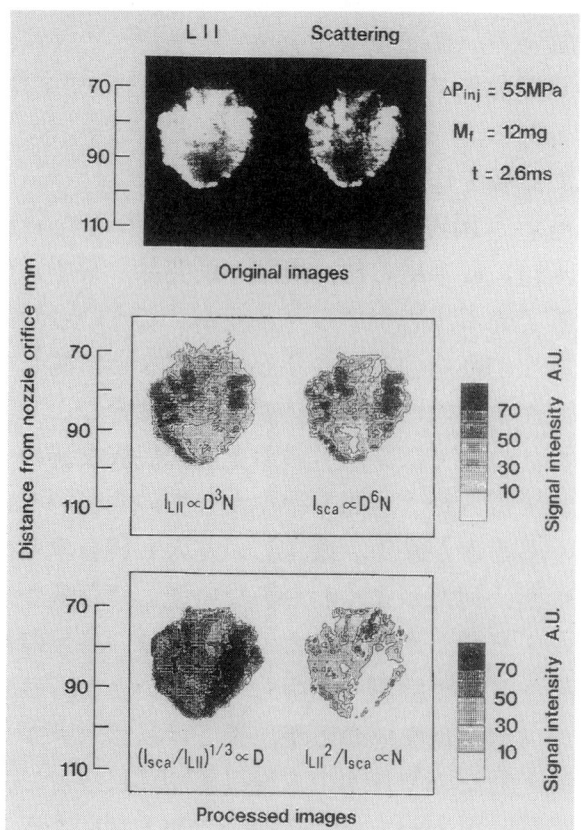

図 1.64　ディーゼル火炎中のすすの 2 次元分布
　　　（上）　エンジン内の火炎[149]
　　　　　　1 200 rpm，空気過剰率：4.8．
　　　（下）　定容燃焼器内の火炎[150]
　　　　　　雰囲気圧力：2.7 MPa，
　　　　　　雰囲気温度：690 K．

る．可視短波長域では周辺のすすの熱放射が十分弱くなるため，この波長域でLIIを観測することによってすすの断面分布をとらえることができる．LIIの強度はすすの粒径の3乗に数密度を乗じた値，すなわちすすの体積密度におおむね比例する[151]．

もう1つが散乱光を観測する手法である．これは，LIIが生じない程度に強力なレーザ光を用い，狭域バンドパスフィルタを通してすすからの散乱光を観測するものである[136,150～152]．すす粒子にレイリー散乱近似を適用できると仮定すると，散乱光強度はすすの粒径の6乗に数密度を乗じた値に比例することになる[151]．図1.64に，この手法とLII法によって拡散火炎中のすすを同時観測した結果を示す．両者の間で演算を行うことによって，下段の図に示すようにすすの粒径と数密度の分布を求めることができる．

1.4.5 CARS法

レーザ技術の向上，分光分析器の高性能化を背景として，各種ラマン分光法の実用性が高まっている．エンジンへの適用の可能性という点では，強い信号が得られるCARS法（Coherent Anti-Stokes Raman Scattering Spectroscopy）の実用性が最も高い．CARSとは，気体に振動数ω_1とω_2の光が入射し，$\omega_1-\omega_2$が分子の固有振動数に一致したときに振動数$2\omega_1-\omega_2$のコヒーレントな光を生ずる現象である．CARS光はビーム状に放出されるため，通常のラマン散乱光（線形ラマン散乱光）に比べてはるかに検出感度が高い．スペクトルの形状が分子の振動・回転準位を数密度分布，すなわち温度に依存することを利用し，窒素など特定の分子について理論計算と実測の形状を比較することによって温度を決定することができる．

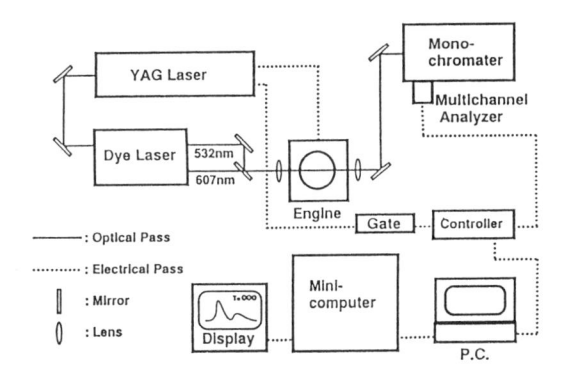

図1.65 CARS法による局所温度計測のシステム[154]

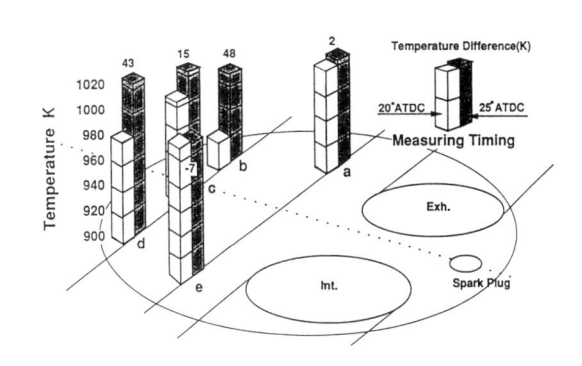

図1.66 ノッキング有無の未燃ガス温度[154]
1 200 rpm，A/F：12.5，点火時期：TDC．

これまでに，CARS法によって燃焼室内未燃ガスの局所温度を計測し，ノッキング発生の要因を明らかにしようとする取組みがなされている[153～155]．図1.65に代表的な実験装置を，図1.66に計測結果の一例を示す[154]．これらの取組みでは，ノッキング有・無の条件でエンドガス温度の差は50℃程度であるという共通した知見が得られている．

また，温度境界層内の温度勾配を求め，シリンダ内流動が境界層厚さ，熱伝達に及ぼす影響を調べた例も見られる[156]．

［桑原一成］

1.5 排気ガスの計測解析

自動車排気ガスの連続測定が可能となったのは1960年頃である．当初は非分散型赤外線吸収法によりCO，CO_2，HCの測定が行われていたが，その後の排気ガス規制の強化に伴い，測定精度の向上と測定対象の拡大が排気ガス分析に求められるようになった．また，エンジンの電子制御化に伴って，排気ガス分析がエンジンの燃焼解析ツールとしても用いられるようになり，過渡特性解明のために高速応答性がとくに重要となってきた．これらの状況に対応して，表1.5に示すように多くの排気ガス分析手法が実用化されている．この間の応答速度は約1 000倍，検出感度は約100倍に向上しており，連続測定可能な排気ガス成分の数は約30に達している．

1.5.1 計　測　法
a．非分散型赤外線吸収法（NDIR法）

非分散型赤外線吸収法（NDIR法：Non Dispersive Infrared Method）は比較的高い応答性でガス濃度を

表1.5 主な排出ガス分析方法とその特徴

分析法	主な測定対象	分析原理	特徴
非分散形赤外線吸収法(NDIR法)	CO, CO_2, HC, NO, SO_2 など	波長選択性のフィルタや検出器を用いて赤外線の吸収量を測定	高感度,連続,単成分分析
水素炎イオン化法(FID法)	CH_4, C_3H_8 などの炭化水素	試料ガスを水素炎で燃焼,イオン化し炭素数に比例したイオン電流を測定	高感度,連続,全炭素数分析
化学発光法(CLD法)	NO, NO_2 などの窒素酸化物	試料とオゾンを反応させ,励起状態から緩和されるときの発光量を測定	高感度,連続,全NO_x量分析
フーリエ変換赤外線吸収法(FTIR)	無機,炭化水素含酸素炭化水素など	赤外線吸収スペクトルを測定し,成分ごとの濃度を分析	高感度,連続,多成分分析
ガスクロマトグラフ法(GC)	ほとんどすべてのガス状物質	試料をカラムで分離し,物質ごとの濃度を測定	高感度,多成分非連続分析

連続測定できることから,排気ガスの連続分析法として広く用いられている.NDIR法では,CO,CO_2のように異種原子で構成される分子が固有の赤外線吸収帯をもつことを利用して計測を行う.その際,N_2やO_2など同種原子からなる二原子分子は赤外線を吸収しないため,妨害成分とはならない.

NDIR法の測定原理を図1.67に示す.2つの赤外光源から放射された赤外線は,それぞれ試料セルと比較セルを通過し,チョッパで繰返しパルスに変換され,光学フィルタを通して検出セルに到達する.試料セルでは測定成分の濃度に応じた赤外線吸収が起こり,検出セルへ到達する赤外線は減少する.これにより検出セル内に温度差が生じ,その温度差に基づく圧力差をコンデンサマイクロフォンで検出することで測定成分の濃度を計測する.光学フィルタは,排気ガス中の他の成分による吸収の影響を除くために用いる.また,水は広範囲の波長収域をもつため,クーラなどで排気ガスを脱水する場合がある.

この方式で測定できる排気ガス成分には,CO,CO_2,HC,SO_2,H_2Oなどがある.図1.68にCOの赤外線吸収スペクトルを示す.

b.水素炎イオン化法(FID法)

水素炎イオン法(FID法:Flame Ionization Detection Method)は全炭化水素(THC:Total Hydrocarbon),すなわち炭素原子数で表した炭化水素濃度を検出する手法である.その測定原理を図1.69に示す.水素炎中に炭化水素を含む試料ガスを通すと,炭化水素は水素炎中でイオン化される.そのイオン電流は試料ガス中の炭素数に比例するため,イオン電流の計測によりTHC濃度を求めることができる.この検出法では,試料ガス中のCO,CO_2,H_2O,NO,

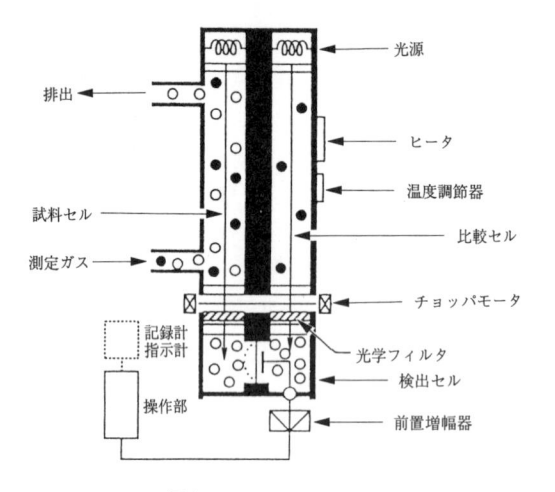

図1.67 NDIRの測定原理

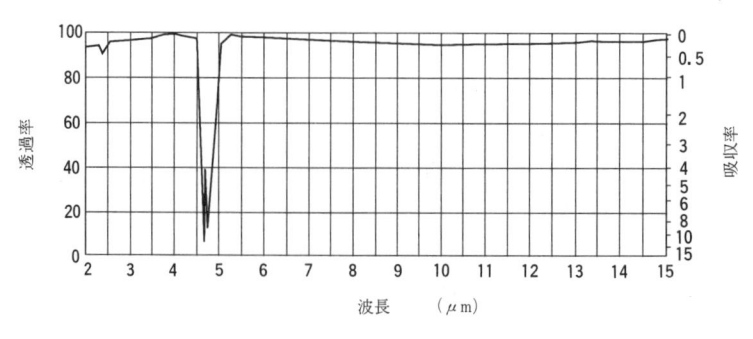

図1.68 COの赤外線吸収スペクトル

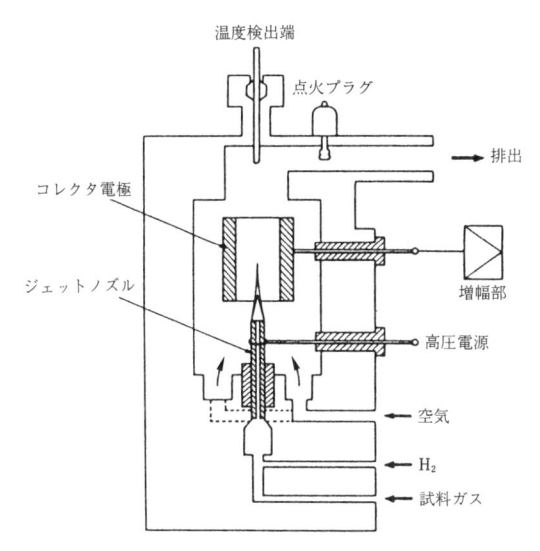

図 1.69 FID の測定原理

表 1.6 FID の相対感度例

測定ガス		相対感度
ガス名	化学式	$C_3H_8=100$
メタン	CH_4	106.2
アセチレン	C_2H_2	96.3
i-ブタン	i-C_4H_8	99.5
n-ヘキサン	n-C_6H_{14}	99.3
トルエン	C_7H_8	100.1
ナフタレン	$C_{10}H_7$	98.5
ヘキシルベンゼン	$C_6H_{13}\cdot C_6H_5$	96.5
シクロドデカン	$C_{12}H_{24}$	100.0
ドデカン	$C_{12}H_{26}$	97.7
ヒトラデカン	$C_{14}H_{30}$	98.0
ヘキサデセン	$C_{16}H_{32}$	96.4
n-セタン	$C_{16}H_{34}$	96.6

（注）測定ガスは AIR ベース，測定レンジは 900 ppmC で行った．

NO_2 などの無機ガスの影響は受けないが，酸素による影響を受ける．燃料ガス（水素）にヘリウムを混合することで酸素干渉を避けることができる．また，検出感度は炭化水素の種類によって異なり，表 1.6 に示すようにプロパンの感度を 100 とした相対感度で表される．

c．化学発光法（CLD 法）

化学発光法（CLD 法：Chemiluminescence Detection Method）は，化学反応で励起された原子や分子が，基底状態に戻る際に放出する化学発光の強度を検出することで，その濃度を測定する手法である．

CLD 法の構成を図 1.70 に示す．自動車の排気ガス計測では，NO の測定に用いられる．NO を含む試料ガスを容器内でオゾンと混合すると，NO は酸化されて NO_2 になるが，一部は励起されて NO_2^* となり，これが基底状態に戻る際に励起エネルギーを光として放出する．CLD は出力特性の直線性が良く，0.01～20 000 ppm の広い濃度範囲の測定が可能である．CLD の妨害成分は CO_2 と H_2O であり，励起状態の分子はこれら妨害成分との衝突によりクエンチングが生じ，励起エネルギーを失ってしまう．低濃度用分析計では，クエンチングの影響を小さくするために，反応室内圧を大気圧の 1/100 程度に減圧している．CLD では NO_2 の測定はできないため，触媒により NO に

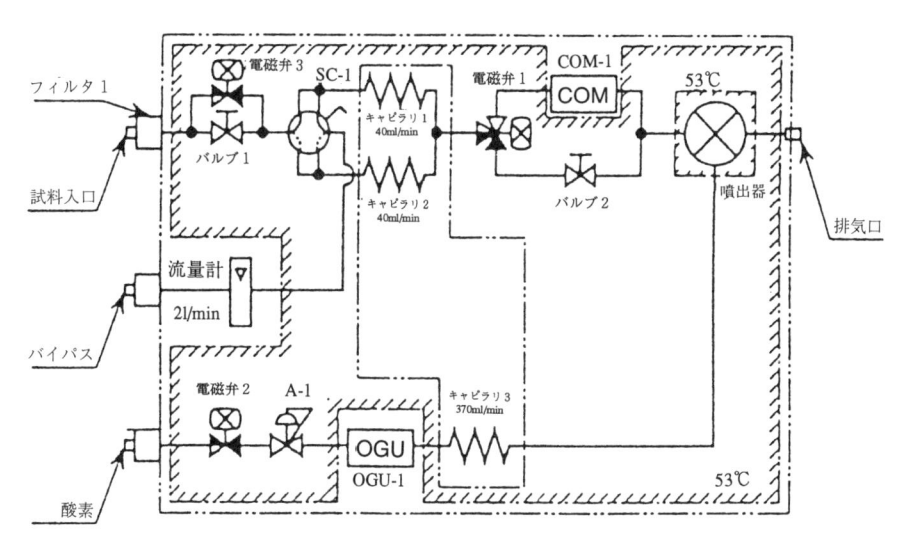

図 1.70 CLD の構成図

還元して測定を行う．

d．磁気圧法

磁気圧法は，O_2 が気体としてはきわめて強い磁化率をもつことを利用した O_2 濃度の測定法である．測定原理を図1.71に示す．試料ガスが磁界中を流れると O_2 が磁極に引き寄せられ，磁極付近の圧力が上昇する．この圧力変化をコンデンサマイクロフォンで検出し，排気ガス中の O_2 濃度を測定する．窒素ガスは，磁極付近の圧力変化を検出器に伝えると同時に，試料ガスの検出器への流入を防いでいる．磁気圧法の妨害成分は O_2 以外の磁性体ガスであり，NO の影響が最も大きい．

e．フーリエ変換赤外吸収法（FTIR 法）

フーリエ変換赤外吸収法（FTIR 法：Fourier Transform Infrared Spectroscopy）は，一般の化学

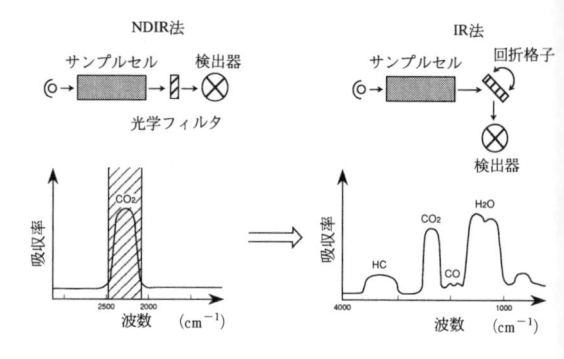

図1.72　NDIR と分散型 IR の原理

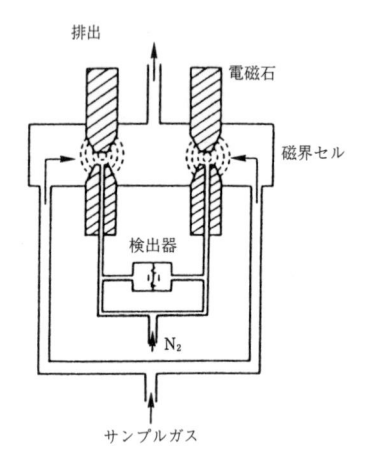

図1.71　磁気圧法の測定原理

表1.7　FTIR 法の測定成分

成分	濃度範囲（ppm）
一酸化炭素	0～200/10% まで 5 レンジ
二酸化炭素	0～1%/5%/20%
一酸化窒素	0～200/1 000/5 000
二酸化窒素	0～200
亜酸化窒素	0～200
水（水蒸気）	0～24%
アンモニア	0～500
二酸化硫黄	0～200
ホルムアルデヒド	0～500
アセトアルデヒド	0～200
メタノール	0～500/2 000
アセトン	0～100
MTBE	0～200
蟻酸	0～100
メタン	0～500
エチレン	0～500
エタン	0～200
プロピレン	0～200
1.3 ブタジエン	0～200
イソブチレン	0～200
ベンゼン	0～500
トルエン	0～500

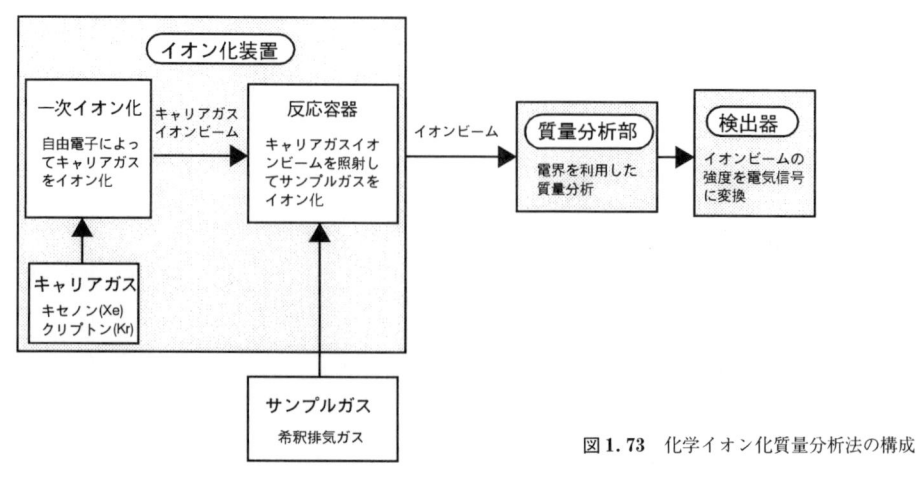

図1.73　化学イオン化質量分析法の構成

1.5 排気ガスの計測解析

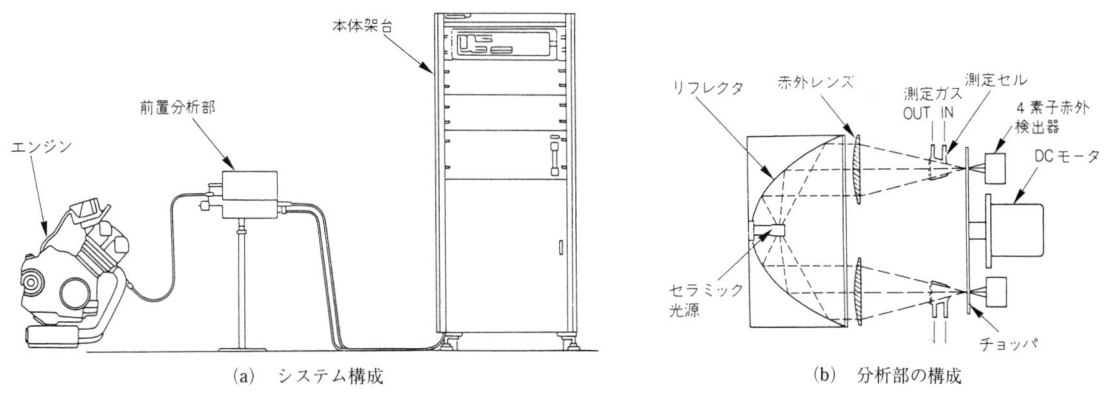

(a) システム構成
(b) 分析部の構成

図1.74 高速サンプリングシステムの構成

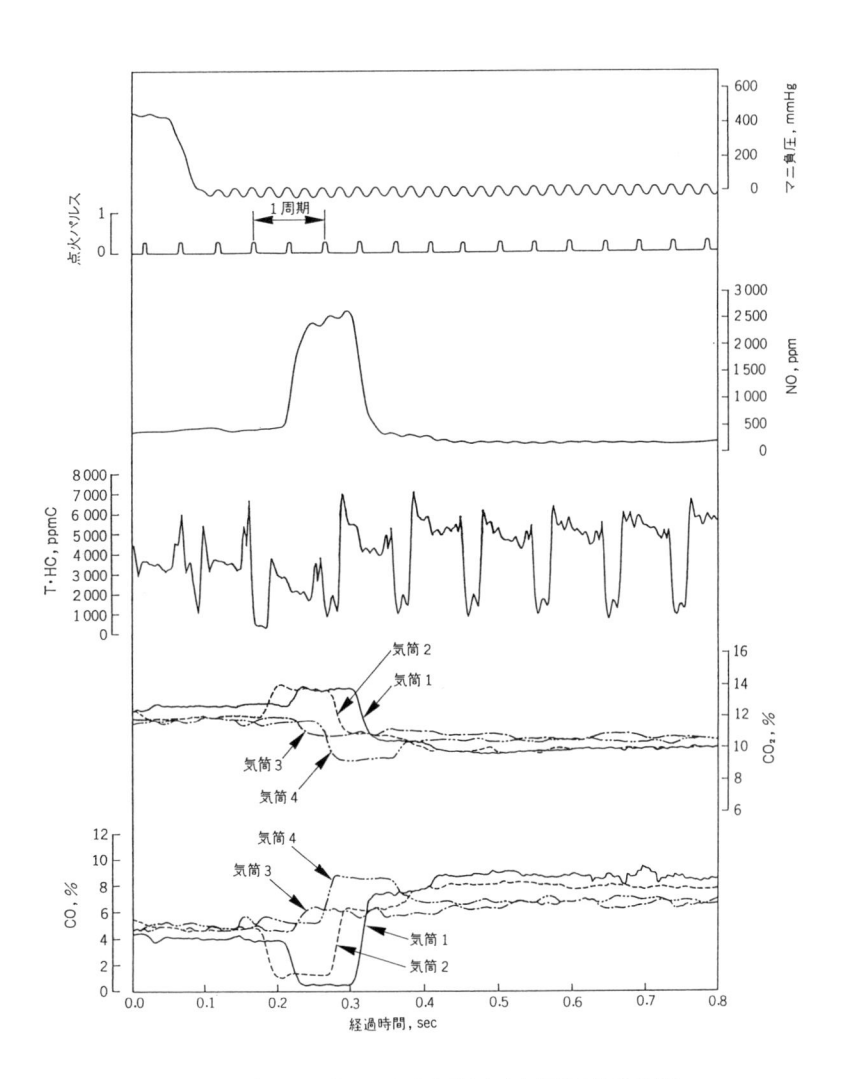

図1.75 高速サンプリングにより得られた加速時の排ガス特性

分析で主流を占める分光分析法である．NDIR 法は特定の波長の赤外線吸収を測定するのに対して，FTIR 法は広い範囲の赤外線を測定し，多成分のガス濃度を同時に測定するものである．図 1.72 に NDIR 法と分散型 IR 法の概念を示す．回折格子を用いた従来の赤外線分光器では 1 回の吸収スペクトルを得るのに数 10 分を要していたが，FTIR 法では計算機の進歩により 1 秒で得られるようになった．FTIR 法は，排気ガス中の個別炭化水素濃度を連続測定する方法として期待されている．FTIR 法により測定が可能な排気ガス成分を表 1.7 に示す．

また，個別炭化水素濃度を計測する手法として，最近注目されている技術に図 1.73 に示す化学イオン化質量分析法がある．この手法では，まず自由電子によりイオン化したキャリアガスを試料ガスに衝突させ，試料ガスをイオン化する．イオン化した試料ガスは質量分析計によって分析される．選択性と応答性がこの手法の特徴であり，適用対象の確認が進められている．

1.5.2 サンプリング法

自動車排気ガスの規制は，車両をモード運転した際の排気総重量で規定されている．したがって，排気ガスのサンプリング方法には，排気ガスの一部を直接分析装置に吸引する直接法の他に，排気ガスの総量を測定するために定容量サンプリング法（CVS 法：Constant Volume Sampling）を用いた希釈法がある．また最近では，個別炭化水素濃度をガスクロマトグラフなどで分析するために，排気ガスをインピンジャなどに捕集する場合もある．

a．直接法

直接法は試料ガスの採取が容易であり，エンジンの各運転条件における排気ガス濃度の連続分析に用いられる．この中で最近注目されている技術に高速サンプリングがある．装置の構成を図 1.74 に示す．これは，分析計の検出セルを独立させ，排気管のごく近くに置くことによって，サンプル時間の短縮をねらったものである．計測結果の一例を図 1.75 に示す．低速では各サイクルの燃焼状態を分離できる応答性が実現されている．これは，エンジンの過渡応答を解析する基礎研究や，過渡運転の制御法の開発過程で有効に利用されている．

b．定容量サンプリング法（CVS 法）

定容量サンプリング法（CVS 法）のサンプル法を図 1.76 に示す．排気ガス全量を装置に導き，希釈空気と混合後，定容量ポンプやクリティカルフローベン

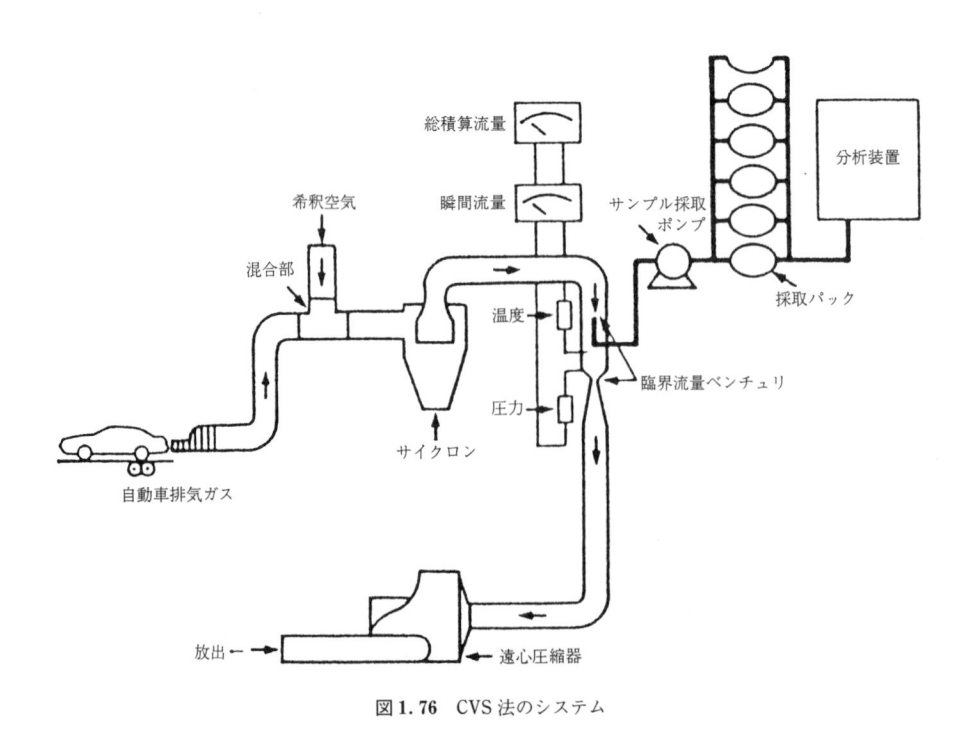

図 1.76　CVS 法のシステム

チュリによって流量を一定にする．排気ガスと希釈空気の流量の総和が一定に保たれているので，希釈後のガス成分濃度は，単位時間当たりの排出重量に比例する．この希釈したガスの一部をバッグにサンプルし，希釈ガスと排ガスの流量の和と成分濃度との積を求めることで，成分ガスの総重量を求めることができる．試料採取に用いるバッグは，ガス透過性がなく，HCやNO$_x$などの吸着が少ない材質を選ぶ必要がある．また，排気ガス中の炭化水素の吸脱着によるハングアップ現象を防ぐため，サンプリング経路の分流や，加熱型CVSの使用は有効な手段である．

c．パティキュレートの計測

ディーゼルエンジンから排出される粒子状物質はパティキュレートマター（PM：Particulate Matter）と呼ばれ，すす状物質（スート：soot）と可溶性有機物質（SOF：Soluble Organic Fraction）などで構成される．PMの測定にはダイリューショントンネルが用いられる．ダイリューショントンネルには排気ガスの全量を希釈する全流式と一部を希釈する分流式があり，大型エンジンの定常モードでの計測には分流式が用いられる．図1.77，図1.78にそれらの構成の一例を示す．

排気行程中の高温の状態から大気へ放出され冷却されると同時に流速が落ち，スートやSOFが縮合して成長し，PMになるといわれている．この状態を模擬して実験室内で再現したのがダイリューショントンネルである．EPAの規定では「51.7℃以下に希釈した排気ガスから特殊なフィルタに捕集される凝縮水以外のすべての物質」をPMと定義している．ダイリューショントンネルの下流にはCVS装置が設けられ，排気ガスと希釈空気流量の合計が一定に保たれる．

パティキュレートはフロロカーボンをコーティング

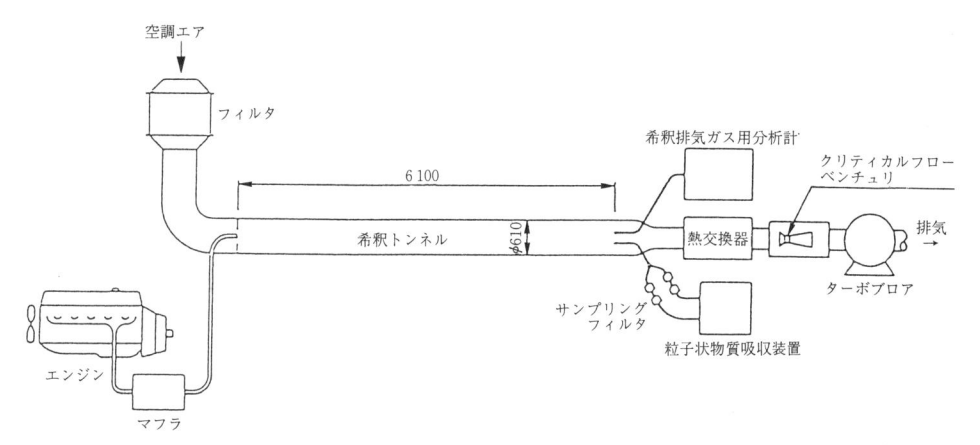

図1.77　全流式ダイリューショントンネルの構成例

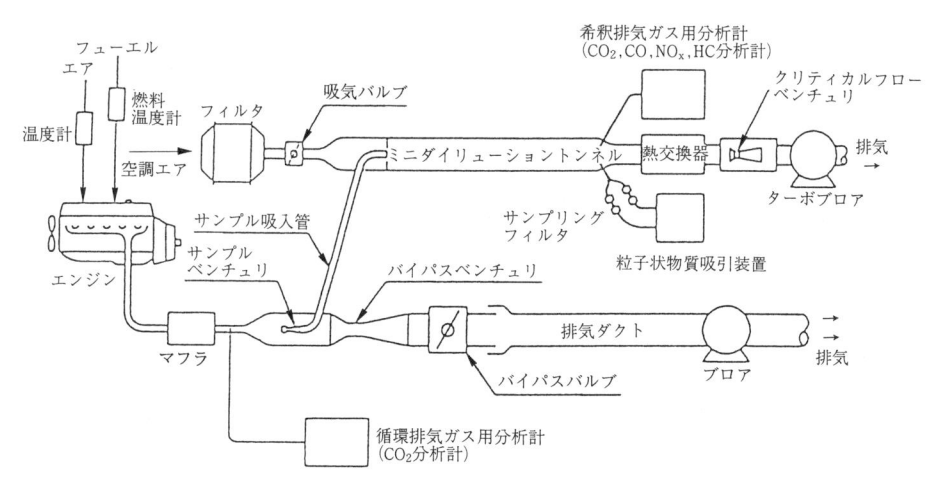

図1.78　分流式ダイリューショントンネルの構成例

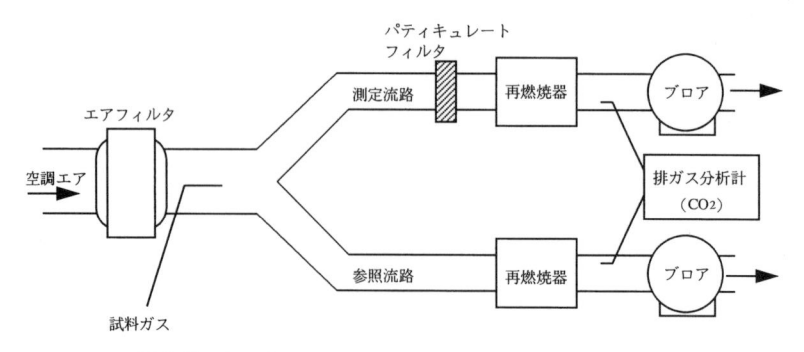

図1.79 カーボンバランス法によるパティキュレート測定の一例

したガラスファイバフィルタなどに捕集し，揮発性溶剤を使うソックスレー抽出法[157]でSOFとISF (Insoluble Fraction) に分離する．

パティキュレートの排出は，空気過剰率が低下する高負荷の加速状態で顕著であり，エンジンの開発過程では，連続的な直接分析が要求される．これまでに，エアロゾルの透過度を測る光透過率濃度計，光源に赤外線を用いてレイリー散乱域で光音響法によって質量濃度を測定するPAS法，PMの付着によるフィルタの質量変化をパイプの曲げ共振周波数の変化として検出するTEOM法などが開発されているが，その信頼性には問題があった．最近になって，カーボンバランス法を利用した測定法がいくつか提案されている．図1.79にその一例を示す．この測定法では，排気管から導かれた試料ガスは，測定流路と参照流路に入る．測定流路にはフィルタが設けてあり，PMなどの微粒子はここで捕集される．一方，参照流路にはフィルタは装着されておらず，微粒子はここを通過する．2つの流路を通ったガスは再燃焼器に導かれ，微粒子や未燃焼成分は酸化されてCO_2とH_2Oになる．両流路のCO_2濃度の差はフィルタで捕集された微粒子の有無によるものであり，これから微粒子濃度を算定できる．

d．インピンジャ

現時点では，連続測定できる排気ガス成分は限定されており，詳細な成分分析を行うには，排気ガスをサンプリングし，液クロマトグラフやガスクロマトグラフによって分析せざるをえない．この計測を少しでも連続計測に近づけるような装置が考案されている．これは，オートチェンジャを使って多数のカートリッジ式インピンジャに短い時間間隔でサンプリングを行い，自動分析装置を組み合わせて，時間連続に近いデータを採集することをねらったものである．測定の汎用性と信頼性を考慮すると，現実的な対応の一つであると考えられる．

1.5.3 排気ガス計測の応用

a．空燃比の計測

空燃比は，エンジンに吸入される空気重量と燃料重量の比で表され，従来は両者を測定して求めていた．しかし，エンジン性能に影響を及ぼさずに正確に吸入空気量を測定することは困難である．また，ガソリンエンジンの場合には吸入空気量のダイナミックレンジが大きく，1つの測定器でアイドルから最大出力点まで測定できるものは少ない．燃料量についても，とくに電子噴射式のようにリターン量が供給量の数倍から数十倍あるようなものでは，連続計測に困難がある．

そこで，排気ガス濃度から空燃比を求める試みがなされ[158~162]，現在ではこの方式が広く採用されている．一般的にはシュピント (R. S. Spindt) やホール (W. H. Holl) の提案したカーボンバランス法[159,160]が用いられており，燃料の水素/炭素比と水性ガス反応定数を与えて，乾燥排気ガス中のCO，CO_2，THC濃度から空燃比を得ることができる．前述の高速分析装置（30 ms応答）を使えば，過渡状態の空燃比を得ることができる．図1.80にガソリンエンジンの空燃比と各種排気ガス成分濃度を示す．

排気ガスから空燃比を得るその他の方法としては，排気ガスに既知量の酸素を混入して触媒で燃焼させ，CO，HCをCO_2に変換してCO_2濃度を測定するトータルCO_2測定法がある．また，図1.81に示すリニア空燃比センサ (LAFS：Linear Air Fuel Ratio Sensor) を使えば，運転走行時に空燃比を得ることもできる．従来のO_2センサでは，固体電解質を使っ

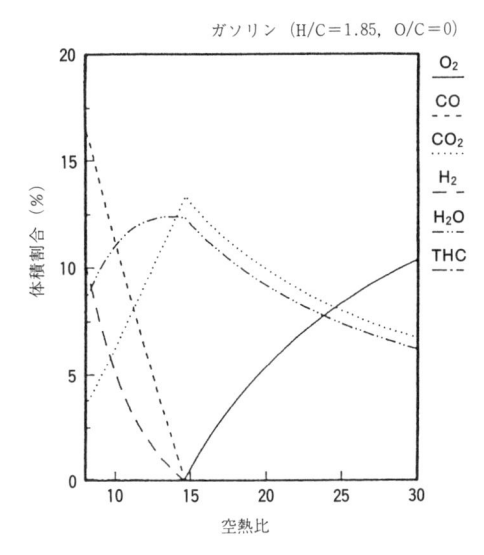

図 1.80 ガソリンエンジンにおける空燃比に対する各種ガス成分濃度

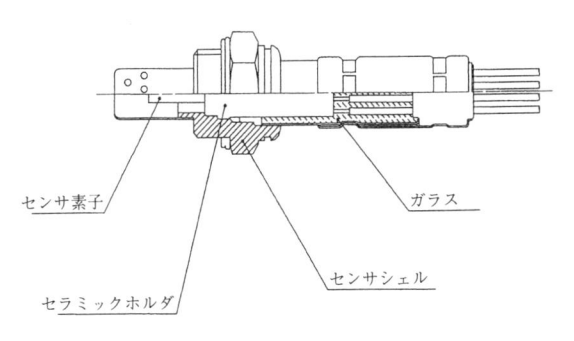

図 1.81 リニア空燃比センサ

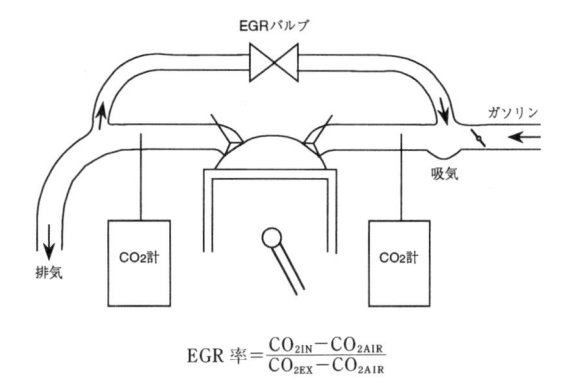

図 1.82 EGR 率の測定系とその計算式

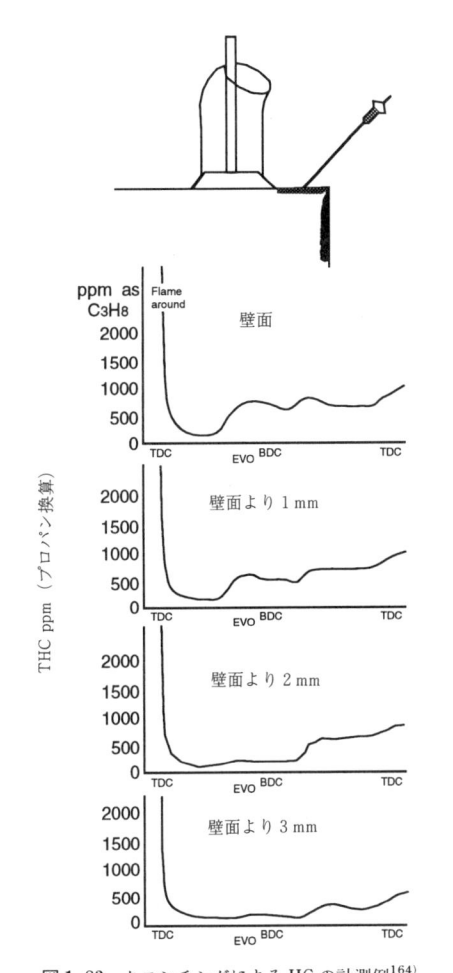

$$EGR率 = \frac{CO_{2IN} - CO_{2AIR}}{CO_{2EX} - CO_{2AIR}}$$

図 1.83 クエンチングによる HC の計測例[164]

た濃淡電池で O_2 濃度を計測していたが，LAFS では，これに電圧を印加することで O_2 を移動させ酸素ポンピングの効果を付加して，広域にわたり空燃比の測定を可能にしたものであり，最近では一部の市販車に搭載され，空燃比の制御に使用されている．

b．EGR 率の計測

EGR（Exhaust Gas Recirculation）率は，吸入空気量と排気ガス再循環量との比であり，吸入空気量と排気ガス再循環量を測定しなければならない．しかし，排気ガスは水分やカーボン粒子を含む高温流体であり，脈動が大きいために流量計による排気ガス再循環量の測定は困難である．そこで，排気ガス中の CO_2 をトレーサとした EGR 率測定法が一般に用いられる．図 1.82 に測定系と計算式を示す．吸気マニホールドからサンプリングした CO_2 濃度と排気管内の CO_2 濃度の比によって，吸気管の中の排気ガスの割合を求めることができる．

c．クエンチングの計測

エンジンから排出される HC は，燃焼室壁面近傍の予混合気が冷やされて火炎が到達しない現象，ピスト

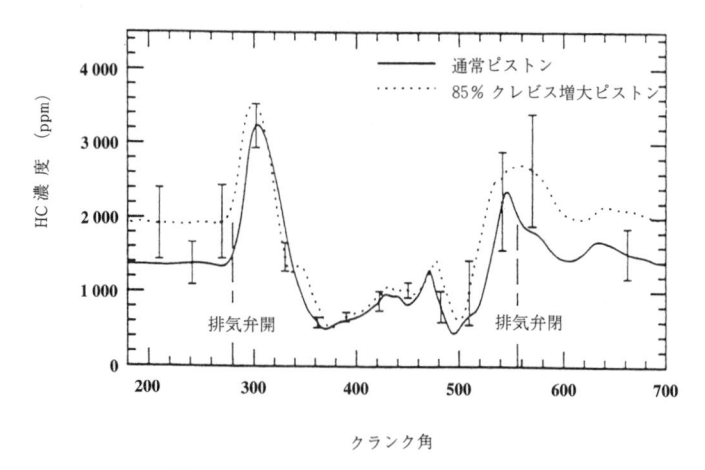

図 1.84　クレビスからの HC 排出測定例[164]

ンのトップランド間隙や点火プラグなどのいわゆるクレビスに火炎が入り込まない現象などの消炎（クエンチング）に起因すると考えられている[163]．燃焼室壁面から突出し量を変えてキャピラリを取り付け，高速応答型 FID で HC を測定した結果を図 1.83 に示す[164]．吸気行程中から火炎がサンプルポイントに到達するまでの期間は未燃混合気を測定し，火炎到達後には壁面によるクエンチングによって燃え残った HC を計測することになる．これは，壁面に近いほど濃度が高い．また，トップランド部のクレビス容積を変更したときの HC 排出量の変化を測定した結果を図 1.84 に示す[165]．85% のクレビス増大により 40% 程度の HC 排出量の増加がみられる．

d．ノッキングの計測

ノッキングの計測は，指圧計測，エンジン振動の計測，聴感などで行われている．しかし，指圧計測では指圧計の取付けが困難であり，エンジン振動の計測の場合は，バルブ着座やピストンスラップなどによって引き起こされる振動との判別が困難である．また，聴感の場合は，訓練された耳でなければ定量化ができないなどの欠点がある．そこで，次のような測定法が考えられる．ノッキングが発生すると，図 1.85 に示すように正常燃焼の場合に比べて NO の排出量が増加する[166]．また，その排出量はノック質量燃焼割合の増加とともに急増する．その増加割合からノック燃焼割合を推測するという方法である．全気筒に NO 計を装着し，連続測定すれば，ノッキングを起こしやすい気筒の判別や，その定量化が可能になる．

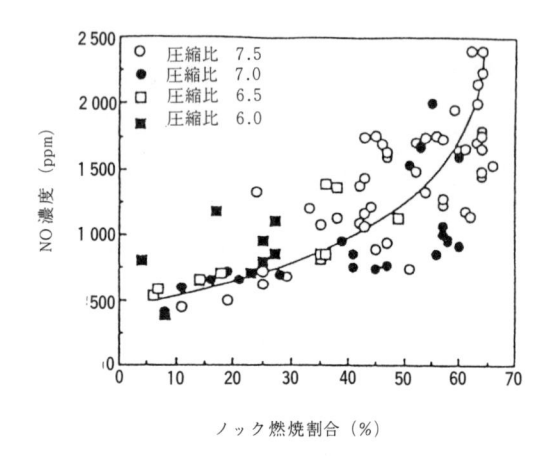

図 1.85　ノック燃焼割合と NO 濃度[166]

e．排気流量の計測

排気流量の測定法には，前に述べた CVS 法や，吸気流量と燃料流量を測定して算出する方法がある．CVS 法は装置が大がかりであり，混合部体積が大きいため応答遅れが大きい．また，吸入空気量と燃料流量の測定法は系を乱したり，応答速度が十分でないという問題がある．

そこで次のような方法が考えられる．エアクリーナ入口から大気中にほとんど存在しない不活性ガス，たとえばヘリウムを一定濃度で混入する．ヘリウムは吸気系から混入されるため，排気管内では時間的，空間的に一様に混合している．排気中のヘリウム濃度を計測することによって，排気流量を求めることができる．この方法で求めた LA-4 モード走行時の排気流量と吸入空気流量の時系列データを図 1.86 に示す[167]．

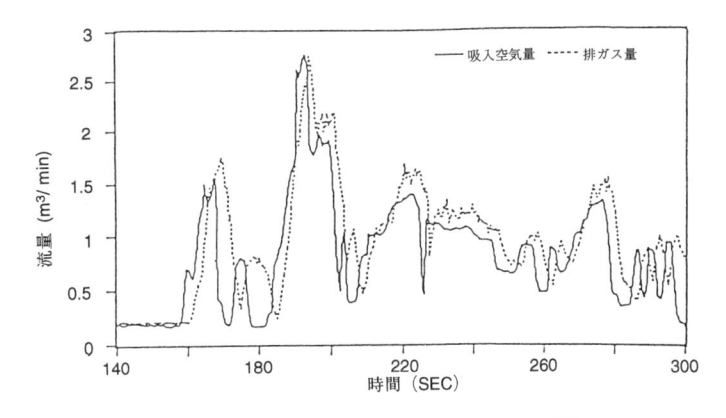

図 1.86 排気流量および吸気流量の時系列データ[167]

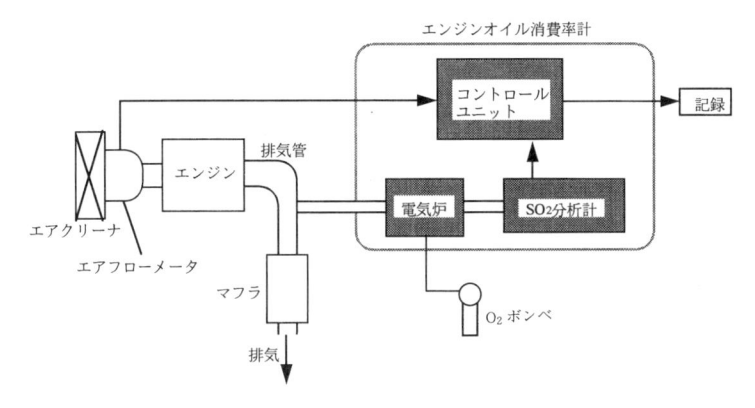

図 1.87 エンジンオイル消費率計のシステム[168,169]

f．エンジンオイル消費率の計測

エンジンオイルの消費率を計測する方法として最も有効なのはSトレース法[168,169]である．装置を図 1.87 に示す．これは，エンジンオイル中のS（硫黄）が燃焼して硫黄酸化物となり，排気ガスとともに全量排出されるとし，酸化炉内で排気ガスに一定量の酸素を供給し SO_2 に変換してNDIR法でその濃度を測定するものである．得られた SO_2 濃度と排気ガス流量からオイル消費量を算出することができる．燃料はS分を含まないものが望ましく，ガソリンエンジンではオクタン，ディーゼルエンジンではトリデカンなどが用いられる．

g．燃料輸送の計測

火花点火エンジンでは燃料供給装置から吸気通路に供給された燃料は，壁面に付着し，主として空気の流速と液膜の面積によって決定される速度で蒸発し，空気とともにシリンダ内に供給される．また，液膜が脈動流を形成し，シリンダ内に直接流入する過程もとくに低温の場合には無視できない．この燃料輸送過程で，応答遅れが発生する．吸気ポートの吸気弁近傍で燃料噴射を行う MPI 方式（Multi Point Injection）の場合でも，急加速やアイドリングでは燃料の輸送遅れを予測した制御が必要となる．

燃料輸送過程を解析するためには，高応答の空燃比センサや HC 計を使って，燃料供給量の変化に伴う排ガス成分の変化をサイクル単位で追跡することが効果的である．

解析結果の一例を図1.88，1.89に示す[170]．図 1.88 は計測用にとくに応答を速めた LAFS を使って，MPI エンジンの燃料の輸送遅れを解析した結果である．ここでは，エンジンを LPG でリーン運転しておき，あるタイミングからガソリンを噴射し，空燃比の挙動を計測することによって燃料の輸送遅れを解析している．噴射された燃料のおよそ半分が直後の吸気行程に筒内に輸送されるが，半分は吸気ポートに残ることが示されている．図 1.89 は，高速 NDIR によって

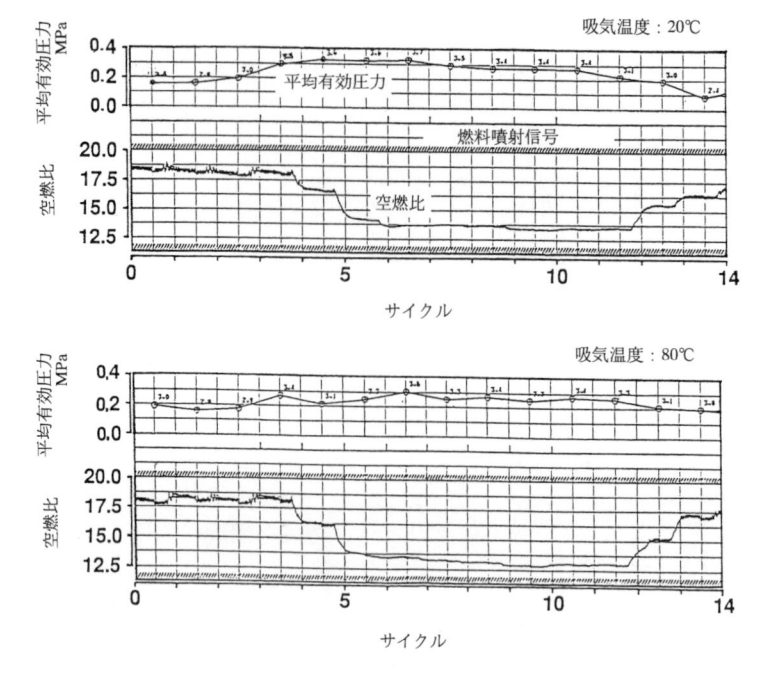

図1.88 MPIエンジンにおける燃料輸送遅れの解析例[170]

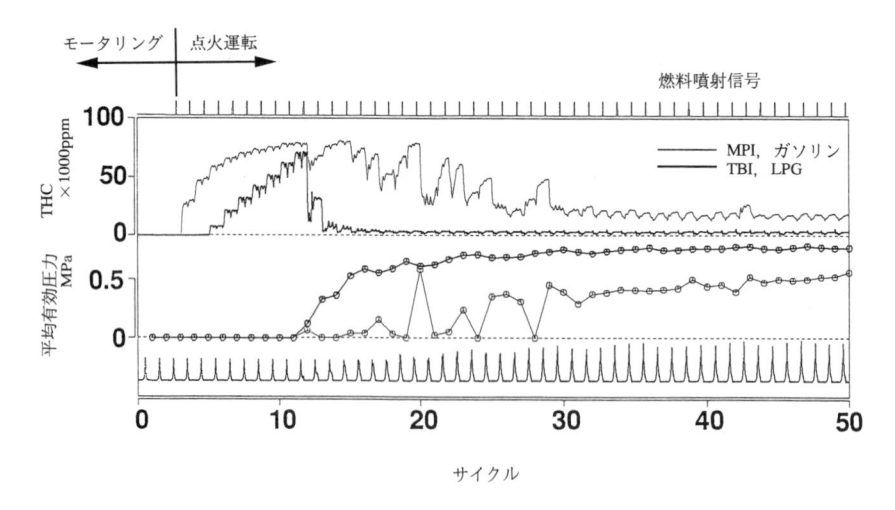

図1.89 SPIエンジンの冷態時における燃料輸送過程の解析例[170]
500 rpm, WOT.

SPI (Single Point Injection) エンジンの冷態の燃料輸送過程を解析した結果である．SPIエンジンでは吸気ポート内部の混合気濃度が可燃限界に達するまでに長い時間がかかること，この時間は燃料の蒸発特性に大きく依存することが示されている．[塚本時弘]

参考文献

1) 三林，熊谷，安東：大粒径のシード粒子を利用したLDV法のメリットと限界，自動車技術，Vol. 43, No. 11, p. 23-28(1989)
2) 安東，桑原：流れの計測，日本機械学会関西支部第195回講習会，燃焼診断を支援するレーザ応用計測，p. 9-16 (1992)
3) 安東，桑原，棚田：レーザライトシート照明法と流速計測，

参 考 文 献

可視化情報学会第8回講習会，レーザを利用した可視化技術，p. 60-67 (1993)

4) S. C. Johnston, C. W. Robinson, W. S. Porke, J. R. Smith, and P. O. Witze : Application of Laser Diagnostics to an Injected Engine, SAE Paper, No. 790092 (1979)

5) R. B. Rask : Laser Doppler Anemometer Measurements in an Internal Combustion Engine, SAE Paper, No. 790094 (1979)

6) T. Asanuma and T. Obokata : Gas Velocity Measurement of a Motored and Firing Engine by Laser Anemometry, SAE Paper, No. 790096 (1979)

7) G. Wigley and J. Renshaw : In-Cylinder Swirl Measurement by Laser Anemometry in a Production Diesel Engine, AERE-R9651 (1979)

8) P. O. Witze : Critical Comparison of Hot-Wire Anemometry and Laser Doppler Velocimetry for I. C. Engine Applications, SAE Paper, No. 800132 (1980)

9) A. P. Morse : Laser-Doppler Measurements of the In-Cylinder Flow of a Motored 4-Stroke Reciprocating Engine, AERE-R9919 (1980)

10) 松岡，永倉，河合，青柳，神本：レーザ流速計によるディーゼル機関シリンダ内の空気流動の計測，日本機械学会論文集 (B編), Vol. 47, No. 422, p. 2074-2084 (1981)

11) 小保方，浅沼：火花点火機関の燃焼室内におけるガス流動，日本機械学会論文集 (B編), Vol. 48, No. 436, p. 2636 (1981)

12) D. R. Zimmerman : Laser Anemometer Measurements of the Air Motion in the Prechamber of an Automotive Diesel Engine, SAE Paper, No. 830452 (1983)

13) T-M. Liou, D. A. Santavicca, and F. V. Bracco : Laser Doppler Velocimetry Measurements in Valved and Ported Engines, SAE Paper, No. 840375, (1984)

14) T. D. Fansler : Laser Velocimetry Measurements of Swirl and Squish Flows in an Engine with a Cylindrical Piston Bowl, SAE Paper, No. 850124 (1985)

15) S. Bopp, C. Vafidis, and J. H. Whitelaw : The Effect of Engine Speed on the TDC Flowfield in a Motored Reciprocating Engine, SAE Paper, No. 860023 (1986)

16) 神本，八木田，森吉，小林，盛田：透明シリンダエンジンによるシリンダ内空気流動に関する研究，日本機械学会論文集 (B編), Vol. 53, No. 492, p. 2686-2693 (1987)

17) 小保方，花田，倉林：小型二サイクル火花点火機関における燃焼室内ガス流動のLDA測定（第2報，定常的時間平均法による乱れ特性の評価），日本機械学会論文集 (B編), Vol. 53, No. 495, p. 3465-3472 (1987)

18) T. D. Flansler, and D. T. French : Cycle-Resolved Laser-Velocimetry Measurements in a Reentrant-Bowl-in-Piston Engine, SAE Paper, No. 880377 (1988)

19) R. A. Fraser, and F. V. Bracco : Cycle-Resolved LDA Integral Length Scale Measurements in an I. C. Engine, SAE Paper, No. 880381 (1988)

20) A. R. Glover, G. E. Hundleby, and O. Hadded : The Development of Scanning LDA for the Measurement of Turbulence in Engines, SAE Paper, No. 880379 (1988)

21) 植木，石田，江上：LDVによる直接噴射式ディーゼル機関筒内流動の研究（低データレイト不等間隔データの乱れ解析），Paper No. 222, 第7回内燃機関合同シンポジウム講演論文集，p. 351-355 (1988)

22) M. Lorenz, and K. Prescher : Cycle-Resolved LDV Measurements on a Fired SI-Engine at High Data Rates Using a Conventional Modular LDA System, SAE Paper, No. 900054 (1990)

23) Y. Moriyoshi, H. Ohtani, M. Yagita, and T. Kamimoto : The Effect of Swirl on the Decay and Generation of In-Cylinder Turbulence during the Compression Stroke, Proceedings of International Symposium COMODIA 90, p. 405-410 (1990)

24) S. Furuno, S. Iguchi, and T. Inoue : The Effects of "Inclination Angle of Swirl Axis" on Turbulence Characteristics in a 4-Valve Lean-Burn Engine with SCV, Proceedings of International Symposium COMODIA 90, p. 437-442 (1990)

25) 長面川，浅沼：火花点火機関における燃焼室内流れの乱流特性，Paper No. 209, 第8回内燃機関合同シンポジウム講演論文集，p. 207-212 (1990)

26) 小木田，高木，伊東，横山，漆原：四弁機関燃焼室のサイクルごとの乱れ強さの計測，Paper No. 214, 第8回内燃機関合同シンポジウム講演論文集，p. 237-242 (1990)

27) O. Hadded, and I. Denbratt : Turbulence Characteristics of Tumble Air Motion in Four-Valve S. I. Engines and their Correlation with Combustion Parameters, SAE Paper No. 910478 (1975)

28) 漆原，村山，季，高木：スワール・タンブルによる乱流生成と燃焼特性，Paper No. 97, 第11回内燃機関シンポジウム講演論文集，p. 573-578 (1993)

29) K. Kuwahara, and H. Ando : TDC Flow Field Structure of Two-Intake-Valve Engines with Pentroof Combustion Chamber, JSME International Journal (Series B), Vol. 36, No. 4, p. 688-696 (1993)

30) 長山，島津，池田，中島：LDV信号処理の改善によるインジェクター噴霧速度のサイクル変動計測，Paper No. 97, 第11回内燃機関シンポジウム講演論文集，p. 517-522 (1993)

31) J. C. Dent, and N. S. Salama : The Measurement of the Turbulence Characteristics in an Internal Combustion Engine Cylinder, SAE Paper, No. 750886 (1975)

32) D. R. Lancaster : Effects of Engine Variables on Turbulence in a Spark-Ignition Engine, SAE Paper, No. 760159 (1976)

33) P. O. Witze : Measurements of the Spatial Distribution and Engine Speed Dependence of Turbulent Air Motion in an I. C. Engine, SAE Paper, No. 770220 (1977)

34) F. Brandl, I. Reverencic, W. Cartellieri, and J. C. Dent : Turbulent Air Flow in the Combustion Bowl of a D. I. Diesel Engine and Its Effect on Engine Performance, SAE Paper, No. 790040 (1979)

35) 脇坂，浜本，木下：内燃機関の燃焼室内乱流の計測，自動車技術会論文集，No. 18, p. 59-65 (1979)

36) 脇坂，浜本，木下：内燃機関の燃焼室内における乱流特性，日本機械学会論文集 (B編), Vol. 48, No. 430, p. 1198-1205 (1982)

37) 城戸，和栗，村瀬，藤本，王，富田：圧縮行程中でのシリンダ内乱れの空間尺度の変化，日本機械学会論文集 (B編), Vol. 50, No. 452, p. 1114-1121 (1984)

38) A. E. Catania, and A. Mittica : Analysis of Turbulent Flow Parameters in a Motored Automotive Engine, Proceedings of International Symposium COMODIA 85, p. 99-106 (1985)

39) 浜本，富田，三葉：四サイクル機関シリンダ内乱流の計測，日本機械学会論文集 (B編), Vol. 53, No. 491, p. 2226-

2232 (1987)

40) M. Ikegami, M. Shioji, and K. Nishimoto : Turbulence Intensity and Spatial Integral Scale During Compression and Expansion Strokes in a Four-Cycle Reciprocating Engine, SAE Paper, No. 870372 (1987)

41) D. L. Reuss, R. J. Adrian, C. C. Landreth, D. T. French, and T. D. Fansler : Instantaneous Planar Measurements of Velocity and Large-Scale Vorticity an Strain Rate in an Engine Using Particle-Image Velocimetry, SAE Paper, No. 890616 (1989)

42) D. L. Reuss, M. Bardsley, P. G. Felton, C. C. Landreth, and R. J. Adrian : Velocity, Vorticity and Strain Rate Ahead of a Flame Measured in an Engine Using Paticle Image Velocimetry, SAE Paper, No. 900053 (1990)

43) 漆原, 高木, Adrian : PIVによる微細乱流場の定量的可視化, Paper No. 18, 第10回内燃機関合同シンポジウム講演論文集, p. 97-102 (1992)

44) J. Lee, and P. V. Farrel : Intake Valve Flow Measurements of an IC Engine Using Particle Image Velocimetry, SAE Paper, No. 930480 (1993)

45) M. Reeves, C. P. Garner, J. C. Dent, and N. A. Halliwell : Particle Image Velocimentry Measurements of Barrel Swirl in a Production Geometry Optical IC Engine, SAE Paper No. 940281 (1994)

46) K. A. Marko, and L. Rimai : Video Recording and Quantitative Analysis of Seed Particle Track Images in Unsteady Flow, Applied Optics, Vol. 24, p. 3666 (1985)

47) M. Gharib, M. A. Hernan, A. H. Yavrouian, and V. Sarohia : Flow Velocity Measurement by Image Processing of Optically Activated Tracers, AIAA Paper, No. 85-0172 (1985)

48) C. C. Landreth and R. J. Adrian : Electrooptical Image Shifting for Particle Image Velocimetry, Applied Optics, Vol. 27, p. 4216 (1988)

49) E. Nimo, B. F. Gajdeczko, and P. G. Felton : Two-Colour Particle Image Velocimetry in an Engine with Combustion, SAE Paper, No. 930872 (1993)

50) 塩路, 川那辺, 河崎, 池上 : 相互相関PIVによるガス流動の時間的計測, Paper No. 1631, 日本機械学会第74期通常総会講演会講演論文集 (Ⅲ) (1997)

51) K. A. Marko, P. Li, L. Rimai, T. Ma, and M. Davies : Flow Field Imaging for Quantitative Cycle-Resolved Velocity Measurements in a Model Engine, SAE Paper, No. 860022 (1986)

52) J. C. Kent, A. Mikulec, L. Rimai, A. A. Adamczyk, S. R. Mueler, R. A. Stein, and C. C. Warren : Observations on the Effects of Intake-Generated Swirl and Tumble on Combustion Duration, SAE Paper, No. 892096 (1989)

53) B. Khalighi : Intake-Generated Swirl and Tumble Motions in a 4-Valve Engine with Various Intake Configurations-Flow Visualization and Particle Tracking Velocimetry, SAE Paper, No. 900059 (1990)

54) D. H. Shack, and W. C. Reynolds : Application of Particle Tracking Velocimenry to the Cyclic Variability of the Pre-Combustion Flow Field in a Motored Axisymmetric Engine, SAE Paper, No. 910475 (1991)

55) M. Ronnback, W. X. Le, and J-R. Linna : Study of Induction Tumble by Particle Tracking Velocimetry in a 4-Valve Engine, SAE Paper, No. 912376 (1991)

56) 桑原, 河合, 安東 : 3色レーザシート法による流れ場の3次元計測, Paper No. 96, 第11回内燃機関シンポジウム講演論文集, p. 567-572 (1993)

57) A. Azetsu, S. Dodo, T. Someya, and C. Oikawa : A Study on the Structure of Diesel Spray (2-D Visualization of the None-Evaporating Spray), Proceeding of International Symposium COMODIA 90, p. 199-204 (1990)

58) 畔津, 四辻, 染谷, 及川 : ディーゼル噴霧の構造とその形成過程に関する研究—噴射パラメータが噴霧構造に及ぼす影響—, Paper No. 223, 第9回内燃機関合同シンポジウム講演論文集, p. 391-396 (1991)

59) M. Nishida, T. Nakahira, M. Komori, K. Tsujimura, and I. Yamaguchi : Observation of High Pressure Fuel Spray with Laser Sheet Method, SAE Paper, No. 920459 (1992)

60) T. Kume, Y. Iwamoto, K. Iida, N. Murakami, K. Akishino, and H. Ando : Combustion Control Technologies for Direct Injection SI Engines, SAE Paper, No. 960600 (1996)

61) 冨田, 浜本, 堤, 高崎 : 非定常気体噴流の周囲気体導入過程に関する研究, Paper No. 71, 第10回内燃機関合同シンポジウム講演論文集, p. 397-402 (1992)

62) 冨田, 浜本, 堤 : 非定常気体噴流の周囲気体導入過程に関する研究 (続報), Paper No. 92, 第11回内燃機関シンポジウム講演論文集, p. 541-546 (1993)

63) 小酒, 神本, 元 : 非定常噴霧の構造に関する研究—第1報, シリコンオイル混入法による燃料蒸気の可視化—, Paper No. 92, 第10回内燃機関合同シンポジウム講演論文集, p. 403-408 (1992)

64) 日本機械学会 : 燃焼のレーザ計測とモデリング, 東京, 丸善書店, p. 141-159 (1987)

65) T. Kamimoto, S. K. Ahn, Y. J. Chang, H. Kobayashi, and S. Matsuoka : Measurement of Droplet Diameter and Fuel Concentration in a Non-Evaporating Diesel Spray by Means of an Image Analysis of Shadow Photographs, SAE Paper, No. 840276 (1984)

66) N. Katsura, M. Saito, J. Senda, and H. Fujimoto : Characteristics of a Diesel Spray Impinging on a Flat Wall, SAE Paper, No. 890264 (1989)

67) M. Nakayama, and T. Araki : Visualization of Spray Structure by Means of Computed Tomography, proceedings of International Symposium COMODIA 85, p. 131-139 (1985)

68) H. Hiroyasu, K. Nishida, and J. C. A. Min : Computed Tomographic Study on Internal Structure of a Diesel Spray Impinging on a Flat Wall, Proceedings of International Symposium COMODIA 90, p. 205-210 (1990)

69) H. Fujimoto, J. Senda, M. Nagae, and A. Hashimoto : Characteristics of a Diesel Spray Impinging on a Flat Wall, Proceedings of International Symposium COMODIA 90, p. 193-198 (1990)

70) M. Suzuki, K. Nishida, and H. Hiroyasu : Simultaneous Concentration Measurement of Vapor and Liquid in an Evaporating Diesel Spray, SAE Paper, No. 930863 (1993)

71) J-Y. Koo, and J. K. Martin : Droplet Sizes and Velocities in a Transient Diesel Fuel Spray, SAE Paper, No. 900397 (1990)

72) C. Arcoumanis, J-C. Chang, and T. Morris : Spray Characteristics of Single- and Two-Spring Diesel Fuel Injectors, SAE Paper, No. 930922 (1993)

73) 栗原, 池田, 中島: エアーアシストインジェクタにより形成される噴霧の分散過程, Paper No. 86, 第11回内燃機関シンポジウム講演論文集, p. 505-510 (1993)
74) F. Vannobel, D. Robart, J. B. Dementhon, and J. Whitelaw: Velocity and Size Distribution of Fuel Droplets in the Cylinder of a Two-Valve Production Engine, Proceedings of International Symposium COMODIA 94, p. 373-378 (1994)
75) T. Kamimoto, H. Kobayashi, and S. Matsuoka: A Big Size Rapid Compression Machine for Fumdamental Studies of Diesel Combustion, SAE Paper, No. 811004 (1981)
76) K. R. Browne, I. M. Partridge, and G. Greeves: Fuel Property Effects on Fuel/Air Mixing in an Experimental Diesel Engine, SAE Paper, No. 860223 (1986)
77) 谷, 斎藤, 山田: エンジン筒内における噴霧蒸発過程の研究, Paper No. 120, 第6回内燃機関合同シンポジウム講演論文集, p. 119-124 (1987)
78) K. Nishida, N. Murakami, and H. Hiroyasu: A Pulsed-laser Holography Study of the Evaporating Diesel Spray in a High Pressure Bomb, Proceedings of International Symposium COMODIA 85, p. 141-148 (1985)
79) J. A. Gotowski, J. B. Heywood, and C. Deleplace: Flame Photographs in a Spark-Ignition Engine, Combustion and Flame, Vol. 56, 71-81 (1984)
80) C. F. Edwards, H. E. Stewart and A. K. Oppenheim: A Photographic Study of Plasma Ignition Systems, SAE Paper, No. 850077 (1985)
81) T. A. Baritaud: High Speed Schlieren Visualization of Flame Initiation in a Lean Operating SI Engine, SAE Paper, No. 872152 (1987)
82) R. Herweg, and G. F. W. Ziegler: Flame Kernel Formation in a Spark-Ignition Engine, Proceedings of International Symposium COMODIA 90, p. 173-178 (1990)
83) Y. Nakagawa, Y. Takagi, T. Itoh, and T. Iijima: Laser Shadowgraphic Analysis of Knocking in S. I. Engine, SAE Paper, No. 845001 (1984)
84) 太田, 高橋: ノックの発生におよぼす混合気流動の影響, Paper No. 202, 第5回内燃機関合同シンポジウム講演論文集, p. 79-83 (1985)
85) J. R. Smith,: The Influence of Turbulence on Flame Structure in an Engine, ASME Conference on Flows in Internal Combustion Engines, p. 67-72 (1982)
86) A. Floch, T. Kageyama, and A. Pocheau: Influence of Hydrodynamics Conditions on the Development of a Premixed Flame in a Closed Vessel, Proceedings of International Symposium COMODIA 90, p. 141-146 (1990)
87) Y. Kiyota, K. Akishino, and H. Ando: Concept of Lean Combustion by Barrel-Stratification, SAE Paper, No. 920678 (1992)
88) 吉山, 浜本, 南: 3.39 μm 赤外吸収法による炭化水素燃料濃度の計測, Paper No. 76, 第12回内燃機関シンポジウム講演論文集, p. 443-448 (1995)
89) C. Arcoumanis, H. G. Green, and J. H. Whitelaw: The Application of Laser Rayleigh Scattering to a Reciprocating Model Engine, SAE Paper, No. 840376 (1984)
90) F. Q. Zhao, T. Kadota, and T. Takemoto: Rayleigh Scattering Measurements of Fuel Vapor Concentration Fluctuation in a Motored Spark Ignition Engine, Proceedings of International Symposium COMODIA 90, p. 377-382 (1990)
91) 趙, 竹富, 西田, 廣安: 火花点火機関燃焼室内混合気濃度分布の二次元計測―機関運転条件の影響―, Paper No. 94, 第11回内燃機関シンポジウム講演論文集, p. 553-558 (1993)
92) L. A. Melton: Spectrally separated fluorescence emissions for diesel fuel droplets and vapor, Applied Optics, Vol. 21, No. 14, p. 2224-2226 (1983)
93) M. E. A. Bardsley, P. G. Felton, and F. V. Bracco: 2-D Visualization of Liquid and Vapor Fuel in an I. C. Engine, SAE Paper, No. 880521 (1988)
94) J. Senda, Y. Fukami, Y. Tanabe, and H. Fujimoto: Visualization of Evaporative Diesel Spray Impinging Upon Wall Surface by Exciplex Fluorescence Method, SAE Paper, No. 920578 (1992)
95) W. Lawrenz, J. Köhler, F. Meier, W. Stolz, W. H. Bloss, R. R. Maly, E. Wagner, and M. Zahn: Quantitative 2 D LIF Measurements of Air/Fuel Ratios During the Intake Stroke in a Transparent SI Engine, SAE Paper, No. 922320 (1992)
96) T. A. Baritaud, and T. A. Heinze: Gasoline Distribution Measurements with PLIF in a SI Engine, SAE Paper, No. 922355 (1992)
97) B. Johansson, H. Neij, M. Aldén, and G. Juhlin: Investigation of the Influence of Mixture Preparation on Cyclic Variation in a SI-Engine, Using Laser Induced Fluorescence, SAE Paper, No. 950108 (1995)
98) D. Wolff, V. Beushausen, H. Schlüter, P. Andresen, W. Hentschel, P. Manz, and S. Arndt: Quantitative 2D-Mixture Fraction Imaging Inside An Internal Combustion Engine Using Acetone-Fluorescence, Proceedings of International Symposium COMODIA 90, p. 445-451 (1990)
99) 藤川, 勝見, 秋濱: ガソリン LIF を用いた筒内混合気分布の計測, Paper No. 9437449, 自動車技術会学術講演会前刷集, No. 946, p. 73-76 (1994)
100) T. D. Fansler, D. T. French, and M. C. Drake: Fuel Distributions in a Firing Direct-Injection Spark-Ignition Engine Using Laser-Induced Fluorescence Imaging, SAE Paper, No. 950110 (1995)
101) 伊東, 角方, 菱沼, 漆原, 堀江: 燃焼室内混合気場のためのレーザ誘起蛍光法 (LIF) における合成燃料の開発, Paper No. 9632929, 自動車技術会学術講演会前刷集, 962, p. 13-16 (1996)
103) REDLINE ACAP Version 4.0 User Manual, dsp Technology Inc. (1995)
104) 徐: 予燃焼室ディーゼル機関の燃焼に関する研究 (第1報, 副室付ディーゼル機関の熱力学的考察), 日本機械学会論文集 (第2部), Vol. 31, No. 225, p. 808-822 (1965)
105) H. Ando, J. Takemura, and W. Koujina: A Knock Anticipating Strategy Basing on the Real-Time Combustion Mode Analysis, SAE Paper, No. 890882 (1989)
106) W. M. Scott: Understanding Diesel Combustion through the Use of High Speed Moving Pictures in Color, SAE Paper, No. 690002 (1969)
107) 長尾, 池上, 清田, 三田, 川廷: 直接噴射式ディーゼル機関における燃焼の研究, 日本機械学会論文集, Vol. 38, No. 311, p. 1866-1874 (1972)
108) T. Shiosaki, T. Suzuki, and M. Shimoda: Observation of Combustion Process in D. I. Diesel Engine via High-speed Direct and Schlieren Photography, SAE Paper,

No. 800025 (1980)
109) Y. Aoyagi, T. Kamimoto, Y. Matsui, and S. Matsuoka : A Gas Sampling Study on the Formation Processes of Soot and NO in a D. I. Diesel Engine, SAE Paper, No. 800254 (1980)
110) K. Kontani, and S. Gotoh : Measurement of Soot in a Diesel Combustion Chamber by Light Extinction Method and In-Cylinder Observation by High speed Shadowgraphy, SAE Paper, No. 831219 (1983)
111) K. Kanairo, N. Hirakouchi, M. Sekino, and H. Nakagawa : Study of High Speed Diesel Engine Combustion Using High Speed Photography-Attempt to Obtain All Aspects of Combustion and Its Improvement, Proceedings of International Symposium COMODIA 85, p. 373-381 (1985)
112) S. Shundoh, T. Kakegawa, K. Tsujimoto, and S. Kobayashi : A Study on Combustion of Direct Injection Diesel Engine with 150Mpa Injection Pressure, Proceedings of Internationl Symposium COMODIA 90, p. 607-612 (1990)
113) 水田, 青山, 佐藤, 渡辺：ディーゼル機関におけるHC生成要因調査, Paper No. 217, 第9回内燃機関合同シンポジウム講演論文集, p. 165-170 (1991)
114) S. C. Bates : Flame Imaging Studies of Cycle-by Cycle Combustion Variation in a SI Four-Stroke Engine, SAE Paper, No. 892086 (1989)
115) C. Arcoumanis, C. S. Bae, and Z. Hu : Flow and Combustion in a Four-Valve Spark-Ignition Optical Engine, SAE Paper, No. 940475 (1994)
116) Y. Gotoh : Flame and Wall Temperature Visualization on Spark-Ignited Ultra-Lean Combustion Engine, Proceedings of International Symposium COMODIA 90, p. 147-152 (1990)
117) 河合, 服部, 塚本, 千田, 藤本：火花点火機関におけるノッキング現象の解明, Paper No. 110, 第9回内燃機関合同シンポジウム講演論文集, p. 51-56 (1991)
118) 小松, 古谷, 太田：ピストン圧縮低温自着火炎の発現形態, Paper No. 49, 第10回内燃機関合同シンポジウム講演論文集, p. 265-270 (1992)
119) N. Iida : Combustion Analysis of Methanol-Fueled Active Thermo-Atomosphere Combustion (ATAC) Engine Using Spectroscopic Observation, SAE Paper, No. 940684 (1994)
120) T. McComiskey, H. Jiang, Y. Qian, K. T. Rhee, and J. C. Kent : High-Speed Spectral Infrared Imaging of Spark Ignition Engine, SAE Paper, No. 930865 (1993)
121) H. Jiang, Y. Qian, S. Campbell, and K. T. Rhee : Investigation of a Direct Injection Diesel Engine by High-Speed Spectral IR Imaging and KIVA-II, SAE Paper, No. 941732 (1994)
122) K. Kuwahara, and H. Ando : Analysis of Barrel-Stratified Lean Burn Flame Structure by Two-Dimensional Chemiluminescence Measurement, JSME International Journal (Series B), Vol. 37, No. 3, p. 650-658 (1994)
123) 河合, 桑原, 安東：画像データベースを利用した火炎統計解析, Paper No. 905, 日本機械学会関西支部第69期定時総会講演会講演論文集, p. 211-213 (1994)
124) 塩路, 紀本, 岡本, 池上：画像処理によるディーゼル火炎の解析, 日本機械学会論文集 (B編), Vol. 54, No. 504, p. 2228-2235 (1988)
125) 山口, 塩路, 辻村：高圧噴射式ディーゼルエンジンの燃焼場における流動および乱れの画像解析, 自動車技術会論文集, Vol. 23, No. 2, p. 15-20 (1992)
126) M. Fields, J-b. Zheng, S-X. Qian, P. J. Kindlmann, J. C. Swindal, and W. P. Acker : Single-Shot Temporally and Spatially Resolved Chemiluminescence Spectra from an Optically Accessible SI Engine, SAE Paper, No. 950105 (1995)
127) K. Nagase, and K. Funatsu : Spectroscopic Analysis of Diesel Combustion Flame by Means of Streak Camera, SAE Paper, No. 881226 (1988)
128) 桑原, 渡辺, 首藤, 安東：火炎温度計測による筒内噴射ガソリンエンジンの燃焼解析, Paper No. 25, 第13回内燃機関シンポジウム講演論文集, p. 145-150 (1996).
129) 古谷, 太田：ピストン圧縮自着火の新しい抑制法, Paper No. 17, 第11回内燃機関シンポジウム講演論文集, p. 97-102 (1993)
130) H. Shoji, A. Saima, K. Shiino, and S. Ikeda : Clarification of Abnormal Combustion in a Spark Ignition Engine, SAE Paper, No. 922369 (1992)
131) A. O. zur Loye, and F. V. Bracco : Two Dimensional Visualization of Ignition Kernels in an IC Engine, Combustion and Flame, Vol. 69, p. 59-69 (1984)
132) J. Mantzaeas, P. G. Felton, and F. V. Bracco : 3-D Visualization of Premixed-Charge Engine Flames-Islands of Reactants and Products; Fractal Dimensions; and Homogeneity, SAE Paper, No. 881635 (1988)
133) P. G. Felton, J. Mantzaras, D. S. Bomse, and R. L. Woodin : Initial Two-Dimensional Laser Induced Fluorescence Measurements of OH Radicals in an Internal Combustion Engine, SAE Paper, No. 881633 (1988)
134) P. Andresen, G. Meijer, H. Schluter, H. Voges, A. Koch, W. Hentschel, W. Oppermann, and E. Rothe : Fluorescence imaging inside an internal combustion engine using tunable excimer lasers, Applied Optics, Vol. 29, No. 16, p. 2392-2404 (1990)
135) T. Tanaka, and M. Tabata : Planar Measurements of OH Radicals in an S. I. Engine Based on Laser Induced Fluorescence, SAE Paper, No. 940477 (1994)
136) B. Alatas, J. A. Pinson, T. A. Litzinger, and D. A. Santavicca : A Study of NO and Soot Evolution in a DI Diesel Engine via Planar Imaging, SAE Paper, No. 930973 (1993)
137) F. Hoffmann, B. Bauerle, F. Behrendt, and J. Warnatz : 2D-LIF Investigation of Hot Spots in the Unburnt End Gas of I. C. Engines Using Formaldehyde as Tracer, Proceedings of International Symposium COMODIA 94, p. 517-522 (1994)
138) J. Mantzaras, P. G. Felton, and F. V. Bracco : Fractal and Turbulent Premixed Engine Flames, Combustion and Flame, Vol. 77, p. 295-310 (1989)
139) M. J. Hall, D. Wengang, and R. D. Mathews : Fractal Analysis of Turbulent Premixed Flame Images from SI Engines, SAE Paper No. 922242 (1992)
140) M. Adam, T. Heinze, und P. Roosen : Analyse der Flammenfrontstruktur in einem Ottomotor mit hilfe laserdiagnostischer Verfahren, MTZ, Vol. 54, No. 1, p. 38-42 (1993)
141) S. K. Ahn, Y. Matsui, T. Kamimoto, and S. Matsuoka : Measurement of Flame Temperature Distribution in a D. I. Diesel Engine by Means of Image Analysis of Nega-

参 考 文 献

Color Photographs, SAE Paper, No. 810183 (1981)
142) 木村, 小川, 久保田, 千田, 藤本：副室式ディーゼル機関のセラミック製渦流室における燃焼特性, 日本機械学会論文集 (B編), Vol. 57, No. 535, p. 1161-1166 (1990)
143) 小林, 酒井, 中平, 辻村：高圧噴射ディーゼル機関の火炎温度分布の測定, Paper No. 208, 第9回内燃機関合同シンポジウム講演論文集, p. 115-120 (1991)
144) K, Kawamura, A. Saito, T. Yaegashi, and Y. Iwashita : Measurement of Flame Temperature Distribution in Engines by Using a Two-Color High Speed Shutter TV Camera System, SAE Paper, No. 890320 (1989)
145) C. Arcoumanis, C. Bae, A. Nagwaney, and H. Whitelaw : Effect of EGR on Combustion Development in a 1.9L DI Diesel Optical Engine, SAE Paper, No. 950850 (1995)
146) 太田, 服部, 藤井, 角田：直噴式ディーゼル機関におけるすす雲の形成とその抑制, Paper No. 6, 第11回内燃機関シンポジウム講演論文集, p. 31-36 (1993)
147) R. Pittermann : Multispektralpyrometrie : Ein neues Verfahren zur Untersuchung der Verbrennung im Dieselmotor, MTZ, Vol. 56, No. 2, p. 78-84 (1992)
148) Y. J. Chang, H. Kobayashi, K. Matsuzawa, and T. Kamimoto : A Photographic Study of Soot Formation and Combustion in a Diesel Flame with a Rapid Compression Machine, Proceedings of International Symposium COMODIA85, p. 149-157 (1985)
149) A. O. zur Loye, D. L. Siebers, and J. E. Dec : 2-D Soot Imaging in a Direct Injection Diesel Engine Using Laser-Induced Incandescence, Proceedings of International Symposium COMODIA 90, p. 523-528 (1990)
150) C. Espey, and J. E. Dec : Diesel Engine Combustion Studies in a Newly Designed Optical-Access Engine Using High-Speed Visualization and 2-D Laser Imaging, SAE Paper, No. 930971 (1993)
151) 小酒, 西垣, 神本, 原田：レーザ誘起赤熱・散乱光法による非定常噴霧火炎内のすす生成と酸化に関する研究, Paper No. 11, 第12回内燃機関シンポジウム講演論文集, p. 61-66 (1995)
152) M. Shioji, K. Yamane, N. Sakakibara, and M. Ikegami : Characterization of Soot Clouds ans Turbulent Mixing in Diesel Flamess by Image Analysis, Proceedings of International Symposium COMODIA 90, p. 613-618 (1990)
153) J-J. Marie, and M-J. Cottereau : Single Shot Temperature Measurements by CARS in an I. C. Engine for Normal and Knocking Conditions, SAE Paper, No. 870458 (1987)
154) 中田, 伊東, 高木：CARS法によるノッキング発生時の未燃部混合気温度分布の計測, Paper No. 112, 第9回内燃機関合同シンポジウム講演論文集, p. 63-66 (1991)
155) 秋浜, 浅井, 久保, 中野, 山崎, 井口：CARSによるエンジン筒内未燃ガス温度測定, Paper No. 52, 第10回内燃機関シンポジウム講演論文集, p. 283-288 (1992)
156) R. P. Lucht, D. Dunn-Rankin, T. Walter, T. Dreier, and S. Bopp : Heat Transfer in Engines : Comparison of Cars Thermal Boundary Layer Measurements and Heat Flux Measurements, SAE Paper, No. 910722 (1991)
157) 久保・長倉・井口・江沢編：理化学辞典 第4版, 岩波書店 (1987)
158) D. L. D'Allva, et al. : SAE Journal, Vol. 38, No.3, p. 90 (1936)
159) R. S.Spindt : SAE Paper, No. 650507 (1965)
160) W. H. Holl : SAE Paper, No. 730533 (1973)
161) 細井：自動車研究, 第10巻, 第11号 (1988)
162) 福井ほか：自動車技術, Vol. 44, No.8, p. 52-57 (1990)
163) W. K. Cheng, et al. : An Overview of Hydrocarbon Emissions Mechanisms in Spark Ignition Engines, SAE Paper, No. 932708 (1993)
164) M. Peckham, et al. : SAE Paper, No. 922237 (1992)
165) J. B. Heywood, et al. : The Effects of Crevices on the Engine-out Hydrocarbon Emissions in SI Engine, SAE Paper, No. 940306 (1994)
166) 藤本ほか：日本機械学会講演論文集, No. 924-2, p. 263-265 (1992)
167) Y. Maeda, et al. : SAE Paper, No. 860544 (1986)
168) S. Aiga, et al. : SAE Paper, No. 922196 (1992)
169) 塚本：各種燃料の排ガス計測と応用, 自動車技術会関東支部第1回講習会資料 (1995)
170) 安東・元持：ガソリンエンジンの吸気管・吸気ポートでの燃料の輸送過程, 内燃機関, Vol. 25, No.317 (1986)

2

振動騒音乗り心地

自動車はエンジンの振動，駆動系の回転アンバランスなどの振動や路面，空力などによる外部からの入力を受け，車室内外に種々の振動騒音が発生する．それらの振動騒音は走行条件や環境によってその大きさや周波数が変化する．

ほとんどの機械は一定な回転数か，その設定回転数に収まるまでの短時間の回転数域での周波数域を考慮すればよいが，自動車はばね上の振動などの数 Hz からブレーキの鳴きのような数 kHz の周波数を対象とし，定常状態の振動から非線形性を含む過渡振動や自励振動など種々の振動を取り扱う振動騒音の教科書そのものである．

自動車で観測される広範囲の振動騒音は，振動そのものを不快と感じるものと，音響系によって騒音が形成され不快と感じるものがある．複雑な振動騒音源や伝達系によって，単純なものは少なく，いくつかの周波数が混在した振動騒音となる場合が多い．自動車の振動騒音乗り心地の計測解析はこれらの不快な現象の解明と改善の手段として発達してきた．振動騒音乗り心地の現象は時間領域であり，時系列で計測した時々刻々変化するデータを周波数領域に変換し，その現象に関係する振動音響系を調査するのが計測の主な目的となる．

2.1 振動騒音の計測解析

振動騒音を計測再現しその現象を解明する方法は，時間に対する振動騒音の因果律を把握するために実施する．振動は加速度，速度，変位を直接あるいは間接的に計測し，騒音は騒音計で計測する．これらの時間領域に対する現象の計測は種々の周波数を含んだ振動源に対しての振動系，音響系を伝達した結果である．

したがって，現象解明にはこれらの周波数領域での特性が重要となる．

2.1.1 振動騒音の計測一般
a．振動計測器

図 2.1[1] に振動計測器の分類を示す．振動測定の大半は加速度の測定で，圧電素子形と抵抗線ひずみ形の2 種類が主に用いられる．

圧電素子形は，ある種の結晶に機械ひずみを加えると電位差を発生することを利用した交流自己発電型の

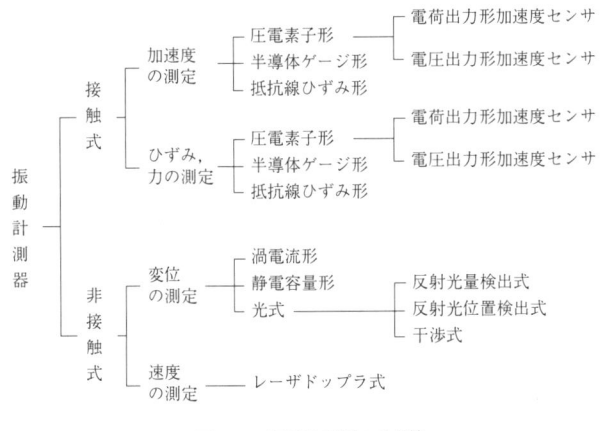

図 2.1 振動計測器の分類[1]

変換器で増幅器と組み合わせて用いる．低周波数あるいは静的な特性の計測には適していないが，高周波数域まで計測できる特徴がある．圧電素子形は出力インピーダンスが非常に高く，外部雑音を拾いやすいのでケーブル，コネクタの絶縁に注意を払う必要がある．最近では，振動計には質量1g以下の軽量で小型のもの，増幅器を内蔵したものなどが開発，市販されている．

抵抗線ひずみ形はインピーダンス変換型であり，静的な特性や低周波数域の計測に適している．外部電源が必要であり，変換器内部の共振のため高周波数域まで計測できない欠点がある．

したがって，低周波数域は抵抗線ひずみ形，中高周波数域は圧電素子形と用途によって分けて使用している．これらの加速度計は接着や磁石などにより，供試体に固定して使用するが，計測周波数範囲と精度，作業効率などを考慮してその取付方法を決めている．

非接触の振動計測方法として，レーザホログラフィやレーザドップラ振動計がある．これらは面計測ニーズが高い場合や計測対象に対して振動計の質量が問題となる場合などに用いられる．

b．騒音計測器

騒音は音圧をコンデンサマイクロホンで検出し，精密騒音計で増幅して計測する．マイクロホンの出力インピーダンスが高いため前置増幅器を直後に設置する必要がある．また，騒音計による印加電圧が機種によって異なるので注意を要する．

マイクロホンは指向性，無指向性のものがあり，風などの雑音の影響を除去するためウインドスクリーンを用いる場合がある．

騒音計測の較正は，マイクロホンに音圧レベルのわかった音を入力（ピストンホーン）して行う．騒音計の増幅度のみで較正を行う場合もあるが，前者が好ましい．

騒音の可視化手法として音響インテンシティや音響ホログラフィがある．これらは複数のマイクロホンによる計測手法であり，個々のマイクロホンのレベルと位相の管理がとくに重要である（図2.2[2)]参照）．また，コンデンサ型は保管時の湿度管理が重要である．

c．騒音レベル計測

騒音は基準音圧 P_0 に対する計測音圧 P をデシベル表示する．したがって，音圧レベル（SPL）L_P は

$$L_P = 20 \log_{10}(P/P_0) \tag{2.1}$$

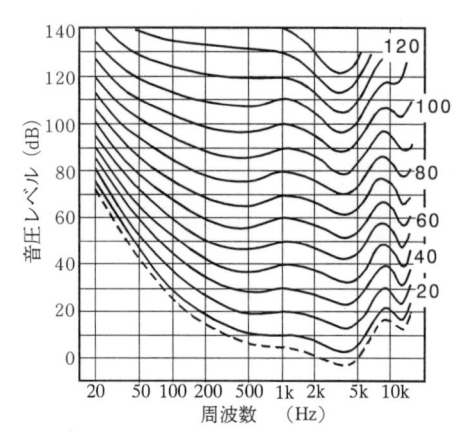

図2.2　純音の音の大きさの等官能曲線[2)]

ただし，P：計測音圧（Pa），P_0：基準音圧（最低可聴音圧 20μ Pa）で定義される．

音圧レベルが同じでも周波数が変化すると同じ音の大きさには聞こえない．これを補正するため図2.2に示すように，1 kHzの純音をベースにした等ラウドネス曲線が規格化されている[2)]．

等ラウドネス曲線は音圧レベルの大きさによって特性が異なる．このため，種々の特性フィルタが規格化されており，図2.3に示すようなA特性やC特性フィルタがよく用いられる．A特性は40 phon，C特性は80 phon以上の等ラウドネス曲線に近い．

A特性を用いて計測したものを騒音レベルと呼ぶ．C特性はほぼ平坦な特性を示すことから，音圧レベルの代用として用いることがある．また，低周波数域の騒音を有限要素法などの解析結果と比較するため，極低周波のハイパスフィルタを通して計測する場合もある．等ラウドネス曲線は純音の等官能線であり，一般

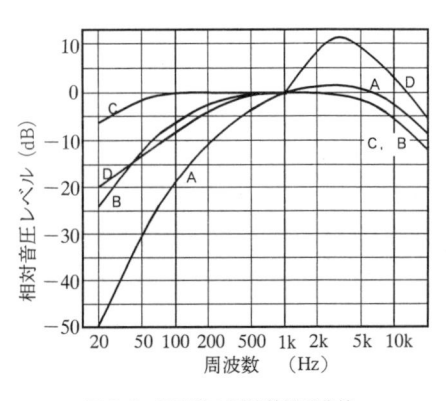

図2.3　騒音計の周波数補正曲線

の騒音ではマスキングや臨界帯域などを考慮する必要があり，種々の評価法が定義されている．

d．データ処理

振動計や騒音計の出力は汎用の振動騒音解析器やFFT分析器により，ディジタル処理され，時間領域や周波数領域に変換して，要因分析や改良が行われている．また，実際の走行のように長時間の時間領域のデータが必要な場合はDAT（Digital Audio Tape）に録音し，これを再生分析する場合が多い．分析器の大型化に伴い，実現象のモードシミュレーションなども可能となっている．

2.1.2 周波数分析

車両の振動音響発生源やその伝達系を明確にし，それらの要因分析によって改善するための手法の一つに周波数分析がある．現在では周波数分析はアナログ処理からディジタル処理に移行し，DSP（Digital Signal Processor）の進歩などによって，振動騒音として問題となる約20 kHz程度まで，リアルタイムに処理できるようになってきている．したがって，ここでは主にディジタル周波数分析に関する基礎と応用について述べる．

a．フーリエ変換

フーリエ変換は振動騒音のパワーを周波数ごとの寄与度に分離する方法であり，DFT（Discrete Fourier Transform）による解析がほとんどである．DFTは下式で表される．

$$X(l) = \sum_{k=0}^{n-1} x(k) e^{-j2\pi lk/n}/n \quad (2.2)$$

ただし，x：時刻歴のデータ，X：周波数変換後のデータ，n：データ数，である．

ディジタル周波数分析はサンプリング定理の制約がある．すなわち，最大分析周波数はサンプリング周波数の1/2であり，周波数分解能は上記 n 個のデータ（1フレーム）をサンプリングした時間長の逆数である．したがって，最大周波数を同じにして周波数分解能を半分にするためには，1フレームの時間長を2倍にするしか方法がない．また，最大周波数以上の周波数成分を含んだデータを解析するとエイリアシングが発生するため，アナログのアンチエイリアシングフィルタ（A/Aフィルタ）が必要である．

市販のFFT計測器の中には，A/Aフィルタがデータをディジタル化する前処理に必要なことを考慮し，有効解析周波数を解析最大周波数以下に設定（たとえば1/1.28）しているものもある．

三角関数の対称性（偶関数，奇関数）と周期性を考慮するとFFT（Fast Fourier Transform）法と呼ばれる方法で計算回数を低減でき，処理の高速化が図れる．この方法は2の指数乗のデータを処理するときに効率が最も良く，振動騒音の計測では512～2048のデータを1つの単位（フレーム）としてフーリエ変換することが多い．

フーリエ変換は無限長の時間の解析であるのに対し，DFTはフレーム単位の有限時間長の解析であり，このフレームが繰り返されると仮定して解析する．したがって，解析フレームの開始端と終端の連続性が要求されるため，表2.1に示すような実時間波形に適当な窓関数を乗じて解析波形とし，周波数分析を行う必要がある．FFTによる周波数分析は小型の専用計測器から大型のモード解析装置に適用されているが，フーリエ変換の処理内容はほとんど差がない．

次に，DFTを用いた種々の分析手法の例を表2.2に示す．

1フレームのパワー P は

$$P = \sum_{k=0}^{n-1} x(k)^2 / n = \sum_{l=0}^{n/2-1} |X(l)|^2 \quad (2.3)$$

であり，各周波数特性の絶対値の2乗和となる．したがって，周波数特性はパワーに対する寄与度を示す．

表2.1 代表的窓関数

	関数形
矩形	1 ; ($0 \leq t < 1/T$)　　0 ; 左記以外
正弦波	$\sin(\pi t/T)$
ハニング	$0.5(1-\cos 2\pi t/T)$
ハミング	$0.54-0.46\cos 2\pi t/T$
指数	1 ; ($0 \leq t < a$)，$e^{b(t-a)}$; ($0 \leq t < 1/T$)

（注）ウインド関数の長さ：$1/T$．

表2.2 フーリエ変換を利用した分析法

名称	計算方法
伝達関数	$H_{XY}(\omega) = \overline{Y(\omega)}/\overline{X(\omega)}$
パワースペクトル	$P_{XX}(\omega) = \overline{X(\omega) X(\omega)^*}$
クロススペクトル	$P_{XY}(\omega) = \overline{X(\omega) Y(\omega)^*}$
相互相関数	クロススペクトルの逆フーリエ変換
コヒーレンス	$\gamma_{XY}(\omega)^2 = P_{XY}(\omega) P_{XY}(\omega)^*/P_{XX}(\omega) P_{XY}(\omega)$
コヒーレンスパワー	$S_{XY}(\omega) = \gamma_{XY}(\omega)^2 P_{XX}(\omega)$
インパルス応答	伝達関数の逆フーリエ変換

（注）X, Y は時間波形のフーリエ変換，―― は平均化，* は共役複素数を示す．

ロードノイズや空力騒音はランダム性の強い現象であり，パワースペクトルは線スペクトルでないため，周波数分解能によって各周波数での音圧レベルが変化する．これは無限時間長および無限周波数分解能の計算であるフーリエ変換を離散化したための現象である．このような現象は通常スペクトル密度で表示するのが好ましい．エンジン回転に同期した周波数成分の分析のように線スペクトルに近い現象は線スペクトルのまま用いるのが良い．

クロススペクトルは，相互相関とコヒーレンスの算出および後述する伝達関数の高精度化に使用する．相互相関は時間波形の一致度と時間遅れの評価に用いる．コヒーレンス関数は2つの現象の再現性評価に，コヒーレンスパワーは応答に対する各入力の寄与度分析に適用される．インパルス応答は時間領域でのモードの曲線適合評価や後述するディジタルフィルタ処理で用いられる．

b．FIRフィルタ処理

実時間で任意のフィルタ処理をディジタルで実施する方法が種々の分析に応用されている．

具体的には，任意のフィルタ特性のインパルス応答と実時間波形の畳み込み積分を行いフィルタ処理を行うもので FIR（Finite Impulse Response）フィルタや IIR（Infinite Impulse Response）フィルタなどがある．FIRフィルタ処理は有限時間長で離散化した畳み込み積分で処理を行う．すなわち

$$Y(t) = \sum_{\tau=0}^{n-1} X(t-\tau) h(\tau) \qquad (2.4)$$

ここで，X：入力，Y：出力，h：フィルタ特性のインパルス応答，n：タップ数で，任意のフィルタ処理が可能である．フィルタ特性はレベルと位相あるいは時間遅れを考慮できる．タップ数を多くすると周波数分解能が小さくなり，フィルタの精度が向上する．しかし，ディジタルフィルタはタップ数分の時間遅れを生じる欠点がある．1サンプリングで1データを連続的に出力することができるため，アクティブノイズコントロールなどの制御や計測の分野で応用されている．

ディジタルフィルタの適用最大周波数はサンプリング周波数の1/2であり，サンプリング定理による制約を受ける．したがって，A/Aフィルタが必要なことは他のディジタル処理と同じである．

c．トラッキング分析

エンジンなどの回転速度に同期した周波数成分を分析する場合，オーダトラッキング処理を実施する．オーダトラッキング処理もほとんどディジタル化されてきた（2.7.1項参照）．

ディジタル処理の方法は次のようなものがある．

（i）定比分析 回転に同期したパルス信号に一定の分周逓倍を実施して新たなパルス信号を作る．このパルスに同期してサンプリングしたデータをFFT処理し，目的とする回転次数の成分を求める方法が定比分析である．データの演算処理は時間軸上でのDFTと同じである．

1回転当たりのサンプリングデータ数をm，1フレームのデータ数をnとすると，最大分析次数は$m/2$であり，分析次数の分解能はm/nである．回転信号に同期した分析であり，エンジン点火パルス信号などを基準とした回転位相情報の分析も可能である．

また，回転数に応じて解析最大周波数が変化するため，エイリアシング防止のためトラッキングローパスフィルタが必要である．

（ii）定幅分析 一定の時間周期でサンプリングしたデータを通常のFFT処理し，目的とする回転次数に対応する周波数近傍の一定周波数幅のパワースペクトルを集計する方法である．

サンプリングタイミングは回転と同期していないため，各周波数の位相成分はエンジンなどの回転と無関係の情報であり，位相分析には適していない．

いずれの方法もDFTを用いており，フーリエ変換する1フレームのデータ時間長を長くすれば平均的な特性が，また短くすれば瞬時的な特性の分析が可能である．なお，定比分析の分解能次数は1フレームの回転回数の逆数となる．

一般に，回転速度の変化が速い場合，分析精度が悪くなるため，予め回転速度の変化率を予測して分周逓倍したパルスに同期してデータをサンプリングし，回転変化の追随性を良くする方法がとられる．

また，高速でデータをサンプリングし，回転数に同期したサンプリングタイミングのデータを創成して回転次数比分析を行う方法や，カルマンフィルタを用いて回転に同期した正弦波形成分を多点近似によるフィルタ処理で算出する方法などにより，回転変化に対する追随性を良くしている（2.5節参照）．

d．オクターブバンド分析

高周波数域になると特定の周波数の騒音現象を分析することが困難であり，また聴覚は騒音の周波数に対

して臨界帯域ごとに判断していることなどを考慮して，1/1，1/3オクターブバンド分析を行って騒音の評価・分析を行うことが多い．これらはそれぞれの周波数帯域幅ごとのパワーを求めるものである．

1/3オクターブバンド分析の場合，帯域幅の中心周波数は10の指数乗と2の指数乗の2通りの規格があり，どちらを使用しても良い．また，帯域幅のパワーを求めるために必要なフィルタ特性はディジタル処理，アナログ処理用の2種類が規格化されている．

高周波数域の特性をリアルタイム分析する方法はアナログ処理で求めることが多かったが，最近ではDSPによるFIRフィルタ処理と移動平均によるパワー計算などのディジタル信号処理技術の進歩によって，騒音として問題となる20 kHzまでの分析をディジタルでリアルタイムに行うことも可能となっている．

1/1，1/3オクターブバンド分析は車両の遮音性や車室内の吸音力（残響時間）計測のように比較的高周波数域の車両特性計測や騒音計測に適用されている．また，この方法は特定の周波数に注目した分析には不向きであるが，周波数帯域ごとのエネルギーとして把握できるのでSEA（Statistical Energy Analysis）法や音響インテンシティ計測でも用いられている．

e．時間-周波数分析

時間とともに変化する現象を計測する種々の方法がある．

一定間隔でパワースペクトル分析（スペクトログラム）を行い，マップ表示する方法が最も多く適用されている．等間隔のエンジン回転速度ピッチでパワースペクトルを回転数マップ表示し，回転次数成分と周波数特性を同時に評価する方法である．また，時間-周波数平面上にパワーの等高線を表示する方法も一般的に用いられる．

一定間隔でオクターブバンド分析を行い，マップ，あるいは，等高線表示する方法もある．規則的な周波数帯域の代わりに聴覚の臨界帯域を1つの周波数帯域として取り扱い，パワースペクトルの時間的な変化を計測する方法も実施されている（図2.4[3]）．

その他の時間-周波数分析法として，ウィグナー(Wigner)，リアクツェク(Rihaczec)，レビン(Levin)，ページ(Page)の方法などがある．これらは時間的に変化の大きい現象を分析するため，瞬時の周波数特性を把握するものである．

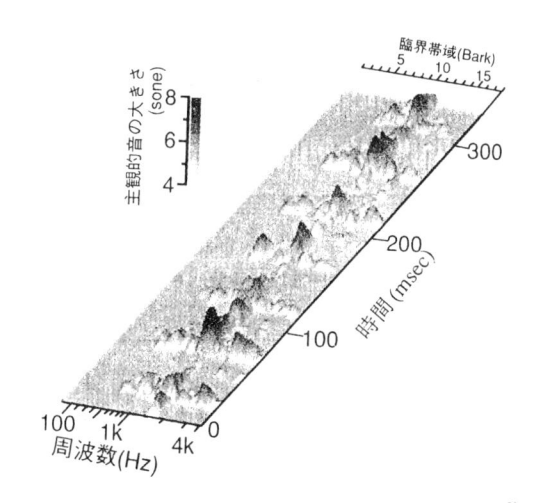

図2.4 聴覚モデルに基づく音の分析例（エンジンガラ音）[3]

ウィグナー分布は瞬時の特性把握に優れているが，クロス項や負のパワー成分が現れることなどがあり，その評価がむずかしい．リアクツェクの方法はウィグナー分布のような欠点はないが，瞬時変化に対して多少鈍感である．瞬時の現象の周波数特性分析法には長所短所があり，それを認識して活用する必要がある．ドア閉まり音の分析にリアクツェクの方法を適用した例を図2.5[4]に示す．

また，音響の分野では時間-周波数平面の分解能が一定でないウェーブレット変換が注目されている．高周波数域は早い時間応答を粗い周波数分解能で分析し，低周波数域はゆっくりとした時間変化を細かな周波数分解能で分析する方法である．音声の分析などで活用されている．

f．包絡線分析

特性変化を時間波形の包絡線で評価するときに用い，車室内の残響時間計測や多くの周波数を含む振動

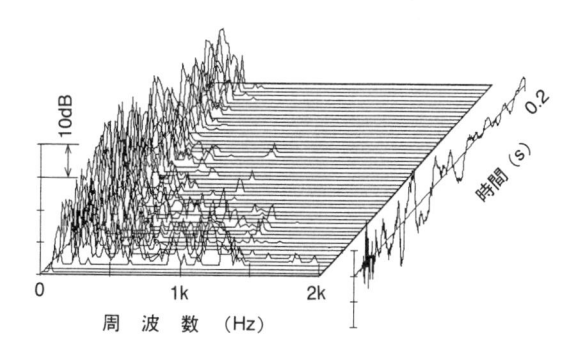

図2.5 ドア閉まり音の時間-周波数分析[4]

騒音がそれらの位相差によって時間的に変動する現象の計測などに活用されている．

ディジタル処理で包絡線を算出する方法として，実部が実波形，虚部がそのヒルベルト変換波形となる解析波形を求め，解析波形の絶対値を包絡線とする方法がある．

ヒルベルト変換は位相を90度遅らせた波形に対応するため，包絡線は次式で与えられる．

$$E(t) = |\sum_{i=0}^{n-1} a_i \cos(\omega_i t + \theta_i) + j\sum_{i=0}^{n-1} a_i \sin(\omega_i t + \theta_i)| \quad (2.5)$$

なお，上式の実部が実時間波形である．

g．ケプストラム

周期性を分析する方法としてケプストラムがある．これは対数レベルで表記した周波数特性をさらにフーリエ変換し，時間領域（ケフレンシー）の関数とする方法である．一般に，周期性のある時間波形を周波数特性で見ると，その周期の時間ピッチの逆数の周波数間隔のスペクトルをもつ．この特性をさらにフーリエ変換し，周期性を強調して表現する方法である．

［小野　裕行］

2.2　自動車の振動騒音計測法

2.2.1　加振試験法

振動騒音の原因となる振動音響系や振動モードおよびその伝達特性などを明確にするため，加振試験による振動音響特性の計測を行う．単位振動入力当たりの振動音響特性を評価するのが一般的で，入力と出力の振幅比と位相から伝達特性を求める．

a．一点加振による周波数応答関数計測

加振機を用いる方法や，デルタ関数がすべての周波数成分をもつことを利用してハンマでインパルス加振する方法などがある．図2.6[1)]に加振入力波形による分類を示す．

加振入力波形から見ると，ステップ波や正弦波加振は精度が良い反面，時間がかかる欠点がある．ランダムやバーストランダム加振は短時間の計測が可能であるが，精度は正弦波加振より劣る．

インパルス加振は，最も便利な方法であるが，経験によるハンマリング技術の習得が必要であり，また，精度面で他の方法より劣る場合がある．インパルス加振は，フーリエ変換する1フレーム内で応答が十分に収束することが必要である．ホワイトボデーなどのように減衰が非常に小さい構造物の加振は応答データが1フレーム内で収束しないことがあり，指数関数などの特殊な窓関数処理を用いて計測する．

このように，各種の計測法があるが，長所と短所を合わせもつので，時間と必要な精度から適切な方法を選択する．精度向上のためには特性が十分に収束するまで平均化を実施し，絶えずコヒーレンスを確認するなどの注意が必要である．

周波数応答関数を正確に求めるために，入出力にノイズが混入することを防ぐ次のような計算法が提案されている．

（i）H1補正　　出力にノイズが混入している場合の補正法であり，信号x，yのクロススペクトルの平均値をG_{xy}とすると周波数応答関数H_{xy}は次式で与えられる．

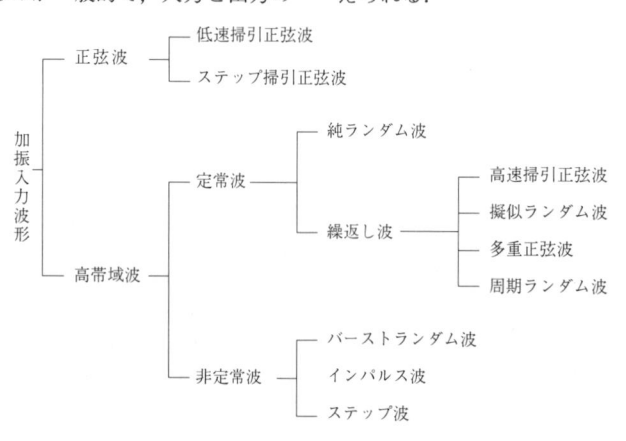

```
                  ┌─ 低速掃引正弦波
         ┌─ 正弦波 ┤
         │        └─ ステップ掃引正弦波
         │
加振      │         ┌─ 純ランダム波              ┌─ 高速掃引正弦波
入力 ─ 定常波 ┤                            ├─ 擬似ランダム波
波形     │         └─ 繰返し波 ─────────────┤
         │                                  ├─ 多重正弦波
         │                                  └─ 周期ランダム波
         │
         │         ┌─ バーストランダム波
         └─ 高帯域波 ┤
             非定常波 ├─ インパルス波
                    └─ ステップ波
```

図2.6　加振入力波形の分類[1)]

$$H_{xy} = G_{xy}/G_{xx} \tag{2.6}$$

ノイズ成分はランダムな位相特性をもつとすると，時間平均によってクロススペクトルの誤差がゼロに収束することを利用した補正法である．

(ii) H2補正 入力にノイズが混入している場合には

$$H_{xy} = G_{yy}/G_{xy} \tag{2.7}$$

で与えられる．

これらの補正はノイズが入出力に対して無関係であることを前提にしており，入出力と相関のあるノイズに対して有効な手段はない．

b．多点加振による周波数応答関数計測

減衰が大きく，一点加振では構造物全体の振動評価が困難な，たとえば実車の車体特性などの振動特性把握に多点加振法を適用する．また，前後や上下力などを同時に与えて，一つの入力では励起しにくい振動モードを同時に発生させ，計測の効率化，高精度化を図る場合もある．

多点加振点の入力特性をランダムに与え，入出力間の伝達特性を求める．このとき，他の入力点の影響をノイズと考えると，H1補正法と同様に平均化によって他の入力点の影響をキャンセルできる（2.5.4項参照）．

c．スピーカ加振法

パネル面などの薄板構造の供試体に均等な加振エネルギーを分布させて点負荷による局部的な影響を除去したい場合に，スピーカ加振を行う．車体の吸遮音試験などで用いられる．応用例としては中高周波数域のボデーパネルの振動把握に適用され，レーザホログラフィなどで振動モードを計測する．

また，スピーカ加振は車室や排気系などの音響モードの計測にも用いられる．車室内で音響モードの節となりにくい部位にスピーカを設置し，車室空間を音響加振し，音圧計測でモード把握を行う．

2.2.2 レーザホログラフィ振動計測法

振動現象を可視化する手段としてレーザホログラフィ振動計測法がある．振動はひずみゲージ式やピエゾ式の加速度変換器で加速度を計測することが多いが，その質量によって正確な振動特性が得られない場合がある．そのため，非接触で振動速度を計測する方法としてレーザホログラフィ振動計測がある．

レーザホログラフィ振動計測法には連続波とパルス波を用いる方法があり，その特徴を表2.3に示す[5]．

レーザホログラフィはレーザ光を物体への照射光と参照光に分離し，記録媒体上で，物体からの反射光と参照光の干渉による光の強度を記録（ホログラム）する．次に，ホログラムに同じ参照光を照射することによって物体位置に虚像を生じさせることができる．レーザ光がコヒーレント光源に近いことが前提となっている．

記録媒体上の参照光を e_r，物体光を e_s とすると，記録媒体上の光の強度 I は

$$I = (e_s + e_r)(e_s^* + e_r^*) \tag{2.8}$$

（ただし，＊：共役複素数）で表され，作成したホログラムはこの I に比例（係数 α）した光を透過する特性をもつとする．このホログラム上に参照光のみ照射すると，記録媒体を透過した光 t は

$$t = \alpha I e_r$$

表2.3 レーザホログラフィ振動計測法の種類[5]

名 称（方法）		原理	干渉縞の情報	適用上の制約			メリット
				振幅範囲	現象	実験環境	
連続波レーザホログラフィ法	時間平均法	時間平均法	ノード等振幅線	0.1～1.5 μm 程度	正弦振動	防振定盤および暗室が必要	① リアルタイム計測が可能
	参照光正弦波位相変調法		相対的位相				② 測定方法の種類豊富で，目的に応じて選択可能
	リアルタイムストロボ法	二重露光法	等振幅線（リアルタイム計測）	0.1～3.0 μm 程度			③ 干渉縞の解釈が容易
パルス波レーザホログラフィ法	ダブルパルス波法		等振幅線	0.1～30 μm 程度	定常・非定常振動も可能	生産現場および明所でも可能	① 適用対象範囲が広い．生産現場での適用のほか，運転時，回転時機械の振動計測が可能
	回転ダブルパルス波法		相対的，位相等振幅線				② 装置の移動が容易

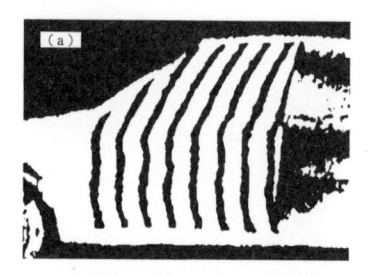

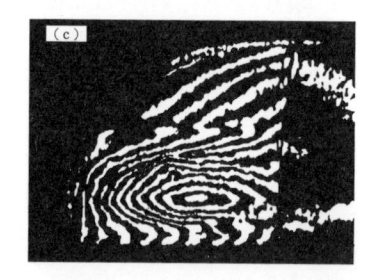

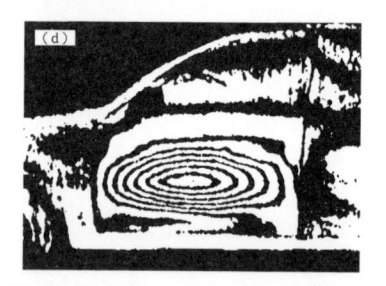

図2.7 ドア閉まり時のパネル振動計測例(ダブルパルス波レーザホログラフィ)[6]

$$= \alpha(e_s + e_r)(e_s^* + e_r^*)e_r$$
$$= \alpha(|e_r|^2 e_r + |e_s|^2 e_r + |e_r|^2 e_s + e_s^* e_r e_r) \quad (2.9)$$

となる.上式の第3項が物体の虚像を物体位置に再生することを示す.

振動試験では,振動している物体の位置情報を複数あるいは連続して1枚の写真乾板上に記録する.これに参照光を照射すると,記録した複数あるいは連続した物体位置を虚像として再生でき,虚像を光源と考えると振動による干渉縞が観察できる.

連続波による時間平均法での再生像の光の強度は0次のベッセル関数J_0を用いて,

$$I = cJ_0(4\pi a \cos\theta/\lambda) \quad (2.10)$$

(ここで,a:振幅,λ:波長,θ:振動方向とホログラムの角度)となる.$a\cos\theta = 0, 0.31, 0.55\cdots$の所で最も明るくなるが,徐々に明るさが減っていく.

ストロボ法の場合の再生像の強度は

$$I = c\cos^2(4\pi a \cos\theta/\lambda) \quad (2.11)$$

であり,振幅が大きくても干渉による明暗がはっきり観測できるが,振動の節の判別がむずかしい.

これらの連続波による方法は振幅評価は可能であるが,過渡的応答や複合振動モードの分析には適していなく,外部と振動絶縁することが精度上必要である.

ダブルパルス方式は振動中の供試体にパルスレーザを2回照射し,その時間差の間に生じた位置の差で再生像に干渉縞を発生させる方法である.干渉縞の明るさ(強度)は,a(振幅)を位置の差に置き換えるとストロボ法と同じである.この特徴は過渡的な振動応答や瞬時の時間変化の間で計測できる利点をもつが,絶対振幅は直接測れないので加速度ピックアップを併用することが必要である.これらの利点を生かし,ドア閉まり時の振動やブレーキディスクの振動モード把握などの計測に応用されている.図2.7に計測例を示す[6].

ダブルパルスの発射タイミングによって干渉縞の数が異なるので,振動との同期やパルス間隔の調整が必要である.再生時の参照光を調整して空間位相を求めるシステムも実用化されている.記録媒体は写真乾板やサーモプラスチックフィルムがある.サーモプラスチックフィルムは撮影時に光の強度差をフィルムの厚みの差として記録し,光の透過率を変える方法である.高電圧処理が必要であるが,写真乾板のように現像処理のための脱着が不要であることから位相判別に適している.また,計測が非常に効率的である.しかし,一度コマ送りするとフィルムがひずむので干渉縞の記録はホログラム作成時のみ実施できる.

従来,レーザホログラフィ振動試験装置は大型の設備が主であったが,最近では光ファイバケーブルとCCD(Charge-Coupled Device)カメラと画像解析装置を組み合わせた可搬型の小型システムも普及しつつある.

2.2.3 レーザドップラ振動計測法

レーザドップラ振動計測法はレーザ光を供試体に照射し，その反射光が振動速度によるドップラ効果によって周波数変調する性質を利用した計測法である．

具体的には，レーザ光を供試体への照射光と参照光に分離し，参照光と供試体からの反射光を合成して，供試体の振動速度による周波数変調度に比例した電圧出力を得る方式である．

最近では，レーザ光を2次元的に掃引させて面の振動情報を計測する方法も実用化されている．

2.2.4 音響インテンシティ計測法

車室内騒音等の音源探査や騒音の伝達を評価する計測法として音響インテンシティ（Sound Intensity）計測法がある．音響インテンシティ $I(r)$ は音圧 $p(r)$ と粒子速度の共役複素数ベクトル $u^*(r)$ の積で表され，音の大きさと伝播の方向性を考慮した計測法である．音響インテンシティは下式で表される．

$$I(r) = p(r)u^*(r)/2 \\ = P^2(r)\nabla\phi(r)/2\omega\rho - j\nabla P^2(r)/4\omega\rho \quad (2.12)$$

ここで，$P(r)$：r 点での音圧振幅，$\phi(r)$：r 点での音圧位相，ρ：密度，ω：角速度，∇：ラプラスの演算子，である．実部が AI（Active Intensity），虚部が RI（Reactive Intensity）である．

AI は音のパワーと位相勾配の方向を示し，RI は音のパワー勾配の方向を示す．したがって，AI は進行波のみが支配的な音の流れ，RI は距離とともに音が減衰する球面波や円筒波的な音の流れの把握に適しており，それぞれの音源探査などに活用できる．

なお，気柱共鳴のように定在波をもつ場合には，進行波と後退波によって空間上に音圧の位相差が生じないため AI はゼロとなることに注意が必要である．この場合，RI は音圧と音圧勾配の積となることから空間の音響モードを表現している．

一方向の音響インテンシティは2つのマイクロホン（距離 d）を用いて計測し，下式で計算できる．

$$AI(\omega) = 虚部\{S_{AB}(\omega)\}/\omega\rho d \\ RI(\omega) = \{S_{AA}(\omega) - S_{BB}(\omega)\}/2\omega\rho d \quad (2.13)$$

ここで，S_{AB}：AB間のクロススペクトルである．この計測を直交3方向でそれぞれ実施することによっ

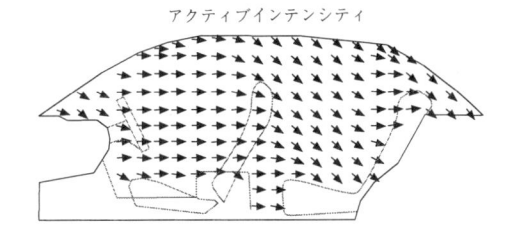

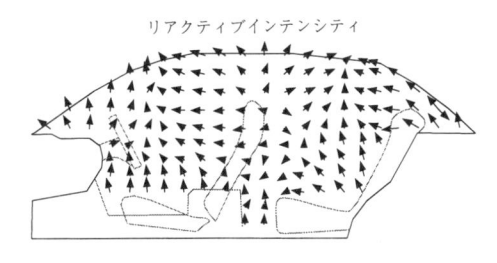

図2.8 音響インテンシティ計測例(200 Hz バンド)

て音響インテンシティをベクトル表示できる．

また，計測する周波数レンジが広い場合，2つのマイクロホンだけでは計測できないため，直線上に3つのマイクロホンを設置して計測する方法がある．

一般的には AI しか計れない計測器が多いこともあり，AI の計測例が多い．車外音の音源探査のように開空間の場合は通常 AI のみで評価できる．低周波数域の車室内音は音響モードをもち，定在波の影響を受けるため，AI では全体的な音のエネルギーの流れしか把握できない場合がある．このため，AI と RI を併用することが必要である．高周波数域になると車室内の吸音力が大きいため，定在波が生じにくくなるので，AI のみで評価することが多い．

図2.8に，車室内に設置したスピーカで室内を音響加振した場合の AI と RI を計測した例を示す．RI によって車室内の気柱共鳴の節と腹の位置を評価でき，AI によって前から後ろへ音のエネルギーの流れている様子がわかる．

2.2.5 音響ホログラフィ計測法

音を可視化し，音源を同定する方法として音響ホログラフィがある．音響ホログラフィはレーザホログラフィと同様にホログラム作成面での音の状況を記録し，逆再生することによって音源の位置を同定する方法である．

音は光と違って位相を直接計測できるため，レーザホログラフィのような参照光が不要である．その代わりに，基準点に対するホログラム上の各点の位相を記

録する．

点音源（ホログラム基準点に対し，u_0, v_0, w_0 の位置）の音の強さを Q とするとホログラム面での音圧 P_A は次式のようになる．

$$P_A(x, y, 0) = Q\exp(jkr_A)/4\pi r_A \quad (2.14)$$

ここで，r_A：音源から評価点までの距離である．この複素音圧分布で音を再生すると，点 u, v, w での音圧は音源とホログラムが十分に離れていると考えると，

$$P_A(u, v, w) = \frac{\iint Q\exp\{jk(r_A - r_B)\}dxdy}{16 r_A r_B w_0^2}$$
$$= \delta(u - u_0)\delta(v - v_0) \quad (2.15)$$

となり，音源位置に音像が再生される．

実際のホログラムの作成は，ホログラム面上を順次マイクロホンをトラバースし，面上の音圧と基準マイクロホンとの位相差を計測して行う．

再生は，ホログラム面上に記録したホログラムの音源があるとして音を再生させ，音源面での音圧分布を求める方法で実施する．

音響ホログラフィは音源が移動する場合にも適用でき，車外音の音源探査などに用いられる．

［小野 裕行］

2.3 実験解析法

2.3.1 振動騒音の寄与度分析

複数の伝達経路から発生する振動騒音の入力寄与度を計測評価する方法として，振動入力，伝達関数の大きさと位相を考慮したベクトル合成法，位相関係がランダムな入力に対して各入力の応答のパワーの和で扱うスカラ和法，入力と応答の相関で評価するコヒーレンス法などの方法がある．これらの手法の概要について述べる．

a．ベクトル合成法

車体への振動入力による車室内振動（または騒音）の振動成分（または音圧成分）を入力点ごとに位相関係を考慮したベクトル量を求め，ベクトル加算により振動や，車内音推定するものである．

こもり音などは固体伝播音と空気伝播音から形成され次式で表現できる．

$$P = \sum P_i + \sum P_j = \sum \alpha_i F_i + \sum \gamma_j Q_j \quad (2.16)$$

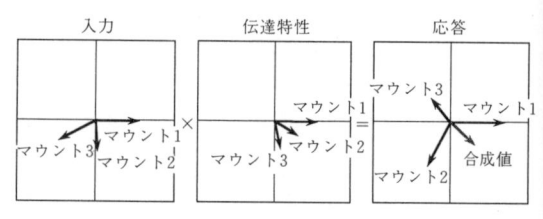

図 2.9 ベクトル合成法による応答予測

ここで，P_i：i 点からの固体伝播音（dB），P_j：j 音源による空気伝播音（dB），α_i：車体の音響振動変換係数（dB/N），F_i：振動入力（N），γ_j：音響伝達係数，Q_j：音源音圧（dB），である．また，アイドル振動などの車室内振動は

$$V = \sum V_i = \sum w_{ij} F_i \quad (2.17)$$

で表される．

ここで，w_{ij}：j 点からの振動入力による i 点の振動，F_i：振動入力（N），である．

アイドル振動の場合の例を図 2.9 に示す．任意の点の入力を位相基準として，複素平面上に各入力点ごとの応答とそのベクトル和を表現し，応答のベクトル和と各入力による応答との積から各入力の寄与度が算出できる．また，入力位相を変更する場合の応答予測も可能である．

b．スカラ和法

入力の位相関係がほぼランダムと見なせる場合には，各入力による応答のパワーのスカラ和を全入力による応答として，各部の寄与度を算出する．位相が全くランダムな波形の応答和のパワーは統計的に各応答のパワーの和で表現できることを利用している．

ロードノイズのように，各輪の入力の位相がランダムな場合に各輪の入力寄与度を分析する方法などに活用されている．

また，空力騒音やロードノイズ，エンジン音などのように相関が非常に少ない現象の分離や寄与度の推定にもこの方法が適用できる．

c．コヒーレンス法

2 つの信号の相関度を示すコヒーレンス関数は応答点のパワーに対する入力点の寄与度を示している．この関係を用いて，実働状態での入力と応答点間のコヒーレンス関数 γ^2 と応答点のパワースペクトルから各入力の寄与度が算出できる．

入力を x，応答を y，入力 x 以外の応答成分を z，xy 間の伝達特性を H_{xy} とし，x と z は無相関である

とすると応答点のパワースペクトル G_{yy} と入出力間のクロススペクトル G_{xy} は

$$G_{yy} = H_{xy}{}^2 G_{xx} + G_{zz}$$
$$G_{xy} = H_{xy} G_{xx} \qquad (2.18)$$

となる．コヒーレンス関数 γ^2 は

$$\gamma^2 = \frac{|G_{xy}|^2}{|G_{xx}||G_{yy}|}$$
$$= \frac{|H_{xy}|^2 G_{xx}}{|H_{xy}|^2 G_{xx} + G_{zz}} \qquad (2.19)$$

となる．すなわち，コヒーレンス関数は応答点 y で受ける全パワーのうち，入力点 x の占める割合を示している．したがって，応答点 y のパワースペクトルにコヒーレンス関数を乗じることによって，入力 x による応答成分 E_{xy} を分離できる．すなわち，

$$E_{xy} = \gamma^2 G_{yy} \qquad (2.20)$$

で表され，コヒーレンスパワーと呼ばれる．ここで，入力 x とそれ以外の成分 z が無相関であることを仮定していることに注意を払う必要がある．

2.3.2 実験モード解析

実験モード解析とは振動試験によって，実験的に得た振動波形や伝達関数を基にして，モード解析により機械構造物を数学モデルに同定することである．系が線形の場合，構造物の応答はモーダルパラメータ（固有振動モード，固有振動数，モード剛性・質量・減衰）の線形結合で表せるため，このモーダルパラメータを実験で求め，構造変更などによる振動特性への影響のシミュレーションに応用することができる．

a．曲線適合

実験モード解析によるモーダルパラメータの抽出は，振動試験により得られた周波数応答関数の曲線適合で行う．曲線適合は図 2.10 のような方法がある[7]．

減衰が小さく卓越したモードのみ抽出する場合には1自由度法でも良いが，実車の加振のように減衰が大きい場合には通常多自由度法を用いる．1点加振ではすべてのモードを励起し難い場合や，減衰が大きくて測定精度に問題がある場合には多点加振を用い，多点多自由度参照法を用いる．

また，曲線適合は，周波数領域で実施する場合と時間領域で実施する場合がある．周波数領域を用いる方法は周波数応答関数に適合するモーダルパラメータを直接求める方法であり，時間領域を用いる方法は周波数応答関数のインパルス応答を計算し，この時間応答に適合するモーダルパラメータを求める方法である．

曲線適合を行う場合，考慮していない周波数領域のモードの影響を無視できないので，これらを剰余剛性，剰余質量として扱う必要がある．時間領域の曲線適合でもこの剰余項を考慮した曲線適合の方法が開発されている．

b．システム同定法

有限要素法で用いる質量，剛性，減衰などの行列を実験で同定する方法である．有限要素法のモデル化精度向上のため，実験データを用いて計算モデルを修正する方法も行われている．振動モードを実験と計算で

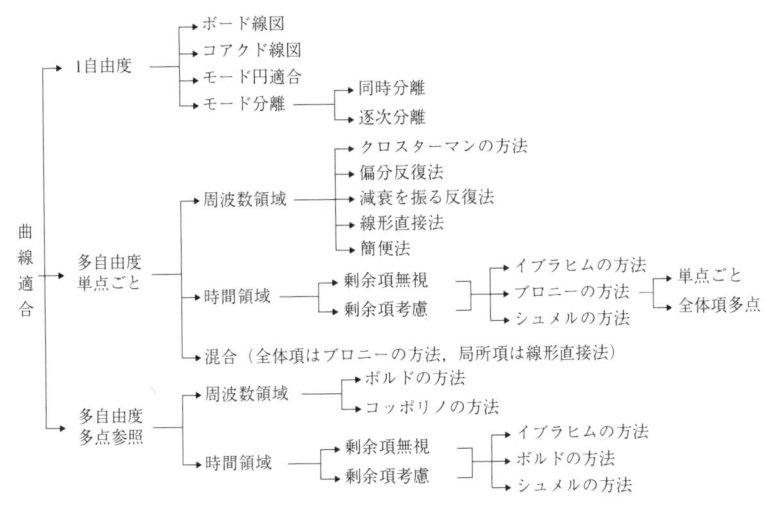

図 2.10 曲線適合の分類[7]

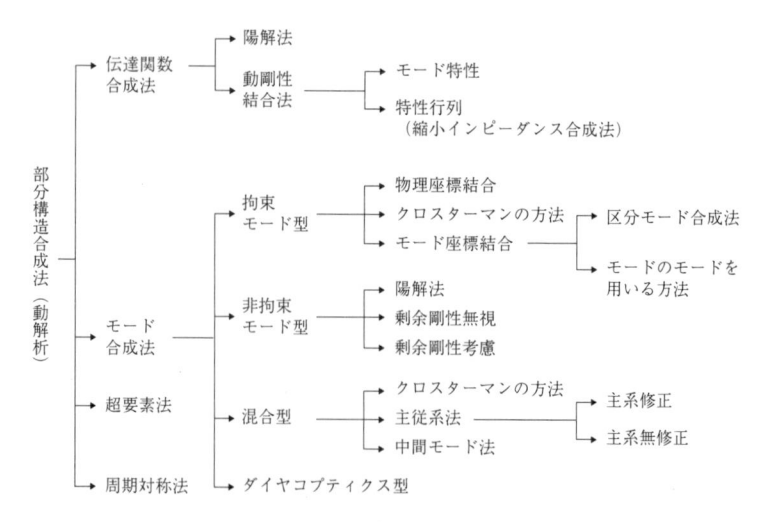

図 2.11 部分構造合成法の分類[7]

比較し，モード間の対応を調べる方法として MAC (Mode Assuarance Criteria) などが用いられる．

c．部分構造合成法

部分合成法の分類を図 2.11 に示す[7]．部分構造合成法の一部であるモード合成法はコンポーネントごとにモーダルパラメータを求めておき，それを合成して系全体の振動特性を求める方法である．モーダルパラメータは計算でも実験でも求めることができるため，開発の段階に応じたモデルを使用し，シミュレーション精度を高めることが可能である．

また，コンポーネントごとの要素変更が簡単であるため，全体モデルを一度に解析する場合に比べて計算時間が短く，多くの構造変更シミュレーションが可能であるという利点をもっている．

d．伝達関数合成法

固有モードへの分離が困難な周波数領域では部分構造合成法の中の伝達関数合成法を用いる．この方法は，部分構造ごとに求めた周波数応答関数を直接用いる．構造物に結合点が複数ある場合には構造物の周波数応答関数を行列で表示し，その逆行列を求めることが必要なため，周波数応答関数の精度確保が重要である．

[小野 裕行]

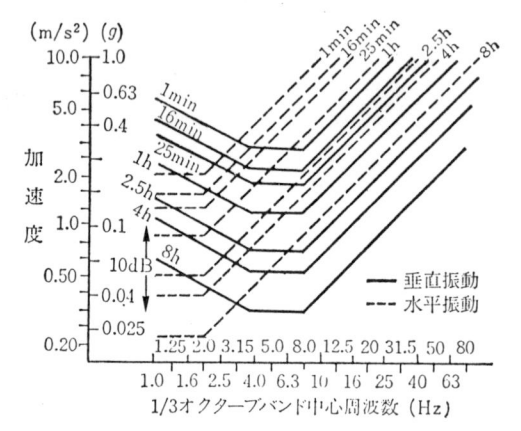

図 2.12 振動の等感覚線[8]

イスター (Meister) の研究以来種々の発表が行われている．人間の振動に対する感覚は同じ振動でも上下，左右，前後あるいは周波数で異なる．自動車の振動はそれらの複合振動であり，個別の振動形態で評価する必要があるが，便宜上個々の方向の振動に単純化して評価する場合が多い．一般的に用いられているISO の規格を図 2.12 に示す[8]．

b．騒　　　音

音質を含めた騒音は1次元的な尺度で評価できないため，目的によって種々の評価指数が提案されている．代表的な尺度を次に示す．

（i）音の大きさ　音の大きさ (loudness) の指標として純音に対する等官能曲線から騒音レベル (A特性など) が定められている．必要によっては B, C特性を用いることもある．A 特性が音の大ささの感覚

2.4　振動騒音評価

2.4.1　振動騒音評価指数

a．振　　　動

振動に対する人間の感覚の定量化は，1926 年のマ

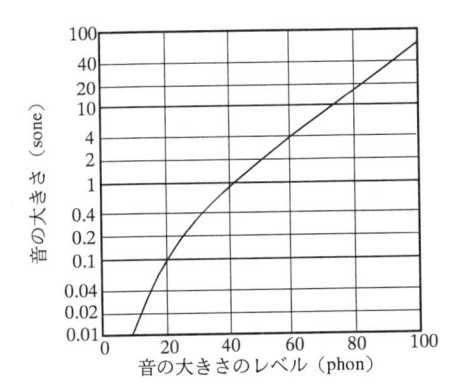

図2.13 音の大きさの尺度

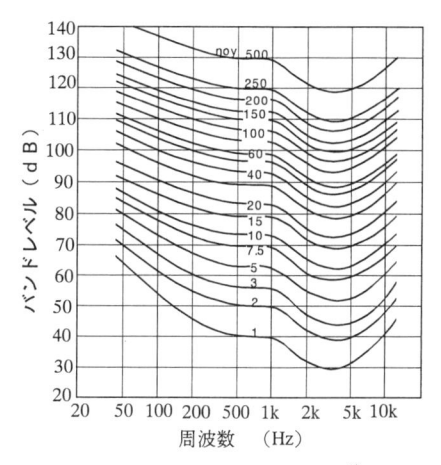

図2.14 うるささの等官能曲線[9]

に最も近いことが多く，一般的に自動車の騒音の指標として用いられる．

音の大きさの感覚量としてソーン（sone）値があり，1 kHz 40 dBの音を1 soneとして定義している（図2.13）．音の大きさのレベル L （phon）と大きさの感覚量 S （sone）の関係は

$$S = 2^{(L-40)/10} \quad (2.21)$$

で表される．

マスキングなどの効果を考慮するため，臨界帯域あるいはオクターブバンドの特性を用いた評価法としてツヴィッカー（Zwicker），スチーブンス（Stevens）やフレッチャー（Fletcher）の方法がある．線スペクトル近い騒音あるいは白色ノイズに近い騒音などすべてを一つの評価式で定義できないため，使い分ける必要がある．

(ii) 音のうるささ 音のうるささ（noisiness）についても，図2.14に示すような等官能曲線が求められている[9]．これは，1オクターブバンド以下のバンドノイズのうるささをその中心周波数で評価したものである．1/3オクターブバンドの場合には次式でうるささ N が計算される．

$$N = N_m + 0.15 \sum_{i=1}^{n} (N_i - N_m) \quad (2.22)$$

ここで，N_i：各バンドのnoy値，N_m：うるささ最大バンドのnoy値，である．また，感覚騒音レベル P_{NL}（perceived noise level）は

$$P_{NL} = 10 \log_2 N + 40 \quad (2.23)$$

で表される．

(iii) SIL SIL（Speech Inteference Level）は，実際の会話で問題となる周波数領域（500～5 kHz）のオクターブバンドごとの騒音レベルを算術平均したものである．SILは音質因子の中で最も美的因子との関連が深い．

以上は音圧の周波数特性に注目した評価である．聴覚は近接した周波数成分を分離する能力がなく，音圧の時間変化すなわち，うなりのように音圧の包絡線で判断している．この評価法として，音圧の包絡線を求める方法と周波数成分の周波数間隔を用いる方法がある．

(iv) 包絡線分析 音圧の包絡線を求める方法として，アナログ回路で求める場合と前述したヒルベルト変換を用いる方法がある．

騒音として問題となるのは包絡線の低周波数成分（50～60 Hz以下）であり，このレベル和を用いることが多い．この現象は音質の濁り感との相関が強く，エンジン音のように周期性が強い場合にはゴロ感として評価される．上記の包絡線の周波数以上の変動はうなりとしてではなく，一般的には音の高さあるいは音色として認識される．

(v) 周波数間隔分析 エンジン音のように周期性の強い騒音の分析に用いられる．等間隔の周波数成分をもつ騒音はその間隔の逆数ピッチの時間間隔のうなりとして現れる．問題となるのは，上述したように50～60 Hz以下の周波数間隔の現象である．したがって，近接する騒音レベルのピークの大きさとその周波数間隔で音質の良否を評価する．エンジンに起因する騒音ではエンジン回転主成分（4気筒の場合2次）の

1，1/2，1/4 などの次数間隔で発生する騒音レベルが問題である．音質向上には，主成分以外にこれらの成分の低減が必要である．

以上のように騒音評価指標はすべての音に統一的に適用できるものはなく，現在でも現象あるいは音質の種類ごとに種々の指標が研究されている．一般的に，音質は3つの大きな因子にまとめられ，迫力因子，美的因子，金属的因子と表現される．自動車騒音の場合には騒音の特徴から別の表現をすることもあるが，本質的には上記の3つの因子で代表される．

2.4.2 官能評価試験法

自動車の乗心地や騒音の音質などを官能評価し，物理的な特性と対応付けを行うことは車両品質の向上のために不可欠である．

振動や騒音を定量化するための方法として精神物理学的測定法である調整法，極限法，恒常法や尺度構成法に含まれる一対比較法，系列範疇法，評定尺度法，マグニチュード評価法などが1次元の評価法として用いられてきた．

騒音のなどラウドネス曲線やうるささの等官能曲線は調整法で求められている．この方法は基準と評価する刺激を提示し，基準と同じ官能値となるように評価する刺激のレベルを調整する方法である．

一対比較法は2つずつの刺激を対にして提示し，刺激の好ましさを評価測定する方法である．固定した基準車と数車種の比較車との一対比較を種々の路面走行で行い，乗り心地の定量化を実施した例[10]が報告されている．各路面について因子分析し因子負荷量を分析した例を表2.4に示す．この方法の場合，因子の意味付けは路面の特徴から判断する必要がある．また，図2.15に示すように，官能評価値を因子分析した結果を基に種々の計測物理量との重相関分析によっ

ごつごつ感評価予測値 Ja　（試験路A）
予測値 $Ja=0.639x_1+0.638x_2$ (74.9%)
x_1：シート座上下 G の 3〜8Hz 帯域積分値
x_2：フロア上下 G の 8〜20Hz 帯域積分値

ふわふわ感評価予測値 Jb　（試験路A＋B路）
予測値 $Jb=0.703x_1-0.249x_2$ (74.4%)
x_1：シート座上下 G の 0.2〜3Hz 帯域積分値
x_2：ロールレートの 0.2〜3Hz 帯域積分値

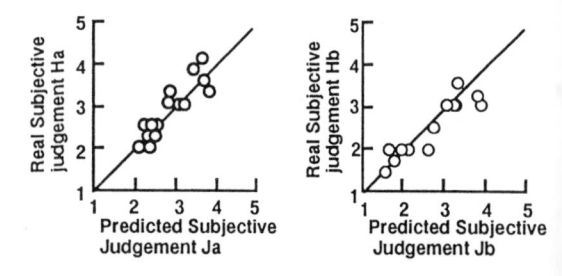

図2.15　乗り心地に対する官能評価の定量比例[10]

て乗心地の官能評価の定量化が実施されている[10]．

自動車の騒音は多次元の複合的な属性を有するため，その分析法としてSD（Semantic Differential）法や多次元尺度構成法（MDS法：Multiple Dimensional Structure Method）などが用いられる．また，音質は加減速時のように時間的な特徴変化も重要であるため，カテゴリ連続判断法なども適用されている．

SD法と多次元尺度構成法は，騒音の音質が未知の次元を持つ空間で表現されるとして，その直交軸を求める方法である．

SD法は音質を表現する相反した形容詞対を複数選択し，それぞれの形容詞対ごとに騒音を5または7段階で音質を評価する．この評価結果を基に因子分析を行い，類似した形容詞対を包括した独立次元を求める方法である．車内音や操作音などに適用されている．表2.5，図2.16にロードノイズの分析例を示す[11]．

多次元尺度構成法は，複数の音を類似度のみですべてのサンプル音を一対比較し，多次元座標系に割り付けて独立次元を抽出する方法である．すべてのサンプル音の組合せの評価試験が必要であり，サンプル音が多い場合膨大な試験ケースが必要となる．サンプル音が似ていて，SD法で形容詞対がうまく選定できないようなケースに適用されている．

カテゴリ連続判断法は加速騒音のように時間とともに音質が大きく変化し，SD法や多次元尺度構成法などが適用できない場合に用い，音質の時間変化を連続的に記録する方法である．

表2.4　乗り心地に対する走行路面の因子分析[10]

subjective judgement	Factor Loading		
	1st	2nd	3rd
Road A	0.851	0.470	0.083
Road B	-0.479	0.845	0.165
Road C	0.950	-0.040	-0.239
Road D	0.819	-0.437	0.359
Eigen value	3.297	1.337	-0.068
Accumulated	65.9%	92.7%	97.2%

2.4 振動騒音評価

表2.5 SD法によるロードノイズ音質の因子分析結果[11]

評価言語	第1因子	第2因子	第3因子
柔らかい──硬い	0.8990	−0.0776	−0.2516
迫力のある──物足りない	−0.1254	0.8064	−0.1932
静かな──騒々しい	0.9468	−0.1723	−0.0512
澄んだ──濁った	0.4258	−0.2371	0.5757
力強い──弱い	−0.1539	0.9033	−0.2320
高級な──安っぽい	0.9457	0.0138	0.1886
滑らかな──粗い	0.8468	−0.1558	0.1844
太い──細い	0.3777	0.6257	−0.5202
すっきりした──こもった	−0.1890	−0.4135	0.6703
心安まる──いらだつ	0.9023	−0.0854	0.1670
ゆったりした──窮屈な	0.9022	0.0855	−0.0738
歯切れのよい──歯切れ悪い	0.0130	−0.1701	0.8879
落ち着いた──カン高い	0.9247	0.1851	−0.2249
寄与率(累積寄与率)%	47.4(47.4)	17.1(64.8)	16.5(81.3)
因子名	やかましさ	圧迫感	濁り感

やかましさ $= a_1 L_S + a_2 L_L + a_3 L_M + a_4 L_H + \text{const}$
L_S：31.5〜40Hzの騒音レベル
L_L：50〜125Hzの騒音レベル
L_M：200〜630Hzの騒音レベル
L_H：800〜0.6kHzの騒音レベル

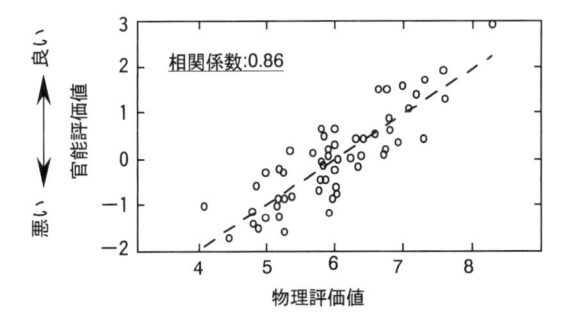

図2.16 SD法によるロードノイズ音質の因子分析結果[11]

これらの方法で求めた騒音音質の独立因子と騒音の物理的な特性を結びつける必要がある．物理的な特性としては前節で示したような騒音レベルやSILなどが用いられる．

なお，騒音音質に対するクラスタ分析によると，音質は国あるいは地域によってかなり異なるので注意を要する．

音質評価は忠実な音の再生が必要である．スピーカを用いた音の再生は部屋の音響特性の影響を受けるため，ダミーヘッドを用いて録音した音をヘッドホーンでバイノーラル再生する場合が多い．音質変更の台上シミュレーションには任意の周波数特性の変更が可能なFIRフィルタなどが用いられる．

音の臨場感を増す方法としては無響室でのOSS (Ortho-Stereophonic-System)再生もあるが，自動車の騒音音質の評価では使われていない．将来，ドライビングシミュレータを用いた音質評価が実用化されれば，このような再生技術が応用されると思われる．

2.4.3 台上再現試験法

走行中の振動や騒音の現象を台上で再現する方法としてシャシダイナモやフラットベルト式の台上試験装置を用いる．

a．シャシダイナモ試験

シャシダイナモ試験は，平滑なドラム表面上でエンジンやパワープラントからの入力を再現させるものと，路面をドラム上に転写し，ロードノイズなどの路面起振力を再現するものがある．

平滑ドラムでは，パワープラントからの動力を走行状態に応じてドラムで吸収させ，問題となる振動騒音現象を台上で再現，解明する．加速や減速あるいは定常走行状態のいずれもシミュレーション可能である．平滑なドラム面に微小突起を取り付けて，路面外乱に対する乗り心地を評価する方法もある．

路面を転写したドラムではロードノイズ単独の評価を行い，前後輪の寄与度や伝達経路の分析を行う．車室内騒音に対する各輪の寄与度は，各輪による騒音のエネルギー和で評価できる．

一般的に，これらの試験で騒音の評価を行う場合には，壁面からの反射音の影響を除去するため，無響室あるいは壁面に吸音処理を施した試験室で行う．

b．フラットベルト式ダイナモ試験

フラットなベルト上で4輪の走行シミュレーション

が可能であり，タイヤからの振動入力によるシミーやシェークの評価に用いる．

c．加振シミュレーション試験

走行中の乗り心地をシミュレーションする方法として，4輪のタイヤ接地点やスピンドルを上下あるいは3軸方向に油圧あるいは電動加振機を用いた加振がある．加振ストロークが十分にとれないため，低周波数域の再現には限界がある．

乗り心地の要因分析のため，タイヤ入力点と車両各部の周波数応答関数の計測もこの試験装置を用いて実施する．

エンジン入力を加振試験で台上再現する方法として，ロータリアクチュエータをエンジンの中に組み込む方法もある．　　　　　　　　　　　　[小野 裕行]

2.5　車両要素の振動騒音計測解析

2.5.1　パワープラント振動騒音計測解析

自動車の振動騒音の中でパワープラントの発生する振動騒音の占める割合は大きく，改善が最も望まれる部分である．パワープラント振動騒音を解析する場合，とくに車室内騒音への影響について解析する場合は，エンジン放射音が直接侵入する空気伝播音とエンジンの振動が車体に伝達され，車体の音響特性によって音となる固体伝播音に分けて対応する必要がある．一般的に前者はパワープラント騒音問題，後者はパワープラント振動問題として扱われている．

a．パワープラント振動計測解析

車室内の騒音で問題となりやすいものに，エンジンこもり音や加速時のランブリングノイズなどがある．これらは，約 500 Hz 以下のパワープラント振動がエンジンマウント系を通して車体に伝達され，車室内で音になるものである．このような騒音問題に対応するには，パワープラントの振動特性を正確かつ詳細に把握する必要があり，実験モーダル解析が一般的に行われている．近年 MPSS（Multi Phase Step Sine）加振法が開発され，より精度の高いモーダル解析を行えるようになった（2.5.4項参照）．また，レーザ振動計を高速スキャンさせる装置が開発され，モーダル解析の困難な高周波領域での実稼働振動モード解析が容易に行えるようになった．

（i）MPSS 加振法のパワープラントモード解析への適用　パワープラント振動特性の解析手法として実験モーダル解析は非常に有用な手段である．しかし，パワープラントのように複雑な構造物では，ガタなどによる非線形や構造減衰が強いため，カーブフィット（曲線適合）のむずかしい場合が多い．実験モーダル解析にはノーマルモード加振法と多点ランダム加振などで得た伝達関数をカーブフィットする方法があり，現在は計測時間が短く，加振設備も小規模な点から後者が主流となっている．しかし，複雑で減衰の強い構造物に対しては前者の方が有利であるため，後者の加振設備をそのまま利用しながら前者の手法を取り入れた MPSS 加振法が開発された．

図 2.17 に MPSS 加振モーダル解析の処理流れを示す[12]．4点加振を行った場合，各加振器の位相パターンは8通りになり，各位相パターンごとにステップサイン加振を行う．結果，[8×計測点数]複素スペクトルマトリックスが求まり，これを最小2乗法で[4×応答点数]伝達関数マトリックスに縮小する．通常はこの伝達関数マトリックスに対してカーブフィットを行うが，伝達関数マトリックスから MMIF（Multivariate Mode Indicator Function）と最適フォースパターンを求め，ノーマルモード加振を行う場合と複素スペクトルマトリックスから共振の明確な組合せを選択し（強調モード分析），1自由度系のカー

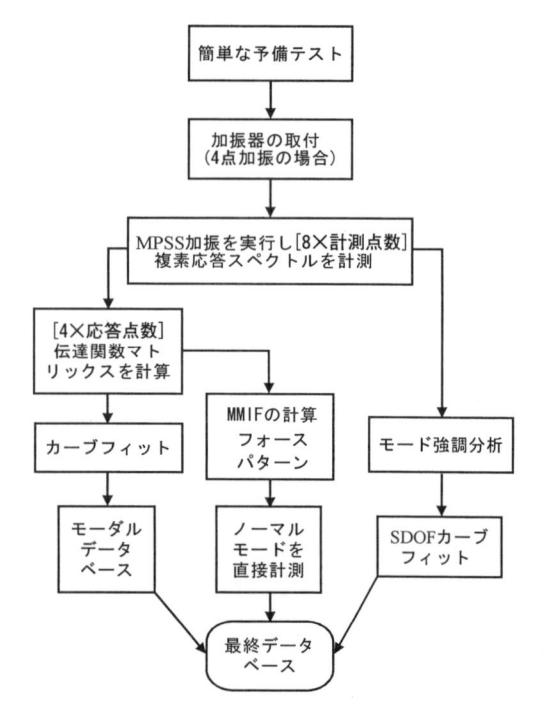

図 2.17　MPSS 加振モーダル解析の処理流れ[12]

2.5 車両要素の振動騒音計測解析   71

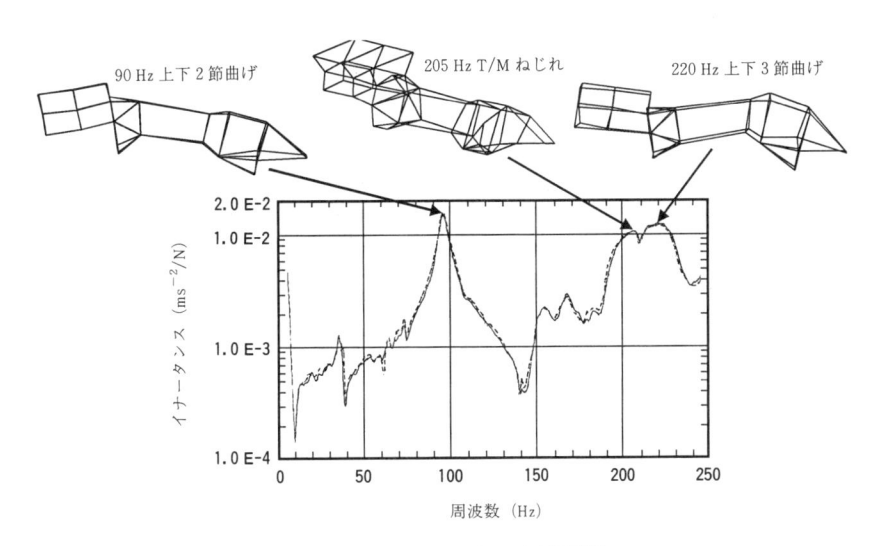

90 Hz 上下 2 節曲げ　　205 Hz T/M ねじれ　　220 Hz 上下 3 節曲げ

図 2.18　4WD パワープラント振動特性

ブフィットを行う場合がある．

　図 2.18 に，4WD パワープラントに MPSS 加振を適用した場合の伝達関数の相反性を示す．エンジン前端とトランスミッション後端間で相反定理が成立しており，一貫性のある伝達関数を得ることができる．

（ii）**プリテスト**　クランクシャフトやシリンダブロックの FE（Finite Element）解析は広く行われているが，このような FE モデルがすでに存在している場合は，固有値解析結果を用いて適切な加振点と応答点を選定することができる．

　加振点を選定する場合は，まず固有値解析結果から各固有振動モードで振幅が大きく（振動感度の高い点）かつ加振可能な点をいくつか選び出す．そして，選択した各点のモードベクトルの 2 乗をモーダルマスで割った値，すなわち各点を加振応答点とした場合のレジデュー値を求める．各固有モード間でレジデ

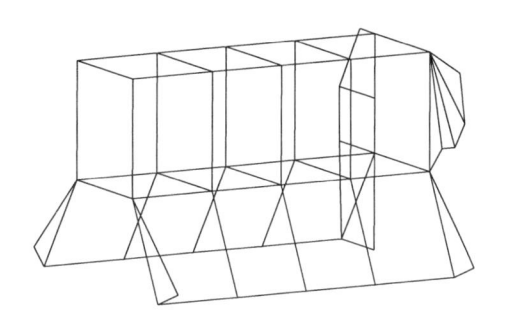

図 2.20　応答点選択モデル（42 点）

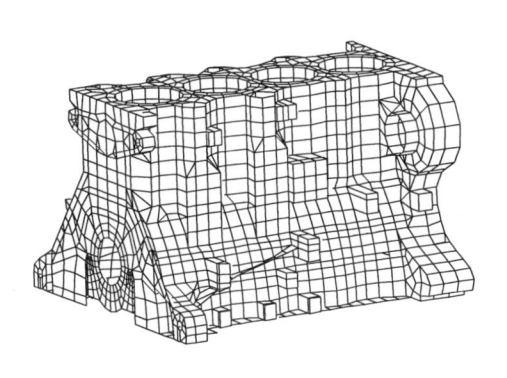

図 2.19　シリンダブロックの FE モデル（4 268 点）

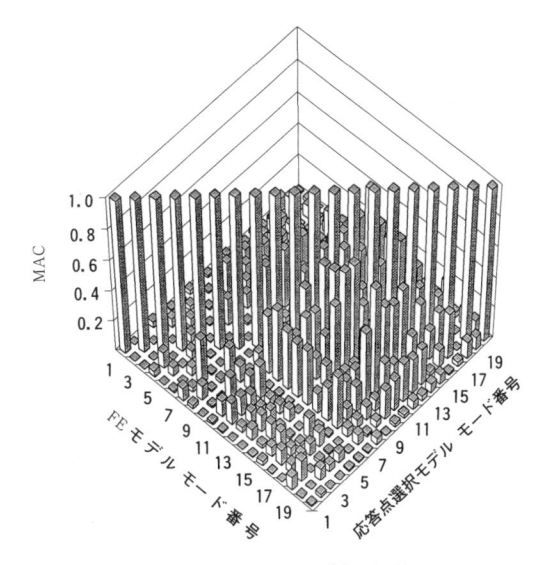

図 2.21　Modal Assurance Criteria Matrix

ュー値を比較すれば振動感度の高い点（レジデュー値の大きい点）とその方向が判明し，この点を加振点として選択すればよい．また，レジデュー値ではなく加振点応答伝達関数を計算し，伝達関数のレベルから適切な加振点を選定する方法もある．

応答点を選定する場合は，まずFEモデル上で振動モードを判別するのに適していると思われる点を選択する．そして，選択した点だけで表されたモードと全点で表されたモード間でMACを求めればよい．もし，MACの非対角項の値が全体的に大きい場合は，各モードを区別できるだけの応答点が含まれていないことになる．図2.19にシリンダブロックのFEモデル，図2.20に選択した応答点で表されたモデル，図2.21に両者間のMACを示す．

(iii) **スキャニング式レーザ振動計による実稼働振動モード解析** パワープラントからの放射音が問題となる500 Hz以上の高周波領域では，加振試験でパワープラント全体のモード解析を行うのは困難である．そこで，高周波領域でのパワープラント振動モード解析手法として実稼働振動モードの計測が考えられる．

加振試験のように冷態時の試験では，パワープラントの状態変化はほとんど問題にならない．しかし，実稼働状態で常に同じ状態で計測するのは困難であるため，実稼働振動モードを精度よく計測するにはできるだけ短時間で計測を終える必要がある．

加速度計を使用する場合は全応答点の同時計測が理想であるが，試験設備のコストが膨大になる問題がある．最近ではレーザ振動計を自動的に高速スキャンさせる装置が開発され，数百カ所の応答点を短時間のうちに計測することが可能になった．この装置の開発により，設備面および工数面で問題の多かった実稼働振動モード解析が，容易に実現できるようになった．

図2.22，図2.23は3 000 rpm定常運転時のトランスミッションケース振動をコンターで表したものである．この例では1 500カ所の応答点を20分で計測することができた．

b．パワープラント騒音計測解析

近年，パワープラントの低騒音化だけでなく音質の向上も強く求められているが，従来のトラッキング分析やオクターブ分析だけでは評価のむずかしい面があった．しかし，ディジタルフィルタやラウドネスを取り入れた計測器の出現，また，カルマンフィルタを応用し，これまでのトラッキング分析の問題点を克服した計測器の出現により，音質評価に有用な計測・解析装置を活用できるようになった．

(i) **カルマンフィルタ・トラッキング分析** 従来のFFT方式によるトラッキング分析では，FFTの理論上避けられない問題がいくつか存在する．FFTはウインドウ内でサンプリングされたデータを処理するため，ウインドウ内で回転数（周波数）が急激に変化する場合は次数分解能の低下や位相ずれ，リーケージ誤差の増加を招く．逆にFFTのサンプリング点数を減らし，ウインドウ枠を短時間に設定すると周波数分解能が低下する．

最近では，回転数に応じた周波数でサンプリング周波数の補正を行う，リサンプリングオーダートラッキングが開発され，次数分解能や高次でのリーケージ誤差は改善された．しかし，この方法でも回転数の変化が急激になるほど，次数分解能や位相ずれは悪化する．また，FFTではロードノイズや風切り音など，エンジンの回転次数成分と無相関な成分を分離できないため，エンジンの回転次数成分に起因する騒音レベルを正しく評価できないなどの欠点があったが，現在はカルマンフィルタを応用したトラッキング分析技術

図2.22 T/Mケース振動計測側面

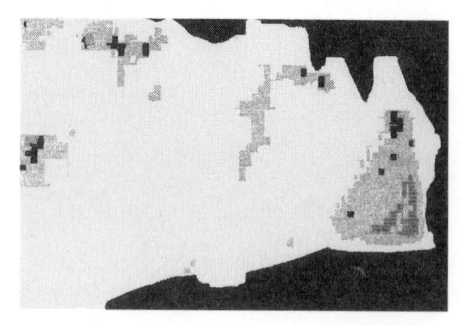

図2.23 振動パターン（763〜790 Hz）

2.5 車両要素の振動騒音計測解析

が開発され，FFTでは避けることのできない問題点が改善された．図2.24[13]にカルマンフィルタの周波数特性を示す．カルマンフィルタは時間軸上のフィルタであり，フィルタの周波数幅がきわめて狭くかつ深い，針のような特性を持っているため，分解能が非常に高いのが特徴である．

図2.25にスループットアクイジション定幅トラッキングの計測例を示す[14]．この方法は分解能が比較的良いが，ギザギザのデータになることが多いため，通常は平均化によるスムージング処理を行い，見やすくする．しかしスムージングを行うと騒音レベルの信頼性は低下する．

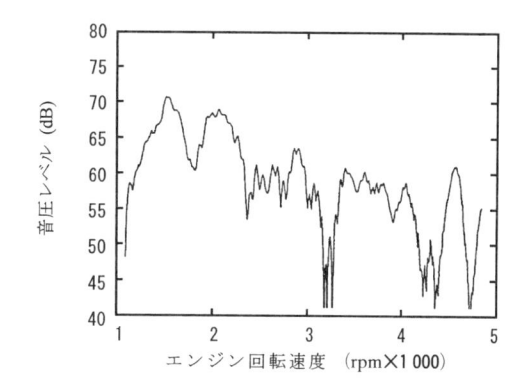

図2.26にカルマンフィルタ・トラッキングの計測例を示す[14]．カルマンフィルタ・トラッキングではピークとノッチが明確に現れているため，正確な騒音レベルの評価ができる[14]．

（ⅱ）ディジタルフィルタを用いたパワープラント音質評価　計測装置のA/Dコンバータでディジタル変換された信号をそのままコンピュータのハードディスクに記録し，このディジタル化されたデータにフィルタ処理を行えば一般的なバンドパスフィルタや

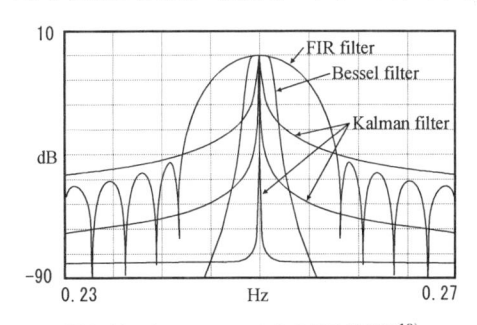

図2.24　カルマンフィルタの周波数応答[13]

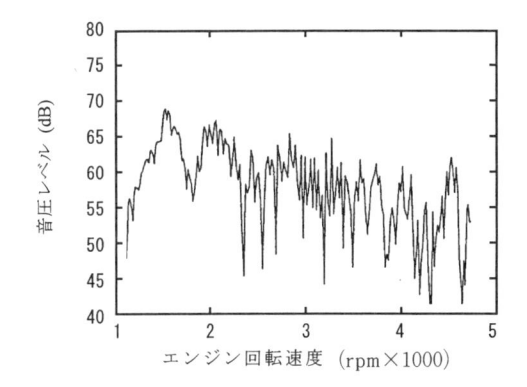

図2.25　スループットアイジション定幅トラッキングの計測例

図2.26　カルマンフィルタトラッキングの計測例

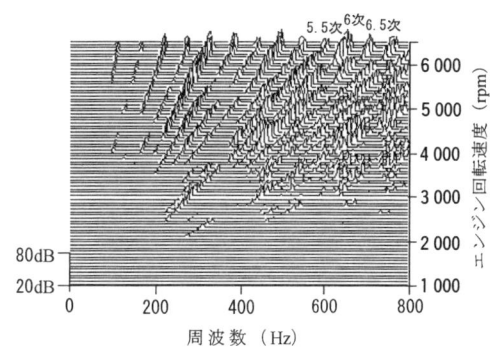

図2.27　6気筒エンジンの放射音のスペクトラムマップ

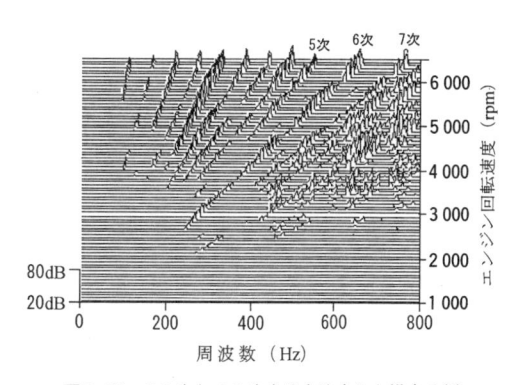

図2.28　5.5次と6.5次成分を除去した場合の例

イコライザでは不可能な，特定次数成分のみに対するフィルタ処理が可能になる．

たとえば，ランブリングノイズ（ゴロ音）発生の一要因として，クランク軸系共振の次数変換成分の影響が指摘されている[15,16]．すなわち，3つ以上の隣接する$n/2$次成分が突出する場合はうなりの発生が顕著になるため，ランブリングノイズが発生する．そこ

で，$n/2$ 次成分など，問題となる基本次数外成分に対してフィルタ処理を行い，レベルを変化させた場合の音質への寄与度を知ることができる．また，フィルタ処理前後の騒音を聞き比べることにより，改善目標の設定も容易になる．

図 2.27 に 6 気筒エンジンの放射音の例を示す．5.5 次，6 次，6.5 次成分が突出しているため，これらがランブリングノイズの主要因であると考えられる．図 2.28 に 5.5 次と 6.5 次成分を除去した場合の例を示す．6 次成分と隣接する $n/2$ 次成分の除去により，ゴロ音感が低減し，これらの次数によるものであることがわかる．

[宮下哲郎]

2.5.2 駆動系ねじり振動騒音計測解析

駆動系ねじり振動に起因する車両の振動騒音はエンジンの過渡的な入力による加減速ショック・しゃくり振動，エンジンのトルク変動によるワインドアップ振動・こもり音，歯車のかみ合い力や歯打ちによる歯車騒音など低周波から高周波数域まで広範囲にわたるが，ねじり特性に関係するこもり音，ギヤ音について主に述べる（車両振動騒音の現象に関するものについては 2.7.2 項参照）．

a．こもり音[17]

図 2.29 に駆動系ねじり系振動特性（4 気筒 RWD 車）の計測例を示す[17]．図 2.30 にエンジン回転 2 次成分の駆動系ねじり系振動特性例を示す[17]．負荷で変化するエンジントルク変動により，駆動系ねじり系の振動が現れてこもり音への影響などが検討できる．

b．かみ合い音[18,19]

かみ合い音（ギヤ音）は高周波数の純音であるため，比較的耳につきやすく，問題となりやすい異音である．かみ合い音の起振力の評価法として，歯面の接触面である歯当たりの大きさ，形状位置などを観察し，歯車のかみ合いの良否を判定する方法，ギヤ間にトルクを付加し，出力軸と入力軸の回転変動差をかみ合い誤差として計測する方法などがあり，駆動負荷による歯のたわみ，歯の製造誤差，駆動負荷によるギヤケースなどのたわみによって生ずる．

かみ合い音に起因する駆動系振動特性は走行条件に合わせ，ギヤ歯面を回転方向に加振する方法が一般的である．図 2.31, 2.32 に実験装置とその計測結果の例を示す[18]．

また，ギヤかみ合い部で伝達される駆動力の変動成分をメッシュフォース F，駆動側と被駆動側のギヤかみ合い点での伝達誤差 δ とコンプライアンス H とし，$F=\delta/H$ によって定義すると，この F を小さくしてギヤノイズを低減するには

① かみ合い伝達誤差の低減
② ギヤかみ合い点でのかみ合い方向の剛性（コンプライアンスの逆数）の低下

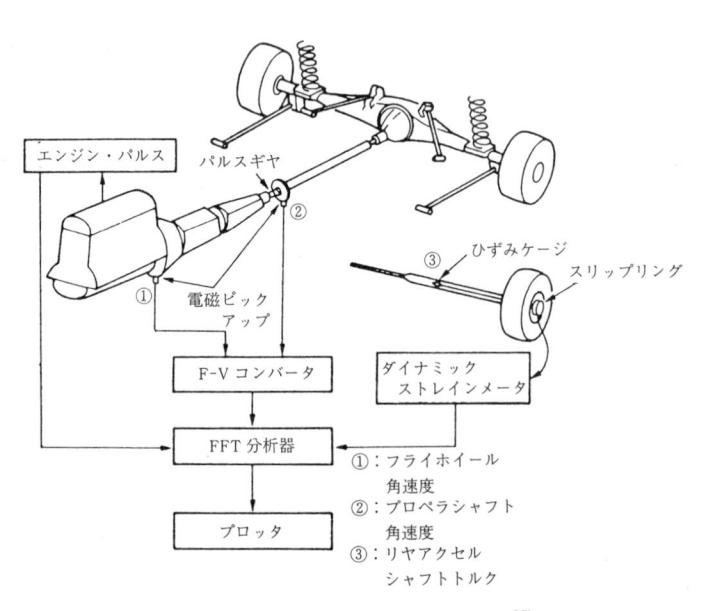

図 2.29　駆動系ねじり系振動特性の計測例[17]

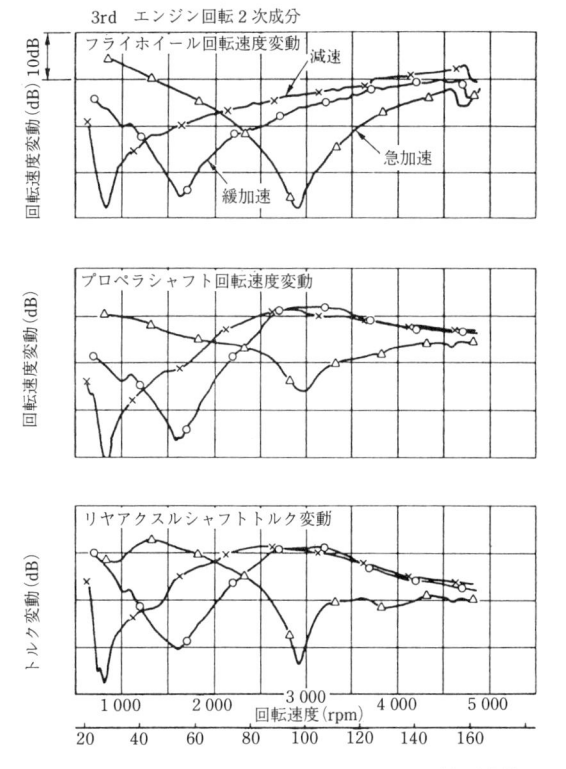

図 2.30　エンジン回転 2 次成分の駆動系ねじり系振動特性
（4 気筒 RWD 車）[17]

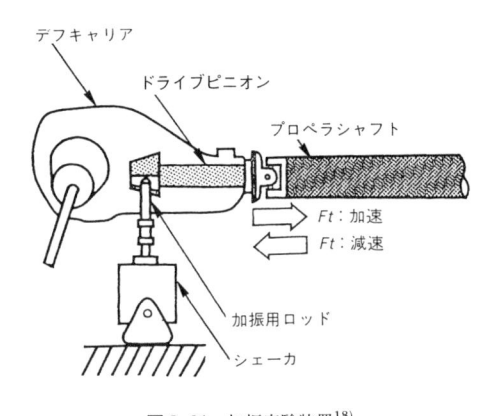

図 2.31　加振実験装置[18]

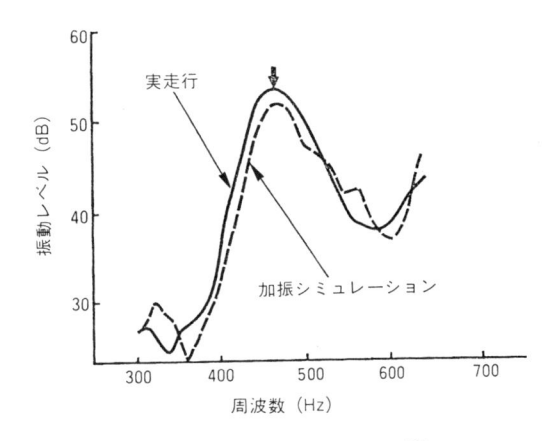

図 2.32　加速時デフ先端上下振動[18]

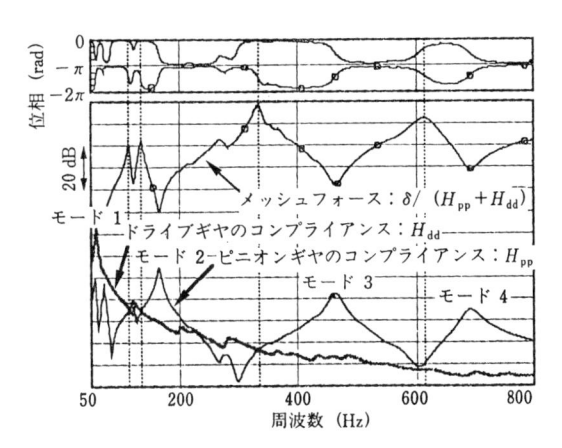

図 2.33　ギヤかみ合い点のコンプライアンスとメッシュフォースの関係[19]

が考えられる．中型トラックのデフギヤノイズにおいてピニオンギヤとリングギヤのコンプライアンスとメッシュフォースの関係を図 2.33 に示す[19]．

これらの主要振動特性を実験値と良く同定された FE モデルによって解析することにより，その発生メカニズムや低減手法がさらに良く理解できる．

また，取り扱う周波数域が比較的高いので，伝達系であるパワープラントやサスペンション系の振動特性をレーザホログラフィによって計測する方法がある．

c．ガラ音[20,21]

ガラ音はトランスミッションあるいはデフギヤの歯打ち音である．歯打ちにより，衝撃振動が発生し，この振動が軸系およびギヤケースを励振させ異音を発生させる．起振源はエンジンのトルク変動，プロペラシャフトの折れ角による回転変動である．発生現象で分類すると，車両停止時に発生するアイドルガラ音，緩減速時や下り坂などのフローティングガラ音，エンジンのトルク変動による加減速ガラ音がある．

図 2.34 にアイドルガラ音の現象例を示す[20]．エンジンのトルク変動がクラッチディスクを介してドライブピニオン，カウンタシフト系に伝達され，バックラ

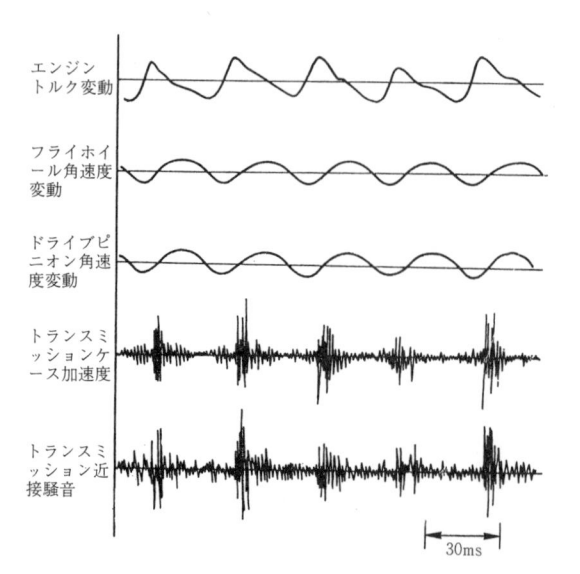

図 2.34 アイドルガラ音の現象例[20]（直6, 6.9l エンジン, Aタイプクラッチ）

ッシュを有するギヤ間でガタ打ち衝撃振動が発生し, 音となる過程がわかる.

ガラ音は非定常の断続音であるため, 有効な定量評価法としてエンベロープスペクトル分析により行う.

[小野 明]

2.5.3 吸排気系騒音の計測解析

エンジンが間欠的に吸気と排気を繰り返すため, 吸排気管内には図2.35に示すような圧力脈動波が生じている. 吸気行程で発生した負圧波は, サージタンクやエアクリーナで減衰（一部反射）しながら吸気管の上流へ遡り, 大気開放端で反射して再びシリンダへ戻ってくる. この振動のもとになる負圧波は, ピストンの下降によって生じるものでSINカーブに近い. 一方, 排気の吹出しによって発生する正圧波の大半が, 排気弁が開いたときにシリンダ内の高圧燃焼ガスが吹き出してくるパルス状の波（ブローダウン波）である. よって, 吸気騒音は低い爆発次数（周波数）を中心とした振動成分で構成されるのに対し, 図2.35に示す消音器を取り付けない場合の排気騒音は高次数の周波数成分まで強く含まれることになる. このパルス状のピーク圧の高い正圧波を振幅の小さなSINカーブに近づけるために, 高性能の消音器が不可欠である.

a. 吸気騒音

吸気管内を遡ってきた負圧波は, 空気吸い込み口で開放されて, 大気を揺らす流速変動が発生する. この流速変動により, 開放端から周りの大気に微小な圧力の擾乱, すなわち音圧が伝播していく. 音圧の伝播は同心球状に広がることが知られており, 球形音響放射モデル[22]が当てはまる.

図2.36は, 熱線流速計を用いて吸気開放端の流速変動を計測した結果と音圧の実測値および流速変動値をもとに球形音響放射モデルで計算した音圧を示している.

近年, 燃料供給装置がキャブレタからインジェクタに変更されるのに伴い, 積極的に吸気系に脈動波を発生させ, この動圧を利用してシリンダ内に吸気を押し込み, エンジンの出力を高める工夫がなされている. この強化された圧力波が吸気系の固有振動数付近で過大になるため, レゾネータを用いて消音する対応が施されている. レゾネータによる消音の一例として, 実

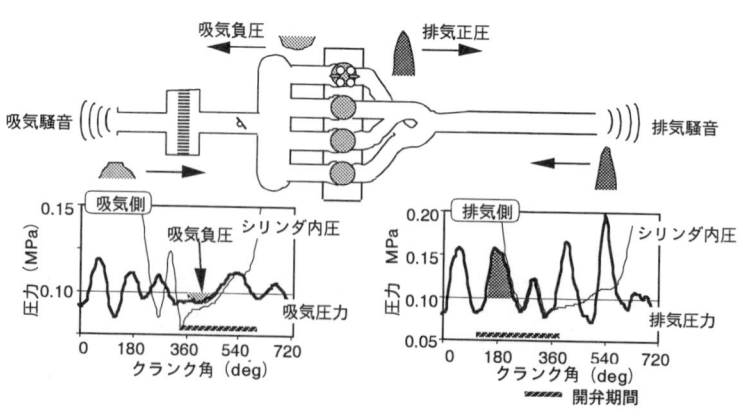

図 2.35 吸排気騒音の発生要因（計算値）

2.5 車両要素の振動騒音計測解析

b. 排気騒音

排気管内ではパルス状の正圧波が伝播し，開放端や消音器内で拡張する際に渦を作り，高周波数の気流音が発生する．また，消音器内では軸方向と半径方向を伝播する定在波が残り，この周波数成分だけは消音できない．図2.38はショックチューブで発生させた急峻な正圧波の挙動をホログラフィで可視化した例であるが，正圧波の噴出によって生じる渦と消音容器内に残された定在波が確認できる．

図2.39は12ℓの円筒容器を排気系に取り付けた場合の消音効果を示している．容器内で正圧波が拡張さ

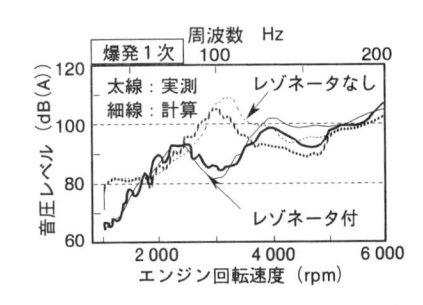

図2.37 レゾネータによる吸排気騒音の減衰[23]

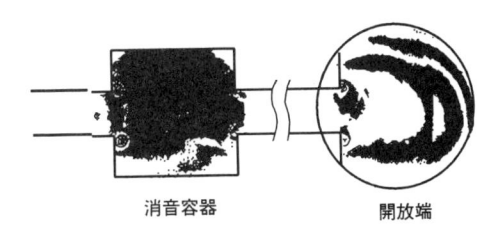

図2.38 ホログラフィによる音圧波の可視化
（三菱重工提供）

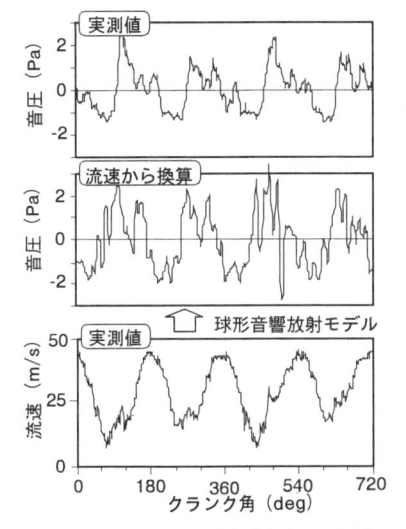

図2.36 開放端の流速変動と音圧の関係

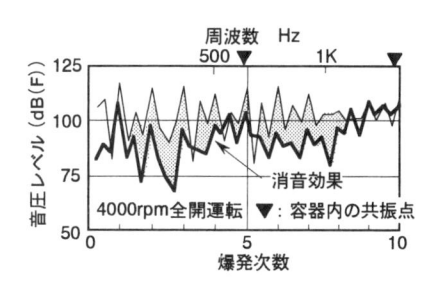

図2.39 円筒容器(12ℓ)による消音

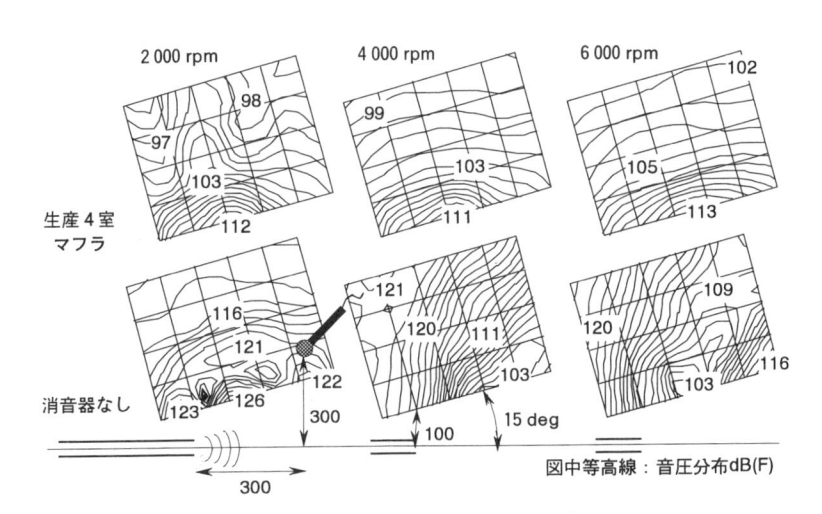

図2.40 排気開放端からの音響放射[24]

れることにより排気騒音は低減するが，容器内の定在波の周波数 600 Hz と 1.2 kHz では消音できていないことがわかる．

よって，排気の消音では，拡張室を細かく区切り，さらに，レゾネーションによる消音を行うために共鳴管を配置した消音器を，車載可能な小さなスペースで実現する必要がある．

音響インテンシティ法で計測した排気開放端からの音圧伝播の様子を図2.40に示す[24]．生産の4室マフラを取り付けて十分に消音した場合には，ほぼ球形に音圧が伝播しているのに対し，消音器を取り付けずにパルス状の正圧波をそのまま吐出させた場合には，球形の伝播は計測されない．これは，音圧波の時間変動が激しいため，積分的な処理をする音響インテンシティ計測では適応できないことを示している[24]．

[北田泰造]

2.5.4 車体の振動騒音計測解析
a．車体の曲げ・ねじり基本振動[12]

一般に車体の振動特性は，加振試験により取得される時間領域応答関数をFFT処理して得られるイナータンス，伝達関数など入力で正規化された周波数領域応答関数で評価する．車体の加振試験の加振力は注目する周波数領域に応じて油圧加振機，電磁加振機やインパクトハンマーを用いる．加振点は従来から行われている1点加振に加えて多点同時加振による方法も，一般化されつつある．多点加振の入力信号波形は，従来の無相関バーストランダム波以外に，入力点の位相差を制御する MPSS 波（2.5.1項参照）が用いられる場合もある．振動加速度などの計測応答点については，複数の物理自由度を同時計測することでモーダル解析の精度向上を図っている．以下に，多点入力車体加振試験方法と結果の例を示す．

伝達関数を精度良く計測する方法として，多点を加振し複数個の伝達関数を同時に計測する多点加振法がある．1点加振で入力点を移動させて計測する場合に比べ，加振点移動に伴う境界条件変化の影響が少ない．また，1点加振の加振点がモードの節になる場合にそのモードは励起されないが，多点加振では，これを回避することができる．

以下に，多点加振法による伝達関数マトリックス演算法を示す．図2.41において，加振点 j，応答点 i とすると応答ベクトル X_i は

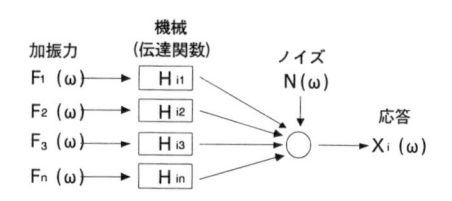

図 2.41　多点加振法による伝達関数マトリックス演算法

$$X_i(\omega) = \sum_{j=1}^{n} H_{ij}(\omega) F_j(\omega) \quad (2.24)$$
$$H(\omega) = GXF(\omega) GFF(\omega)^{-1}$$

ただし，$GXF(\omega)$：入出力間クロススペクトル，$GFF(\omega)$：入力オートスペクトル，である．ここで

$$GXF(\omega) = X(\omega)F^*(\omega) + N(\omega)F^*(\omega)$$
$$= X(\omega)F^*(\omega)$$

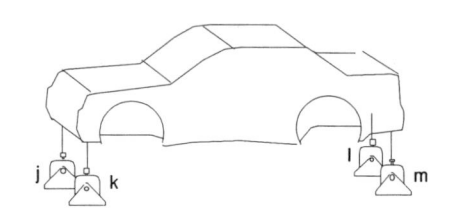

・加振位相組み合わせ：2^{n-1}（n：加振点数）
4点加振の場合：8ケース

ケース＼加振点	j	k	l	m
1	+	+	+	+
2	+	+	+	−
3	+	+	−	+
4	+	−	+	+
5	+	+	−	−
6	+	−	+	−
7	+	−	−	+
8	+	−	−	−

・加振により得られるスペクトルマトリックス

$$\begin{bmatrix} {}_1X_1 & {}_2X_1 & \cdots & {}_8X_1 \\ {}_1X_2 & {}_2X_2 & \cdots & {}_8X_2 \\ \vdots & \vdots & & \vdots \\ {}_1X_n & {}_2X_n & \cdots & {}_8X_n \\ {}_1F_j & {}_2F_j & \cdots & {}_8F_j \\ {}_1F_k & {}_2F_k & \cdots & {}_8F_k \\ {}_1F_l & {}_2F_l & \cdots & {}_8F_l \\ {}_1F_m & {}_2F_m & \cdots & {}_8F_m \end{bmatrix} \begin{matrix} \\ \\ \end{matrix} 応答点 \\ 入力点$$

aXb：aケース b点応答
cFd：cケース d点応答

図 2.42　4点加振（多点加振）

$$GFF(\omega) = F(\omega)F^*(\omega)$$

ただし,*:共役複素数,N:ノイズである.

入力のオートスペクトラム $GFF(\omega)$ の行列式が0になると伝達関数が特異になるため,加振力相互に無相関の必要がある.通常,この問題を回避するために無相関ランダム波が加振信号として用いられる.

しかし,加振力が無相関であっても,共振点付近や加振のセットアップ条件によって,完全な無相関とならない可能性がある.

その場合,加振力の逆マトリックスが特異となり伝達関数の精度が落ちる.この問題を解決するためMPSS加振法がある.MPSSは,加振力間の位相差を変更しながら正弦波加振を繰り返し加振力マトリックスを得る方法である.図2.42のように車体を4点加振するときの加振位相の組合せ,加振により得られるスペクトルマトリックス,およびスペクトルマトリックスからの伝達関数算出法を以下に示す.

4点加振から得られたスペクトルマトリックスより,伝達関数マトリックスは以下のように表現できる.

$$\begin{Bmatrix} {}_1X_1 & - & {}_8X_1 \\ | & & | \\ {}_1X_n & - & {}_8X_n \end{Bmatrix} = \begin{bmatrix} {}_jH_1 & - & {}_mH_1 \\ | & & | \\ {}_jH_n & - & {}_mH_n \end{bmatrix} = \begin{Bmatrix} {}_1F_j & - & {}_8F_j \\ | & & | \\ {}_1F_m & - & {}_8F_m \end{Bmatrix} \quad (2.25)$$

ただし,aXb:aケースb点応答,cFd:cケースd点加振力,aHf:e加振f点応答伝達関数,である.
両辺右側から $\{F^*\}^T$ を乗じ,

$$\begin{Bmatrix} {}_1X_1 & - & {}_8X_1 \\ | & & | \\ {}_1X_n & - & {}_8X_n \end{Bmatrix} \cdot \begin{Bmatrix} {}_1F_j^* & - & {}_1F_m^* \\ | & & | \\ {}_8F_j^* & - & {}_8F_m^* \end{Bmatrix} =$$
$$\begin{bmatrix} {}_jH_1 & - & {}_mH_1 \\ | & & | \\ {}_jH_n & - & {}_mH_n \end{bmatrix} \cdot \begin{Bmatrix} {}_1F_j & - & {}_8F_j \\ | & & | \\ {}_1F_m & - & {}_8F_m \end{Bmatrix} \cdot \begin{Bmatrix} {}_1F_j^* & - & {}_1F_m^* \\ | & & | \\ {}_8F_j^* & - & {}_8F_m^* \end{Bmatrix} \quad (2.26)$$

さらに

$$\left[\begin{Bmatrix} {}_1X_1 & - & {}_8X_1 \\ | & & | \\ {}_1X_n & - & {}_8X_n \end{Bmatrix} \cdot \begin{Bmatrix} {}_1F_j^* & - & {}_1F_m^* \\ | & & | \\ {}_8F_j^* & - & {}_8F_m^* \end{Bmatrix}\right] \cdot \left[\begin{Bmatrix} {}_1F_j & - & {}_8F_j \\ | & & | \\ {}_1F_m & - & {}_8F_m \end{Bmatrix} \cdot \begin{Bmatrix} {}_1F_j^* & - & {}_1F_m^* \\ | & & | \\ {}_8F_j^* & - & {}_8F_m^* \end{Bmatrix}\right]^{-1} = \begin{bmatrix} {}_jH_1 & - & {}_mH_1 \\ | & & | \\ {}_jH_n & - & {}_mH_n \end{bmatrix} \quad (2.27)$$

ここで,上式左辺第二マトリックスにおいて $F_{gh}=$

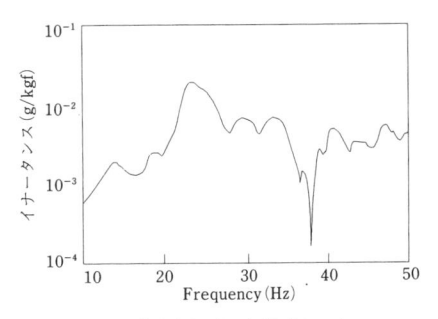

図2.43 多点加振時の伝達イナータンス

$\sum_{j=1}^{8} {}_iF_g \cdot {}_iF_h$ とすると

$$g \neq h \text{ の場合}: F_{gh} = 0$$
$$g = h \text{ の場合}: F_{gg} = \sum_{j=1}^{8} {}_iF_g^2 \quad (2.28)$$

となり,このマトリックスは対角項以外はすべて0という対角マトリックスになる.このことより,逆マトリックスが特異になることもなく計算できる.

つまり

$$\left[\begin{Bmatrix} {}_1X_1 & - & {}_8X_1 \\ | & & | \\ {}_1X_n & - & {}_8X_n \end{Bmatrix} \cdot \begin{Bmatrix} {}_1F_j^* & - & {}_1F_m^* \\ | & & | \\ {}_8F_j^* & - & {}_8F_m^* \end{Bmatrix}\right] \cdot$$
$$\begin{bmatrix} F_{jj} & 0 & 0 & 0 \\ 0 & F_{kk} & 0 & 0 \\ 0 & 0 & F_{ll} & 0 \\ 0 & 0 & 0 & F_{mm} \end{bmatrix}^{-1} = \begin{bmatrix} {}_jH_1 & - & {}_mH_1 \\ | & & | \\ {}_jH_n & - & {}_mH_n \end{bmatrix} \quad (2.29)$$

として,伝達関数マトリックスの各成分が計算できる.

多点ステップサイン加振時の伝達イナータンスの例を図2.43に示す.駆動点は右フロントサイドメンバ先端上下方向,応答点はフロア中央クロスメンバ中央上下方向である.

波形は滑らかでモード抽出結果も良好でる.

b.パネルの膜振動

車室空間を構成するパネルの振動は直接の車室内騒音の音源となるため,車室内騒音とパネル振動の関係を把握することが重要である.高周波数領域になると入力と応答が非線形となるため,入力形態別にパネル振動を評価することも必要となる.またモード把握の場合,加振入力点の影響を大きく受けるため,スピーカによる音響加振で入力を分散して評価することもある.

一般的なパネルの振動モードの評価は,パネル各部の加速度を計測し,伝達関数で評価することが多い.

計測システムの処理の高速化と大型化によって多点同時計測が可能となってきており，ドラム台上試験などで実際のパネルの振動を多点同時計測する方法も実施されている．入力点とパネル各部の間の伝達関数や実機振動状態を計測し，それを境界条件として有限要素法や境界要素法で車室空間の音響伝達特性を解析し，各パネルの振動モードの寄与度を把握することもある．

高周波数域になると加速度ピックアップの質量が無視できない場合もあり，非接触で振動モードを計測する方法としてレーザホログラフィなどが用いられる．レーザホログラフィは微小振幅の計測に向いているが，実機モードのような複数の周波数現象の複合状態の計測には不向きである．このため，単一周波数で比較的高周波数域の加振試験により振動モード把握に用いられる．

パネルからの放射音の音源探査は音響インテンシティ法などで評価する．車室の気柱共鳴の影響を考慮する必要がある場合にはリアクティブインテンシティ法を用いる．

c．車室空間の音響特性

（i）車室音響特性 車室内は閉空間を形成しており，共鳴モードが存在する．共鳴周波数とモードは車体の形式と車両のサイズでほぼ決定されるため，変更は困難であるが，こもり音発生の一因となることが多く，パネル振動とともに音響モードの把握は重要である．

車室の音響モード計測は，車室内に設置したスピーカで車室空間を音響加振して計測する．共鳴周波数とモードは車室内に各部で計測した音圧特性と音圧分布から求めるのが一般的である．共鳴モードはリアクティブインテンシティを用いても計測できるので，音の流れを含めて評価する場合にはこの方法を用いる．

（ii）吸遮音特性 中高周波数域の騒音は空気伝播による寄与が大きく，車体の吸遮音特性が重要である．

遮音計測は，車体の全体的な評価と車体構成部分ごとの評価を実施している．全体的な評価は車体外部の音源位置にスピーカを設置する方法や，残響室に車両を設置する方法などで模擬音源に対する遮音量を計測する方法が一般的である．部分ごとの遮音量は，残-残響室や残-無響室法で2つの部屋の境界に供試体を設置して透過損失の計測を行う．部分的な評価によって，ハーネス穴などの処理法など細かな遮音の改良を行い，全体的な評価で車両遮音特性のバランスを評価する．

全体的なバランスを評価する方法として，車室を構成するパネル各部を十分な遮音材でマスキングし，各部からの透過音のエネルギーやエネルギー密度を各パネルごとに算出し，遮音材を検討する方法やインテンシティ法で透過音を評価する方法が用いられている．

車室内の吸音力は，残響時間で評価する．残響時間は周波数バンドごとに60 dB音が減衰する時間で定義されており，車室内に設置したスピーカでバンドノイズを与えて計測する．自動車の車室内は建築物に比べ，体積が少なく残響時間が短いため，インパルス法や，ランダム音に対する2乗積分法などで残響時間を計測するのが一般的である．吸音力は吸音材料の特性と吸音材の面積などで決まるため，シートやヘッドライニングなどの寄与が大きい．また，騒音のビルドアップ効果に対しても注意を要する．［鎌田慶宣］

2.5.5 懸架系の振動騒音計測解析[25]

懸架系が関係する代表的な車室内振動騒音には路面の凹凸により発生する乗り心地，ロードノイズ，ハーシュネスなどがある．

ロードノイズは乗り心地に関係する比較的低周波数から数百Hzの耳障りな高周波数に及び，タイヤ，サスペンション，および骨格振動やパネル振動，制振遮音材をもつ車体など解析の対象が複雑なものが多い．最近では計算解析，実験解析を併用して，用途に応じた予測低減手法が試みられるようになった．たとえばタイヤ，サスペンション，および車体を固体伝播音の伝達経路の部分構造としてとらえ，各々の振動特性を求めた後これを合成する伝達関数合成法がある．この方法は路面との接触問題など数学的取扱いが困難なタイヤについては，ラフロード走行時の車軸位置での3分力を実験的に同定する．剛性の高いアームと防振ゴムで構成されたサスペンションについては，他の2者に比べて問題とする数百Hzの領域でも比較的固有振動モードの密度が低いためFEモデルを作成する．さらに，実験モードとの相関解析と感度解析の結果に基づき，FEモデルをアップデートすることを試みている．

数百Hzの高周波数域でのFEモデル化が困難な車体については，加振実験により伝達関数を求める．

a. 伝達関数合成法

図2.44[25]のように剛結合されたコンポーネントA，B単体の伝達関数から応答関数を合成する式は，以下のように表現される．

$$X_4 = (H_{34} \cdot H_{33}^{-1})(H_{22}^{-1} + H_{33}^{-1})^{-1}(H_{22}^{-1} \cdot H_{12}) \cdot F_1 \quad (2.30)$$

ただし，X_4：点4の周波数応答関数，H_{ij}：点j単位入力に対する点iの伝達関数，である．

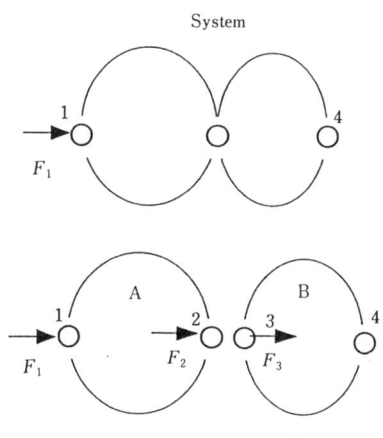

図2.44 2分系の概念図[25]

コンポーネントAをサスペンション単体，コンポーネントBを車体単体（客室空間を含む）としてとらえ，伝達関数合成を行う．このとき各項は，下記の物理量を意味する．すなわち，

X_4：乗員耳位置の音圧

H_{34}：サスペンションの車体単体取付点の単位入力あたりに発生する乗員耳位置音圧

H_{33}^{-1}：サスペンションの車体単体取付点イナータンス逆行列

$(H_{22}^{-1} + H_{33}^{-1})^{-1}$：サスペンション-車体系の結合点イナータンス

$(H_{22}^{-1} + H_{12})$：サスペンションの車体取付点を剛体壁に拘束したときの車軸単位入力に対する拘束点反力

F_1：車軸入力

ただし，サスペンションと車体の結合点は多自由度のため，伝達関数は行列で表現される．

このようにサスペンション-車体系の周波数応答関数を各コンポーネント単体の伝達関数により合成することができる．

コンポーネント単体は計算モデル，実験モデルどちらでもよく，これらを組み合わせる場合に有効な方法である．一般に，サスペンションはロッドや簡単な板要素で成り立っている場合が多いので，比較的高周波までFEモデルで表現することができる．このサスペンションFEモデルを実験モード解析により修正し，より実物に近いFEモデルを作成する．

一方車体は有限要素解析で500 Hzまでの特性を精度良く求められないため，実験で求められた伝達関数を用いる．このサスペンションモデルと車体の音響伝達関数を用いて車室内の振動騒音を予測する．この方法により，サスペンションの要素変更に対する振動騒音の予測が精度よく求められる．

b. 車軸振動入力

ロードノイズ（車内音）の固体伝播音成分は，ラフロードを転動しているタイヤに加わる変位励振力により発生する．タイヤ接地部ではトレッドゴムの複雑な変形が発生していると考えられるため，この位置での伝達力を直接測定する方法も考えられるが車軸位置での走行時振動加速度と，該部駆動点イナータンス（タイヤ除去時）から間接的に等価振動入力を求める方法がある．この車軸振動入力の同定式は以下のとおりである．

$$\{F_t\} = [H_{A/f}]^{-1}\{A_{hub}\} \quad (2.31)$$

ただし，$[H_{A/f}]$：車軸駆動点イナータンス3×3行列，$\{A_{hub}\}$：実走行時ばね下振動加速度行ベクトル，である．

ラフロードドラム上で実測された試験車の左後車軸付近の振動加速度と加振試験で得られた駆動点イナータンスにより上式を用いて同定した車軸入力を図2.45に示す[25]．

このように同定された車軸入力を車軸入力点音響感度に掛ければ車内音を合成することができ，タイヤのロードノイズ評価などに用いることができる．ただし，車軸入力点音響感度は実体のサスペンションと車

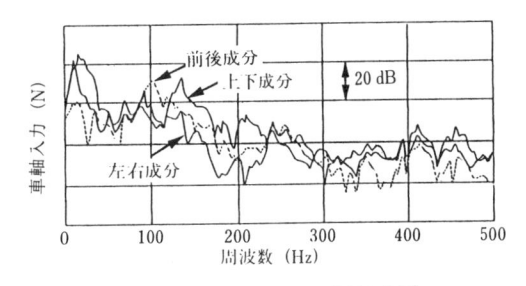

図2.45 ラフロード走行時車軸入力[25]

体を用いて実測されるので，サスペンションの大幅な構造変更を繰り返す場合など試験工数の増大が問題になる．また，このような従来の実験的手法ではサスペンションと車体を分離して取り扱うことはできなかった．そこで，構造変更ベースになるサスペンションをFEモデルで置き換えて合成シミュレーションができれば，工数低減などに有効なツールになる．

c．サスペンションFEモデルのアップデート

サスペンションのFEモデルを作成し，これをサスペンションを治具に固定した加振試験結果と比較してアップデートする試みがある．表2.6，図2.46[25]に，実験モード解析で抽出された固有振動数と固有モードの例を示す．

表2.6 サスペンションの実測固有振動数（車軸加振結果）

モード名称	固有振動数(Hz)
ばね下前後	25.76
ばね下上下	27.05
ショックアブソーバ前後	40.49
	41.90
ショックアブソーバ左右	55.82
ばね下ヨー	62.58
	90.74
ばね下ロール	109.91
	116.91
（ばね下ピッチ）	127.12
	135.74
ばね下左右	147.15
（ばね下ピッチ）	154.51

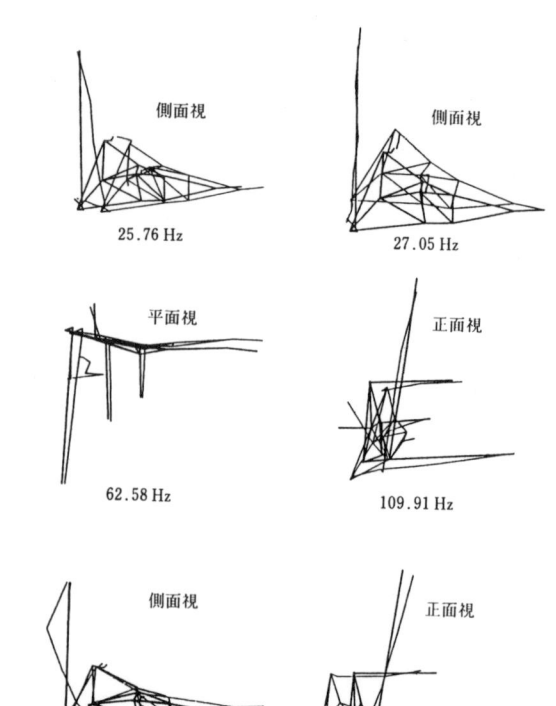

図2.46 サスペンションの実験モード[25]

図2.47に，作成されたFEモデルの外観図例を示す[25]．表2.7に更新前後の固有振動数を実測値と比較して示す．表2.8に更新前後のMACを比較して示す．

更新後は，固有振動数とともにMAC値も改善されている．サスペンション伝達率，サスペンション取付点イナータンスはアップデートされたFEモデルにより算出される．

d．車体伝達関数の計測

単体特性を精度良く得るため，サスペンションは切り離して車体を空気ばねで支持する．サスペンションの車体取付点の振動加速度と，音響感度はハンマリング加振により計測される．

e．合成の実施

このようにして求められた伝達関数を合成して得られた結果の例を図2.48に示す[25]．

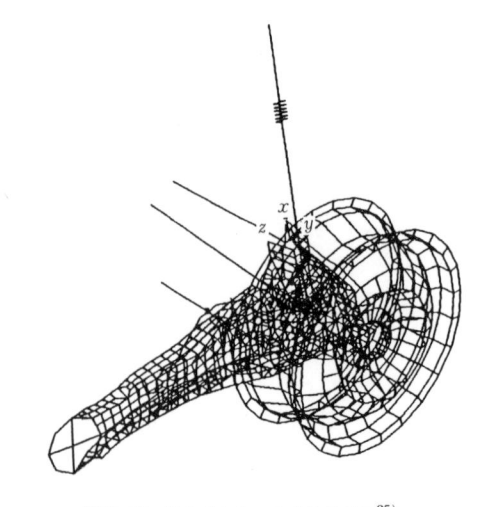

図2.47 サスペンションFEモデル[25]

表2.7 サスペンションFEモデル更新結果（単位：Hz）

モード名称	更新前	更新後	実測値
ばね下前後	30.05	25.63	25.76
ばね下上下	33.53	26.88	27.05
ばね下ヨー	74.59	69.26	62.58
ばね下ピッチ	131.49	127.12	127.20
ばね下左右	161.81	147.15	148.92

2.5　車両要素の振動騒音計測解析

表2.8　更新後の FE モードと実験モードの MAC

		Iteration 0 実験モーダル				
		1	2	3	4	5
	Frequency	25.7681	27.0684	62.5848	127.2014	147.1835
解析モーダル	30.0503 Hz	0.9872415	0.0004300	0.4865585	0.1282850	0.0081424
	33.5299 Hz	0.1006887	0.9337995	0.0009456	0.1565191	0.0325538
	74.5891 Hz	0.5264024	0.1827615	0.9262954	0.0797157	0.0000163
	131.4888 Hz	0.0000204	0.0837370	0.0252191	0.5677292	0.0647367
	161.8131 Hz	0.0026034	0.0001663	0.0018036	0.2299671	0.8747594
		Iteration 90 実験モーダル				
		1	2	3	4	5
	Frequency	25.7681	27.0684	62.5848	127.2014	147.1835
解析モーダル	25.6324 Hz	0.9883541	0.0238064	0.4495135	0.1727081	0.0019869
	26.8764 Hz	0.0008075	0.9969047	0.0718359	0.0726299	0.0347809
	69.2569 Hz	0.5285725	0.1603194	0.9425697	0.0946137	0.0002058
	127.1228 Hz	0.0001818	0.0903078	0.0295610	0.5556148	0.0616623
	148.9222 Hz	0.0037287	0.0005825	0.0012521	0.2518658	0.8859350

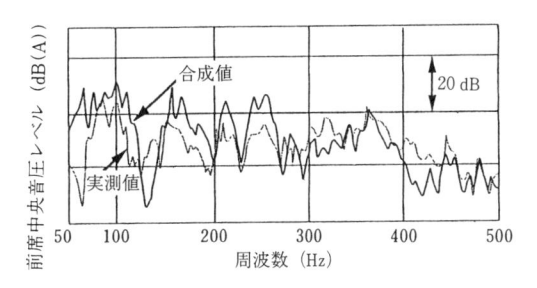

図2.48　伝達関数合成結果[25]

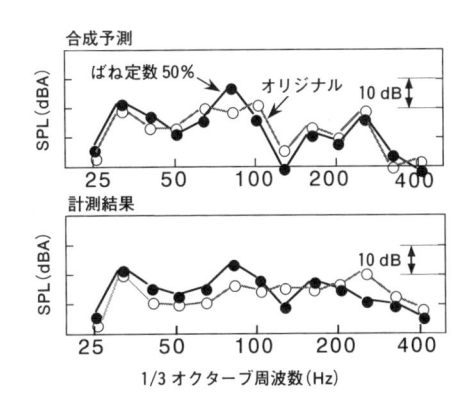

図2.49　構造変更シミュレーション[26]

f．構造変更シミュレーション

図2.49にサスペンションブッシュのばね定数を変更した場合の予測結果，および実際にブッシュを試作して効果確認した例を示す[26]．

両者の傾向はほぼ対応しておりサスペンション構造変更予測も可能であることがわかる．　［鎌田慶宣］

2.5.6　ブレーキ系の振動騒音計測解析

ブレーキは，ディスクロータまたはブレーキドラムと摩擦材との接触による摩擦力を利用して制動力を発生させる装置である．ブレーキ系の振動騒音現象は，大まかに分類すると次の2つになる．

1つは，局部的な摩擦振動を起振源としたブレーキおよび車体構成部品との共振により発生するブレーキ鳴き・異音で，2つめは，制動中の摩擦力変動が車体構成部品と共振し発生するブレーキジャダである．

次に，それぞれの場合の評価試験および現象解析試験について述べる．

a．ブレーキ鳴き

（ⅰ）**評価試験**　鳴きはブレーキの温度，減速度，熱履歴などに影響されるため，それぞれを独立に変化させて鳴きの有無を確認する．鳴いた場合には，周波数，レベル，発生箇所を記録し，発生率あるいは市場の使用条件などで重み付け処理した鳴き指数，鳴き係数などを用いて評価する．

しかし，鳴き条件を網羅するために試験期間は長期化し，また天候・季節・車両・試験者条件を統一しにくいためばらつきの多い結果となっていた．近年，ノイズダイナモメータの導入による試験条件の統一，試験・解析時間の短縮などの効率向上が図られている．

（ⅱ）**現象解析試験**　鳴きは再現性に欠けた偶発的な現象であり，摩擦現象とブレーキ構造の振動が組み合わされた複雑な問題である．

鳴きの振動解析には，鳴き発生時に振動を計測する方法と，摩擦力を掛けずに外部励振により振動を計測する方法がある．

前者の場合，ブレーキ部品に直接加速度センサを取り付け，鳴き周波数および振動レベルを計測する方法と，レーザホログラフィのように非接触で行う方法がある．超小型加速度センサを摩擦材内部に複数埋め込み，コンピュータと組み合わせて鳴き発生時の摩擦材摺動面付近の挙動を詳しく計測した例もある[27]．

また，レーザホログラフィは，システム全体の振動モードが計測可能となり有効な手段であるが，レベルの大きな鳴きを連続的に発生させる必要がある．

それに対し，インパルスハンマまたは加振器を用いた外部励振によるモーダル解析は，鳴きを発生させることなくシステムの振動モードを計測できる．

b．ブレーキジャダ

(i) 評価試験　ジャダの原因となる摩擦力変動は，ディスクブレーキの場合はディスク1回転当たりの厚み差，ドラムブレーキの場合はドラム真円度が要因となるが，走行履歴およびブレーキ温度により変化し，これらを考慮して評価する必要がある．

したがって，市場の走行をシミュレートした走行パターンを設定し，実車および台上により評価する．

また，共振する車体の振動特性を評価するために，タイヤ入力の加振試験により車体感度を計測することもある．

(ii) 現象解析試験　ジャダの現象解析は，起振源・伝達経路・発振体となるブレーキ・サスペンション・ステアリング・ボデーの振動レベル測定を行うとともに，ディスクブレーキの場合は，ディスクの厚み差，ドラムブレーキの場合は，ホイールに組み付けた状態でのドラム真円度を計測する．

非接触ギャップセンサを用いて走行および制動中の厚み差を動的に計測し，トルク変動との関係および摩耗部位の解析を行った例もある．

また，高負荷制動時のヒートスポットは局所的熱膨張による厚み差を発生させるため，制動中のディスク表面温度分布計測なども行う． 　　　　［岸本博志］

2.6　車両の振動乗り心地計測解析

2.6.1　乗り心地計測解析

車の乗り心地は一般的に車室内の騒音，振動，温度，空調などの環境の快適性を意味するが，ここでは，路面入力に起因する車室内振動騒音の狭義の乗り心地について述べる．

図2.50に路面の凹凸による振動入力に対する乗り心地の周波数とその要因を，表2.9に乗り心地フィーリングの概要を示す．この図，表からわかるように乗り心地試験方法は注目する振動周波数域によって使い分けるのが一般的である．ここでは，路面入力に起因する乗り心地の試験方法と解析方法について試験条件が安定して振動現象の再現性が良い台上試験を中心に説明する．

a．加振試験と解析

(i) 1軸（上下）加振　図2.51に加振試験方法を示す．車両を加振機の上に載せてタイヤ接地面を上下方向に加振し，振動入力に対する車体振動の伝達関数を計測し，共振周波数，減衰比などを調査する方法である．計測する物理量としては変位，速度，加速度等が用いられ低周波の20Hz程度までの乗り心地振動特性を評価するのに適している．加振方法は代表的な路面形状を模擬した入力やホワイトノイズによるランダム入力加振のほかサイン波形による周波数スイープ加振などがある．計測はアンプやフィルタを介した計測信号をFFTアナライザを用いて処理し，記

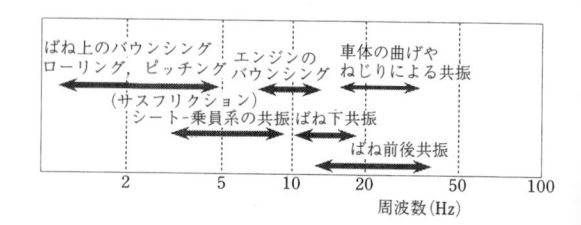

図2.50　路面の凹凸による入力振動周波数と振動要因

表2.9　振動周波数と乗り心地

振動周波数(Hz)	乗り心地のフィーリング
1～2	車体のゆっくりした上下動，あおりによるフワフワ感
2～4	乗員の上下動により腹を圧迫するような突き上げ感
4～8	シートを介して乗員の腹部へ伝わるゴツゴツ感
10～15	車輪がバタバタはねるような振動
10～30	ボデーのブルブル，ビリビリした振動
30～50	舗装路の継ぎ目を通過する時に生じる衝撃的な振動

2.6 車両の振動乗り心地計測解析

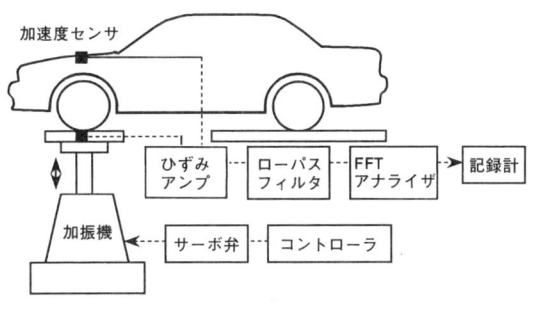

図2.51 加振試験法

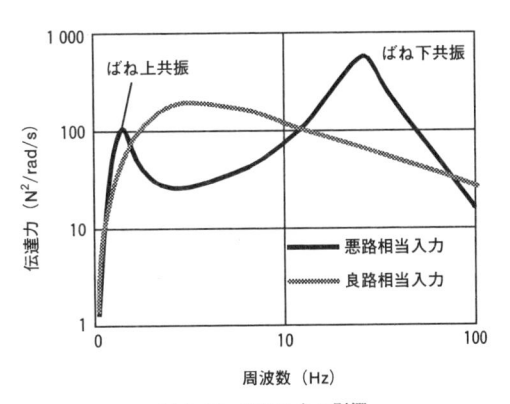

図2.53 加振入力の影響

録計に記録するのが一般的である．

この加振試験で評価できる振動系はばね上とサスペンション系，ばね上とタイヤ系，パワープラントとその防振系，ばね下とタイヤ系などである．図2.52にランダム加振による振動伝達比を測定した例を示す．また，加振入力の大きさは車体の振動状況に影響を及ぼすが，加振力レベルをパラメータに振動特性を評価するとサスペンションの摩擦や非線形要素の影響が観察できる（図2.53）．

加振試験は二輪，もしくは四輪で行うのが普通であるが，四輪加振試験では路面からの凹凸入力による車体ローリング，ピッチング，バウンシングに対しても評価が可能となり，ボトミングなど前後輪サスペンションの振動特性が連成した乗り心地が検討できる利点がある．

(ii) 3軸（上下，前後，左右）加振

図2.54に3軸加振機の概要を示す．加振テーブル上に車両を設置し，タイヤの下面を並進3方向に加振し，加振入力に対する車両の振動特性を調査するもので，(i) 1軸加振の場合と同様な処理，解析を行う．

3軸加振は比較的高周波数域まで加振を行うことにより，乗り心地，ハーシュネス，ロードノイズの領域の振動特性が把握できること，実路でのタイヤに作用する振動入力をシミュレートし，振動特性と合わせて入力の影響などが解析できること，などの特長がある．

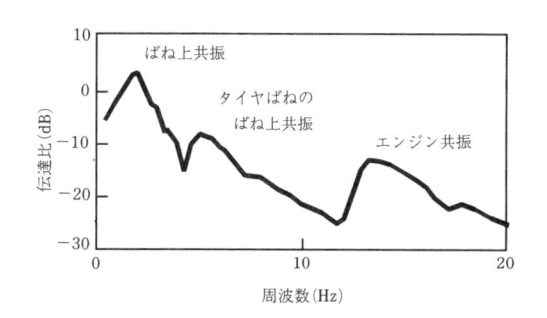

図2.52 ランダム加振による振動伝達比

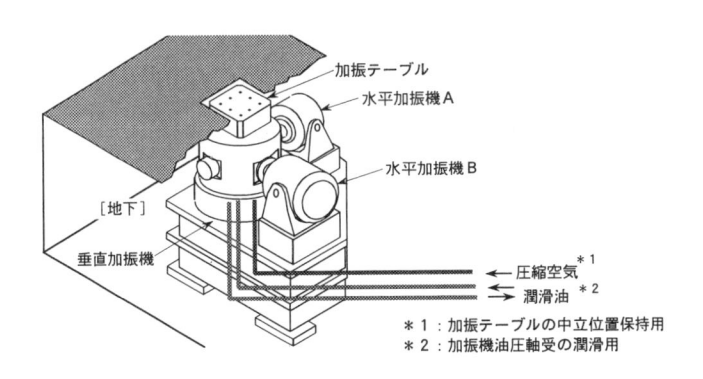

図2.54 3軸加振機の概要

b. 突起乗り越し試験と解析

路面継ぎ目や段差をタイヤが乗り越えるときの車体への入力は，インパルス的な衝撃入力でサスペンションの上下，前後方向に伝達され，車室内の騒音を伴った振動を発生する．台上試験では図2.55に示すように，突起を取り付けたドラムに実車を載せ，継ぎ目や段差の乗り越し時の乗り心地をシミュレートし評価する方法がある．突起は種々の形状を用意しても良いが代表的な形状に固定して車速をパラメータにし評価ができる．衝撃的な入力に対する乗り心地はタイヤのエンベロープ特性，サスペンションの上下，前後剛性および車体剛性などの関与が大きいので評価指標として車体の上下，前後振動や車内音を用いる．図2.56に計測例を示す．

c. 乗り心地解析の動向

台上試験で各種の路面における乗り心地を評価するためには路面からの入力を定義する必要がある．特定の条件で走行したときのサスペンションストロークや加速度を計測して台上で再現する方法があるが，汎用性に欠ける．試験車両の違いや走行速度の変化にも対応でき汎用性の高い加振試験を可能とするために，路面の形状を計測して入力とすることが行われる．路面形状の計測には種々の方法があるが効率的に計測する方法として図2.57に示すような路面形状計測方法が提案されている[28]．これは，計測車両の3ヵ所にレーザ変位計を取り付けそれぞれの出力と取り付け位置の幾何学的関係を周波数領域で表し，既知のシステム伝達関数と出力関数から路面の関数を求めて時間領域の関数に変換することにより，車体のバウンシングやピッチングの影響を受けずに路面形状を求めるものである．計測車で交通流に乗って走行するだけで効率良く路面形状を計測できる利点がある．

乗り心地の解析動向として車体の振動特性に加え，シートや人間を含めた振動系および人間の振動特性を考慮して実際に人間が感じる乗り心地を論じようとする研究が活発になってきた．振動に関する人間特性についてはISOの振動曲線があるが，自動車の微妙な乗り心地解析には適用が困難である．最近の研究では，官能評価手法を用いて乗り心地の官能評価を物理量で定量化する方法が行われている（2.4.2項参照）．

また，シートの面圧や着座姿勢と疲労の関係や車体挙動と乗り物酔いなどの関係から乗り心地向上を検討する動きがある[29,30]．とくに車両挙動と人間特性の関

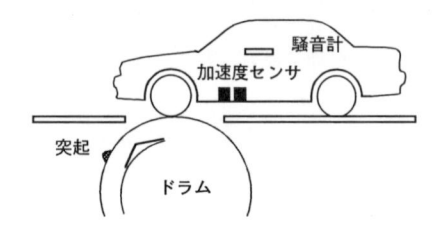

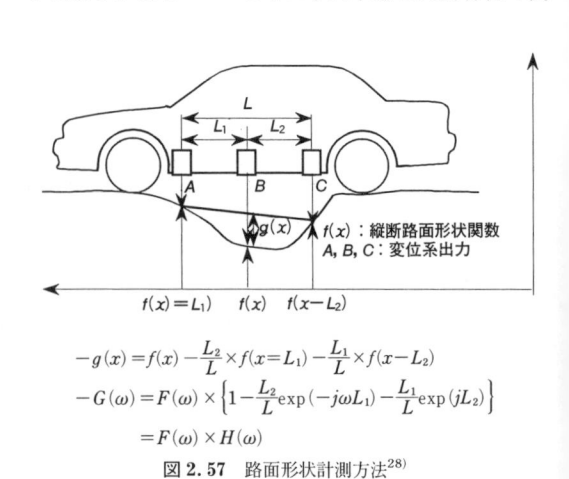

図2.55 突起乗り越し試験

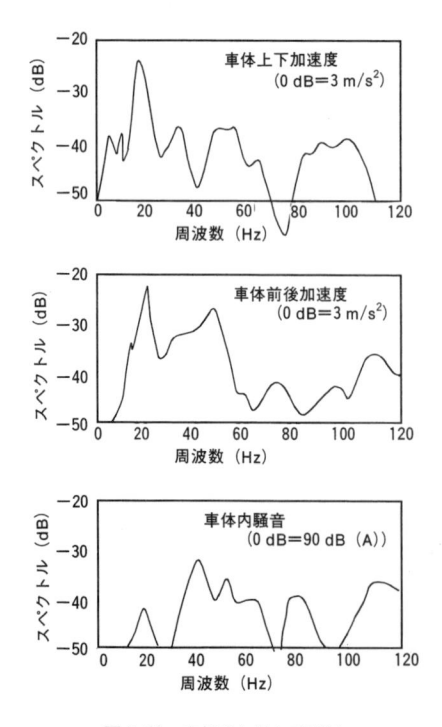

図2.56 突起乗り越し計測例

$$-g(x) = f(x) - \frac{L_2}{L} \times f(x=L_1) - \frac{L_1}{L} \times f(x-L_2)$$
$$-G(\omega) = F(\omega) \times \left\{1 - \frac{L_2}{L}\exp(-j\omega L_1) - \frac{L_1}{L}\exp(jL_2)\right\}$$
$$= F(\omega) \times H(\omega)$$

図2.57 路面形状計測方法[28]

係を解析する方法としてドライビングシミュレータを用いて現実には試験が困難な条件でも台上で効率的に解析する方法も行われており，今後の方向を示すものと考えられる[31]．

自動車の基本性能である「走る」「曲がる」「止まる」は，限界性能の向上や操縦性，安定性の確保が必須で性能改善が積極的に行われてきた．そしてこれらの基本性能は乗り心地と背反する場合が多いが，十分条件である乗り心地のほうが犠牲になっていたきらいがある．しかし，自動車の性能が成熟してくるに従い，基本性能確保は当然のこととして乗員が振動として感じる乗り心地を向上させ快適性を良くしたいという要求が強くなるものとみられる．人に優しい車をめざした新しい乗り心地試験方法，評価方法が研究されていくものとみられる．

[森田隆夫]

2.6.2 車両の振動計測解析

a．アイドル振動

車両停車中，エンジンがアイドリングの状態で発生する振動をアイドル振動と呼び，ハンドルやフロア，シートの振動が問題となりやすい．アイドル振動はエンジンの燃焼に伴う上下起振力とトルク変動が起振力，エンジンの不正燃焼や回転部分のアンバランスなどによって発生するが，ここでは問題となりやすいエンジンの燃焼によるアイドル振動を主に説明する．

アイドル振動は，アイドル回転域でのパワースペクトル分析とエンジン回転数に同期した周波数成分を抽出するトラッキング分析で計測する．エンジンの負荷条件によって，起振力が変化するので，エアコン，ライトなどやA/T車ではN，Dレンジなどの振動騒音計測が必要である．振動系としてはエンジンT/M，サスペンションの剛体振動，ボデーの低次の曲げ振動やハンドル，フロアの振動などが関係する．ベクトル解析を用い，各エンジンマウントからのハンドルやフロアの振動などの寄与度が分析できる．

b．加減速時のショックしゃくり振動[30]

加減速・変速時など，エンジンに過渡的な駆動トルクが作用したときに発生する極低周波数（～10 Hz）の車体前後振動をしゃくり振動（またはサージ），比較的低周波数（～30 Hz）の車体上下，前後振動をショックと呼び，両者を合わせて加減速時のショックと呼ぶ場合もある．

エンジンに過渡的な駆動トルクが作用すると，最低次の振動が主体的であるが駆動系ねじれ系の振動が励起され，タイヤ，サスペンションを介して車体前後方向の振動となると同時にパワープラントがその反力を受け，エンジンマウントから車体に衝撃的な入力が作用して，車体上下，前後方向の振動となる．したがって，エンジンの過渡的な入力に関係し，伝達系ではしゃくり振動は駆動系ねじり系が主因となるが，ショックではパワープラント車体系の振動なども影響を及ぼす．

計測条件として，アクセル開度，ギヤ位置，エンジン回転数などを変えて加速（減速）し評価する．図2.58に加速時の駆動軸トルク，エンジンロール振動，サスペンション前後振動，車体の上下振動，車体の前後振動の時系列波形を示す[32]．この例は，M/T車変速段2速エンジン回転数2 000 rpmでアクセル開度

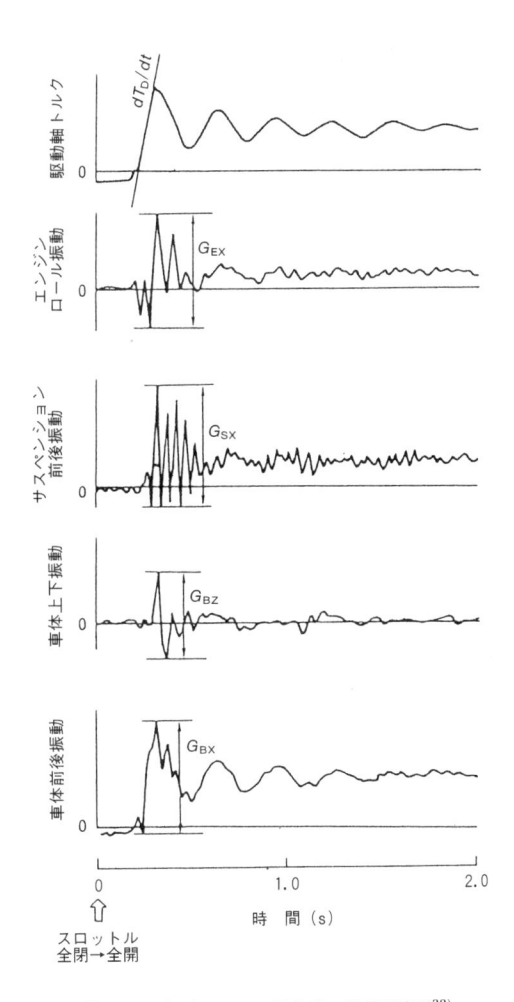

図 2.58 加速ショック発生時の時系列波形[32]

全閉から全開に急加速したときのものである．加速ショックは車体の上下，前後振動のp-p値そのものの評価，駆動軸トルクの立上り勾配や，その平均トルクとの関係で評価を行う．

しゃくり振動は主に駆動系ねじり系の低周波の振動により，車体前後振動として現れる．ローパスフィルタ処理した減衰波形からその減数比などで評価する．各振動波形を周波数分析し，パワープラント系，駆動系ねじり系，サスペンション系の影響を見ることができる．また，A/T車で変速時に発生するショックを変速ショックという．通常のA/T車はアクセル開度と車速によって変速するので，車速，アクセル開度によるシフトアップ，ダウン時の評価を行う．計測解析はショック時と同様である．

c．ワインドアップ振動

RWD車に関して，3,4気筒などのエンジンのトルク変動がプロペラシャフト，ドライブピニオン，リングギヤが伝達され，その反力がデフキャリア周りの回転変動となり，サスペンションワインドアップ方向の振動を励起し車体の振動特性の影響を受け，低速域の振動こもり音となる．また，プロペラシャフトなどの回転アンバランスによって，デフキャリア周りの回転変動となり，中速域の振動こもり音となる．この現象はデフキャリア先端の振動を計測することによって代表されるが，駆動系ねじり系の変更によるトルク変動の低減，サスペンション系のワインドアップ振動数の低下により，常用車速域から外すなどの対策がある．

d．車体シェーク

シェークは走行中にタイヤのアンバランスのため発生する入力によって車体やハンドルが共振する現象である．乗用車の場合，車体の曲げ1,2次の固有振動数は20～30 Hzにあり，この周波数とタイヤの回転が一致したときにシェークが起こりやすい．

シェークは，タイヤの回転次数に対する振動（ハンドルなど）成分をトラッキング分析などで計測する．また台上での分析は，フラットベルト式などのドラム上で行う．このとき，各輪の位相差を考慮する必要があるため，各輪の回転速度を適正にコントロールする必要がある．

[小野裕行]

2.7　車両の騒音計測解析

2.7.1　車室内騒音

自動車の車室内騒音は，発生メカニズムの差により現象も多く，計測法および解析法もそれぞれの現象に応じて異なる場合が多い．図2.59は車室内騒音の種類を音圧レベルと周波数成分でまとめたものであり，表2.10はさらにそれらを音圧波形ごとに分類したものである．

車室内騒音を計測する場合，その目的に応じて計測解析法を選ぶ必要がある．総合的な車内音の評価を目的とする場合は，種々の騒音を全体的にとらえて計測

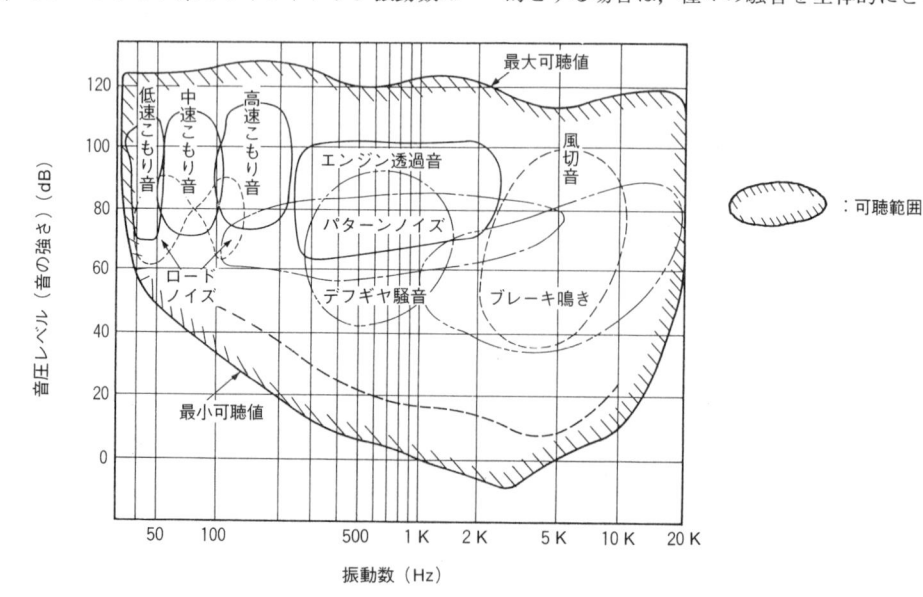

図2.59　車室内騒音の種類

2.7 車両の騒音計測解析

表 2.10 音圧波形と車内音の分類

項目	時間波形	周波数特性	車室内騒音の種類	
			一定周波数発生	回転同期周波数発生
正弦波音	(音圧-時間波形)	(音圧-周波数)	・ブレーキ鳴き音	・こもり音 ・ギヤ音 ・ベルトかみ合い音 ・タービン音
周期打音	(音圧-時間波形)	(音圧-周波数)	―	・エンジン透過音 ・エンジン動弁系音 ・吸気音 ・排気音
ランダム音	(音圧-時間波形)	(音圧-周波数)	・風切り音 ・ロードノイズ ・排気気流音	―

表 2.11 目的,現象と使用計測器

目的	波形	発生現象	使用計測		解析データ
			計測器	解析器	
総合評価	・正弦波 ・周期打音 ・ランダム音	・一定周波数発生 ・回転同期発生	・騒音計		オーバオール騒音レベル
個別評価解析	・正弦波	・一定周波数発生	・騒音計	・周波数分析	周波数分析 1/3 oct. 周波数分析
		・回転同期発生	・騒音計	・FFT トラッキング分析器	オーダトラッキング分析
	・周期打音	・回転同期発生	・騒音計	・周波数分析器	オーダトラッキング分析 1/3 oct. トラッキング分析
	・ランダム音	・一定周波数発生	・騒音計	・周波数分析器	周波数分析 1/3 oct. 周波数分析

し評価することが重要であり,また特定の音を評価し解析するためには,その音を評価できる物理量の計測が重要になってくる.

表 2.11 は,それぞれの車室内騒音に対して目的,現象に合わせた計測器をまとめたものである.近年の解析技術進歩は,解析器の性能および解析能力を大幅に広げてきており,一種類の解析器でほとんどの解析機能を備えているものが多い.

a. 走行騒音

走行騒音試験は車室内騒音を総合的に評価する方法として用いる.したがって計測は車内音全般の周波数を計測できる必要がある.

自動車の騒音は,図 2.59 に示したように 20〜20 kHz の広範囲に及んでおり,計測器の選定には十分注意する必要がある.とくに,走行時の騒音を録音する場合は録音装置の周波数特性に対しても十分な特性が得られるように選定することが大切である.

マイクロホン位置は,ISO 5182 や JASO Z 111 などで定められた位置にセットする.ただし,車室内の音場の影響を考慮し位置を変更した方が評価と一致する場合がある.音場特性および人間の外耳特性に合わせ,より評価に合った計測をする方法としてバイノー

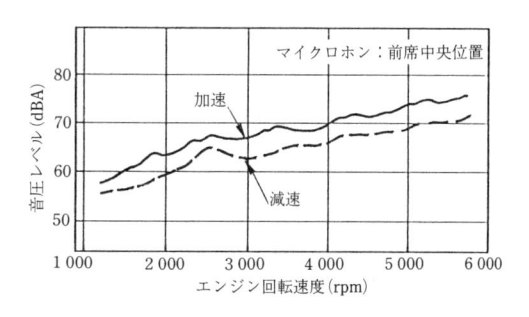

図 2.60 走行騒音計測例

ラルの計測システムを使用する方法がある.

走行騒音試験は通常,騒音計の示すオーバオール値(O.A.)で簡易的に評価する.またこのときの騒音スケールは通常 A スケールを用いる.図 2.60 はその計測例を示す.

b．こもり音

こもり音は 20〜300 Hz の耳を圧迫するような音である.音そのものは単純な正弦波であり,発生原因は回転する構成部品の振動および放射音である.表 2.12 に発生原因と回転信号計測点,および主な発生次数を示す.解析にはオーダトラッキング分析を用い

る.したがって計測は事前に周波数分析を実施し,発生原因を明確にし,回転信号および解析次数を決めておく必要がある.図 2.61 にこもり音の計測例を示す.

c．エンジン騒音評価

エンジン騒音はランダム音と周期打音が混在するが,車室内でのエンジン騒音はランダム音の評価については他の騒音と分離できなく,主にエンジン回転次数成分の分析によって評価する.通常エンジンの発生する回転次数成分は燃焼の整数時成分が主体となるが,ハーフ次成分も発生し問題となる場合が多い.図 2.62 はその実測例を示す.

したがって,車室内のエンジン音計測は,エンジンの各次数成分をオーダトラッキング分析し計測する.図 2.63 はその計測例を示す.また,エンジン回転度と周波数およびオーダトラッキング分析音圧レベルの関係を 3 次元で表現する方法として,音圧マップ分析例を図 2.64 に示す.

車室内でのエンジン音は音質を問題にする場合が多い.この場合はエンジンの燃焼ハーフ次数成分を含めた各次数総合した評価が必要になる.エンジン音質の評価法は各社で種々開発,報告されているが,音圧の時間波形変動を評価する方法が主体である.図 2.65

表 2.12 こもり音計測回転信号

発 生 源	回 転 信 号	主な発生次数
エンジン本体 吸気音 排気音	点火パルス or 噴射パルス	4cyl：2, 4 次 6cyl：3 次
クラッチ&トルコン		1 次
補機部品	上記より プーリ比補正	1 次
ギヤトレイン	アウトプット シャフトパルス ギヤ比補正	1 次
プロペラシャフトデフ	ペラシャフトパルス	1, 2 次
ドライブシャフト アクスルシャフト タイヤ	タイヤパルス	1, 3, 6 次 1 次 1, 2, 3 次

(注) マニュアルトランスミッションの場合は,すべてエンジンのパルス信号で分析が可能.

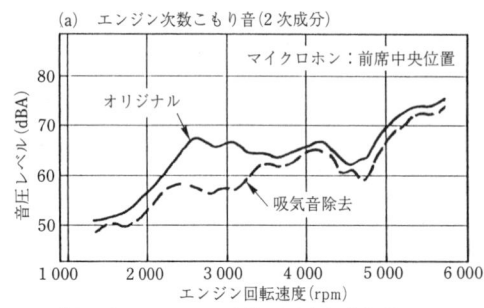

図 2.61 こもり音計測例

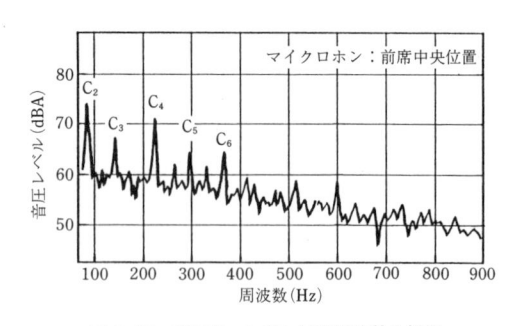

図 2.62 車室内エンジン騒音周波数分析例

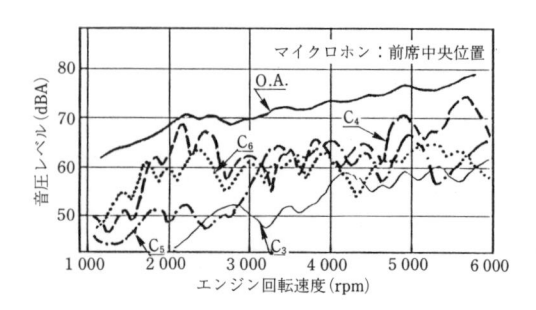

図 2.63 車室内エンジン騒音次数分析例

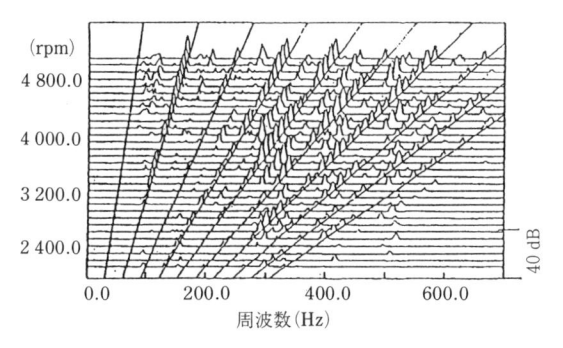

図 2.64　車室内エンジン音周波数マップ

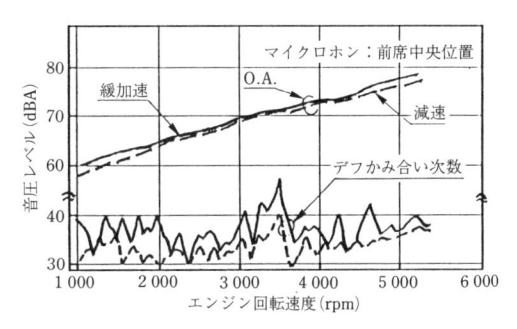

図 2.66　ギヤノイズ計測例

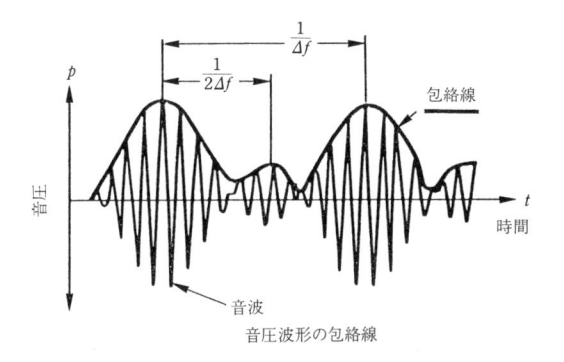

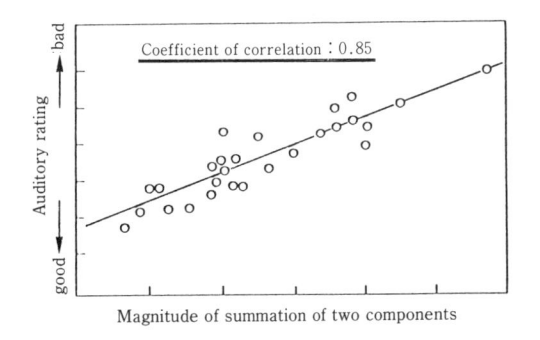

図 2.65　エンジン音質評価例[33]

はその一例を示したものであり[33]，エンジン音質の官能評価との相関が得られている．

d．ギヤノイズ

ギヤノイズも正弦波に近い騒音である．したがって，発生源の歯車のかみ合い次数に合わせたオーダトラッキング分析で計測する．ただし，ギヤノイズは通常 400 Hz～2 kHz の高い周波数であり，車室内の音場特性の影響を受けやすく，マイクロホンの設置位置は評価に合った位置を選ぶ必要がある．先に述べたバイノーラルの計測システムを使用するのも一方法である．

また，ギヤノイズは周波数が高いため目立ちやすい騒音であり，音圧レベルが低くても問題になる場合が多い．したがって計測器および録音装置の選定にはダイナミックレンジの広いものを選ぶ必要がある．図 2.66 はギヤノイズの計測例を示す．

e．ロードノイズ・タイヤノイズ

ロードノイズは荒れた路面で大きく発生する騒音であり，試験は路面を選定し条件を一定にする必要がある．また波形は表 2.10 に示したようにランダム音であり，O.A. 値および 1/3 オクターブ分析あるいは狭域帯周波数分析で解析する．図 2.67 はロードノイズ計測例を示し，(A) は O.A. 値，また (B) は周波数分析結果を示す．ロードノイズは車速との関連が深く，計測は車速一定の条件で計測する．また，エンジ

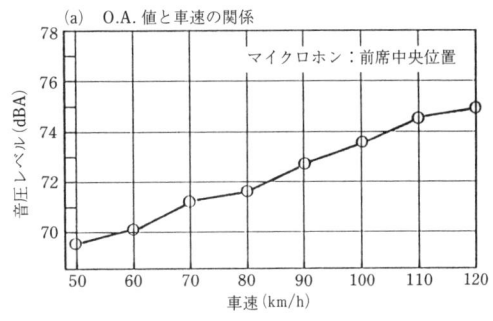

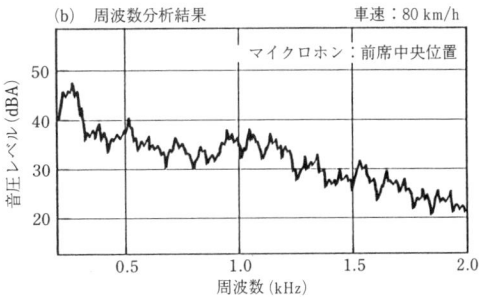

図 2.67　ロードノイズ計測例

ンあるいは駆動系などの他の騒音の影響をできるだけ少なくするため，クラッチを切った惰行時の計測を行うなどの配慮が必要である．タイヤノイズはスムーズな路面の走行時にタイヤのパターンに起因して発生する音である（パターンノイズと呼ぶ）．騒音計測はロードノイズと同じ方法で実施されるが，タイヤ駆動力の影響を受ける場合があり，負荷を発生する条件に合わせて実施する必要がある．

f．アイドル騒音（車内音）

車両が停止し，エンジンがアイドリングの状態で発生する騒音全般をアイドル騒音と呼ぶ．したがって，アイドル騒音にはエンジン音，こもり音，歯車・ベルトのかみ合い音，冷却・空調ファン音など種々の騒音が含まれ，それらの騒音計測は表2.10および表2.11に示される方法で実施する．

g．その他の騒音

以上に述べた騒音以外の車室内の騒音に異音・雑音がある．これらは，内装材のこすれ音，ビビリ音，サスペンションの異音，車体の異音などで，音の発生エネルギーが低くしかも発生が瞬間的であるため，騒音計測は発生部を特定し近接音のピーク値を計測（時間平均すると発生の差がなくなり評価ができなくなる場合がある）する，などそれぞれの現象に合わせた方法を実施する必要がある． [佐々木由夫]

2.7.2 車室外騒音

a．アイドル時の車室外騒音

アイドル時の車外音はエンジン騒音，冷却系騒音，吸排気系騒音，駆動系のガタ打ちによる騒音などから成る．これらの騒音が図2.68のように直接あるいは路面などで反射されて聞こえる騒音をアイドル時の車室外騒音と呼び，法規制で代表される加速走行時の車外音と区別する．

乗用車の場合，アイドル時の車室外騒音はエンジン騒音，冷却ファン騒音，吸気騒音などが主である．エンジン騒音はシリンダ内部の燃焼による衝撃音やピストンなどの往復運動の不釣り合いによる振動がエンジンの外壁を振動させ騒音となるもの，動弁系，ベルトのかみ合い，インジェクタ作動などの機械騒音との複合音である．

アイドル時の車室外騒音計測とその解析法の例を図2.69に示す．エンジンの直上での騒音と車体前方での騒音を2個のコンデンサマイクロホンでエンジン

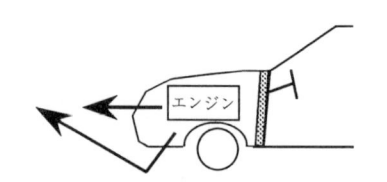

図2.68 車室外アイドル騒音

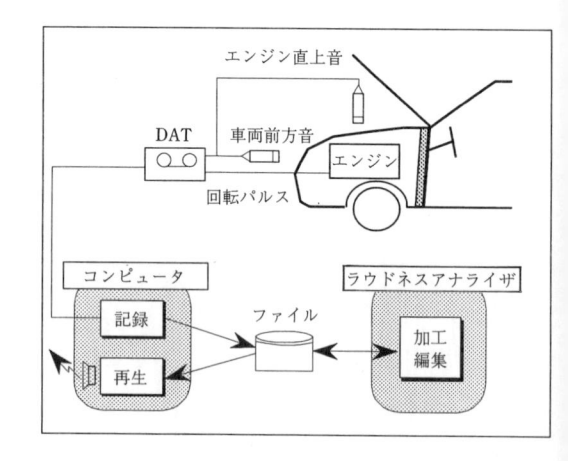

図2.69 アイドル時の車室外騒音計測例

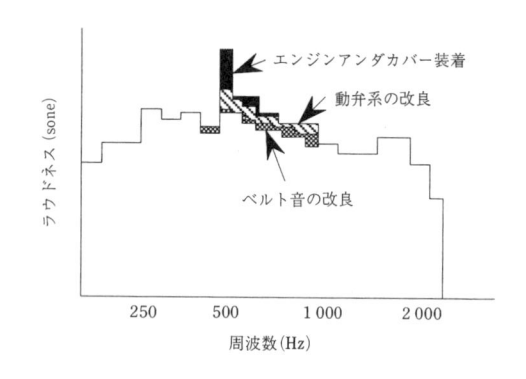

図2.70 ラウドネスによる騒音改良例

回転パルスと同時にDAT（Digital Audio Tape）に録音し，各々の騒音を次のように処理する．

初めに，コンピュータのデータファイルに録音した騒音を記録する．このファイルより，スピーカで再生し各車両の評価を行う．

一方，音質と密接に関係するラウドネスを算出し，ラウドネスの大きな周波数帯域を抽出する．ラウドネスの大きな周波数帯域の音源を探索すると同時に，その周波数域の具体的な低減量を原音と加工音を比較試聴しながら決め，改良目標値とし，音源の対策を行う（図2.70）． [丹羽史泰]

b．通過時の車室外騒音

車両通過時の車室外騒音の計測は，ほぼ半自由音場である試験場で各々の国の法規で定める試験法に従い，車両の発生する最大騒音値を計測し，規制値を満足することを確認することである．この車室外騒音試験法および規制値についてはここでは省略し，以下に騒音低減に結びつけるための騒音の音源寄与率の計測法と音源の探査法の例について述べる．

（i）寄与率計測法 車室外騒音の低減を進めるには，寄与率の大きい音源を求め，その音源の低減を進めることが重要である．音源は大まかに，①エンジン放射音，②冷却ファン騒音，③駆動系放射音，④吸気音および吸気放射音，⑤排気吐出音および排気系放射音，⑥タイヤ騒音，および，⑦その他，の7種に分類される．寄与率の計測法は，各音源を消音または吸遮音材による遮へいをしたときのその前後の騒音レベル差から各々の音源レベルを求め，全体音に対するエネルギー比で求める．また，タイヤ音は惰行試験で求める場合が主であるが，近年は加速時のトルクで騒音が増大することがわかっており，トルクを負荷してタイヤ騒音を求める場合もある．

寄与率は車種や走行状況で大きく変化する．その一例として加速走行騒音の寄与率を図2.71に示す[34]．

（ii）音源探査法 車室外騒音の主音源部位を遮へいなどの寄与率で求めるのでなく，音源探査法で直接求める方法があり，とくに遮へいなどで対応しにくい一音源の放射部位を求めるのに有効である．代表的な2方法について以下に示す．

まず第一に音響インテンシティ計測法があげられる．求めたい条件で定常状態に維持して，インテンシ

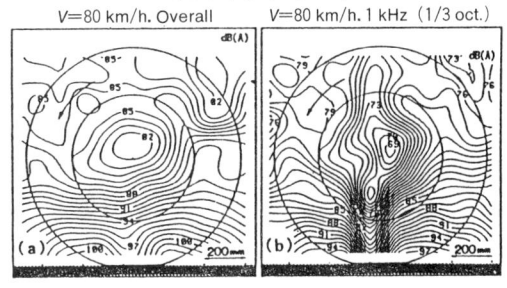

図2.72 音響インテンシティ利用例[35]

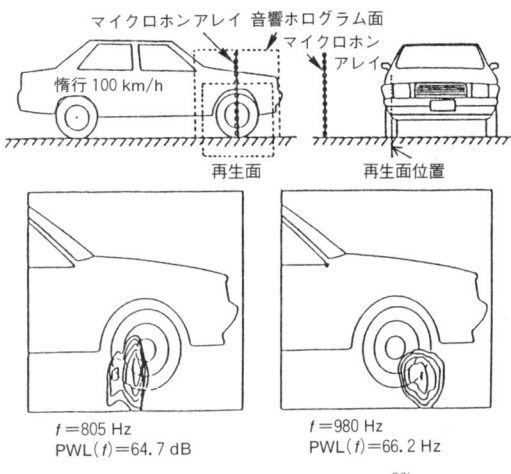

図2.73 音響ホログラフィ利用例[36]

ティプローグを用いて，問題とする周波数ごとの音源を探査する方法である．計測法の詳細は2.2.4項に述べている．本方法をタイヤ騒音に適応した例を図2.72に示す[35]．

もう1つの方法として，音響ホログラフィ計測法がある．とくに，車室外騒音に適した方法として移動状態で音源探査が可能な方法が開発・紹介されている．同様にタイヤ騒音に適応した例を図2.73に示す[36]．

［岡部紳一郎］

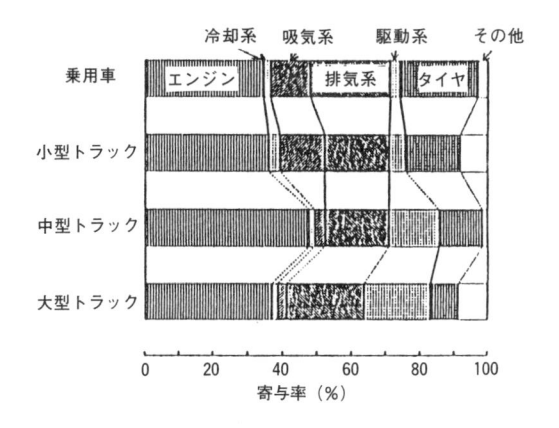

図2.71 加速走行騒音の寄与率[34]

参考文献

1) 自動車技術会：自動車技術ハンドブック3 試験・評価編 (1991)
2) D. W. Robinson, et al.：Threshold Hearing and Equal Loudness Relation for Pure Tones and Loudness Function, J. Acoust Soc. Vol. 29 (1957)
3) 脇田：聴覚モデルに基づいた自動車の音色可視化，自動車技術，Vol.47, No.6 (1993)
4) 永田ほか：ドアの高品質化に関する一考察，自動車技術，

Vol.44, No.4 (1990)
5) 明石ほか：レーザホログラフイの振動計測への応用，機械学会，Vol.83, No.738 (1980)
6) Y. Oka, et al.：Transient Vibration Analysis during the Door Closing by Using the Laser Holography Method, The 6th IPC (1991)
7) 長松：モード解析，培風館 (1985)
8) ISO 2631
9) ISO Recommendation R507-1970 Procedure for describing aircraft noise around airport
10) 武井ほか：人間動特性を考慮した車両乗り心地評価，自動車学術講演会前刷集，No.931 (1993. 5)
11) 村田ほか：定常走行時車内音の音質評価について，自動車学術講演会前刷集，No.942 (1994. 5)
12) H. Vold and R. William：Multi Phase Step Sine Method for Experimental Modal Analysis, Sound & Vibration (1987. 6)
13) J. Leuridan, G. Koop and H. Vold：High Resolution Oder Tracking Using Kalman Tracking Filters, SAE Traverse City (1995)
14) J. Leuridan and H. Vold：High Resolution Oder Tracking at Extreme Slew Rates, Using Kalman Tracking Filters, SAE Paper, No.931288 (1993)
15) 佐々木ほか：加速時のエンジン異音低減に関する研究，三菱重工技報，Vol.18, No.1 (1981. 1)
16) 青木ほか：加速時車内騒音の音色に及ぼすパワープラント振動の影響解析，日産技報 (1986)
17) 宮城ほか：駆動系振動騒音の台上評価法，自動車技術，Vol. 41, No.13 (1987)
18) 平坂ほか：デフギヤノイズのシミュレーション手法の開発，自動車技術，Vol.45, No.12 (1991)
19) 星野ほか：ファイナルドライブギヤノイズ解析，自動車技術，Vol.47, No.6 (1993)
20) 近藤ほか：トラックの駆動系ねじり振動に起因する諸現象について，自動車技術，Vol.39, No.12 (1985)
21) 嶋田ほか：手動変速機歯打ち音改善への新アプローチ，自動車技術，Vol.48, No.6 (1994)
22) 西脇ほか：日本機械学会論文集，Vol.45, No.398 (1979)
23) 北田ほか：エンジン性能シミュレータの開発，三菱自動車テクニカルレビュー，Vol.7 (1995)
24) 石田ほか：自動車技術会講演会，No.9432886 (1994)
25) 鎌田ほか：ロードノイズ研究の動向，自動車技術，Vol.49, No.1 (1995)
26) Y. Kamata, et al.：Experimental Analysis of Road Noise, FISTA '94, 945130 (1994)
27) 市場ほか：ディスクブレーキ鳴きの実験的研究，日本機械学会講演会前刷集，No.920-78, (1992.9)
28) 御室ほか：レーザ変位計を用いた路面形状計測システム，自動車技術，Vol.43, No.11 (1989)
29) 西山：人体を含む車両運動シミュレーションシステム，
30) 西山ほか：着座姿勢が人体各部の振動特性に及ぼす影響，日本機械学会第3回交通物流部門大会講演論文集 (1994. 12)
31) K. Hiramatsu, et al.：The First Step on Motion System Realization in the JARI Driving Simulator, Proceedings of International Symposium on Advanced Vehicle Control (1944)
32) 岡部ほか：エンジン過渡出力特性と FF 車の加減速ショック，三菱自動車テクニカルレビュー No.2 (1992)
33) 柘植ほか：加速時車内音の音色に関する一考察，自動車技術，Vol.39, No.12 (1995)
34) 野場：自動車騒音低減の技術と現状，日本機械学会東海支部・関西支部合同企画第 27 回座談会資料 (1994)
35) 押野ほか：音響インテンシティ法によるタイヤ騒音の音源探査，日本音響学会講演論文集 (1990. 2)
36) 田中ほか：最近の車両環境騒音解析改善，自動車技術会・振動騒音シンポジウム前刷集 (1993)

3

操縦性・安定性

　自動車の操縦性・安定性というと，良路を高速で走っているときとか摩擦係数の低い路面でスリップしているときの車両挙動を扱うというイメージが強い．ここでは若干テリトリーを広げて，操縦性・安定性に深く関わる車両のマス特性，タイヤ特性，サスペンション・ステアリング系の特性などにも触れる．計測解析技術上，興味深い事柄を中心に扱うため，重要な試験法であっても触れていない場合があることをお断りしておく．

3.1　要素特性

3.1.1　車両マス特性

　車両全体あるいはバネ上の重量，車輪ごとの分担重量（水平面内の重心位置），重心高，慣性モーメントのことをいう．これらは操縦性・安定性の各性能を分析していくときに必要となる基本特性である．重心高と慣性モーメントの計測を精度よく行うにはかなりの工夫を要する．車両メーカーが自ら設計した車両については，設計情報から車両全体のマス特性を予測することが可能であるが，精度保証された予測システムの報告はない．

　図3.1はISO[3]などに見られる通常の重心高測定方法である．静置平衡状態の車両を車軸回転を除いて1つの剛体とみなし，1軸を持ち上げたときの軸荷重の移動量から地面基準の重心高を得る．計測精度を上げるためには傾け量を十分にとることと，サスペンションがストロークしないように処置しておく必要がある．また，荷重移動によるタイヤのたわみや，燃料・オイルなど移動しやすい車両搭載物に対する配慮も必要である．

　慣性モーメントの計測は，車両を何らかの方法で加振したときの固有振動数から求める．ばね共振法，重力振り子法，強制加振法がある．試験装置の開発や多数の市販車両の計測結果の傾向分析などが古くから行われている[4,5]．図3.2はばね共振法による3軸回りの慣性モーメントを計測できるシステムの例で，重心高も計測できる[6]．計測誤差は慣性モーメントで±50 kg m^2，重心高は±5 mm以下を達成している．

3.1.2　サスペンション・ステアリング系の特性[7]

　操縦性・安定性は取り扱う周波数が低く，サスペンション・ステアリング系の静的な特性がカバーする範囲が広いため，ここでは静特性のみを扱う．減衰力特性なども重要であるが，これら動的な特性は第2章を参照されたい．

　サスペンションジオメトリ変化特性は，ホイールセンタの6自由度のうち，大変位する上下方向を独立変数として定義する場合，これをアライメント変化特性と呼ぶ．操舵輪においてはステアを独立変数としたジオメトリ変化も重要であるが，この動きは車両側のステアリング機能を通じて実現されるため，試験装置本体としては車体を地面に固定し，各輪を上下に動かす機構を備えればよい．左右独立懸架といわれるサスペンションであってもスタビライザなどにより左右輪が上下ストロークに関し若干は連成することから，反対輪をどのようなストローク状態にするかも考える必要がある．

$$Z_{\text{CG}} = \frac{l(m'_f - m_f)}{(m_f + m_r)\tan\theta} + r \tag{3.1}$$

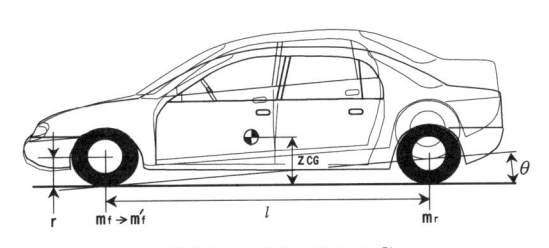

図3.1　重心高の測定方法[3]

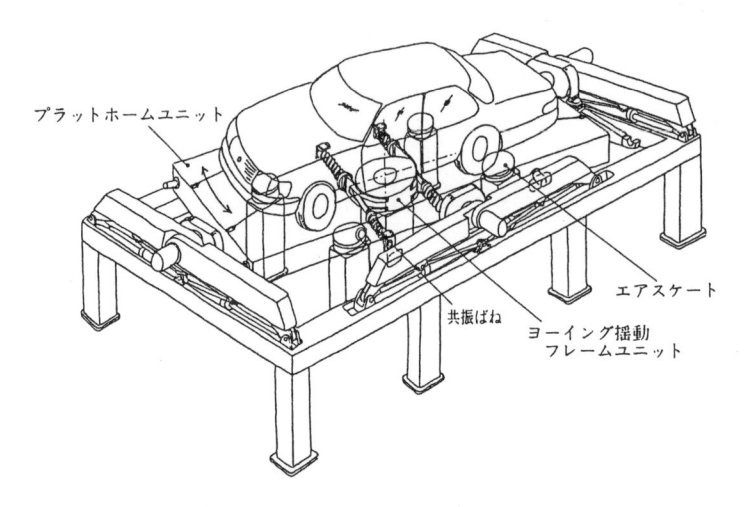

図 3.2 慣性モーメント計測装置(ヨー慣性モーメント計測状態)[6]

試験装置としては，左右輪に独立の上下変位発生機構を備える方式と傾斜台方式（図 3.3）がある．傾斜台方式は，旋回走行時のサスペンションの動きであるロールモーションを与えることを重視している．

サスペンションの各方向への入力に対するホイールセンタの微小な変位から，サスペンションコンプライアンスあるいは剛性が計測される．タイヤ接地面においては上下，前後，左右の力と上下軸回りのモーメントを与えることができる．この前後，左右力はホイールセンタで考えると左右軸回り，前後軸回りのモーメントを伴う．タイヤの代わりに接地面が直接，ホイールセンタを点拘束するような固定具を用いると，ホイールセンタ位置での純粋な前後力，横力を与えることができる．

図 3.4 は，最も代表的な計測項目であるトー変化カーブである．独立変数はストロークであるが，実際のサスペンション構造との対応がつきやすいため，縦軸にストロークをとるのが一般的である．

図 3.5 はハンドル角に対する実舵の動きを計測した結果である．操舵系リンク機構の配置によって調整されたアッカーマンジオメトリやオーバオールステア

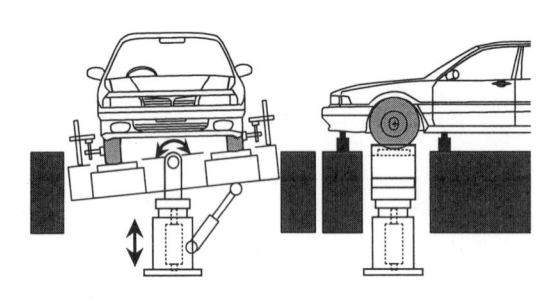

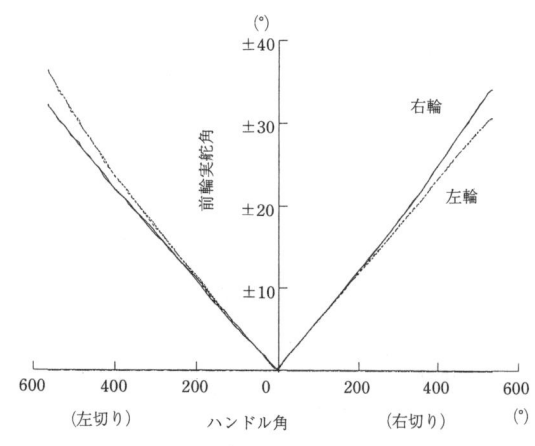

図 3.3 傾斜台方式サスペンション特性試験装置

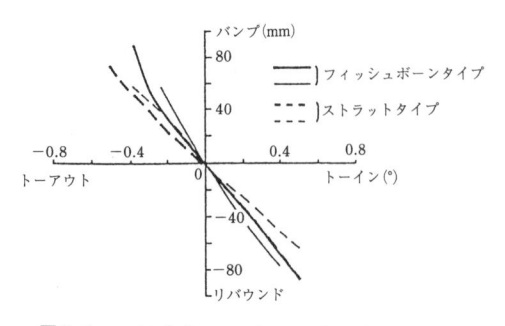

図 3.4 フロントサスペンションのトー変化の計測例

図 3.5 ハンドル角に対する実舵角の計測例

リング比を見ることができる．操舵トルクや接地面からのアライニングトルクを与えることでセルフアライニングトルクコンプライアンスステアやステアリング系の効率なども測ることができる．

以上の計測において，パワーステアリングシステムは想定する走行状態に対応したレベルで作動させておく．その他のシャシ制御システムも必要に応じて作動させる．

3.1.3 タイヤ特性

従来のローラ式タイヤ試験装置に代わり，タイヤの接地面が実走行時と同じように平面になるフラットベルト式タイヤ試験装置が主力となってきている（図3.6）[9]．フラットベルト試験装置の構造はスチールの薄い帯板をループ状に溶接し，2つのローラの間に張り渡したもので，通常，ローラ側から駆動する．スチールベルトの表面は素材のままか，細かな鉱物粒子を粘着シートに塗ってサンドペーパ状にしたもの（階段の滑り止めなどに使われる）を貼って特性の安定化を図る．摩擦係数はドライの舗装路面とほぼ同等である．タイヤが発生する6分力はスピンドル軸上で計測される．この6分力は通常，車体軸に相当する試験装置の基準軸に変換して表示する．動的なスリップ角に対する発生力の計測の場合は，車輪の回転と操舵が引き起こすジャイロモーメントを除外する工夫が必要である．タイヤ側から駆動・制動力を与えればスリップ率に対する駆動・制動力特性（μ-スリップカーブと呼ばれる）や，駆動・制動力に対するコーナリング特性（摩擦円と呼ばれる楕円形のカーブ）を計測できる．

内筒ローラ式試験装置で，ローラ表面に氷や圧雪を生成し，雪氷路でのタイヤ特性を計測する研究も行われている[10,11]．専用計測車上から計測対象のタイヤを接地させ実路上でタイヤ特性を計測する方法（図3.7）も古くから行われているが[12]，あまり一般的ではない．専用の計測車を用いず，走行に使用している1輪のタイヤ特性を計測するという試みもある．これはホイールダイナモメータでタイヤの6分力を，また1輪当たり3個のレーザ変位計で動的なアライメントを時々刻々計測し（図3.8）[14]，そのデータ処理結果としてタイヤ特性を得るもので，運動性能シミュレーション計算の裏付けなどに有用である[13,14]．

供試するタイヤはサイズ銘柄だけでなく，出荷先なども確認しておかないと，コンパウンドの組成が変わっている場合があるので注意を要する．特別な理由が

図3.7 実路上タイヤ試験車[12]

図3.8 ホイール6分力と動的アライメントの計測[14]

図3.6 フラットベルト式タイヤ試験装置[9]

なければ，製造後1年以内の摩耗が進んでいないタイヤを用いる．新品のタイヤは離型材がトレッド表面についているので，最低でも一皮むくぐらいの慣らし走行は必要である．標準的なタイヤ特性計測では，タイヤが転動中でも空気圧を所定値に制御する．冷態時に所定値に合わせ，ウォームアップして行う走行試験とは異なっている．

3.1.4 路面摩擦

摩擦特性の計測には表面物性としての汎用的な計測手法もあるが，タイヤと路面の複雑な関係を広い路面の全体にわたって把握するために，実際にタイヤをスリップさせることが一般的である．すなわち，ある基準タイヤを専用車両やトレーラにセットしてスリップを与え，そのときのスリップ量，ブレーキ力および輪荷重を計測して摩擦係数を求める．車速は65 km/h一定．スリップ角を与えるよりも，タイヤ回転の縦方向のスリップ率を与える場合が多い．その中にも，車輪回転をロックさせるスリップ率100%のロックμ，一定のスリップ率（14%）のコンスタントスリップμなどがあるが，スリップ率は不定でピーク制動力を求めるピークμが主流である[2]．

3.2 走行試験の色々

操縦性・安定性の走行試験を入力から分類すると，
① ハンドル角入力（定常，過渡）
② 操舵力入力（手放し）
③ クローズドループ
④ 外乱入力（人工外乱，自然外乱）
⑤ 上記の組合せや駆動制動との組合せ

クローズドループとは，定められた走行コースをドライバーが運転することによって試験が進められるもので，得られる性能は車両と人間の両方の特性が入ってくる．車両特性が異なってもドライバーがそれを補償して，クローズドループとしては同じような特性になったり，ドライバーが異なると全く違う結果になったりするため，解析は慎重に行う必要がある．

計測，評価項目で分類すると，
① 走行軌跡
② 車両応答
③ 官能評価
④ ドライバー反応

操縦性・安定性に関わる諸特性は，基本的な所でも互いにカップリングしているものがある．官能評価はたとえ訓練されたドライバーでも総合評価になりがちで，分析的に用いるのはむずかしい．

走行場所で分類すると，
① 平坦な広いエリア
② 規定された走行コース
③ 特殊な路面上
④ 室内試験装置上

室内試験装置上の場合については3.8節で述べる．

3.3 走行試験の計測

3.3.1 標準的な試験条件

ISOやJASOなどに見られる標準的な走行試験条件を述べる．テストコースは乾燥した平坦なアスファルトまたはコンクリート舗装路．傾斜は2.5%以内．風は5 m/s以内．試験車両とその装備品は車両メーカーの仕様どおりとし，タイヤは製造後1年以内でトレッドの溝深さが90%以上あるものを試験前に直進走行ベースでウォームアップする．操縦性・安定性としては不利な最大積載状態（積車）で行うのが一般的である．ドライバーが一人で運転するチャンスが非常に多いことと，官能評価が多くの場合1名乗車で行われることを考えると，1名プラス計測器での試験も必要である．二輪車ではもちろんのこと，乗用車でも車載計測器の小型化軽量化が強く求められている．

車載計測器の小型化軽量化の1つの回答がテレメータを用いて計測結果を基地に飛ばすシステムである[15,16]．基地のシステムや要員によってはリアルタイム処理というメリットも出てくる．

多くの場合，センサはアナログ出力をもち，これをアナログディジタルコンバータを通してディジタル記録する．操縦性・安定性で問題とする車両挙動の周波数はせいぜい5 Hzぐらいであるので，8 Hz以上のバンド幅をもったセンサを用いればよい．アナログ処理の場合はローパスフィルタとして，8 Hzのカットオフ周波数で4次以上のバターワースフィルタを用いる．ディジタイズする場合はアンチエリアシングフィルタをかけた後，十分なサンプリング周波数で取り込み，ディジタルフィルタをかけることが推奨されている．いずれの場合もセンサ間の位相差が発生しないよう，余分なフィルタ要素が入らないようにする．

3.3.2 走行軌跡の計測

現実の走行環境ではレーンに沿った走行（レーンキーピングあるいはコーストレース）が求められるのが普通であり，車両軌跡が重要である．しかしながら，軌跡で評価される性能は人間-自動車系のクローズドループの中の人間による部分が大きいため，操縦性・安定性試験の中では応用編といった位置づけになりがちである．とは言え，昨今の自動走行技術の進展により，自動車のみのレーンキーピング性能を評価せねばならない時代が目の前に近づいている．

車両軌跡の計測は地上計測と車上計測の2つに分かれる．車両の通過場所が限定されている場合は地上計測が適用できる．地上計測にはレーザ光や電波を用いる方法，車両に取り付けたマーカを画像処理する方法など，種々あるが[17,18]，広い場所を相手にするために精度が悪かったり，機器の設置に手間がかかったりする欠点がある．また水をたらす残跡法は人手がかかり，水の乾く速さが計測の進捗に影響する．各計測ポイントに粘着テープを貼り，その上に油粘土を薄く伸ばしてタイヤの踏み跡を測る方法は，サンプリングポイントを最初から限定し，精度を上げた有効な方法である[27]．

車上計測は車載の計器で前後速度 v_X，横速度 v_Y，ヨー角速度 $\dot{\phi}$ を計測し，下記の計算処理により軌跡 $(X_E(t), Y_E(t))$ を算出するのが一般的である．

$$\phi = \int \dot{\phi}\, dt \tag{3.2}$$

$$X_E = \int (v_X \cos\phi - v_Y \sin\phi)\, dt \tag{3.3}$$

$$Y_E = \int (v_X \sin\phi + v_Y \cos\phi)\, dt \tag{3.4}$$

前後速度 v_X は光学式（空間フィルタ式）速度計（図3.9）[19]を用いる場合が多いが，基準区間走行の時間計測から求める場合もある．横速度 v_Y は光学式速度計を用いる場合と，横加速度 a_y とヨー角速度から次式で求める場合とがある．

$$v_Y = \int (a_y - v_X \dot{\phi})\, dt \tag{3.5}$$

光学式速度計は，路面の細かな模様が車両の速度によって流れていく様子を櫛形のスリットを通して光電変換し，その周波数から速度を検出する．冠水状態でなければおよそどの路面でも検出できる．横速度を前後速度で割ることで車両重心点の横すべり角 β を得

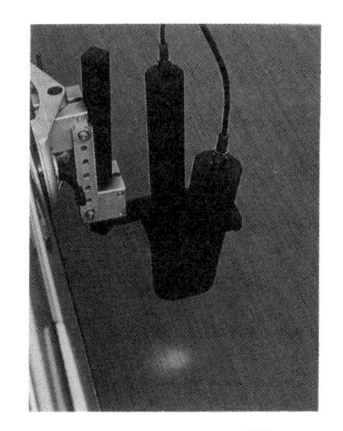

図3.9 光学式速度計[19]

る．β は2つの速度計出力から後処理で求めることもできるし，リアルタイムの車載処理システムも市販されている．

$$\beta = \arctan(v_Y / v_X) \tag{3.6}$$

加速度は定常レベルから計測する必要があるため，ひずみゲージ式を用いる．角速度計は安価な振動ジャイロが十分実用的に使えるレベルであるが，とくに精度やドリフトが問題になる車両の微小偏向を計測する場合などは光ファイバジャイロ[20]の利用が有効である．

3.3.3 車両応答の計測

前項の車上計測の内容がそのまま本項に当てはまる．得られた速度，角速度，加速度から軌跡処理をする場合もあるが，積分された結果は差が出にくいため，それらの車両応答を直接用いることが多い．

ここでセンサの車体への取付けについて触れておく．通常，車両応答や軌跡は，車両重心位置で行う．このためには光学式前後速度計は重心を含む車体 x-z 面内，光学式横速度計は重心を含む車体 y-z 面内に取り付ければよい．それが不可能な場合にはヨー角速度に各面からのオフセット距離を乗じた速度成分を補正する．また光学式速度計の特性として，地面との距離が所定の範囲を超えて変動すると補正が必要になる．

角速度は，バネ上全体を1つの剛体とみなせるので，計測の軸方向さえ合わせれば車体のどこに取り付けてもよい．センサ単独では軸の向きを調整しにくいので，あらかじめ基板のようなものに固定しておく．

重心位置加速度は重心位置にセンサを取り付けるの

が基本である．これが不可能な場合は重心を通る直線上の2点に同じ向きに取り付けた加速度計の出力から内挿する．また，車体のロール，ピッチによって計測軸が傾くと，重力加速度の傾き角正弦成分が入った横向き加速度や前向き加速度が計測される．横加速度の定義はこの傾きがないプラットフォーム上の加速度計で計ることになっている．実際には同時計測したロール角で横向き加速度を補正する場合が多いが，この手間が省けるいわゆるストラップダウン式の角速度計，加速度計，演算装置の集合体も市販されている．

車体姿勢角（ロール角，ピッチ角）の計測は上記の車体に取り付けられた角速度センサの積分によって得るのが普通である．車体四隅から地面に向けたレーザもしくは超音波の非接触変位計により，対地の上下変位成分（バウンシング）も含め測る方法もある．

3.3.4 ハンドル角・力の計測

ほとんどすべての操縦性・安定性試験においてハンドル角の計測が必要である．ハンドル角はステアリングホイールやコラムシャフト部にエンコーダや回転ポテンショメータを取り付ける．操舵（保舵）トルクはその伝達経路に高感度のひずみゲージを貼って計測する．ハンドル角力計として専用に製作したものをベース車両のステアリングホイールの代わりに取り付けることが多い．

ベース車両のステアリングホイールと重量，慣性モーメントが大きく異なると，ドライバーの官能評価や手放し走行時の方向安定性が大きく変化する．したがって，これらを考慮して車両ごとに計測用ハンドルを専用設計するのが理想である．ハンドルの総回転数（ロックツーロック）は乗用車でも3ぐらいはあり，ハンドル角計測レンジはそれをカバーする必要がある．反面，直進性試験のように数度といった微小なレンジの中を精度良く計測する必要もある．角速度は500°/s以上に達する．また人間が発揮する操舵トルクは100 N·m程度に達し，ひずみ計測部のトルク容量とトルク感度もシビアな関係にある．このように，優れたハンドル角力計の実現は容易ではない[21]．

3.4 直進安定性試験

直進安定性という言葉はさまざまな意味で使われている．外部外乱が何もなくても車両内部の要因によって偏向あるいは振動的[22]になる特性，路面外乱や横風外乱などの外部外乱に対する感受性，加減速時のハンドルとられや制動安定性，直進近傍の操舵応答性（On-Center Handling），以上の4つの分野がある．

3.4.1 偏向性試験

路面カント，サスペンションのアライメントの狂い，タイヤの残留横力（スリップ角とキャンバがゼロでもプライステアなどによって発生する横力）や残留アライニングトルクなどの微妙な原因[23]で直線走行中の車両が横に流れていく量を計測する．何十mを走ってcmオーダの，しかもばらつきの大きい現象が相手であるため，横ずれ量の計測精度は十分に上げてデータ数を多く取る必要がある．3.3.2項で触れたように光ファイバジャイロを用いた車上計測が有用である．

3.4.2 路面外乱安定性試験

わだちのような特徴的な路面についてはタイヤを通してどのような力が車両に作用するか，ミクロな解析が必要である．一般的な路面外乱はランダム入力として，クローズドループで走行中の車両に発生するヨー角速度や修正操舵などの頻度，時間平均，パワースペクトルを評価する．

ここでは，よりドライバーの官能評価に近いといわ

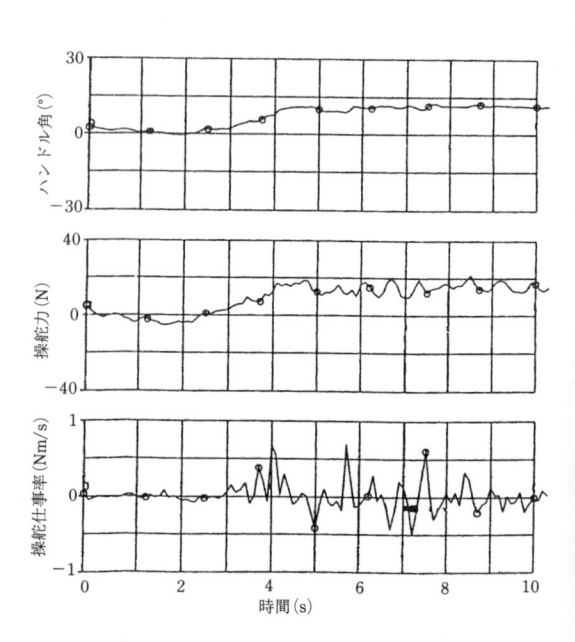

図3.10 高速道路走行中の操舵仕事率[24]

3.4 直進安定性試験

れる，負の操舵仕事[24]について述べる．ステアリングホイール半径 r，ハンドル角を δ_H，操舵力を F，操舵仕事量を W とすると，操舵仕事率 dW/dt は，

$$\frac{dW}{dt} = r \cdot \frac{d\delta_H}{dt} \cdot F \quad (3.7)$$

路面外乱がある場合，ドライバーが操舵をしないのに操舵力が発生する．さらにハンドル角速度と操舵力の正負が逆転している（操舵仕事率が負）状態も起きる．図3.10は高速道路走行中のデータ例である[24]．下段が操舵仕事率変化で，その負の領域の面積の合計を路面外乱安定性の指標とする．これが大きいほど路面外乱安定性が悪い．

3.4.3 横風安定性試験（横ずれ量計測）

横風受風時の安定性試験には，横風送風装置（図3.11）[12] あるいは自然風を用いたもの，オープンループあるいはクローズドループのものがある．横風送風装置を用いたオープンループ試験に関し，早くからJASO[25]が整備され（1976年制定），車両応答のピーク値とともに車両の横ずれ量が重要な評価項目となっている．横ずれ量の計測は，3.3節で述べたように地上計測と車上計測がある．車両の走行軌跡そのものを求めることが最終目的であるならば，地上計測の結果が真であるといえるが，本来必要とされているものは，横風に起因する横ずれ量である．車両が横風帯に進入するときにコース基準線に対し角度をもつ場合等々，横風に無関係な横ずれは必ず存在し，トータルの横ずれ量のばらつきはきわめて大きいのが普通である[26]．横風に起因する分のみを求めようとすると，横風がない場合の走行軌跡モデルを仮定することになり，ここで地上計測の絶対性はなくなる．以下ではJASOに従って，横風がない場合の走行軌跡モデルを

図3.11 横風送風装置[12]

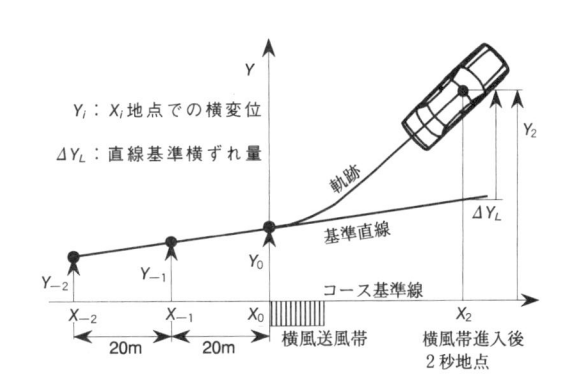

図3.12 直線基準の横ずれ量[27]

直線に仮定した場合について解説する．

試験車両は一定速でコース基準線に沿ってハンドルを固定した状態で試験路に進入する（図3.12）[27]．横風送風帯の40m手前 X_{-2}，20m手前 X_{-1}，送風帯進入地点 X_0，および進入後2秒 X_2 の計4地点で残跡から車両横変位 Y_{-2}，Y_{-1}，Y_0，Y_2 を記録する．車両が理想的に直進進入すれば Y_{-2}，Y_{-1}，Y_0 はすべてゼロとなり，Y_2 のみで評価できるが，訓練されたドライバーによる試験の場合でも，Y_{-2}，Y_{-1}，Y_0 を無視しうるデータはまれである．この3点を直線回帰し，これを横風を受けなかった場合の走行軌跡と仮定して，横風による分の横ずれ量 ΔY_L を算出する．進入前の3点の直線回帰は次式により行われ，直線の勾配 N と定数項 M が決定される．

$$N = \{3(X_{-2} \cdot Y_{-2} + X_{-1} \cdot Y_{-1} + X_0 \cdot Y_0) \\ - (X_{-2} + X_{-1} + X_0)(Y_{-2} + Y_{-1} + Y_0)\} \\ /\{3(X_{-2}^2 + X_{-1}^2 + X_0^2) \\ - (X_{-2} + X_{-1} + X_0)^2\} \quad (3.8)$$

$$M = \{(Y_{-2} + Y_{-1} + Y_0) \\ - N \cdot (X_{-2} + X_{-1} + X_0)\}/3 \quad (3.9)$$

自然風や路面からの外乱が無視できるとき，ハンドル固定が確実であれば軌跡は円弧になるはずである．このことから，横風帯進入前の軌跡を円弧と仮定し，その円弧に対して横ずれ量を算出した方がデータのばらつきが減るという指摘がある[27]．円弧は (X_{-2}, Y_{-2})，(X_{-1}, Y_{-1})，(X_0, Y_0) の3点によって唯一に定まるものを用いる．狭い間隔の計測値で大きな半径を推定するため，地上計測の精度が重要である．

これらに対し，計測効率で優れている車上計測が，円弧モデルによる補正を含んだ都合の良いやり方でも

あることを示す（図3.13）[27]．まず，横ずれ量計算開始点は送風帯進入地点とする．すなわち，横変位 Y とヨー角 ϕ の初期値を X_0 でゼロとする．次に X_{-2} から X_0 までの区間の横速度 v とヨー角速度 $\dot{\phi}$ の平均値（図3.13の $\dot{\phi}_0$）をゼロレベルとする．これにより，車両が一定の旋回運動をしていたとしても，その影響を除くことができ，また直進で v，$\dot{\phi}$ の計器を調節してゼロとする必要もなくなる．

3.4.4 横風安定性試験（伝達特性計測）

横風入力に対する車両応答の伝達特性で横風安定性を評価する試みも行われている．超音波風速計を車載し，次式で定義される横風圧力 P_{sw} を求めて入力とする．

$$P_{sw} = \theta \cdot w^2 \quad (3.10)$$

ただし，θ：合成風速と車両前後方向のなす角（rad），w：横風の風速（m/s）である．

図3.14は横風の影響を受けやすいワンボックス車について，横風圧力に対する横加速度の伝達関数を計測した結果である[28]．横風送風装置によるきわめて短時間のデータから精度のよい伝達関数を得るためにAR（Auto-Regressive；自己回帰）法を用いている[28]．

自然風下においても同様の計測が行われており，超高速域の比較的小さな横風に対するふらつき感は，ロール角速度との相関が高いという結論が得られている[29]．

3.4.5 制動安定性試験

制動中の路面に摩擦係数の異なる部分があったり，制動の効きが左右で異なるなど，大きな制動力がかかっているとき，そのバランスの狂いが車両の不安定挙動を招く．

摩擦係数が小さい場合の制動では車輪ロックが起きやすい．ロックしたタイヤは横力を出せないため，車両は不安定挙動を起こしたり，操舵が効かなくなったりする．近年普及が進んでいるABS（Anti-lock Brake System）はこのようなとき効果があり，その効きを見るために，低 μ 路あるいは左右輪が異なる μ

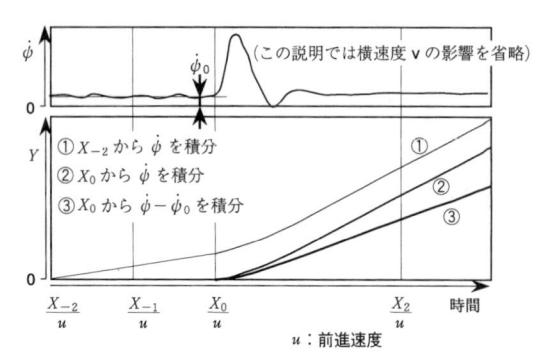

図3.13 車上計測による横ずれ量算出方法[27]

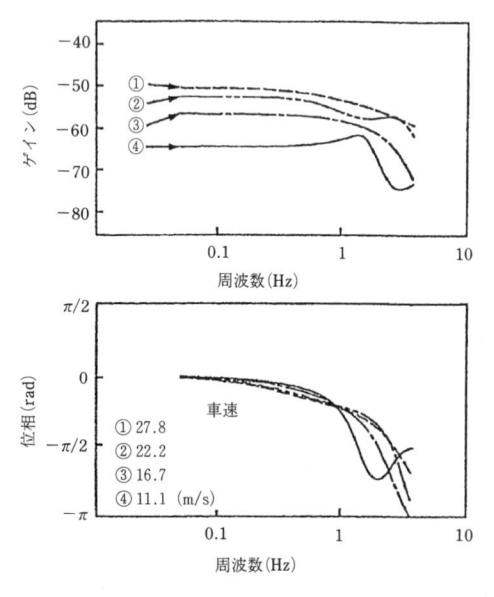

図3.14 横風に対する横加速度伝達特性[28]

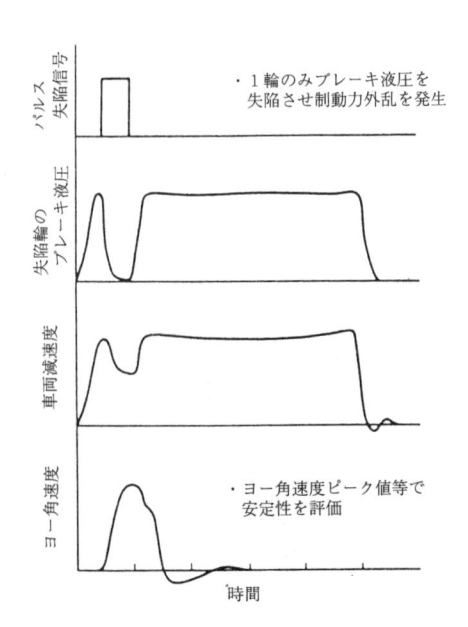

図3.15 パルス失陥法による制動安定性評価方法[31]

の路面を走るように作られたμスプリット路で制動試験が行われる．評価はヨー角速度やヨー角加速度の大きさなどである．

サスペンション・ステアリング系の特性など，さらに詳細な制動安定性への寄与を見るには，制動中に人工的な外乱を与える．制動外乱を再現性良く与える方法として，パルス失陥法がある[30,31]．予め車両の一輪のブレーキ液圧をパルス的に下げるシステムを付けておき，制動中にそのパルスを与え，ヨー角速度などを計測する（図3.15）[31]．

3.4.6 直進近傍の操舵応答性試験

ドライバーがハンドルを通して感じる操舵感は主観性の強いもので，あるときは操舵力の微妙な特性であり，あるときは車両応答特性であったりする．車速など走行条件が異なればその内容も大きく変化し，解析がむずかしい分野である．

比較的検討が進んでいるのは100 km/h程度の高速直進時の"On-Center Handling"と呼ばれる操舵応答性試験である．横加速度のピークが0.2 g，周期が5 s程度の正弦波ハンドル角入力で試験する場合が多く，これをウィーブテストと呼ぶ．ハンドル角，操舵力，横加速度などの計測結果から種々の組合せのリサージュ波形を描く．ここからハンドル戻り（操舵力＝0での横加速度），ステアリングの剛性感（ハンドル角＝0での操舵力勾配）といった各種の代表値を読み取る[32〜34]．

3.5 円旋回試験

3.5.1 定常円旋回試験

操縦性・安定性の最も重要な特性であるアンダーステア・オーバステア（US・OS）特性と，旋回限界性能を計測する最も基本的な操縦性・安定性試験である．完全円がとれるテストエリアがある場合は円周に沿いながら極低速から旋回限界まで，十分に小さな加速度で走りきる．このときの求心加速度a_cに対するハンドル角δ_H，重心横すべり角β，ロール角ϕなどを計測し作画する．極低速走行時のハンドル角δ_{H_0}でδ_Hを割ったハンドル角比の勾配がUS・OS特性の指標であるスタビリティファクタに対応する（図3.16）．完全円のコースがとれない場合は，1/3円以上の扇形コースに種々の車速で進入して同等の結果を得る．詳

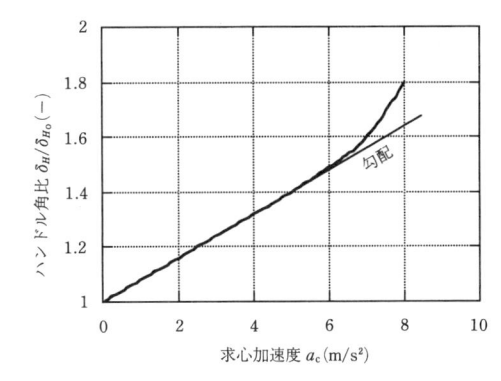

$$\delta_H/\delta_{H_0}=1+KV^2=1+KRa_c \quad (3.11)$$
K：スタビリティファクタ(s^2/m^2)
図3.16 求心加速度に対するハンドル角比

細試験法はJIS[35]を参照のこと．

ISO[36]では旋回半径Rを最小30 mとし，50 m，100 mと大きいことが望ましいとされている．国内では広いテストエリアは限られているため，30 mRがよく用いられる．図3.16のように最終結果は横軸に求心加速度をとり，旋回半径に無関係に記述する．

限界付近の性能については，釣合い旋回を実現できる最大の求心加速度．限界に近づくときのハンドル角と重心横すべり角の増加具合，および操舵力の抜けを評価する．また限界を超えたときの挙動の種別[7]（プラウ，ドリフトアウト，スピン）や旋回内輪の浮上りの有無を確認する．高性能乗用車の限界横加速度レベルである$8 m/s^2$を生ずる接線速度は30 mRでは60 km/hだが，70 mRでは100 km/hに達し，大Rのコースで限界まで試験する場合は危険性が高い．また正確なコーストレースを求められるため，限界性能にドライバーの技量が影響するのが欠点である．

3.5.2 円旋回をベースにした試験

強めの円旋回をしている状態では，タイヤがその能力の相当部分を横力発生に使いきっているので，そこで何らかの外乱があると，不安定挙動や旋回限界に達する可能性がある．直進状態に比べて厳しい条件であるため，意地悪テスト的なさまざまな試験がある．

厳しい円旋回状態での急なパワーオンは，後輪駆動車の場合，テール流れを引き起こす．パワーオフ[37,38]については，前輪駆動車の場合，タックインと呼ばれる巻込み挙動が発生しやすい．

旋回制動[39〜42]はABSの評価も含めて重要な事故回避性能試験である．旋回半径R_0が50 mR以下では

初期求心加速度は 5 m/s², 100 mR では 4 m/s² とし, 減速度 a_x を変えながら試験する. 操舵は固定したままアクセルペダルから足を離し, できるだけ速くブレーキを作動させる. 複雑な現象であるからさまざまなデータ解析の方法がある[39,40]. たとえば,

① 実際のヨー角速度 $\dot{\phi}$ と基準(旋回半径を保ったまま減速していると考えた場合の)ヨー角速度 v_x/R_0 の差 $\Delta\dot{\phi}$ を時間関数として表示
② 旋回制動時の最大ヨー角速度 $\dot{\phi}_{max}$ と初期ヨー角速度 $\dot{\phi}_0$ との比 $\dot{\phi}_{max}/\dot{\phi}_0$ を減速度の関数として表示
③ 制動後 1s の横加速度 $a_{y,1}$ と初期横加速度 $a_{y,0}$ との比 $a_{y,1}/a_{y,0}$ を減速度の関数として表示

などである. 評価基準としては,

3a) $a_{y,1}$ がゼロに達するときの a_x
3b) $a_{y,1}$ が基準横加速度 v_x^2/R_0 に達するときの a_x (両者とも大きいほどよい) などが提案されている (図 3.17)[39].

また, 車輪間の荷重移動や制動力配分の適正さを見るために, ABS 非作動状態で各輪のロック状況を, 減速度と求心加速度を縦横軸とした平面の上に表すことも行われている (図 3.18)[42].

その他にパワーステアリングシステムなど, 操舵系[43] や各種シャシ制御系の故障時の影響評価も行われる. ヨー角速度や横加速度などの変動の大きさや, ドライバーがコントロールできるかどうかを評価する.

3.6 過渡応答試験

過渡応答ということから, 実施される車速は 80 km/h 前後の高速である. ハンドル角入力として単一正弦波, ランダム, 連続正弦波, ステップ, パルスの 5 つが ISO[44] に盛り込まれている. 国内ではパルス入力が一般的であり, パルス操舵入力過渡応答試験方法として JASO で定めていた時期もあったが, 現在では ISO に合わせ, 5 つの入力を含めた形に見直されている[45].

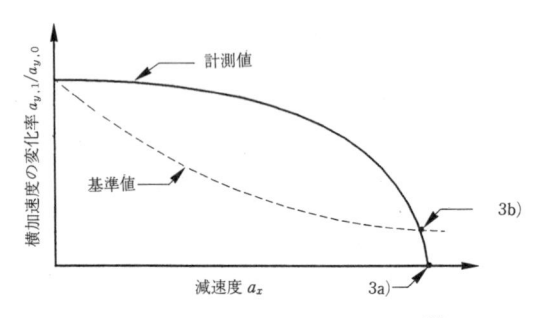

図 3.17 旋回制動における評価項目の例[39]

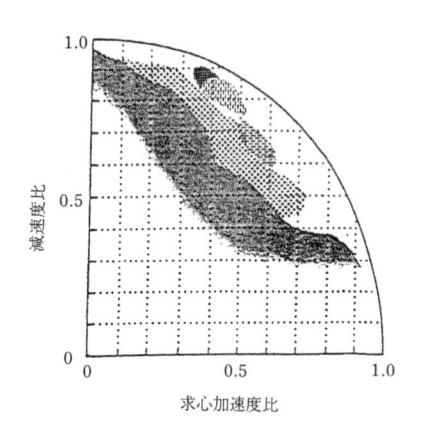

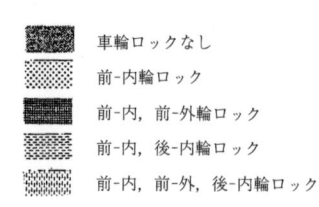

図 3.18 旋回制動時の車輪ロック計測例[42]

3.6.1 単一正弦波入力

この入力はレーンチェンジに相当する日常走行パターンである. 車両応答のピークの大きさや遅れが時間波形から直接得られる. 入力のパワースペクトルには定常成分がないので, 周波数領域の解析には向いていない. 試験ごとの入力の微妙な差が問題になるため, 機械装置によって操舵入力を与える必要がある.

このオープンループ試験とは別に, コースを規定したクローズドループとしてのレーンチェンジ試験は種々行われるが, ドライバー特性に左右される部分が大きく, 確立された試験評価法とはなっていない. ドライバーモデルを仮定して AR 法によりドライバー特性と車両特性の分解を行う手法が期待されている[46].

3.6.2 ランダム入力

周波数応答を得るため, 図 3.19(b)のような操舵波形をドライバーが作る[44]. フラットで安定したレベルのパワースペクトルが必要とされるが, 運転技術としてはむずかしい.

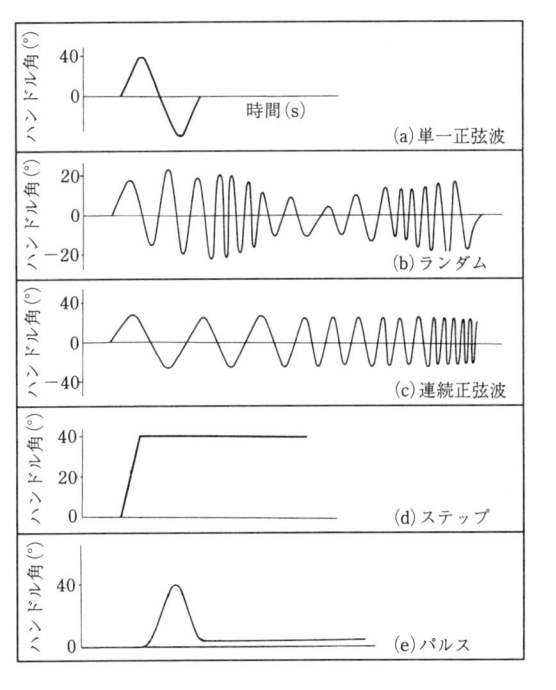

図3.19 ハンドル角入力波形の色々[44]

3.6.3 連続正弦波（スイープ）入力

ランダムと同じ主旨で，図3.19(c)のような操舵波形をドライバーが作る．ランダムよりは習熟しやすいが，両者とも40s程度の時間長が必要とされる．

3.6.4 ステップ入力

ハンドル角速度が200～500°/sのステップ波形を入力する．この入力では最終的に円旋回状態になるので，テストエリアはある程度広くなければならない．データ処理としては周波数領域の解析も可能であるし，時間領域でも立ち上がり時間や応答のオーバシュートを見られる強みがある．派生的な評価パラメータとしてはヨー角速度の立ち上がり時間と重心スリップ角の定常値を掛け合わせたTB値が知られている[44]．

3.6.5 パルス入力

国内では最も一般的な過渡応答試験法である．パルス（実質の波形は半周期サインに近い）はくの字走行になるため，試験エリアは比較的狭くて済むし，時間長も10sもあれば十分である．データ処理は周波数領域が中心となる．従来この入力法は海外ではほとんど用いられていなかったが，他の入力波形に比べ，パワースペクトル上でとくに問題はなく，試験エリアとしても時間長としてもメリットがあり，シミュレーション解析にも適しているとの見解[47,48]が出ており，今後は海外でも普及が進むと考えられる．

入力のハンドル角パルスはオーバシュートのないように，かつパルス幅と大きさを予定の値に揃えられるよう，訓練されたドライバーが実施する．入力パルスの形と幅は少なくとも2Hzまではフラットなパワーとなるように，なるべく三角波を作るつもりで，パルス幅を0.3～0.4s程度にする．

3.6.6 周波数領域の評価法

評価として古くから使われているものに，ヨー角速度応答の伝達関数におけるピーク周波数とピーク減衰がある（図3.20）が，車両間の性能比較のような実用性をもつには至っていない．その原因は共振ピークがバネ・マス系の1自由度の共振系として扱われているためと考えられる．実際の車両の伝達関数は，よく知られているように車両の2自由度線形モデルでおおむね近似でき，これは1自由度の共振系とはかなり異なった伝達特性をもつ．

実測の周波数伝達関数を2自由度線形モデルに基づいた伝達関数でフィッティングし，特性パラメータを抽出する方法が4パラメータ法[49]として提案され，従来の評価法にない実用性の高さから各方面で普及し始めている[50～52]．実測の伝達関数から4パラメータを求め，それを直観的にわかりやすい菱形表示をする手順を概説する．

2自由度線形モデルのハンドル角入力に対するヨー角速度$\dot{\psi}$と横加速度a_yの伝達関数は[7]，

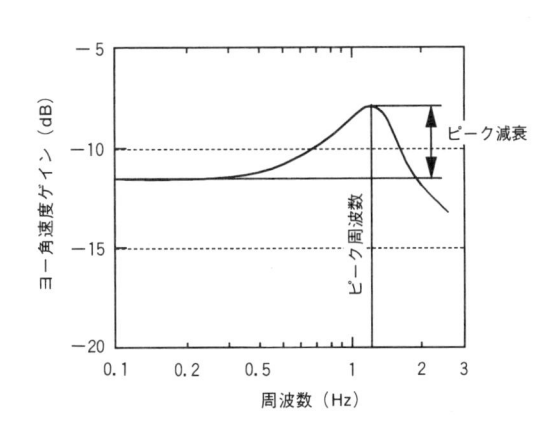

図3.20 ピーク周波数とピーク減衰

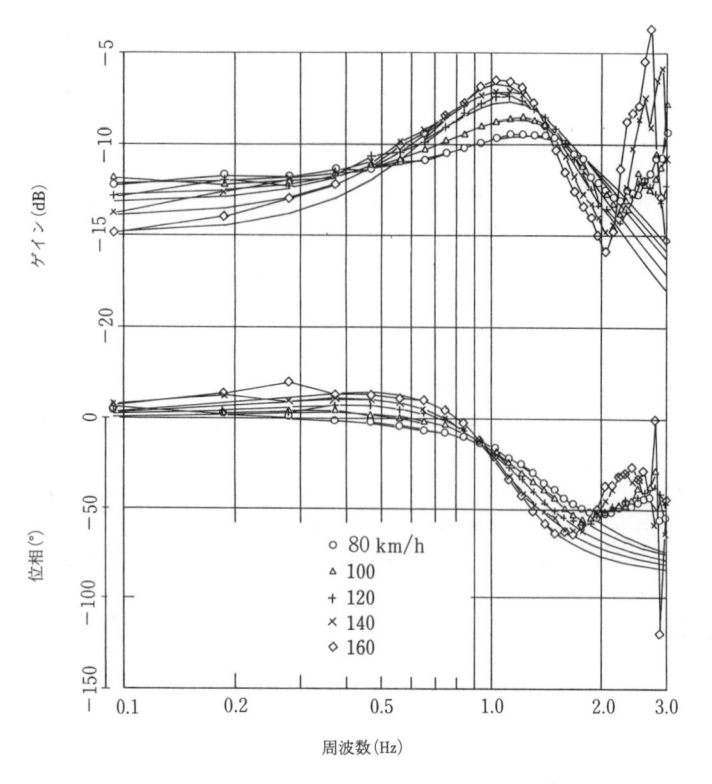

図 3.21 ヨー角速度伝達関数のカーブフィット[49]

$$\frac{\dot{\phi}}{\delta_H} = \frac{a_1(1+T_f s)}{1+2\zeta s/\omega_n + s^2/\omega_n^2} \quad (3.12)$$

ここで，ω_n：固有角振動数，ζ：減衰比，a_1：ヨー角速度定常ゲイン，T_f：フロントヨー角速度リード時定数，である．

図3.21 は実測のヨー角速度の伝達関数（シンボルを折れ線でつないだもの）を，0.2～1.9 Hz 間において式 (3.12) でカーブフィットしたもの（滑らかな曲線）である[49]．このフィッティングによって同定されたヨー角速度の定常ゲイン a_1，固有角振動数 ω_n，減衰比 ζ，および横加速度の 1 Hz での位相遅れ ϕ の以上 4 つを操舵過渡応答の 4 パラメータと呼ぶ．これは，ある車両モデルを仮定して実測の過渡応答からモデルのパラメータを同定する試みと同じテクニックであるが，4 パラメータの目的はモデルを同定することではなく，過渡応答を評価することである．フィッティングは車両質量やヨー慣性モーメントの値などに拘束されない．いずれのパラメータも車速に依存するのが普通であり，試験時の車速設定は十分精度を上げる必要がある．また入力の強さに依存する非線形性

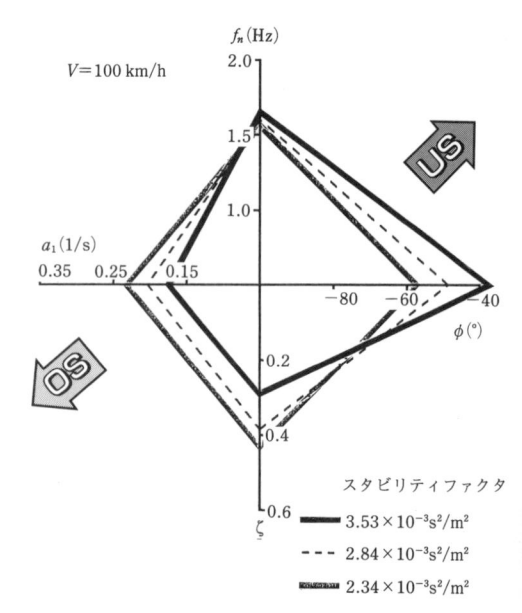

図 3.22 操舵過渡応答の 4 パラメータ（リヤロールステアによる違い）[49]

も無視できないので，横加速度の大きさで横通しをすることが必要である．

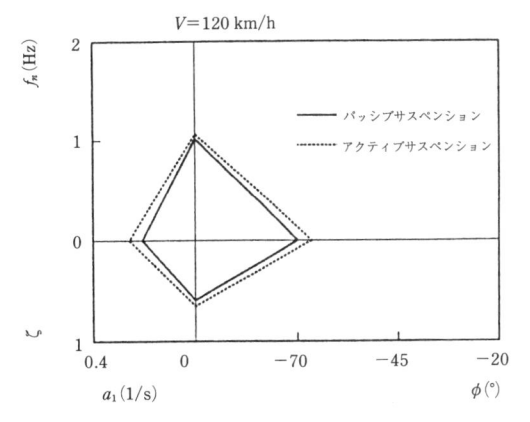

図 3.23 アクティブサスペンションによる性能向上[50]

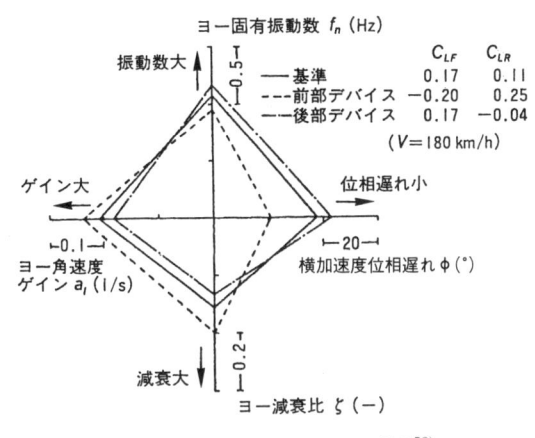

図 3.24 エアロデバイスによる効果[52]

図 3.22 は得られた 4 パラメータを直観的にわかりやすく菱形に表示したものである[49]．この菱形が右上方向に拡大することは US 性がより強くなることを意味し，左下方向に拡大することは US 性がより弱まることを意味する．菱形が全体に大きいことは運動性能のポテンシャルが高いことを意味する．すなわち菱形のバランスがとれて大きいほど良好な操舵応答性能を持つといえる．

図 3.23 はアクティブサスペンションによる性能向上を実測で示したもの[50]．図 3.24 はエアロデバイスによる効果を実測で示したもの[52]．いずれも仕様差をわかりやすく示している．

3.7 その他の走行試験

3.7.1 トレーラ牽引時の安定性試験

ヨーロッパでは乗用車でもセミトレーラを牽引する機会が多く，セミトレーラのサイズ，重量に対し，安定して走行できる最高速度を確認する必要がある．非牽引時に比べ，きわめて不安定な状態になるので，単純な計算モデルでも予測精度は良い．実車走行試験は限界車速で揺れ出したときには非常に危険であるが，限界車速の 90% ぐらいまでは実施する必要がある．図でヒッチ点相対角度の振動から減衰比 r を求める方法を示す（図 3.25）[53]．最初の一山はパルス操舵角入力による強制振動であり，二山目からの自由振動データを使う．評価指標としては限界車速，すなわち減衰比 r がゼロとなる車速を，その手前の車速のデータから直線で外挿して求める．

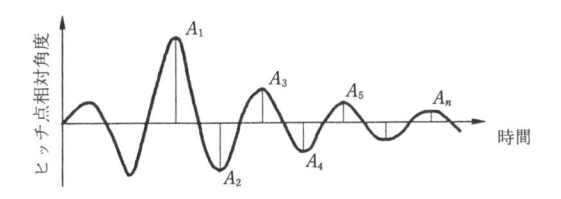

$$r = \frac{1}{n-2}\left[\frac{A_1+A_2}{A_2+A_3} + \frac{A_2+A_3}{A_3+A_4} + \frac{A_3+A_4}{A_4+A_5} + \cdots + \frac{A_{n-2}+A_{n-1}}{A_{n-1}+A_n}\right] \quad (3.13)$$

図 3.25 減衰比の算出[53]

3.7.2 手放し安定性試験

オープンループ試験だが操舵力入力（操舵力＝ゼロ）の外乱安定性試験である．外乱としては前項と同様にパルス操舵角入力を入れ，ヨー角速度や横加速度応答の二山目からの自由振動データを使って減衰比を求める．ステアリングホイールの回転慣性モーメントの寄与度が大きいため，エアバッグ付きなど，目的の車両仕様に忠実に合わせる必要がある．

3.7.3 官能評価と生理反応評価

操縦性・安定性を車両物理量で評価する場合でも，その物理量の意味する内容が何かということを，最終的にはドライバーのフィーリングで表現したい．物理量とフィーリングの対応付けは困難であるというのが定説であった．しかし，多変量解析結果によれば，レーンチェンジでは横加速度ピークのフィーリングへの寄与が高いというように，単変量で対応できそうな場合が多い．刺激量の対数値と感覚量が比例するというウェーバー-フェヒナー（Weber-Fechner）の法則

を適用し，フィーリング評価量の尺度を変更して，物理量との関係を線形に近づけることで，両者の対応を良好なものにする工夫が行われている[54].

また，クローズドループ試験でドライバーの生理反応を評価にする試みも行われている．緊張感を心拍の変化としてとらえるなどの実施例があるが，人間特性的な領域になるため，ここでは詳しくは触れない．

3.8　室内走行試験

3.8.1　運動性能用フラットベルト式試験装置

駆動制動関係の試験装置としてはローラタイプのシャシダイナモメータが一般的に使用されている．運動性能用としては，人間自動車系の研究に大きな足跡を残した東京大学生産技術研究所の四輪ローラテスタ[55]，車両拘束装置やローラに独創的な構造をもったオディエ（Odier）のシャシダイナモメータ[56]，人間自動車系の分野での業績とともに4WS（4 Wheel Steering）研究[57]の1つのルーツとなった芝浦工業大学のローラテスタなどが著名である．多くの場合，前後輪をローラに載せ，車両の前後方向をワイヤロープもしくはリンクで拘束し，他の5自由度はフリーにしておく．運動性能への寄与が大きいタイヤの接地形状と接地圧力分布が実路上の走行時と基本的に異なることや，直進近傍の試験のみで旋回試験ができないなどの問題点がある．

運動性能用フラットベルトシャシダイナモメータは，下記の構造特長により，これらの問題点を解決するものである（図3.26）[58].

① フラットベルト式タイヤ試験装置と同様の構造のフラットベルトユニットを4輪分備え，そのスチールベルトの広い平面で，タイヤと路面の接触状態を正しく再現する．

② タイヤに任意のスリップ角を与えるため，フラットベルトユニットを垂直軸回りに旋回させる．

③ 車両の平面内の自由度（前後，横，ヨー）を左右4本前後2本のワイヤロープで拘束する．その拘束力はロープ端のロードセルで計測する．

この試験装置による車両試験は，航空機の風洞試験に相当する．最も代表的な利用方法は，任意の半径に

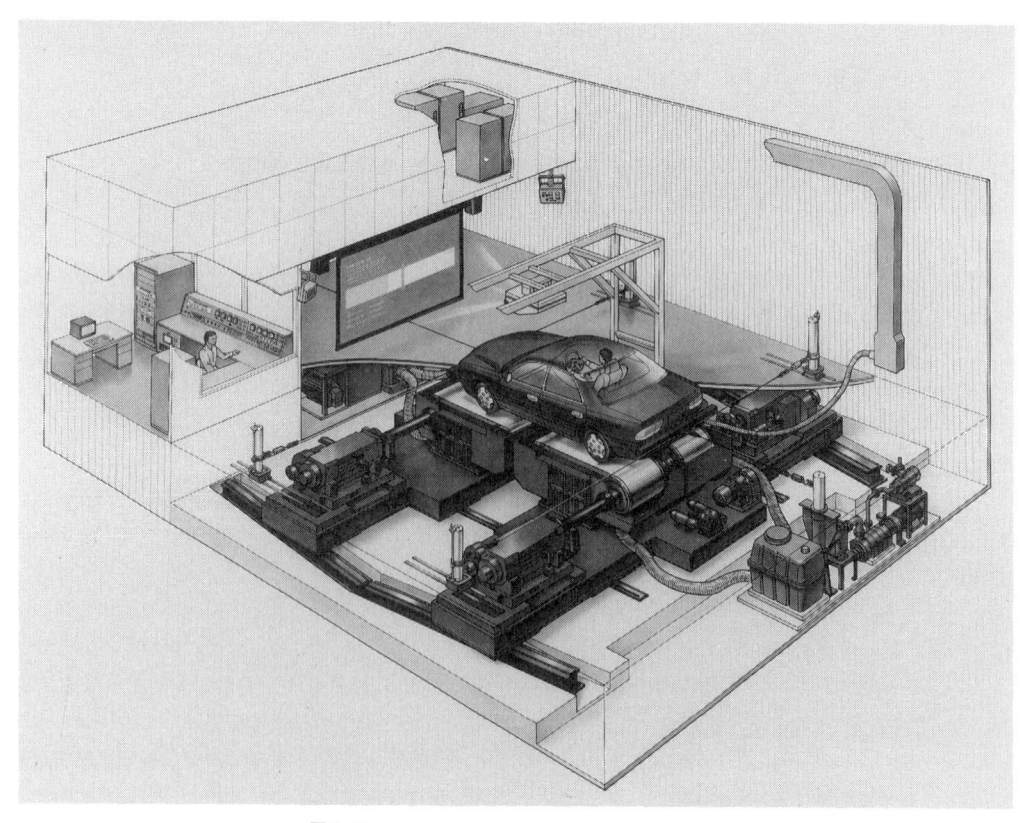

図3.26　フラットベルトシャシダイナモメータ[58]

よる限界までの円旋回試験である．室内化のメリットとして

① データのばらつきが少なく再現性が良い
② ドライバーの技量に左右されない
③ 計測が容易
④ 限界試験も安全に行える
⑤ 車両が発生するヨーモーメントを直接計測できる

3.8.2 室内円旋回試験

前項の設備と車両拘束方法を用いた室内円旋回試験の方法について述べる．

a．水平面内の釣合い

図3.27左は質量mの車両が，車速Vで半径Rの実走行定常円旋回中の水平面内の釣合い状態を示す[58]．ドライバーは，定められた旋回コースを所定の速度で走れるように，ハンドル操作とアクセル操作を行う．遠心力をF，前後輪のコーナリングフォースをそれぞれF_f, F_rとすると，

$$\frac{mV^2}{R}=F=F_f+F_r \quad (3.14)$$
$$0=F_f \cdot L_f - F_r \cdot L_r \quad (3.15)$$

ただし，L：ホイールベース，L_f：前軸重心間距離，L_r：後軸重心間距離，である．

図3.27右は，それに相当するフラットベルト試験装置上の釣合い状態を示す．試験装置上の車両はワイヤで水平面内の運動を拘束されており，その拘束力F_1, F_2が計測されている．拘束条件式は，

$$F_f+F_r=F_1+F_2 \quad (3.16)$$
$$F_f \cdot L_f - F_r \cdot L_r = F_1 \cdot L_1 - F_2 \cdot L_2 \quad (3.17)$$

旋回半径Rは，前後の旋回架台の旋回角をそれぞれγ_1, γ_2とすると，次式で決定される．これは図形的に言えば，フラットベルトの4つの面が半径Rの円盤の一部になることである．

$$R=\frac{L}{\tan(\gamma_1-\gamma_2)} \quad (3.18)$$

車両の重心点横すべり角βは車両に対する旋回架台の絶対角で決定される．

$$\beta=\frac{L_r\gamma_1+L_f\gamma_2}{L} \quad (3.19)$$

試験装置上のドライバーは，ワイヤロープ拘束力からリアルタイムで計算されるヨーモーメントがゼロとなるようにハンドルを操作し，車速指令値に従ってアクセルを操作することで，定常円旋回を実現する．ここで車速指令値はワイヤロープ拘束力F_1+F_2，車両質量m，旋回半径Rから式（3.14），（3.16）を用いて決める．限界に至ってもドライバーの技量は要求されず，モーメントをゼロにできないと判断されるまで試験は続けられる．

b．ロール方向の釣合い

図3.28はロール方向の釣合いについて，実走行と

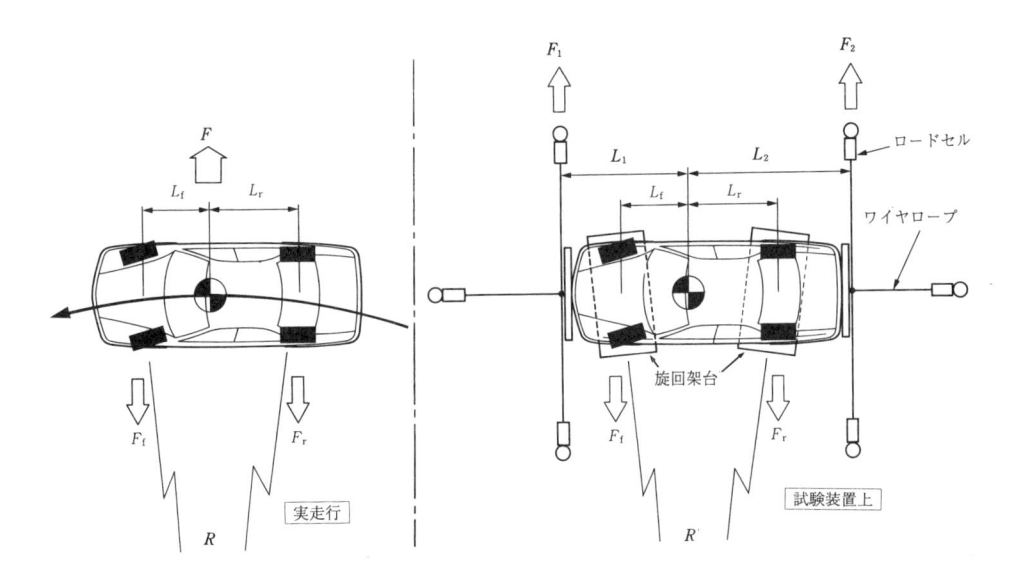

図3.27 水平面内の釣合い[58]

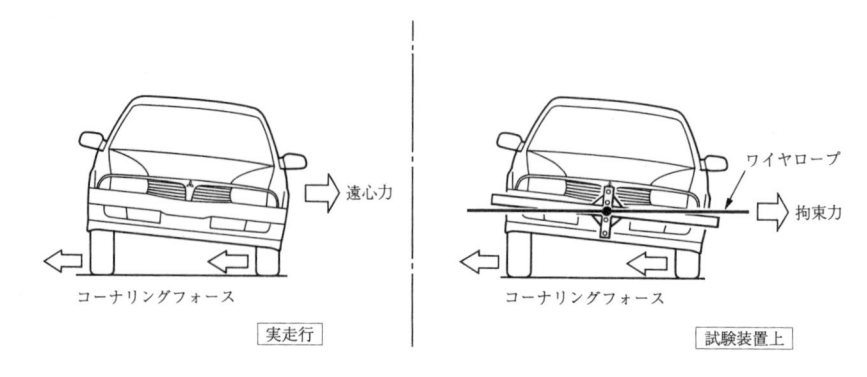

図 3.28 ロール方向の釣合い[58]

試験装置上を比較したものである[58]．車両重心高さの前後2点をワイヤロープで水平に拘束すれば，その拘束力は実走行中に重心に働く遠心力に相当し，実走行と同じロール挙動を得ることができる．サスペンション特性やタイヤのたわみに起因する車両重心の上下動でワイヤロープの傾きが発生するのを低減するため，ワイヤロープは極力長く張られる．試験装置上の場合のロール角は，車体に取り付けられた変位計により，地面に対する変位として直接精度良く計測される．

c．定常円旋回試験の実行方法

実走行では車速をパラメータとして極低速から限界まで計測を繰り返す．試験装置上では後架台旋回角 γ_2 をパラメータとして，極低速条件の0度から限界まで計測を繰り返す．図3.16のように縦軸にハンドル角比やロール角などをとり，横軸に横加速度をとれば，両者は結局同じフォームのデータとなる．

d．ヨーモーメントの計測

旋回状態からの加減速，制動，あるいは4WSその他のシャシ制御フェイルなどの試験において，ヨーモーメントの変動を計測することは，実走行で車両挙動を計測すること以上に有益な場合がある．図3.29は30 mRの定常円旋回状態から3秒間，2速全開加速したときのヨーモーメント係数（ヨーモーメントを車両重量×ホイールベースで無次元化したもの）C_N の変化をワイヤロープ横力合計から計算される横加速度係数（横速度を重力加速度で無次元化したもの）A_y に対して，3種類の駆動方式で比較したものである[59]．C_N と A_y の関係を前後輪のスリップ角をパラメータに表現するモーメント法[60] も，この装置を用いて実測で行うことができる．

3.8.3 その他への適用

その他，過渡運動や路面不整を，フラットベルトユ

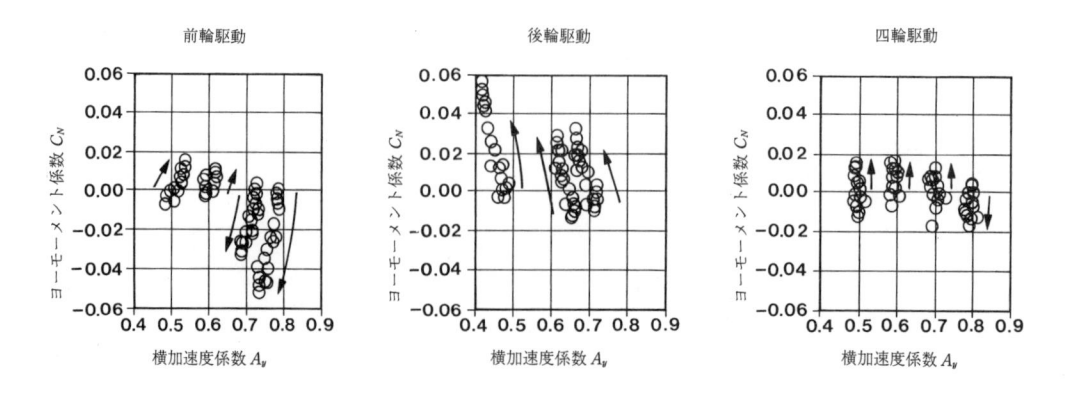

図 3.29 全開加速時のヨーモーメント変化(駆動方式の違い)[59]

ニットの動的制御で与えることも試みられており[61,62]，試験適用範囲の拡大が期待される．また，単に直進走行ベースにおいても，路面外乱などがまったくない環境を生かした偏向性試験や振動分野の試験に有用である．

3.9 ロールオーバ試験

ロールオーバには，平坦路で厳しいハンドリングによって発生するロールオーバ（Handling/Untripped Rollover）と，非平坦路で何かにつまづいて発生するロールオーバ（Tripped Rollover）があり，さまざまな条件が関係するので，試験法，評価法も種々検討されている[63]．

3.9.1 静的ロールオーバ安定性指標

同じ横加速度に対しては，重心が高い車両ほど不利になるので，きわめて原始的ではあるが次の静的ロールオーバや安定性指標が一応の参考になると言われている．

a．TTR（Tilt Table Ratio）

ロールオーバに至る傾斜台の角度の正接（図3.30）[65]．静的な最大安定傾斜角として保安基準に定められており，その試験法は"新型自動車の試験方法（TRIAS）"[64]にある．また，次のSSFやSPRと同等な値として使えるという報告がある．

b．SSF（Static Stability Factor）$T/2h$

輪距の半分$0.5T$を重心高hで割った値．車両全体を剛体とみなした場合の安定限界である．

c．SPR（Side Pull Ratio）

ロールオーバさせるのに必要な重心点横力を車両重量で割った値（図3.31）[65]．

これらの3つの指標はいずれも相関が高く，また多くの計測例をマクロに見ればSSF＞TTR＞SPRの傾向を示す[65]．計測上は重心高の測定が必ずしも容易でないことから，TTRが比較的やりやすいと言える[66]．

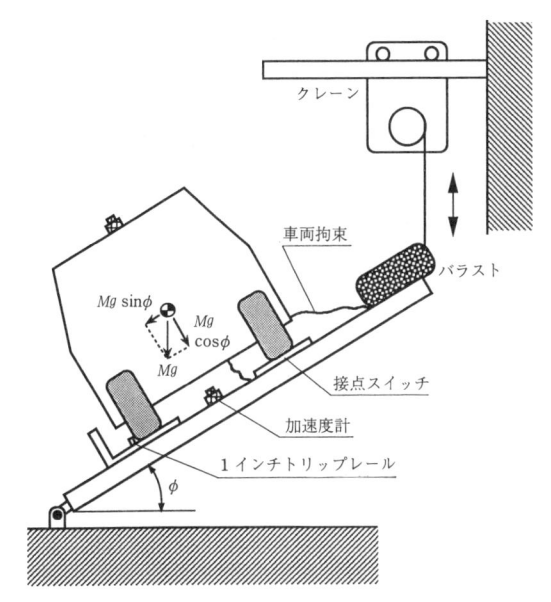

図3.30 チルトテーブルレシオの計測方法[65]

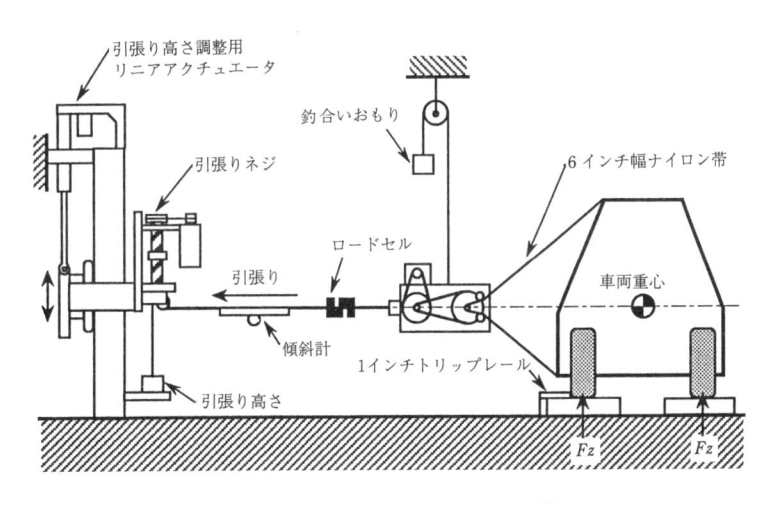

図3.31 サイドプルレシオの計測方法[65]

3.9.2 ハンドリングロールオーバ試験

走行中のハンドル操作によってロールオーバ（あるいはその前段階の内輪離地）が引き起こされるかどうかを見る．走行パターンとしてはダブルレーンチェンジ，ESV（Experimental Safety Vehicle）/スラローム試験，一種のステップ操舵のESV/Jターン試験，一旦逆に振ってからのステップ操舵のフィッシュフックがある．評価としては限界車速をとるのが普通である．

試験中に本当にロールオーバしてしまわないようにアウトリガーという車幅方向に張り出した部材を装着する．アウトリガー自体がロールオーバ特性を変えてしまうこともあり，注意が必要である．全般に再現性に難がある試験である．

3.9.3 トリップトロールオーバ安定性指標

ロールオーバを引き起こす横すべりエネルギーの大きさをベースにCSV（Critical Sliding Velocity）やRPM（Rollover Prevention Metric）といった指標が提案されている．いずれも重心高やロール慣性モーメントなどを含む．

[御 室 哲 志]

参 考 文 献

1) 自動車技術会：自動車技術ハンドブック3，試験・評価編，自動車技術会，p. 111-136 (1991)
2) 平松金雄：ISOにおける操縦安定性試験方法の動向，自動車研究，Vol. 17, No. 4, p. 8-19 (1995)
3) Determination of centre of gravity, ISO 10392 (1992)
4) W. R. Garrott, et al.：Vehicle Inertial Parameters —Measured Values and Approximations, SAE Paper, No. 881767 (1988)
5) G. J. Heydinger, et al.：The Design of a Vehicle Inertia Measurement Facility, SAE Paper, No. 950309 (1995)
6) 馬場文彦ほか：ばね共振法車両慣性モーメント計測装置，自動車技術，Vol. 49, No. 3, 9532885, p. 38-44 (1995)
7) 自動車技術会：自動車技術ハンドブック1，基礎・理論編，自動車技術会，p. 177-245 (1990)
8) W. J. Langer, et al.：Development of a Flat Surface Tire Testing Machine, SAE Paper, No. 800245 (1980)
9) エム・ティ・エス・ジャパン㈱の販売技術資料 (1987)
10) K. Shimizu, et al.：Indoor Test of Ice and Snow Tires on Iced Drum —Development of Tester and Characteristics of Coated Ice for Test, SAE Paper, No. 890004 (1989)
11) 広木栄三ほか：室内試験機によるタイヤの圧雪路上性能評価，自動車技術会学術講演会前刷集，No. 935, 9306048, p. 117-120 (1993)
12) 日本自動車研究所の設備案内資料 (1995)
13) 牧田光弘ほか：実路でのタイヤコーナリング特性について，自動車技術会学術講演会前刷集，No. 921, 921123, p. 61-64 (1992)
14) 諸泉晴彦ほか：フルビークルモデルによる操舵性能予測，自動車技術会学術講演会前刷集，No. 934, 9305599, p. 121-124 (1993)
15) 中本正義ほか：音声メモ入りテレメータシステム，自動車技術，Vol. 44, No. 11, p. 55-58 (1990)
16) 熊倉博之ほか：テレメータによる運動性能試験・計測システム，自動車技術，Vol. 48, No. 3, 9431319, p. 46-51 (1994)
17) 近森 順ほか：走行軌跡の測定方法について，自動車技術，Vol. 38, No. 3, p. 350-356 (1984)
18) 城戸滋之ほか：車両走行軌跡測定装置，トヨタテクニカルレビュー，Vol. 41, No. 2, p. 153-160 (1991)
19) CORREVIT SYSTEMS製品カタログ，DATRON-MES-STECHNIK GmbH, Germany (1990)
20) 梶原 博ほか：光ファイバジャイロの自動車への応用，OPTRONICS, No. 3, p. 61-68 (1994)
21) 長谷川晃ほか：新型操舵角・操舵力計の開発，自動車技術会学術講演会前刷集，No. 912, 912289, p. 209-212 (1991)
22) 糀山富士男ほか：大型車の直進安定性の理論的・実験的考察，自動車技術会学術講演会前刷集，No. 954, 9539040, p. 113-116 (1995)
23) 山崎俊一ほか：ホイールアライメントとタイヤ特性が車両横流れ現象に及ぼす影響，自動車技術会論文集，Vol. 26, No. 3, p. 109-114 (1995)
24) 田中忠夫ほか：乗用車の路面外乱安定性の評価法について，自動車技術，Vol. 45, No. 3, p. 19-25 (1991)
25) 乗用車の横風安定性試験方法，JASO Z108-89 (1989)
26) 平松金雄ほか：横風受風時の横ずれ量の測定，自動車技術会学術講演会前刷集，No. 912, 912156, p. 149-152 (1991)
27) 御室哲志ほか：横風受風時の車両横ずれ量計測法について，自動車技術会論文集，Vol. 25, No. 2, p. 119-123 (1994)
28) 相馬 仁ほか：AR法による車両横風動特性の同定，自動車技術会学術講演会前刷集，No. 911, 911058, p. 235-238 (1991)
29) 前田和宏ほか：高速走行時の車両安定性に与える空気力学特性の解析，自動車技術会論文集，Vol. 26, No. 3, p. 86-90 (1995)
30) 馬越龍二ほか：制動外乱入力法による車両の制動安定性の解析，三菱重工技報，Vol. 20, No. 2, p. 67-72 (1983)
31) 森田隆夫ほか：サスペンション特性と制動安定性について，自動車技術，Vol. 42, No. 3, p. 325-329 (1988)
32) K. D. Norman：Objective Evaluation of On-Center Handling Performance, SAE Paper, No. 840069 (1984)
33) 佐藤博文ほか：操舵感に関わる操舵応答特性の考察，自動車技術，Vol. 44, No. 3, p. 52-58 (1990)
34) D. G. Farrer：An Objective Measurement Technique for the Quantification of On-Centre Handling Quality, SAE Paper, No. 930827 (1993)
35) 自動車の定常円旋回試験方法，JIS D 1070
36) Steady state circular test procedure, ISO 4138 (1982)
37) Power-off reactions of a vehicle in a turn—Open-loop test method, ISO 9816 (1993)
38) 田中忠夫ほか：駆動方式，サスペンション，ステアリング特性が限界性能に及ぼす影響，自動車技術，Vol. 42, No. 3, p. 311-315 (1988)
39) Braking in a turn — Open loop procedure, ISO 7975 (1985)
40) 乗用車の旋回制動試験方法，JASO Z113-92 (1992)
41) 山口博嗣ほか：旋回制動時の車両安定性向上について，自

参考文献

　　　動車技術, Vol. 45, No. 3, 55-60 (1991)
42) 関根太郎ほか：旋回制動時の車両挙動の解析, 自動車技術会論文集, Vol. 24, No. 4, p. 76-81 (1993)
43) Steering Equipment, ECE, No. 79 (1988)
44) Lateral transient response test methods, ISO 7401 (1988)
45) 乗用車の操舵過渡応答試験方法, JASO Z110-91 (1991)
46) 相馬 仁ほか：AR法による車両動特性の解析, 自動車研究, Vol. 16, No. 7, p. 6-9 (1994)
47) G. J. Heydinger, et al.：Pulse Testing Techniques Applied to Vehicle Handling Dynamics, SAE Paper, No. 930828 (1993)
48) S. Vedamuthu, et al.：An Investigation of the Pulse Steer Method for Determining Automobile Handling Qualities, SAE Paper, No. 930829 (1993)
49) T. Mimuro, et al.：Four Parameter Evaluation Method of Lateral Transient Response, SAE Paper, No. 901734 (1990)
50) G. Keuper, et al.：Influence of Active Suspensions on the Handling Behaviour of Vehicles, SAE Paper, No. 945061 (1994)
51) X. Xia, et al.：The Effects of Tire Cornering Stiffness on Vehicle Linear Handling Performance, SAE Paper, No. 950313 (1995)
52) 中川邦夫ほか：空力制御技術による操安性の向上, 自動車技術, Vol. 45, No. 3, p. 85-91 (1991)
53) Passenger car/trailer combinations—lateral stability test, ISO 9815 (1992)
54) 平松金雄：運転フィーリングの数値化, 自動車技術, Vol. 45, No. 3, p. 12-18 (1991)
55) O. Hirao, et al.：Improvement of Safety of Automobile as Man-Machine System at High-Speed Running, 12th FISITA, Barcelona (1968)
56) J. Odier：Conception et etude d'unenouvelle machine d'essai automobile simulant la tenue sur route, 12th FISITA Barcelona (1968)
57) S. Sano, et al.：Effect of Vehicle Response Characteristics and Driver's Skill Level on Task Performance and Subjective Rating, 8th ESV (1980)
58) 吉田 寛ほか：運動性能用フラットベルトシャシダイナモメータ, 自動車技術, Vol. 45, No. 4, p. 108-113 (1991)
59) 御室哲志ほか：フラットベルトシャシダイナモメータを用いた室内旋回試験, 自動車技術会論文集, Vol. 23, No. 3, p. 87-91 (1992)
60) W. F. Milliken, et al.：The Static Directional Stability and Control of the Automobile, SAE Paper, No. 760712 (1976)
61) E. Perri：The Design of a Roadway Handling Test Rig, 23rd FISITA, 905098, p. 751-761 (1990)
62) W. Langer, et al.：Development and Use of Laboratory Flat Surface Roadway Technology, SAE Paper, No. 930834 (1993)
63) 佐藤健治ほか：クローズドループ操安性試験方法の研究, 日本自動車研究所平成6年度自工会受託研究報告 (1995)
64) 新型自動車の試験方法について (TRIAS), 運輸省自動車交通局通達 (1971)
65) J. Hinch, et al.：NHTSA's Rollover Rulemaking Program — Results of Testing and Analysis, SAE Paper, No. 920581 (1992)
66) C. B. Winkler, et al.：Repeatability of the Tilt-Table Test Method, SAE Paper, No. 930832 (1993)

4

衝 突 安 全 性

4.1 乗員傷害値の計測技術と解析ソフトウェア

4.1.1 車載計測システムの概要

衝突時の乗員が受ける衝撃は，衝突ダミーに内蔵された各種のトランスデューサによって感知される．従来はトランスデューサと増幅器の間を長距離ケーブルを用いて配線し，乗員傷害値を計測していた．しかしながら，計測の多チャンネル化によって計測ケーブル径が増大し，試験車を牽引するときの牽引抵抗が問題になったり，側面衝突やロールオーバ試験では計測ケーブルの断線や耐久性などに問題があった．そこで最近では，長距離ケーブルを廃止した車載計測システムによって計測されるようになってきている．

図 4.1 に，最近の乗員傷害値計測に使用される車載計測システムのブロック図と，表 4.1 に主要諸元例を示す．主な装置は，ダミーに内蔵されたトランスデューサ，車載計測装置，リモートコントローラ（パソコン），データ処理用ホストコンピュータによって構成されている．車載計測装置は，トランスデューサからの電気信号を増幅するシグナルコンディショナ，プレサンプリングフィルタ，AD 変換器，およびデータメモリが一体となって構成されている．

試験車には，トランスデューサを内蔵したダミー，車載計測装置，車載バッテリが搭載される．車載計測装置，通常 100 G 程度の耐 G 性能を有している．試験前後には GP-IB ケーブルまたは光ケーブルによってパソコンに接続され，校正値の設定や試験条件の設定およびデータの収録などが実施できるようになっている．傷害値計算はデータ処理の迅速化のために，ミニコンクラスのコンピュータに転送され処理されるのが一般的である．

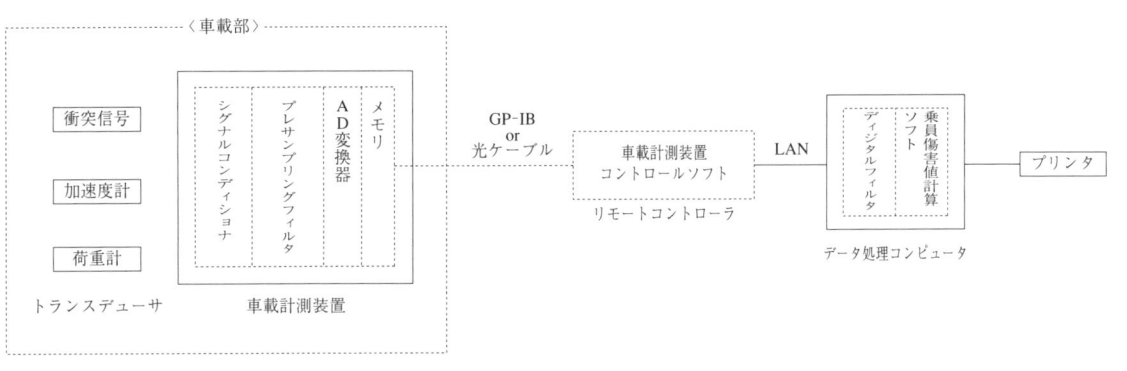

図 4.1 車載計測システムのブロック図

表 4.1 車載計測システム主要諸元例

装置	車載計測装置		リモートコントローラ	データ処理コンピュータ	
仕様	・AD 変換器 　サンプリング 　分解能 ・チャンネル ・メモリ容量 ・耐衝撃性	 10kHz 12bit 32ch 独立 64kW/ch 100G-10ms	車載計測装置 コントロール用 専用ソフト	・処理能力 ・ディジタルフィルタ	20Mips 32bit 4 ポールバタワース型 （カットオフ周波数により チャンネルクラスのエリアに 対応）

4.1.2 計測チャンネルの精度

乗員傷害値計測のための計測機器を構成するにあたり，考慮する必要のある基本的な精度を図4.2に示す[8]．これらについて注意すべき点は，計測チャンネル全体を通して精度を考慮することである．

a．トランスデューサと増幅器の精度

(i) 静的精度　通常のひずみゲージタイプのトランスデューサの出力は数 mV であるため，増幅器によって数 V まで増幅される．この過程の中で重要なことは，トランスデューサの出力特性が直線的な比例関係で増幅されていることである．これらの精度は感度係数や直線性精度によって表すことができる．

(1) 感度係数の求め方：トランスデューサの感度係数は，検定装置によってトランスデューサに入力された校正値に対し，計測チャンネルの出力電圧を計測しそれらの関係を最も良く合う直線（基準直線）の傾きで表したものをいう．

図4.3は加速度計の例を示したものである[8]．加速度校正装置によって基準加速度を発生させ，そのときの加速度計のひずみ出力を求める．乗員傷害値計測の場合は，図4.3の二つの代表的な方法によって感度係数が求められる．

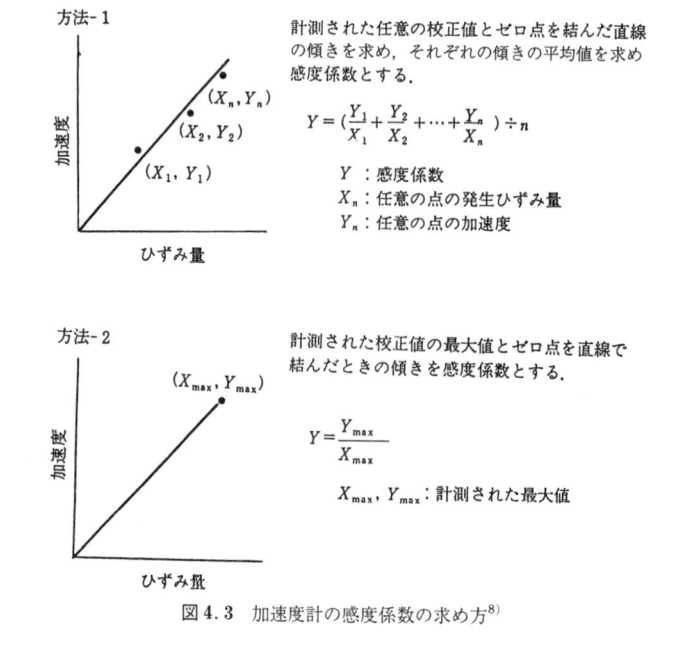

(2) 直線性精度の求め方：図4.4に直線性精度の求め方を示す[8]．感度係数の説明で求めた基準直線に対して，計測されたすべての測定値との偏差を求めてその中の最も大きい偏差値を振幅レンジに相当する値（測定された校正値の最大値）で除したもので表される．

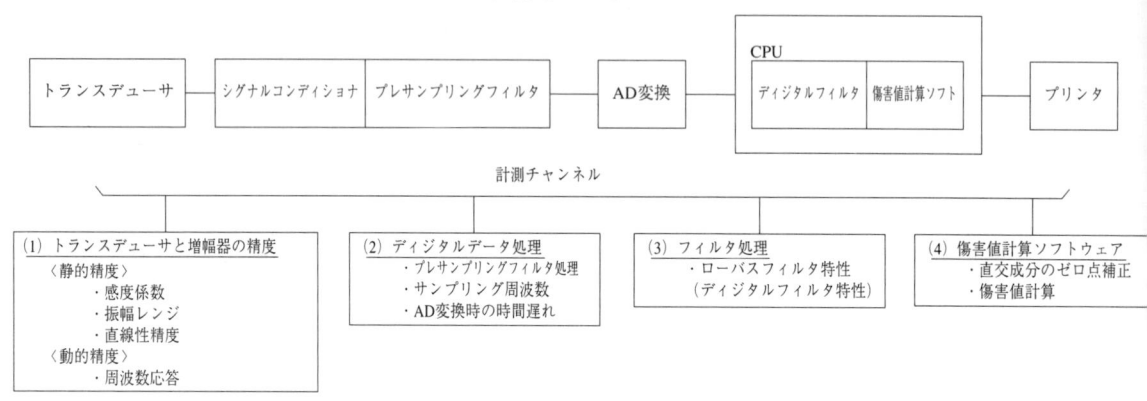

図4.2　基本的な計測機器の構成と精度[8]

方法-1

計測された任意の校正値とゼロ点を結んだ直線の傾きを求め，それぞれの傾きの平均値を求め感度係数とする．

$$Y = \left(\frac{Y_1}{X_1} + \frac{Y_2}{X_2} + \cdots + \frac{Y_n}{X_n}\right) \div n$$

Y：感度係数
X_n：任意の点の発生ひずみ量
Y_n：任意の点の加速度

方法-2

計測された校正値の最大値とゼロ点を直線で結んだときの傾きを感度係数とする．

$$Y = \frac{Y_{max}}{X_{max}}$$

X_{max}, Y_{max}：計測された最大値

図4.3　加速度計の感度係数の求め方[8]

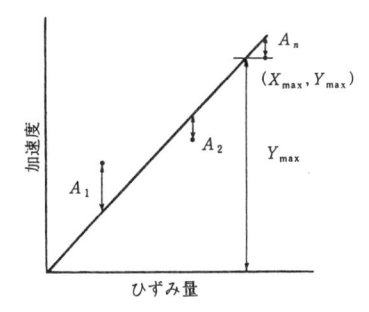

図4.4 直線性精度の求め方（例：ひずみゲージ式加速度計）[8]

(3) 振幅レンジの選定：トランスデューサの振幅レンジは，計測時にオーバスケールを起こさないように配慮して選定する必要がある．

前面衝突用ダミーに使用されるトランスデューサの振幅レンジについて例をあげると，頭部加速度計が $1\,960 \sim 4\,900\text{ m/s}^2$，胸部加速度計が $980 \sim 1\,960\text{ m/s}^2$，大腿部荷重計が $1\,960\text{ daN}$ のものが一般的に使用されている．

(ii) 動的精度　動的精度で考慮する必要があるのは，トランスデューサ（主に加速度計）や増幅器の周波数応答特性である．乗員傷害値計測は高周波領域までの計測が要求されるため，少なくとも後述の各チャンネルクラスのパスバンドの領域で減衰や増幅がない平坦な特性のものを選定する必要がある．

b．AD変換処理時の精度

コンピュータを使ってデータ処理を実施するためには，アナログデータをディジタルデータに変換するAD変換処理が必要である．このAD変換処理時に考慮しなければならない重要な項目は，プレサンプリングフィルタ処理とサンプリング周波数である．また，これらは相互に重要な関係がある．

(i) プレサンプリングフィルタ処理　計測された衝突データの生波形は広範囲な周波数成分から構成されている．サンプリング定理から，AD変換時にアナログデータがサンプリング周波数の1/2以上の高周波数成分を有している場合，そのままAD変換処理を実施すると反対側の低周波数領域に折返し雑音（エイリアシング現象）が発生する．プレサンプリングフィルタ処理は，この折返し雑音を防止するためにAD変換の前に実施される．

乗員傷害値計測で使用されるプレサンプリングフィルタは，チャンネルクラス1 000以上の周波数特性をもったアナログローパスフィルタが使用されるが，最近では4次から6次のベッセルフィルタやベッセル型アナログ改良フィルタが一般的に使用されている．図4.5にそのフィルタ特性の例を示す．

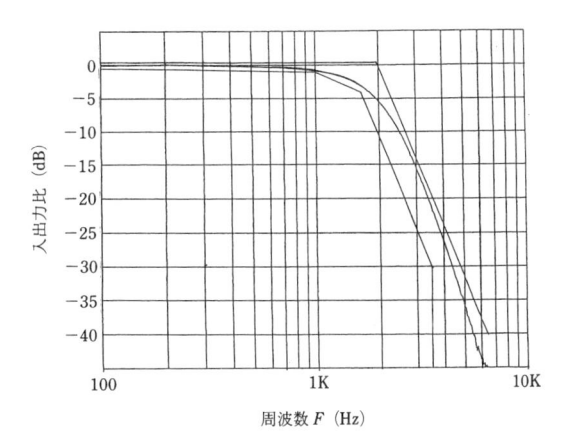

図4.5 プレサンプリングフィルタ特性の例

(ii) サンプリング周波数　AD変換器によってディジタルデータ化するときに，アナログデータのもつ情報を失わないようにサンプリング周波数を決定する必要がある．乗員傷害値計測でのサンプリング周波数は，図4.6に示す F_H の8倍以上，または8 000サンプル/秒以上で処理することがSAE J 211などで規定されている[5]．

最近では，AD変換器の分解能が12ビット，サンプリング周波数で10 kHz/秒のものが多く使われるようになってきた．

c．フィルタ処理

乗員傷害値を異なった試験機関の間で比較をするためには，計測された傷害値データの中に含まれる不必要な周波数成分を除去し同一の周波数特性のもとで計測することが必要である．SAE J 211やISO 6487では，そのために図4.6に示す4つのチャンネルクラスの周波数特性カーブを用いて計測することを推奨し

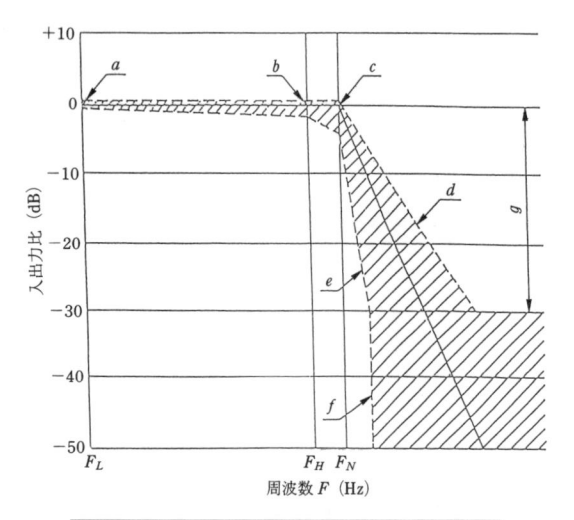

周波数クラス	F_L(Hz)	F_H(Hz)	F_N(Hz)
1 000	<0.1	1 000	1 650
600	<0.1	600	1 000
180	<0.1	180	300
60	<0.1	60	100

点 a：±0.5 dB，点 b：+0.5〜−1 dB，点 c：+0.5〜−4 dB，傾き d：−9 dB/オクターブ，傾き e：−24 dB/オクターブ，傾き f：∞，傾き g：−30 dB．

図4.6 周波数特性[5]

ている．周波数特性カーブは，縦軸に入出力比，横軸に周波数で表される．

入出力比は以下の式で計算される．

$$Y = 20 \log_{10}(O/I) \quad (4.1)$$

ただし，Y：入出力比，O：計測チャンネルの出力信号，I：校正器の基準信号（sin 波），である．上記の周波数特性カーブを表す呼び方としてチャンネルクラスが用いられる．各チャンネルクラスは番号で呼ばれ，図4.6の表に示す周波数 F_H に相当する．

なお，このフィルタ処理は，乗員傷害値や合成加速度計算などの処理をする前に実施する必要がある．

(i) フィルタ処理の種類 ローパスフィルタの種類は，特別に指定されたものを除き図4.6に示すフィルタ特性を満足すればどのような種類のフィルタでもよいが，最近の乗員傷害値計測には最初にハードウェアでアナログフィルタ（プレサンプリングフィルタ）をかけた後に各チャンネルクラスに応じてディジタルフィルタを使用するのが一般的である．

(ii) 最近のフィルタ特性の動向 最近のSAEやISOのドラフトでは，図4.7に示すようにチャンネルクラス1 000，600について周波数バンドの変更が検討されており注目が必要である[4]．また，ディジタルフィルタは後述のソフトウェアの章で詳細に述べているが，データの再現性を向上させるためにバタワース型4ポール位相遅れなしタイプの無限インパルス応答ディジタルフィルタ（IIRディジタルフィルタ）の使用が推奨されている．

d．計測システム検定

計測チャンネルの精度や解析ソフトウェアの検定は，システム全体で考慮する必要がある．計測チャンネルのシステム検定は個々の計測器ごとに検定を実施し，それぞれの単体精度を累積することで考慮されてきた．

しかし，計測チャンネルをいくつものサブシステムに分けて検定すると，見かけ上の誤差が累積され真の精度とかけ離れたものになってしまう場合がある．したがって，計測チャンネルの検定は最小限のサブシステムに分離して実施することが重要である．

また，ディジタルフィルタや傷害値計算の検証は，計算ロジックが正しくてもコンピュータの計算桁数の

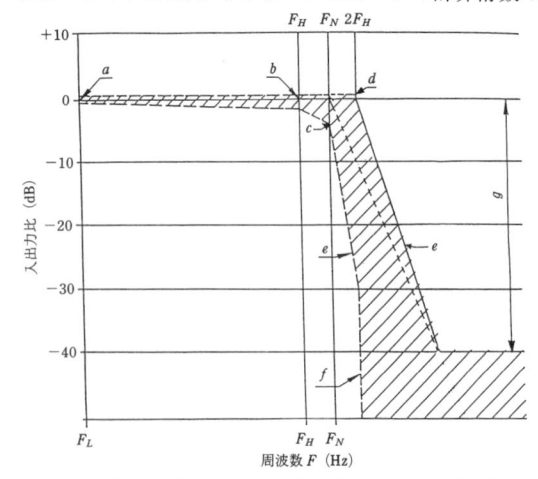

CFC	F_L(Hz)	F_H(Hz)	F_N(Hz)
1 000	<0.1	1 000	1 650
600	<0.1	600	1 000

[Logarithmic scale] a：±0.5 dB，b：+0.5：−1 dB，c：+0.5：−4 dB，d：+0.5 dB，e：−24 dB/octave，f：∞，g：−40 dB．

図4.7 周波数特性の変更案（ISO：ドラフト）[4]

4.1 乗員傷害値の計測技術と解析ソフトウェア

問題やプログラム設計の思わぬミスで正しい計算できない場合がある．

このような問題を解決するためには，統一された校正信号を用いて誰でも簡単に検定できるようにすることが重要である．米国 NHTSA のランダ・ラドワン（Randa Radwan）ら[7]は，乗員傷害値計測の検定のための校正信号発生装置を製作し，各試験機関の計測精度の向上に効果をあげている．

最近では日本においても同様な検定システムが開発され，計測器の精度管理が実施されるようになってきた．図 4.8 にその例を示す[8]．計測チャンネルを二つのサブシステムに分離し，サブシステム1ではトランスデューサの精度を求め，サブシステム2では校正信号発生装置を用いてトランスデューサ以降の精度を求める．そして，図 4.8 に示す計算方法によってシステム精度を求めることが推奨されている．

校正信号発生装置は，波形記憶装置に記録された校正信号を DA 変換器によってアナログ信号に変換し正確に発信することができる．この校正信号をサブシステム2で計測した出力値と比較することにより，計算精度の検証（主検定）をすることができる．また，専用の解析ソフトウェアをリンクすることで，直線性精度，周波数応答特性（補助検定）を求めることもできる．

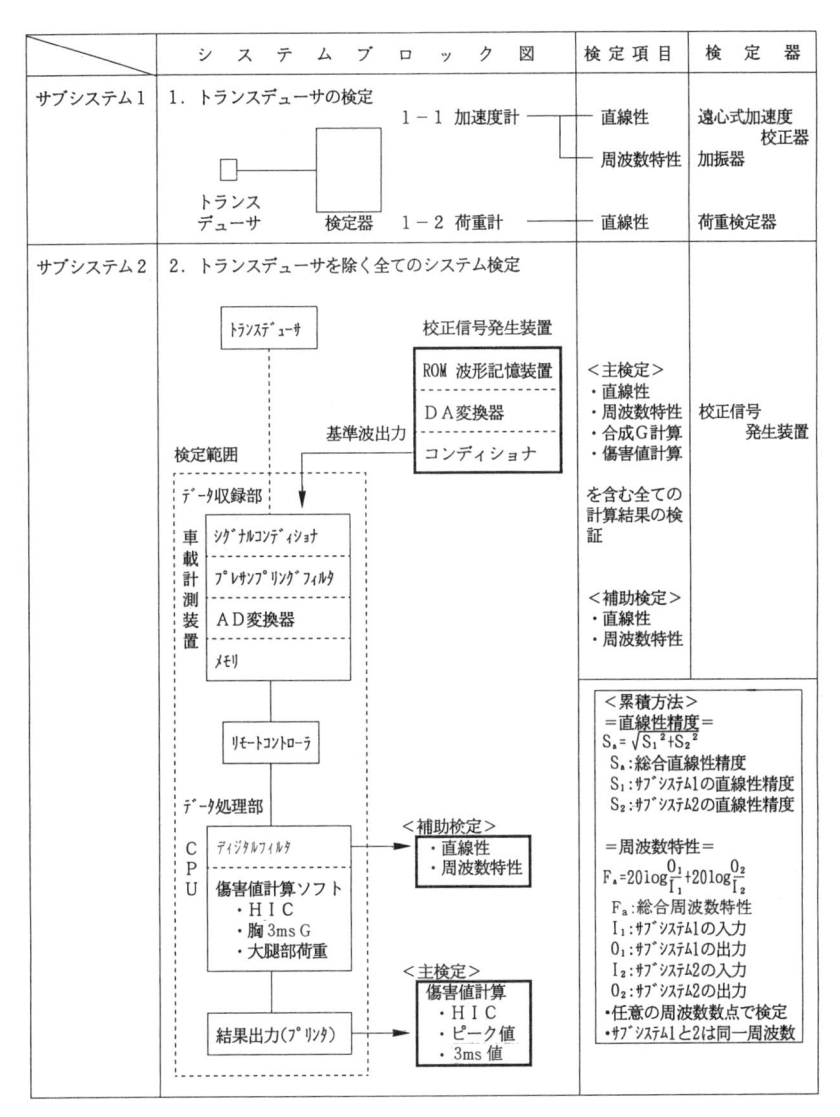

図 4.8 の主な内容：

- サブシステム1：トランスデューサの検定
  - 1-1 加速度計 — 直線性・周波数特性 — 遠心式加速度校正器・加振器
  - 1-2 荷重計 — 直線性 — 荷重検定器
- サブシステム2：トランスデューサを除く全てのシステム検定
  - 校正信号発生装置（ROM 波形記憶装置・DA 変換器・コンディショナ）
  - 検定範囲：データ収録部（シグナルコンディショナ，プレサンプリングフィルタ，AD 変換器，メモリ），リモートコントローラ，データ処理部 CPU（ディジタルフィルタ，傷害値計算ソフト：HIC，胸 3msG，大腿部荷重），結果出力（プリンタ）
  - ＜主検定＞：直線性・周波数特性・合成 G 計算・傷害値計算 を含む全ての計算結果の検証（傷害値計算：HIC・ピーク値・3ms 値）
  - ＜補助検定＞：直線性・周波数特性

＜累積方法＞

＝直線性精度＝
$$S_a = \sqrt{S_1^2 + S_2^2}$$
S_a：総合直線性精度
S_1：サブシステム1の直線性精度
S_2：サブシステム2の直線性精度

＝周波数特性＝
$$F_a = 20\log\frac{O_1}{I_1} + 20\log\frac{O_2}{I_2}$$
F_a：総合周波数特性
I_1：サブシステム1の入力
O_1：サブシステム1の出力
I_2：サブシステム2の入力
O_2：サブシステム2の出力
・任意の周波数点で検定
・サブシステム1と2は同一周波数

図 4.8 校正信号発生装置を用いた検証方法[8]

4.1.3 乗員傷害値計測の解析ソフトウェア

乗員傷害値計測で使用されるソフトウェアは車体前部などに装備された衝突判別信号を基にデータの時間上の衝突点を求め，衝突前を 50 ms，衝突後を 200 ms 以上のデータを用いて計算される．データ処理の主な内容はディジタルフィルタ，合成加速度，HIC などの傷害値計算などがあり，その計算ロジックについて概要を述べる．

a．ディジタルフィルタ処理

(i) バタワース型ディジタルフィルタ バタワース型 4 ポール位相遅れなしタイプのディジタルフィルタ（Butterworth 4 pole Phaseless Type Digital Filter）は，乗員傷害値計測に最も広く使用されている IIR フィルタ（Infinite Impulse Response Filter）である．このバタワース型フィルタ処理の計算ロジックを図 4.9 に示す．

このフィルタ処理後の出力信号は以下の式 (4.2) を基に求められる．式 (4.2) は 2 ポールのフィルタである．このフィルタ処理だけでは位相遅れが発生するため，2 ポールフィルタをサンプルデータの時間軸に対して前方向からかけた後，再び後ろ方向からフィルタ処理をして位相遅れをキャンセルする．このフィルタ処理を 4 ポール位相遅れなしフィルタと呼んでいる．

このフィルタ処理によって図 4.6 に示す各チャンネルクラスに対応する周波数応答特性を得ることができる．なお，4 ポールフィルタでは遮断周波数（FC）で $-6\,\mathrm{dB}$ 減衰量になるため，各チャンネルの周波数バンドに適合させるためには遮断周波数を調整してフィルタ処理を実施する必要がある．

$$Y(T) = A_0 \times Y_0(T) + A_1 \times Y_0(T-1) + A_2 \times Y_0(T-2) + B_1 \times Y(T-1) + B_2 \times Y(T-2) \quad (4.2)$$

ただし，$Y_0(T)$：入力信号，$Y(T)$：出力信号である．A_0, A_1, A_2, B_1, B_2 は周波数特性に依存する定数であり以下により求められる．

$$A_0 = C^2/(1.0 + \sqrt{2} \times C + C^2) \quad (4.3)$$
$$A_1 = 2.0 \times A_0 \quad (4.4)$$
$$A_2 = A_0 \quad (4.5)$$
$$B_1 = -2.0 \times (C^2 - 1.0)/(1.0 + \sqrt{2} \times C + C^2) \quad (4.6)$$
$$B_2 = (-1.0 + \sqrt{2} \times C - C^2)/(1.0 + \sqrt{2} \times C + C^2) \quad (4.7)$$
$$W_H = 2.0 \times \pi \times FC \quad (4.8)$$
$$C = \sin(W_H \times D_T/2.0)/\cos(W_H \times D_T/2.0) \quad (4.9)$$

ただし，F_C：各チャンネルクラスに対応するための遮断周波数，D_T：データサンプル時間，である．

(i) FIR フィルタ FIR（Finite Impulse Response Filter）ディジタルフィルタは，FMVSS 214 の側面衝突の乗員傷害値を計算するときに指定されている有限インパルス応答フィルタである．

FMVSS 214 で指定される FIR 100 フィルタは，以下に示す周波数特性になっている．

　通過帯域周波数（Passband Frequency）：100 Hz
　遮断周波数（Cutoff Frequency）：136 Hz
　阻止周波数（Stopband Frequency）：189 Hz
　阻止域ゲイン（Stopband Gain）：$-50\,\mathrm{db}$

また，FIR 100 フィルタ処理をするまでに図 4.10 に示す前処理を実施するように指定されている．最初に上記で説明したチャンネルクラス 180 の IIR フィルタ処理を実施したあと，さらに 1 600 Hz のサンプリングレートでサブサンプリングをし FIR フィルタ

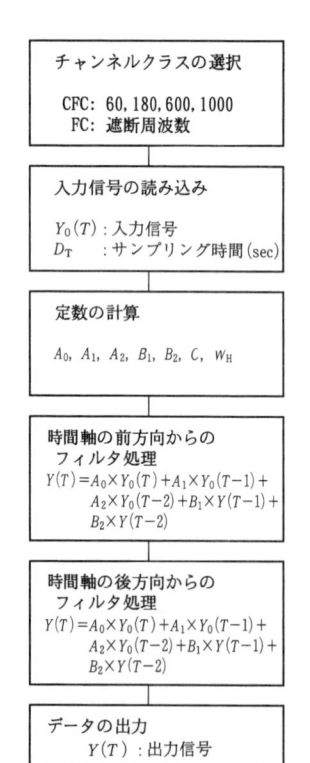

図 4.9 バタワース型ディジタルフィルタの計算ロジック

処理をする必要がある．

図 4.11 に FIR フィルタの計算ロジックを示す．FIR フィルタの基本計算式を以下に示す．

$$Y(T) = \sum_{k=1}^{NF}(H(K) \times (Y_0(T-K) + Y_0(T+K))) \quad (4.10)$$

ここで，$Y_0(T)$：入力信号，$Y(T)$：出力信号，N_F：FIR 100 の場合 $N_F=25$, $N_F=(N_{NF}+1)/2$（N_{NF} は，フィルタ次数：49次），$H(K)$：フィルタ係数（図 4.11 参照）である．

b．合成加速度，HIC などの計算

合成加速度計算は，計測された x 軸，y 軸，z 軸の三方向加速度データを用いて以下の計算式によって求められる．

$$T_G = \sqrt{x^2+y^2+z^2} \quad (4.11)$$

ここで，T_G：合成加速度値，x：x 軸加速度，y：y 軸加速度，z：z 軸加速度，である．

図 4.12 に前面衝突時に計測された頭部加速度波形の例を示す．合成加速度は，計測されたすべてのサンプルデータを使用して同一時間で計算される．

頭部傷害値として使用される HIC (Head Injury Criteria) は上記の頭部合成加速度を計算した後，次式によって計算される．

$$\left[\frac{1}{t_2-t_1}\int_{t_1}^{t_2}\frac{a_r}{9.8}dt\right]^{2.5} \cdot (t_2-t_1) \quad (4.12)$$

ここで，t_1 および t_2：衝突中の任意の時間（単位：s），$[t_2-t_1]$：$\langle 36$ ms，a_r：頭部合成加速度である．

c．TTI，VC の計算

TTI (Thoracic Trauma Index) は，側面衝突時の胸部傷害指数として米国安全基準 FMVSS 214 の中で定義されている．TTI[9] は以下の式で求められている．また，TTI の計算の前には前記の FIR 100 フィルタ処理をする必要がある．

$$TTI = \{A(Max.Rib) + B(Low.Spine)\}/2 \quad (4.13)$$

ここで，TTI：胸部傷害指数，A(Max.Rib)：上部肋骨横加速度（Uppre Rib）と下部肋骨横加速度（Lower Rib）の最大値のどちらか大きい方の値，B(Low.Spine)：下部脊椎横加速度（図 4.13）[9] である．

VC (Viacous Criterion)[11] は計測された胸部変位

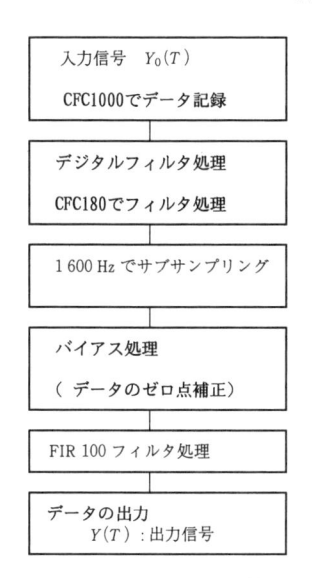

図 4.10 FIR100 フィルタ前処理

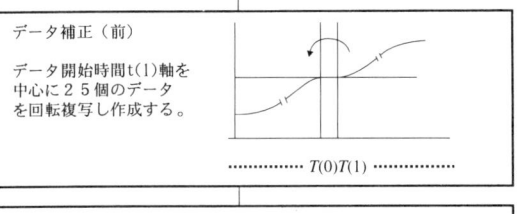

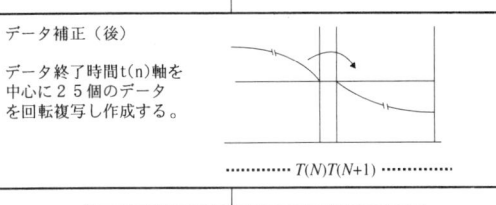

図 4.11 FIR フィルタの計算ロジック

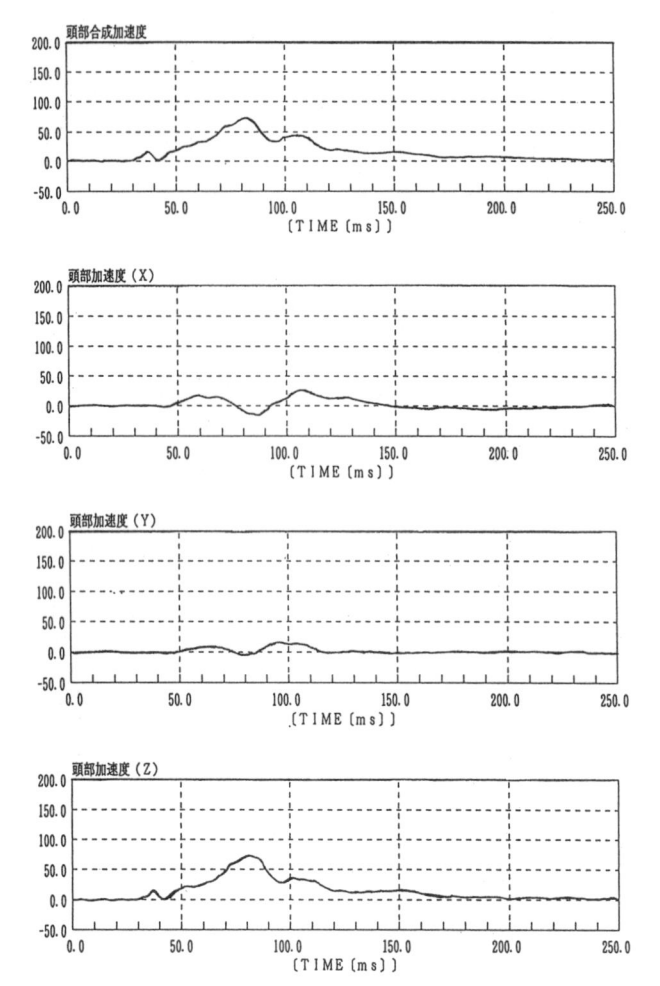

図 4.12 頭部加速度波形例

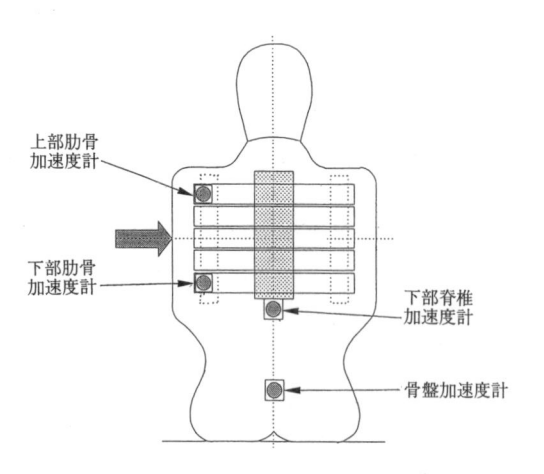

図 4.13 SID ダミーーの加速度計位置[9]

をもとに計算される指数であり，一般的に以下の計算式によって求められる．

$$VC = k \times V(t) \times C(t) \quad (4.14)$$
$$V(t) = D(t)/dt \quad (4.15)$$
$$C(t) = D(t)/D_0 \quad (4.16)$$

ここで，k：ダミー係数，D_0：ダミー胸部厚さ，$D(t)$：計測された胸変位データ，$V(t)$：胸変位速度，$C(t)$：胸変位圧縮比である．VC は現在研究段階で検討されているものであるが，その計算ロジックの代表的なものを図 4.14 に参考として示す．

VC の計算は計測された最小時間間隔で計算される．

4.2 衝突用ダミー

```
胸変位データ：D(t)
チャンネルクラス1000
         ↓
ディジタルフィルタ
チャンネルクラス180
         ↓
  ┌──────┴──────┐
胸圧縮速度の計算      胸圧縮比の計算
V(t)=D(t)/dt       C(t)=D(t)/D₀
  └──────┬──────┘
         ↓
    VC(t) の計算
  VC(t)=k×V(t)×C(t)
         ↓
    VCの最大値決定
  VCmax=|VC(t)|max
```

	SID	Ⅲダミー
k ダミー係数	1.0	1.3
D_0 胸部厚さ	0.14m	0.229m

胸圧縮速度の計算式（微分式）は次のとおり．

$$V(t) = \frac{8 \times (D(t+1) - D(t-1)) - (D(t+2) - D(t-2))}{12 \times dt}$$

dt：サンプリング時間

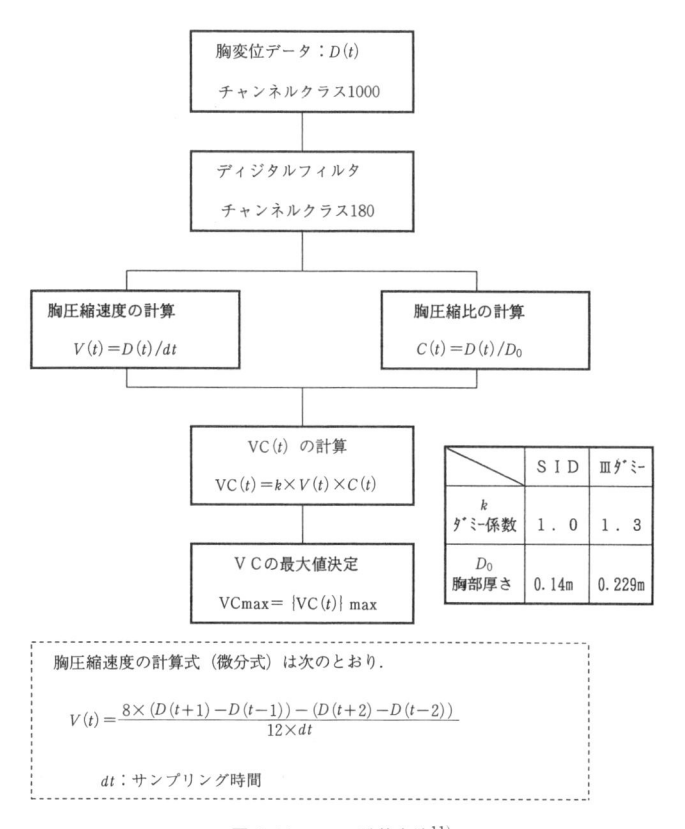

図 4.14 VC の計算方法[11]

4.2 衝突用ダミー

4.2.1 ダミーの種類

a．前面衝突ダミー

現在，前面衝突用ダミーとして最も広く使用されているのがハイブリッドⅡダミー，およびⅢダミーである．

(i) ハイブリッドⅡダミー 図4.15にハイブリッドⅡの50パーセンタイルダミーの外観写真を示す．このダミーは，米国ゼネラルモーター社，連邦交通安全局（Nationai Highway Traffic Association）によって，ARL社，シエラ（Sierra）社のダミー部品を使用して開発されたダミーである．その後，自動車の衝突試験用ダミーとして連邦自動車安全基準（Federal Moter Vehicle Safety Standard No.208）の試験用ダミーとして1973年に正式に採用され，パート572サブパートBダミーとして現在に至っている．

図4.16にハイブリッドⅡダミーによって計測できる代表的なトランスデューサについて示す．頭部には，頭骨（Skull）の中に3個の加速度計が内蔵されており，これらの加速度計によって頭部傷害値が計測できるようになっている．胸部には，胸部脊柱の中に専用のマウントを介して取り付けられた3個の加速度によって胸部加速度が計測される．また，胸部の検定試験のために，胸骨（Sternum）の変位を測定するための胸部変位計が取り付けられるようになっている．左右の大腿部には，荷重計が内蔵されており大腿部荷重が測定できるようになっている

(ii) ハイブリットⅢダミー 図4.17にハイブリットⅢダミーの50パーセンタイルダミーの外観写真を示す．

Ⅲダミーは，Ⅱダミーと同じく前面衝突ダミーとしてゼネラルモーター社によって開発され，1986年にFMVSS 208の試験用ダミーとしてNHTSAに認可された．このⅢダミーは，パート572サブパートEダミーとして規定されている．

図4.18に，ハイブリッドⅢダミーによって計測できる代表的なトランスデューサについて示す．頭部

124   4. 衝 突 安 全 性

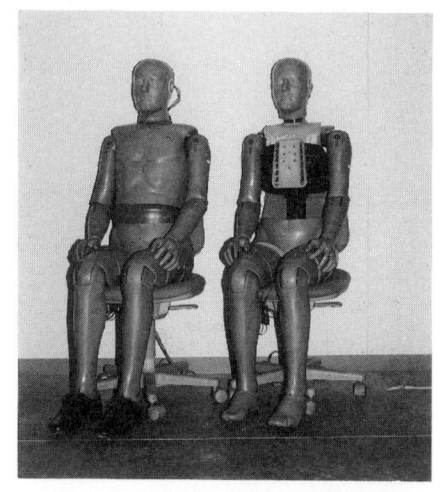

図 4.15 ハイブリッドⅡダミーの外観写真

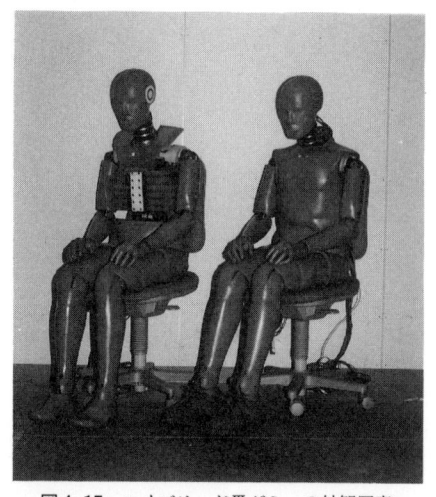

図 4.17 ハイブリッドⅢダミーの外観写真

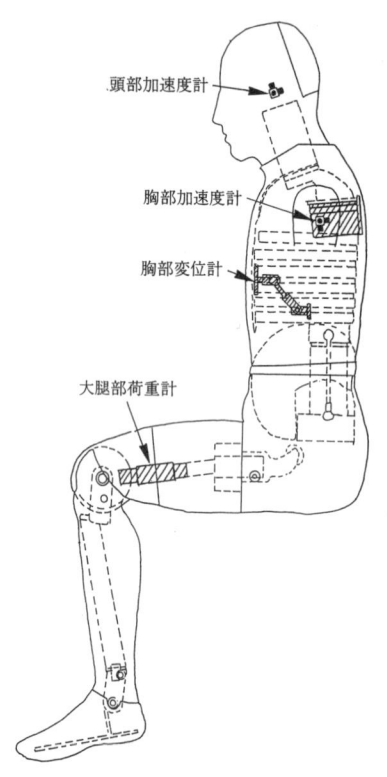

図 4.16 ハイブリッドⅡダミー[12]

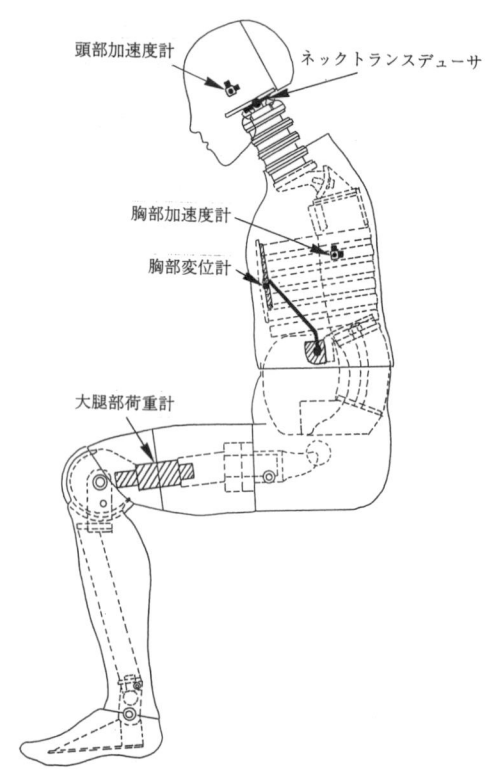

図 4.18 ハイブリッドⅢダミー[12]

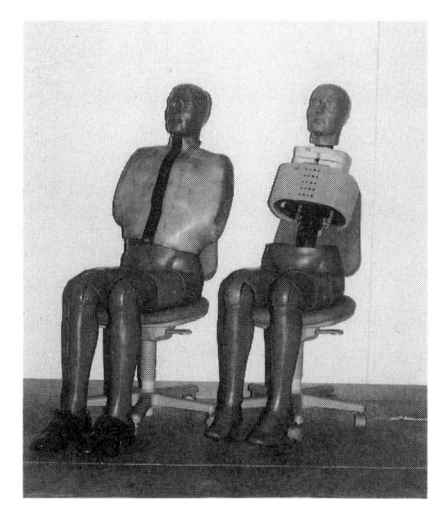

図 4.19 SID ダミーの外観写真

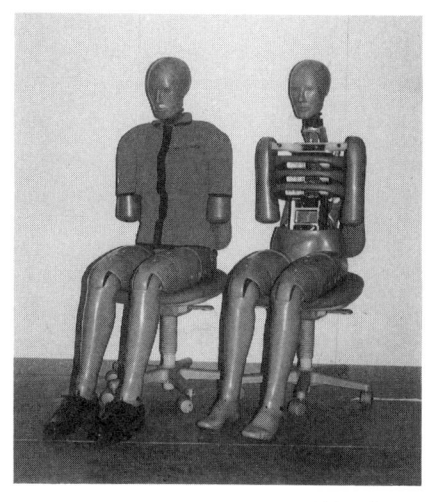

図 4.21 EUROSID-1 ダミーの外観写真

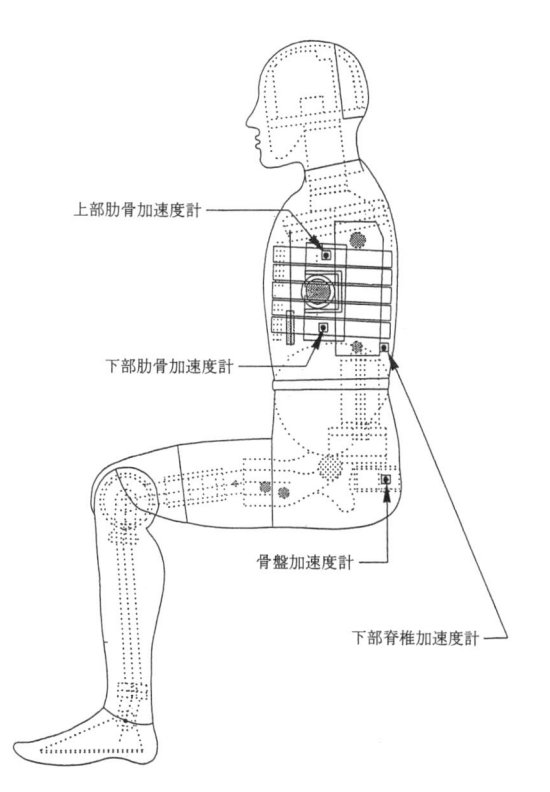

図 4.20 SID ダミー[9]

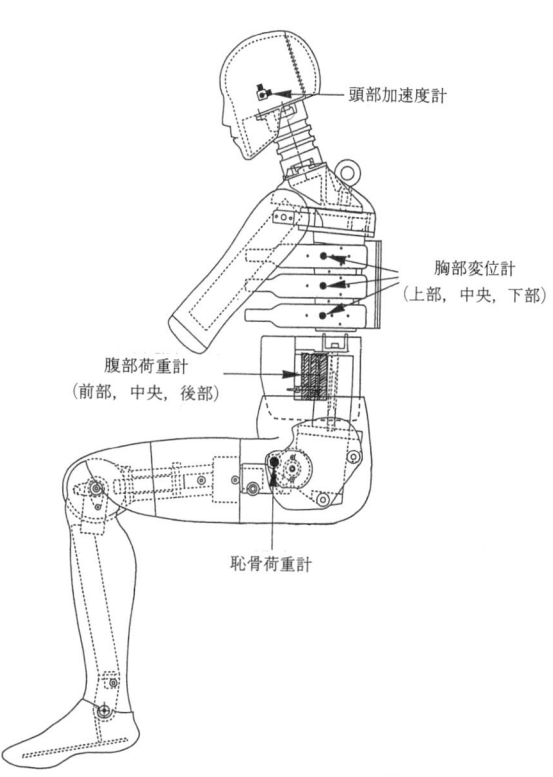

図 4.22 EUROSID-1 ダミー[11]

加速度計測のために頭骨（Skull）の中に3つの加速度計が内蔵されている．頸部には，IIIダミー専用に開発されたネックトランスデューサによって頭部に加わる力やモーメントが計測できるようになっている．このネックトランスデューサは主に頸部の検定試験で使用されるが，最近では頸部傷害の研究用にも使用されている．

胸部には，IIダミーと同じく胸部加速度計と胸部変位計が取り付けられる．また，大腿部には荷重計によって大腿部荷重が計測できるようになっている．

b．側面衝突ダミー

側面衝突ダミーは，側面からの衝撃に対しての人体の応答特性を再現するために開発された側面衝突専用のダミーである．側面衝突ダミーの代表的なものとしてSIDダミーやEUROSID-1ダミーなどがある．

(i) **SIDダミー**　図4.19にSIDダミーの50パーセンタイルダミーの外観写真を示す．SIDは，米国NHTSAとの協定に基づいてミシガン大学の高速安全研究所（Highway Safety Research Institute）によって開発され，その後連邦安全基準（FMVSS 214）の側面衝突試験用ダミー：パート572サブパートFダミーとして使用されているダミーである．

図4.20にSIDダミーによって計測される代表的なトランスデューサを示す．SIDダミーはハイブリッドIIダミーを基に，上部胴体（Upper Torso）の構造が横方向の応答性に適したものに設計されている．

肋骨の上側と下側，および下部脊椎（T12 Lower Spine）にそれぞれ横方向の加速度計が取り付けられ上部胴体に加わる横加速度が計測できる．また，腰部に加わる衝撃を測定するために骨盤（Pelvic）部分に横方向の加速度計が取り付けられるようになっている．

(ii) **EUROSID-1ダミー**　図4.21にEUROSID-1の50パーセンタイルダミーの外観図を示す．このダミーは，EEVC（European Experimental Vehicles Committee）の指導のもとでTNO，TRL，APRなどによって開発された側面衝突ダミーである．

図4.22にこのダミーによって計測できるトランスデューサを示す．頭部はハイブリッドIIIダミーと同じものが使われている．胸部は専用に開発されたものであり，3本の独立した肋骨に各々に取り付けられた変位計によって胸部変位（Thorax Rib Deflection）が計測できるようになっている．腹部には3個の荷重計によって腹部荷重（Abdomen Load）が計測できるようになっている．また，下半胴部は専用の恥骨荷重計によって横方向の恥骨荷重（Pubic Symphysis Load）が計測できるようになっている．

4.2.2　ダミー検定試験の計測技術

衝突ダミーによって計測されるデータの再現性を保証するためにそれぞれのダミーごとに検定試験が決められており，使用前にその規制値に適合しているかの確認が実施される．ダミー検定試験はダミーによってそれぞれ異なり広範囲な内容となっている．そこで，

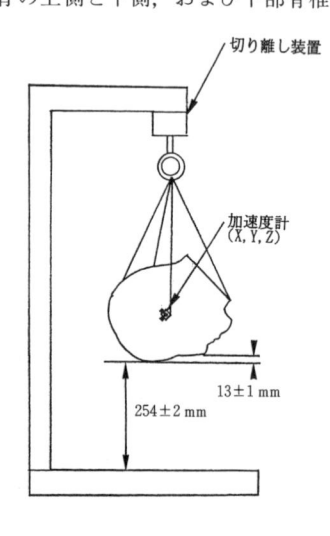

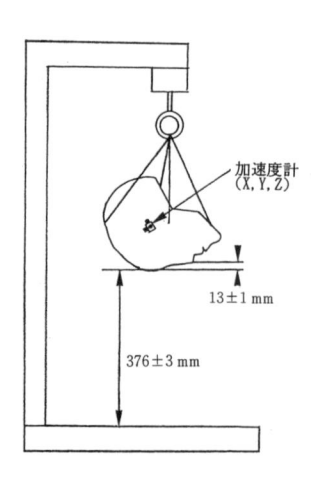

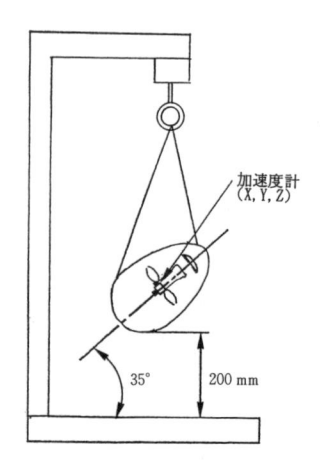

図4.23　頭部落下試験

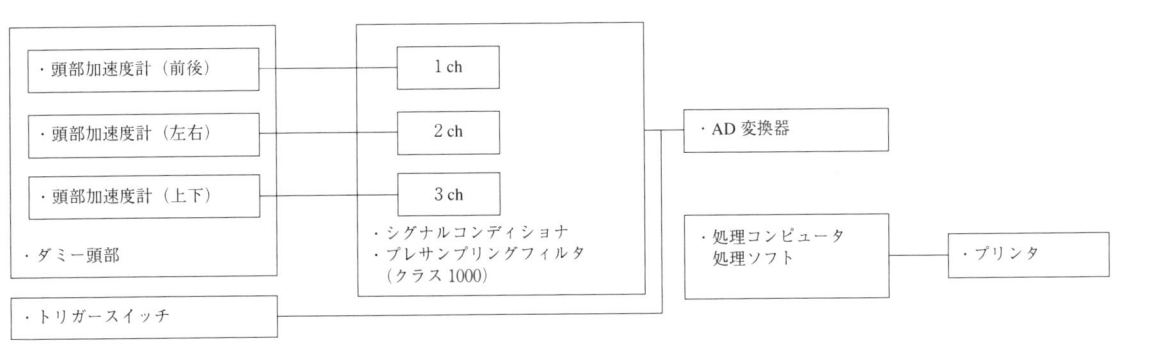

4.2 衝突用ダミー

図4.24 頭部特性試験ブロック図

全ダミー	
計算項目	チャンネルクラス
頭部加速度　前後	1000
左右	1000
上下	1000

本項ではダミー検定試験の計測技術について主に述べる．

a．頭部落下試験

頭部試験装置を図4.23に示す．この試験は，図に示すように規定された高さにダミー頭部をセットし切離し装置によって瞬時に落下させ，頭部に加わる加速度を計測する．どのタイプのダミーも試験条件や判定基準は異なるが計測システムは同一である．

図4.24に頭部特性試験に使用される計測チャンネルのブロック図を示す．ダミー頭部に加わるx，y，z軸方向の加速度を計測しAD変換，フィルタ処理の後コンピュータによって合成加速度などの特性値を計算する．

b．アーム式振り子試験

図4.25にアーム式の振り子試験装置を示す．この試験装置は主に首部特性試験などに使用される．検定に使用するダミー部品を振り子先端部分に取り付け，アルミハニカムなどによって規定されたG特性に振り子を減速させダミー特性を調査する試験装置である．

図4.26に，この振り子試験装置を使用して検定するときの計測ブロック図を示す．振り子加速度は振り子の後面に取り付けられた加速度計で計測される．振

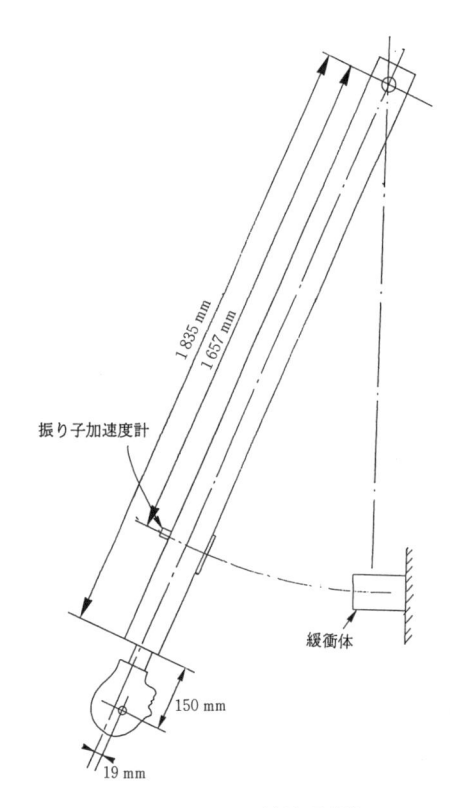

図4.25　アーム式振り子試験

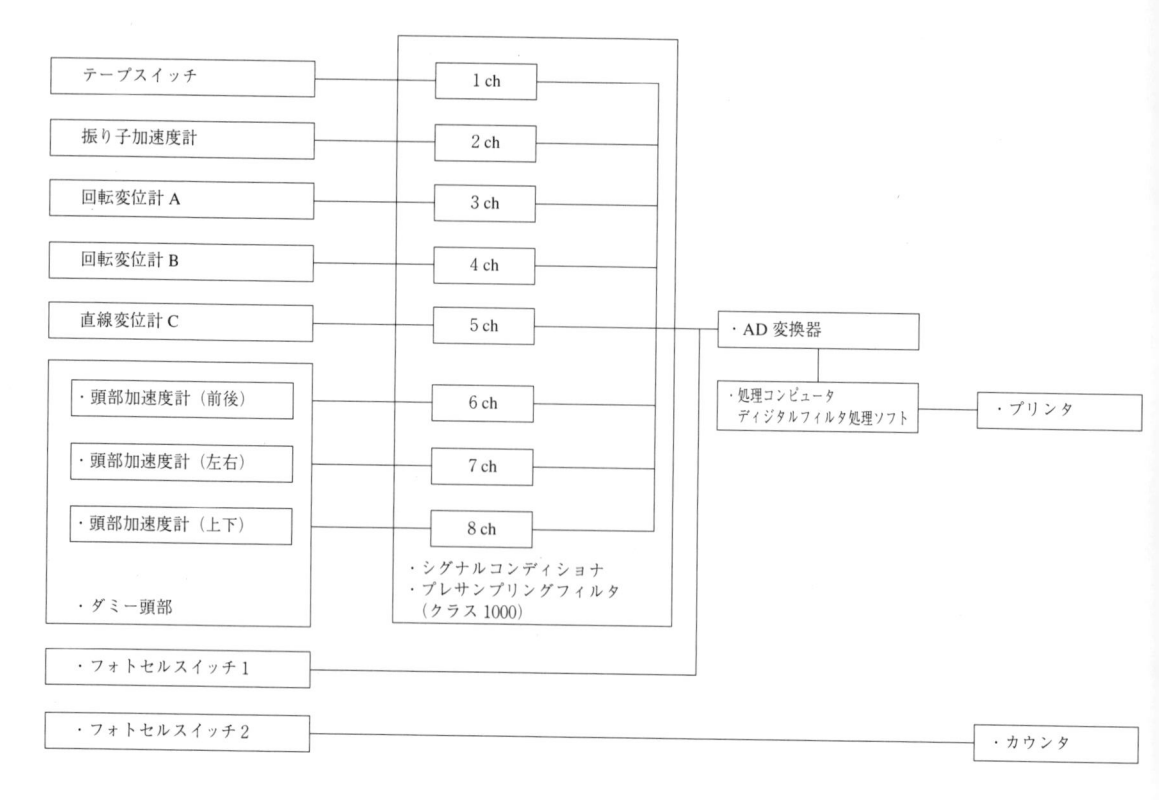

首部特性試験（Ⅱダミーの例）

ハイブリッドⅡ			ハイブリッドⅢ			EUROSID-1		
計測項目		チャンネルクラス	計測項目		チャンネルクラス	計測項目		チャンネルクラス
								首部
振り子加速度	胸部	60	振り子加速度		60	振り子加速度		60
回転角度	A	60	回転角度	A	60	回転角度	A	60 (180)
	B	60		B	60		B	60 (180)
直線変位	C	60	首部せん断荷重	FX	60 (1000)		C	60 (180)
頭部加速度	前後	1000	首部モーメント	MY	60 (1000)	＊（ ）は規制値を回転角度で選択した場合.		
	左右	1000						
	上下	1000						

図 4.26 アーム式振り子試験ブロック図

り子の衝突点は衝突時の衝撃特性に影響を与えないように薄くて細いスイッチによって判別させる．2つのフォトセルスイッチは振り子速度の計測と AD 変換器を作動させるための信号に使用される．

なお，計測項目はダミーによって異なるので，図4.26 の一覧表に計測項目とチャンネルクラスを記載するとともに，以下にそれらの計測項目から計算される各特性値の詳細を述べる．

(i) ハイブリッドⅡダミー Ⅱダミーの首部特性試験では，頭部合成加速度，頭部回転角度，頭部重心移動量の特性値が求められる．図4.27 に示すように，頭部回転角度と頭部重心移動量を計測する計測器は専用に設計されたものであり，振り子側の回転変位計 A，ダミー頭部側の回転変位計 B，および振り子とダミー頭部との相対変位を計測する直線変位計 C から構成されている．

これらの変位計で計測した波形から以下に示す計算式によって首部回転角 Θ と頭部重心移動量 D を計算する．

$$\Theta = d\Theta A + d\Theta B \tag{4.17}$$

ここで，Θ：首部回転度，$d\Theta A$：回転変位計 A の角度変形量，$d\Theta B$：回転変位計 B の角度変形量，である．

$$D = \sqrt{L^2+(L+dL)^2-2L(L+dL)\times\cos d\Theta A}$$
(4.18)

ここで，D：頭部重心移動量，L：A,B 変位計間の初期寸法，dL：直線変位計 C の変化量，$d\Theta A$：回転変位計 A の角度変形量，である．

(ii) ハイブリッド III ダミー III ダミーの首部特性試験では，頭部回転角度，および首部モーメントなどの特性値が求められる．

図 4.28 に示すように，頭部回転角度は，振り子側の回転変位計 A とダミー頭部後頭顆（Occipital Condyles）の部分に取り付けられた回転変位計 B によってそれぞれの回転角が計測され，II ダミーの頭部回転角の計算方法と同じ方法で求めることができる．

首部モーメントは，ネックトランスデューサによって計測される力とモーメント（F_x, M_y）を首部に加わる後頭顆まわりのモーメント M に換算するために以下の式によって求められる．

なお，ネックトランスデューサは 3 軸式と 6 軸式の 2 種類がありそれぞれ計算式が異なる．

[3 軸式] $M = M_y + 0.008763\,F_x$ （Nm）
(4.19)

[6 軸式] $M = M_y + 0.01778\,F_x$ （Nm）
(4.20)

ここで，M：後頭顆まわりのモーメント，M_y：y 軸まわりのモーメント，F_x：せん断力，である．

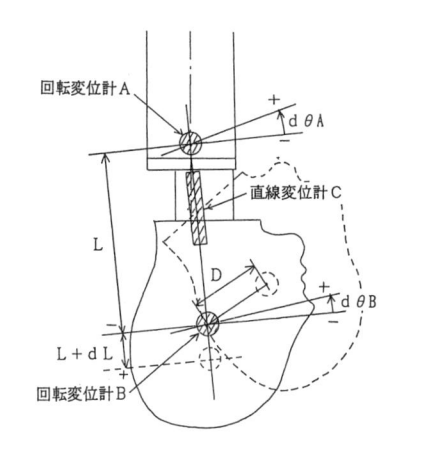

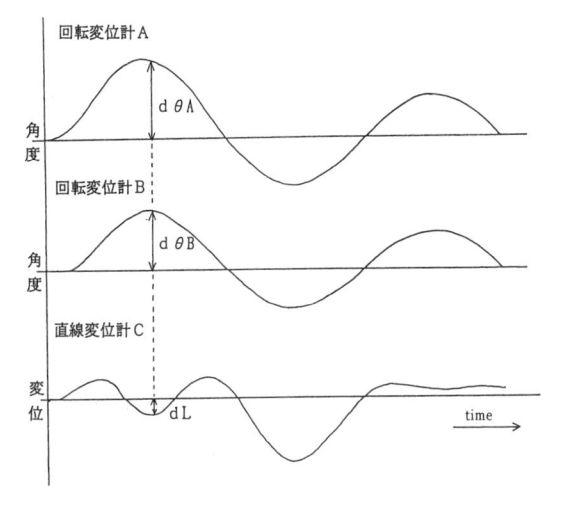

図 4.27 アーム式振り子試験（ハイブリッド II ダミー）

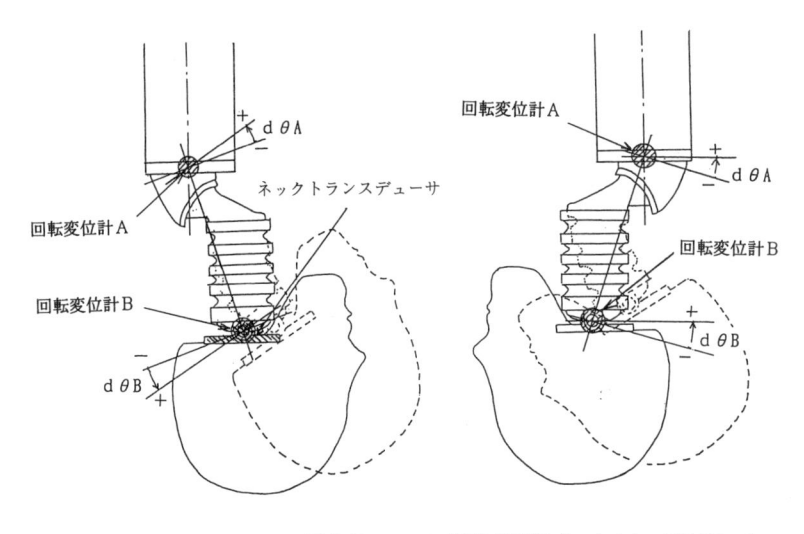

図 4.28 アーム式振り子試験（ハイブリッド III ダミー）

(iii) EUROSID-1 ダミー EUROSID-1 ダミーの首部特性試験では，図 4.29 に示すように専用のヘッドフォームに首部を取り付け各回転変位計で計測される回転角度，ヘッドフォーム回転角度，ヘッドフォーム重心移動量などの特性値が求められる．

上記のために，振り子側に 2 個の回転変位計 A, B が取り付けられる．また，ヘッドフォームの重心部分に回転変位計 C が取り付けられる．

ヘッドフォーム回転角度 Θ は以下の式によって求められる．

$$\Theta = d\Theta A + d\Theta C \quad (4.21)$$

ここで，Θ：ヘッドフォーム回転角度，$d\Theta A$：回転変位計 A の回転角度，$d\Theta C$：回転変位計 C の回転角度，である．ヘッドホーム重心移動量の y および z 方向の移動量は以下の式によって求められる．

$$y = 52 \times \frac{\tan(\theta A_0 + d\theta_A) - \tan(\theta B_0 - d\theta_B)}{\tan(\theta A_0 + d\theta_A) + \tan(\theta B_0 - d\theta_B)} \quad (4.22)$$

$$z = L - 104 \times \frac{\tan(\theta A_0 + d\theta_A) \times \tan(\theta B_0 - d\theta_B)}{\tan(\theta A_0 + d\theta_A) + \tan(\theta B_0 - d\theta_B)} \quad (4.23)$$

c．振り子衝撃試験

振り子衝撃試験装置は図 4.30～4.33 に示すように前突ダミーでは胸部，脚部の特性試験用として，側突ダミーでは肩部，胸部，腹部，骨盤部などの特性試験として幅広く使用されている．この試験装置は衝撃子をワイヤなどで吊り下げ，自然落下によってダミーに衝撃を加える方法が多く用いられている．衝撃子は，図 4.30～4.32 に示すように試験の目的によって異な

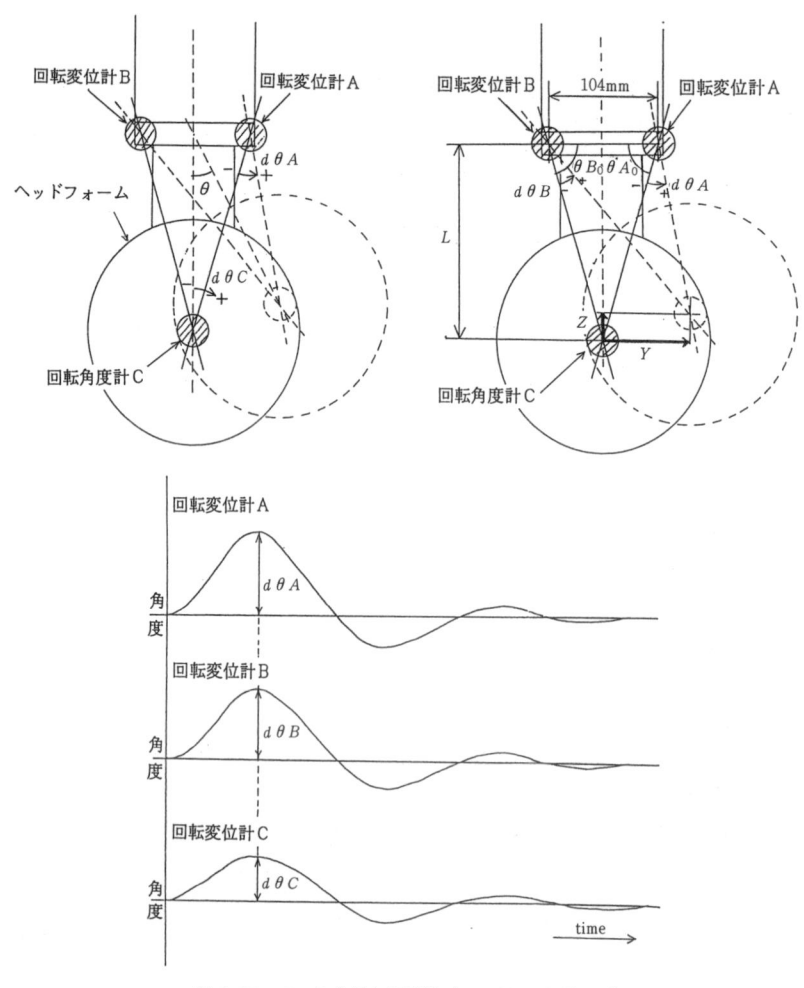

図 4.29　アーム式振り子試験（EUROSID-1 ダミー）

4.2 衝突用ダミー

(a) 胸部特性試験

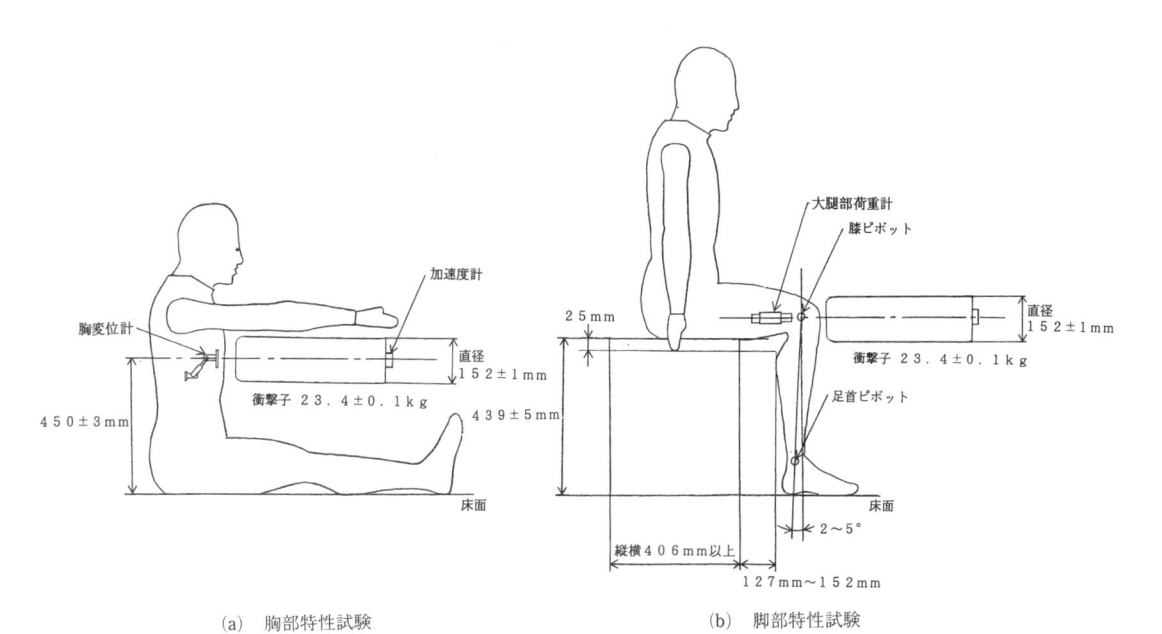

(b) 脚部特性試験

図 4.30 振り子衝撃試験（ハイブリッド II ダミー）

(a) 胸部特性試験

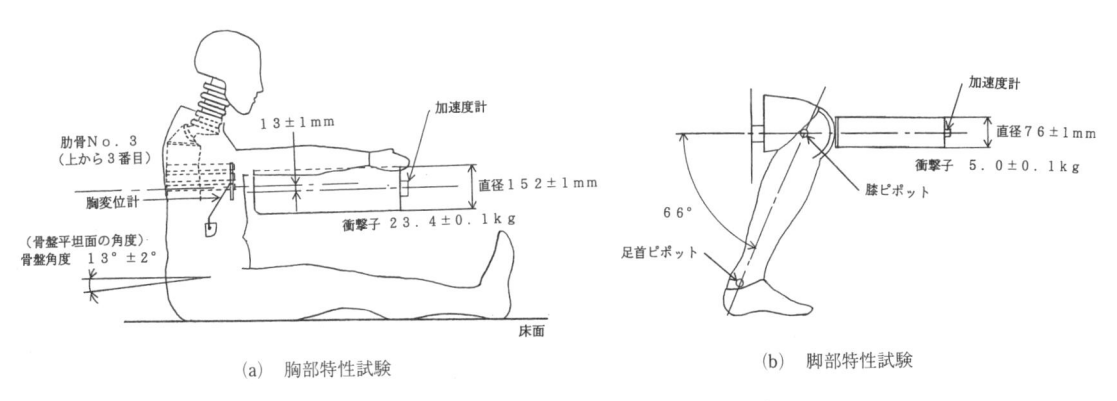

(b) 脚部特性試験

図 4.31 振り子衝撃試験（ハイブリッド III ダミー）

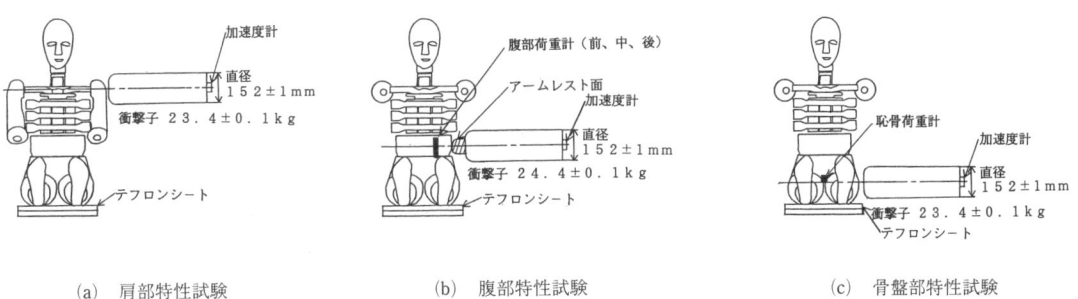

(a) 肩部特性試験

(b) 腹部特性試験

(c) 骨盤部特性試験

図 4.32 振り子衝撃試験（EUROSID-1 ダミー）[10]

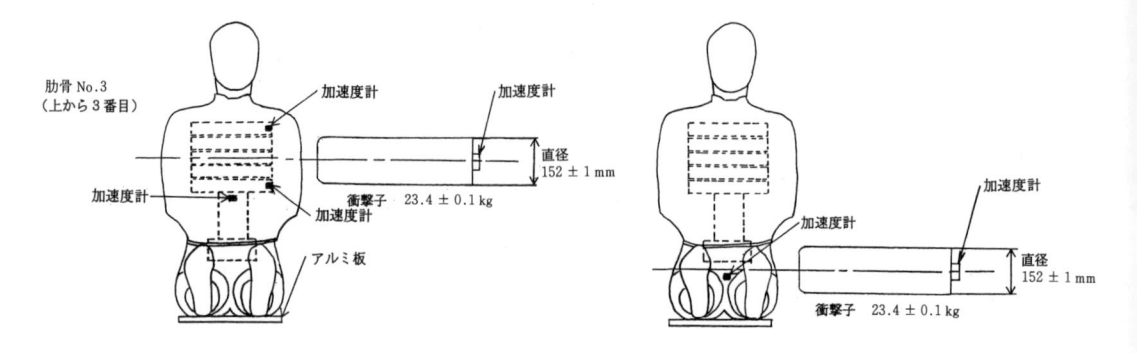

(a) 胸部特性試験 (b) 骨盤部特性試験

図 4.33 振り子衝撃試験（SID ダミー）

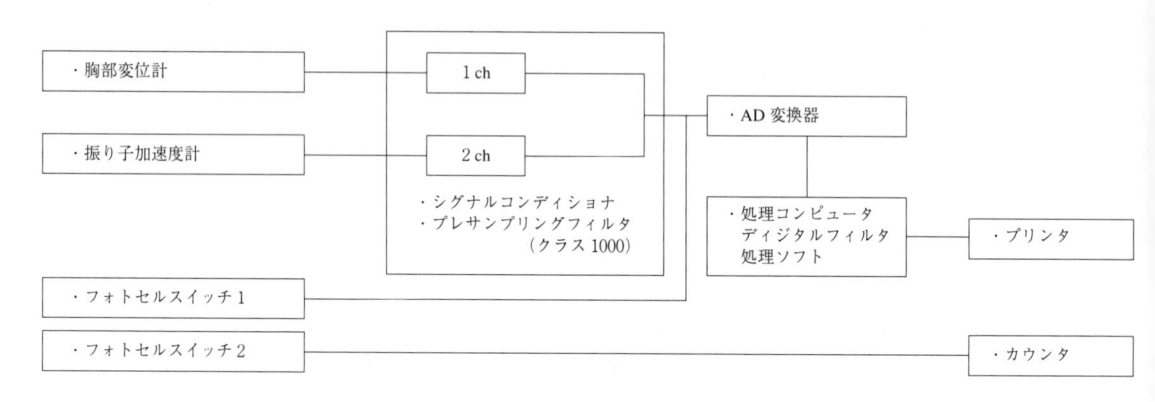

胸部特性試験

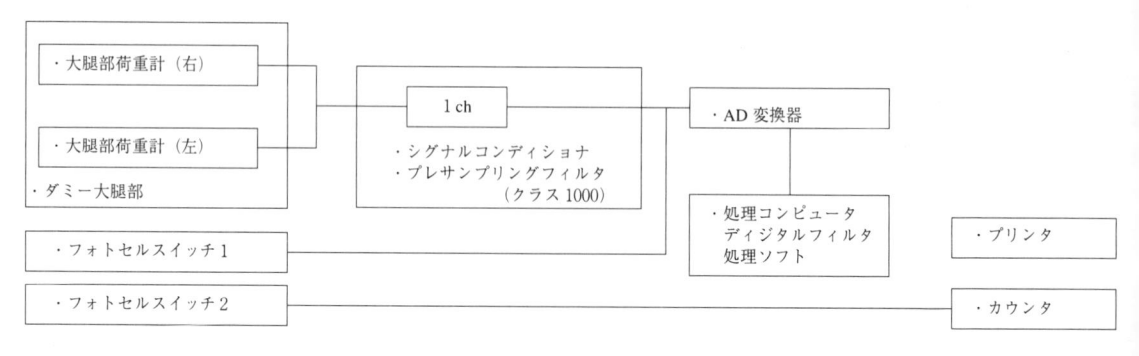

脚部特性試験（II ダミーの例）

ハイブリッド II			ハイブリッド III			EUROSID-1			DOT-SID	
計測項目		チャンネルクラス	計測項目		チャンネルクラス	計測項目		チャンネルクラス	計測項目	チャンネルクラス
振り子加速度	胸部	180	振り子加速度	胸部	180	振り子加速度	肩部	180	胸部加速度 上部	CFC 180+
胸部変位		180		膝部	600		腹部	180	下部	FIR 180
大腿部荷重		180	胸部変位		180		骨盤部	180	脊椎加速度	
						腹部荷重	前部	600	骨盤加速度	
							中央	600		
							後部	600		
						骨盤荷重		600		

図 4.34 振り子衝撃試験ブロック図

った物が使用される．

図4.34に振り子衝撃試験の代表的な計測ブロック図と計測項目を示す．計測項目は衝突ダミーによって異なるので，以下にその詳細を述べる．

(i) **前面衝突ダミー**　ハイブリッドIIダミー，IIIダミーともに胸部，脚部の特性試験が規定されている．胸部特性試験では，ダミー胸部に加わる衝撃力を振り子加速度に衝撃子の重量を乗じることによって求め，さらに図4.35に示すように，胸部衝撃力と胸変位量の関係より胸部ヒステリシスが計算される．

脚部特性試験においてはハイブリッドIIダミーでは大腿部荷重計によって，IIIダミーでは振り子加速度に衝撃子の重量を乗じることにより衝撃荷重値が求められる．

(ii) **側面衝突ダミー**　図4.32において示したEUROSID-1ダミーの肩部，腹部，骨盤部の特性試験においては，振り子加速度に衝撃子の重量を乗じて衝撃荷重値が求められる．また，腹部と骨盤部の衝撃試験においてはダミーに内蔵された荷重計によって腹部合計荷重，恥骨荷重が計測され規定された特性値への適合性が検討される．

図4.33に示すSIDダミーにおいては，胸部特性試験で肋骨加速度と脊椎加速度が計測される．また，骨盤部特性試験では骨盤加速度の最大値などの特性値が求められる．

d．その他の試験

(i) **落下式衝撃試験**　図4.36にEUROSID-1ダミーのリブ特性試験装置を示す．図のようにリブ単体を試験装置にセットし，規定の高さから衝撃子を落

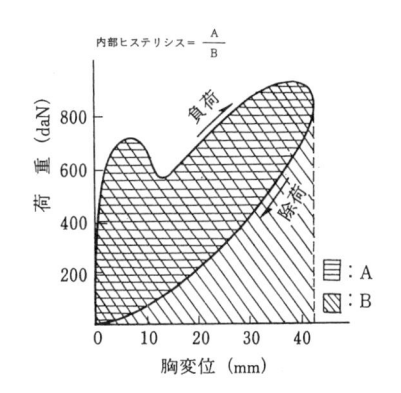

図4.35　胸部ヒステリシス特性

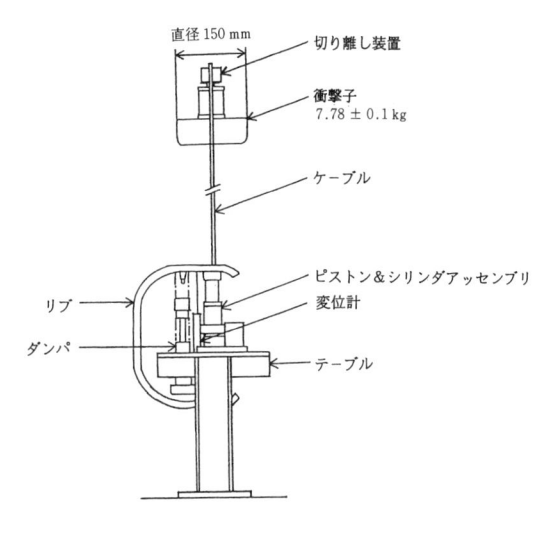

図4.36　落下式衝撃試験[11]

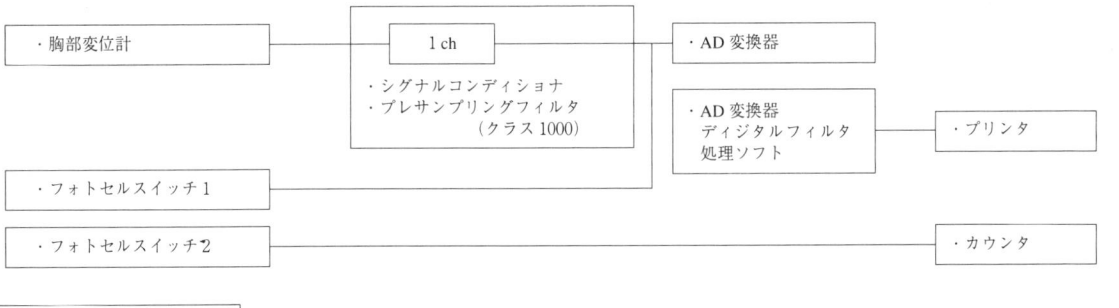

EUROSID-1	
計測項目	チャンネルクラス
胸部変位	180

図4.37　落下式衝撃試験ブロック図

(a) 腹部特性試験

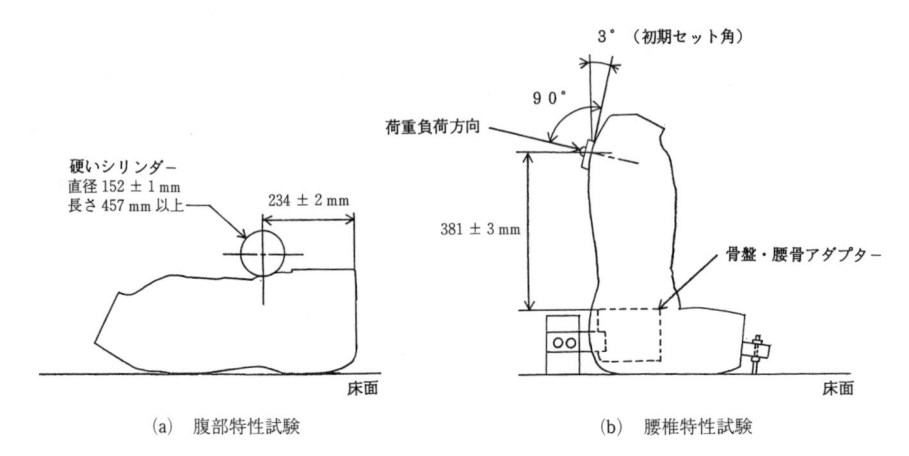

(b) 腰椎特性試験

図4.38　静的負荷試験

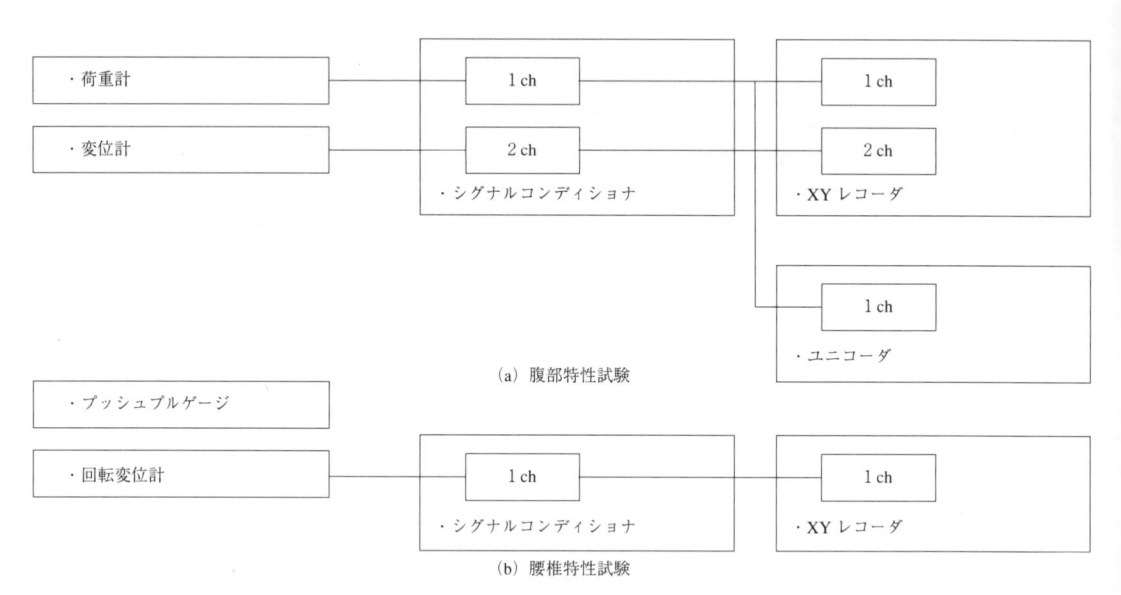

(a) 腹部特性試験

(b) 腰椎特性試験

図4.39　静的負荷試験ブロック図

下させる試験装置である．図4.37に計測ブロック図を示す．この試験では，胸部変位計によってリブ変位が計測される．衝撃子の速度の計測にあたっては，速度計測間隔が十分にとれないので計測精度に注意をする必要がある．その代用として，衝撃子の落下高さを計算によって求め試験を実施している例もある．

(ii) 静的負荷試験　図4.38にハイブリッドIIダミーの腹部と腰部の特性試験に使用される静的負荷試験の概要を示す．また，図4.39に計測ブロック図を示す．

腹部特性試験においては，負荷シリンダに取り付けられた荷重計と変位計によって荷重・変位特性がXYレコーダに記録され規定範囲の腹部特性に入っているかの検定がなされる．

腰椎特性試験では背中の基準面付近に取り付けられた回転角度計によって基準面の角度が計測される．背中への負荷荷重はプッシュプルゲージなどで計測される．最近では自動的に基準面に負荷できる装置も開発されており，その場合は荷重計によって負荷荷重が計測される．

[藤田春男]

参 考 文 献

1) SAE J 211-JUN 80 Instrumentation for Impact Tests
2) SAE J 211-JUN 88 Instrumentation for Impact Tests
3) ISO 6487-1987 Road Vehicles Measurement Techniques in Impact Tests-instrumentation
4) ISO/TC 22/SC 12/WG 3 N 260, ISO 6487 Draft for Revi-

参 考 文 献

sion
5) JIS D 1050 自動車の衝撃試験における計測 (1986)
6) U.S.Department of Transportation NHTSA Laboratory Indicant Test Program
7) R.Radowan and J.Nickles：U.S.Department of Transportation NHTSA Perfomance Evaluation of Crash Test Data Acquisition Systems
8) 藤田春男：前面衝突時の乗員傷害値の計測技術，Vol.48, No.3, 19-24 (1994)
9) U.S.Department of Transportation NHTSA Laboratory Test Procedure for FMVSS 214 "Side Impact Protection passenger Cer"
10) 日本自動車研究所：欧州側面衝突用ダミー，EUROSID-1の取扱いについて，JARI Survey Note, No 20
11) TNO Crash-Safety Research Centre ： EUROSID-1 Assembly and Certification Procedures (1994. 1)
12) First Technology Safety Systems Japan：Technical Materials for Anthropomorphic Test Devices

5

空 力 特 性

5.1 概　　　説

　自動車は空気中を運動するため，空気に力を与え，その反作用として自らは力を受ける．この反作用の力は，いわゆる空力6分力（抗力または空気抵抗，揚力，横力，ヨーイングモーメント，ピッチングモーメント，ローリングモーメント）として定義される．空力6分力は速度の2乗に比例して増大するため，高速走行時の燃費，動力性能あるいは運動性能に大きな影響をおよぼす．また自動車の運動に伴って車体まわりの空気に生ずる渦や乱れなどは，さまざまな空力的問題を引き起こす．これらの代表的なものは，渦の乱れなどの流れの非定常性によって生ずる空力騒音や地上の埃などを巻き込むことによる汚れ付着などである．

　すなわち，本章で扱う「空力特性」とは，自動車が走行することによって生ずる車体まわりの空気の流れと車体との間に起こる流体力学的な現象として定義する．

　したがって，本章で述べる計測技術は，主に車体の外部流に関連するものに限り，車室内の空調やエンジンルームなどの流れ場や温度場に関するものについては言及しない．ただし，本章で述べる流れの速度，圧力などの基本的な物理量の計測方法は，車室内の空調やエンジンルームの場合も共通である．

　また，ここでは流体力学の一般的な計測方法の記述は極力避け，主に自動車の空力開発におけるこれら計測法の活用について述べるが，とくに自動車の空力問題の中でも年々その重要度が増している空力騒音に関わる計測と，最新の計測法としてその活用が注目されている流れの可視化手法については，最近の動向も含めて詳述する．

　なお，自動車の空力特性の詳細については，本シリーズ第10巻『自動車のデザインと空力技術』，あるいは参考文献1）などを参照されたい．

　　　　　　　　　　　　　　[中川邦夫，知名　宏]

5.2 風 洞 設 備

　従来，車体まわりの流れに起因する種々の空力問題は，走行試験あるいは航空機用風洞を利用することによってその解決が図られてきた．しかし，1970年代初めのオイルクライシスを契機に，自動車メーカ各社の自動車用風洞建設が盛んになり，現在では有力自動車メーカの多くは独自風洞を有しており，自動車の空力特性の研究，開発は，そのほとんどが風洞試験によって実施されている．

　したがって，ここでは自動車用風洞およびそれらに付属している設備などについて概説する．

5.2.1 風　　　洞

　自動車用風洞には，実車あるいは実物大の模型を試験するための実車風洞と，縮尺模型用の模型風洞とがある．

a．実車風洞

　実車風洞は文字通り実車を風洞測定部に設置し，実際の走行状態とほぼ等しい流れ場を車体まわりに作り出して，自動車の空力的諸問題の解決に利用する設備である．主に実物大模型や試作車あるいは完成車などを用いた空力特性の確認や細部形状の改良，スポイラなどの空力デバイスの開発，あるいは空力騒音や汚れ付着の計測など，縮尺模型試験などでは扱い難い問題の解決に用いられている．

　風洞の形式はさまざまであるが，大別して回流式と非回流式（あるいは吹出し式）に分けられる．また，車両を設置する測定部もクローズド（密閉型），セミオープン（半開放型），スロッテドなどの形式があり，

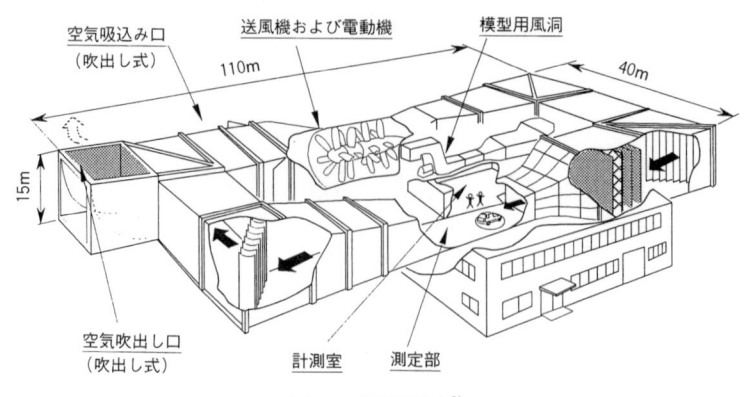

図 5.1 風洞試験室[2]

空力騒音計測の点から，セミオープンの測定部を無響室で囲った形式のものもある（低騒音風洞については，5.5節を参照されたい）．図5.1に自動車用風洞の一例を示す．この風洞はクローズドタイプの測定部をもち，主に回流式で使用されるが，煙などのトレーサを使う可視化試験の場合には，コーナ部の偏流板を切り替えて吹出し式に変更できる形式のものである[2]．

風洞内で実走行状態を模擬するためには，十分大きな測定部断面が望ましく，測定部断面が小さい場合は，供試車あるいは模型による閉塞（ブロッケージ）の影響が無視できなくなる．供試車や模型による閉塞の影響を取り除くための補正法は，測定部形式に応じて種々提案されているが[3]，いまだ確立されたとは言い難いようである．したがって，いずれの補正法を用いる場合でも，風洞試験によって有意な結果を得るためには，測定部断面を供試車前面投影面積の少なくとも10倍以上，あるいは供試車による閉塞率（供試車の前面投影面積と測定部断面積との比）を10%以下に保つべきである．

b．模型風洞

模型風洞は主に車開発の初期段階，エクステリアデザインの創造過程で，車体形状の空力的改善に用いられる[4]．風洞の形式は実車風洞同様，さまざまなものがある．供試模型は，実車の1/4～1/5程度の縮尺模型が一般的で，実車風洞同様，測定部断面の大きさはブロッケージの影響が無視できる，あるいは十分補正できるように考慮して決められる[5]．

また供試模型は木製やFRP製が多いが，形状を細工できるようエクステリアデザインに関わる部分はクレイ（粘土）で作られる場合もある．

なお，自動車用風洞を含めた国内の主要低速風洞は，その仕様，具備装置などを含め，参考文献6）に一覧されているので参照されたい．

5.2.2 付属設備

自動車が走行している時は，地面が車に対して相対的に移動しているが，通常の風洞試験の場合は，地面に相当する風洞床面が静止している．このため風洞に置かれた車の床下やタイヤ付近の流れは，風洞床面に発達する境界層の影響を受け，実走行の場合と異なることになる．この影響を避け，実走行に近い床下流れを実現するため，自動車用風洞では境界層吸込みなどの境界層制御装置やムービングベルトを備え，風洞床面上に発達する境界層を抑制しているものが多い．

また表5.1は自動車用風洞の代表的な付属設備を表しているが[7]，空気力計測のための天秤は，自動車用風洞に不可欠な装置である．

a．境界層制御装置

これは風洞縮流部から発達してくる境界層の厚さを減じるもので，図5.2に示すような車の直前で境界層を吸い込み，境界層を十分に薄くして実走行状態を模擬するもの（ベーシックサクション）や，車を設置する床面全体から境界層を吸い込むもの（ディストリビューテッドサクション），さらには境界層内に高速の気流を注入し，境界層内の運動量を増やして一様流に近づけるもの（タンジェンシャルブローイング）などがある[8]．とくにベーシックサクションは，比較的風洞に組み込みやすいため，模型，実車風洞の双方で多く用いられている．

5.2 風洞設備

表 5.1 主要な仕様と付属装置[7]

	実車用風洞	模型用風洞
形　　式	回流・吹出し式	吸込み式
最大風速 (km/h)	216	216
測定部寸法 (m)	6 W × 4 H × 112 L	1.4 W × 0.9 H × 2.5 L
縮　流　比	5	5
電動機動力 (kW)	2 350	100
送風機直径 (m)	8	2
付　属　装　置	・6 分力天秤 ・床面速度境界層制御装置 ・消音装置 ・ターンテーブル ・オンラインデータ処理装置 ・空気調温装置（実車） ・タイヤ回転装置（実車） ・可変コーナベーン（実車）	

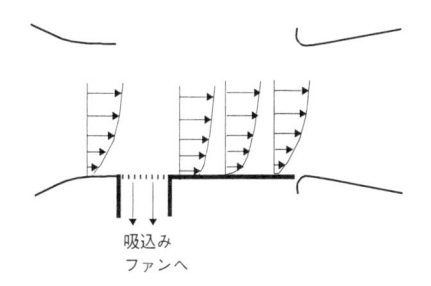

ベーシックサクション

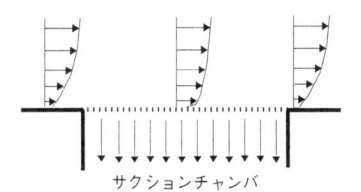

ディストリビューテッドサクション

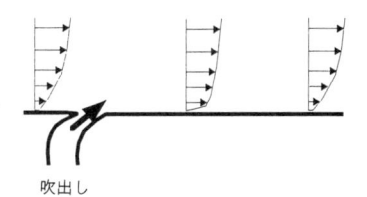

タンジェンシャルブローイング

図 5.2 境界層制御の方法

図 5.3 ムービングベルト

しかしながら，これらの方法では境界層を完全に取り除くことができず，厳密には実走行の状態を再現できない．ただし上述の境界層制御によって，一般の乗用車の場合はサスペンションなどの床下構造物が境界層の影響を受ける流速の遅い部分に曝されなくなるため，車体まわりの流れ場は実走行の状態をほぼ模擬していると考えて良い．

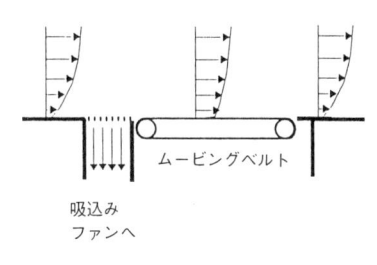

b．ムービングベルト装置

ムービングベルト装置の概念を図 5.3 に示す．これは主流風速と同じ速度で床面を移動させ，実走行を忠実に模擬するものである．ただし，床面が移動するため，後述する固定床の場合と異なり，タイヤ以外の部分で車体を支持し，6 分力を計測する必要がある．そのためワイヤ，スティング，ストラットなどにより車体の後方やルーフを支持して空気力を計測する方法が採用されている．

しかし，装置自体が複雑であり，風洞への組込みが大がかりになるため，この設備を具備した実車風洞は少ない．国内ではいくつかの模型風洞に具備されているが[9〜12]，大型風洞としては新設された鉄道車両用風洞に備えられているだけである[13]．

c．天　　秤

次節で述べる空力 6 分力を計測するための天秤は，通常，図 5.4 に示すように風洞測定部の床に設置されている．車に加わる空気力を天秤に伝える受感部

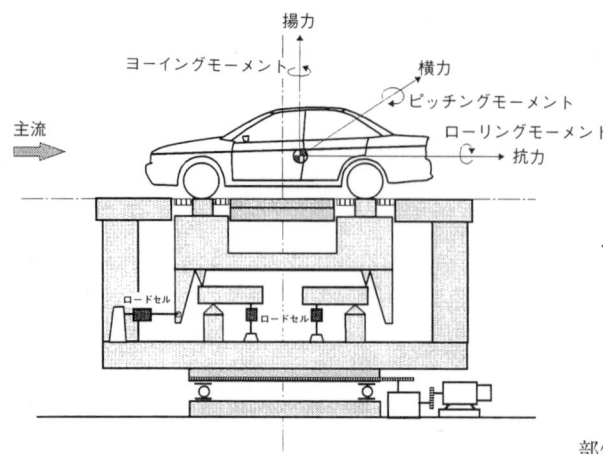

図5.4　風洞天秤（断面図）

は，車のホイールベース，トレッドに合わせてその位置が変更可能な構造となっており，実車用は直接タイヤを乗せるため風洞床面と同一面内に作られている．一方，模型用はタイヤにストラットを差し込んで固定するストラット式が多い．

天秤のシステム全体は，ターンテーブルと呼ばれる回転可能な構造になっており，車両と風洞気流に相対的な角度，偏揺角を設定することができる．定常的な横風や偏向風に遭遇した場合の空力特性は，ターンテーブルを回転させて，車速と横風風速から求まる偏揺角に設定すれば，容易に測定することができる．

[中川邦夫，知名　宏]

5.3　空気力と流れ場の計測解析

走行中の自動車に加わる空気力は，最高速や燃費あるいは運動性能などに大きな影響を与えるため，その低減は走行性能向上のための重要な課題である．とくに近年，地球環境保護や省資源の観点からの低燃費化の要請により，空気抵抗の低減が新型車開発時の主要課題の一つになっている．このため車体に加わる空気力の計測は，空力試験の必須項目である．

しかし，空気力は車体表面の圧力を積分した結果であり，車体まわりの流れ場のマクロ的情報にすぎないため，車体各部位で生じている流れ場の局所的な現象を理解することはできない．車体形状変更に伴う空気力の変化や後述する汚れ付着あるいは空力騒音発生などの物理的な要因を理解するためには，注目している部位付近の圧力分布や速度分布などを測定する必要がある．

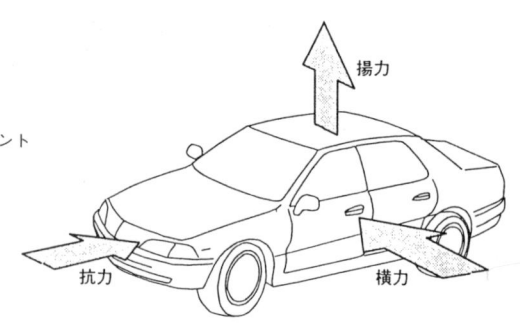

図5.5　自動車に作用する空気力

したがって，本節では空気力の計測と流れの基本的な物理量である速度や圧力などの計測手法について述べる．

5.3.1　空気力の計測

車体に加わる空気力は空力6分力として定義され，図5.5に示す3方向の力と車の重心を通るそれぞれの軸まわりの3つのモーメントとして表される．

この空力6分力は，前述した天秤によって計測するのが一般的である．実車風洞試験の場合は，以下の手順で6分力の計測が行われる．まず風洞測定部の床下面に設置されている天秤受感部に供試車両を設置する．タイヤが適正に乗るように，受感部は予め車両のホイールベース，トレッドに合わせて寸法を調整しておく．次に乗員数，燃料量，タイヤ空気圧などを規定の条件に合わせ，車体姿勢を調整する．このような準備を行った後，風洞風速を試験風速に設定して，6分力を測定する．最近の風洞では，計測された空気力がオンラインで処理され，6分力係数などが自動的に算出される．また，6分力係数を定義する際に必要となる車の前面投影面積は，風洞試験と全く同じ条件で撮影した車両の写真から算出されたり，車両を風洞に設置した状態で，直接レーザ光を用いて計測するなどの方法で求める．

計測される6分力は，使用する風洞の仕様や気流特性などによって異なる場合もあり，欧米の風洞では，種々の試験によって互いの相関が調べられている[14〜16]．

5.3.2 流れの計測

ここでは流れの基本的な物理量として,速度,圧力の計測方法について簡単に触れる.なお,これらの詳細については,参考文献17),18)などの専門書を参考にされたい.

a.ピトー管

ピトー静圧管とも呼ばれ,速度,圧力計測に用いる最も基本的な計測装置で,流れ場を測る上での基準器にもなっている.測定探子と圧力計の配管などのために周波数応答が遅いため,測定する速度や圧力はある時間の平均値に限られる.

一般的な単孔ピトー管は,主に比較的単純な流れ場の測定や風洞などの基準風速監視用に用いられる.また小径の管を用いて,全圧の測定孔を矩形状に整形した単孔ピトー管と,微圧計測可能な圧力計と組み合わせ,境界層内の速度分布を測る方法がある.これは境界層ピトー管と呼ばれている.ただしこの場合は,管に静圧孔を直接設けることが困難なため,測定断面の静圧を用いて速度を算出する.通常のピトー管同様,はく離域などの逆流の測定はできない.

一般的に自動車まわりの流れ場は逆流を含んだ3次元的な流れであり,通常の単孔ピトー管では精度の良い計測が困難である.3次元的な流れ場の計測には,このような単孔ピトー管の欠点を補うため,図5.6に示すような5孔や13孔あるいは14孔などの複数の圧力測定孔をもつピトー管が用いられる[19,20].測定孔の配置によって感度が低下する計測領域は存在するが,逆流域の計測が可能であり,後流測定結果を用いて渦度や局所的な抗力(マイクロドラッグ)などを求めることもできる.図5.7はマイクロドラッグ計測結果の一例で,14孔ピトー管で測定した車体後流の圧力分布から,マイクロドラッグの分布を算定している[20].このような計測によって得られる結果は,車体全体の空気抵抗に寄与の大きい部位を特定できるため,空気抵抗の低減策を探る一助として大いに有用である.

b.熱線風速計

定温度型熱線風速計は,加熱した細線の気流による放熱を電気的に補償し,その補償量によって流速を算出する風速計である.直径$5\mu m$程度のタングステン線や白金線をブリッジ回路の一辺として構成し,一定の電圧を加えてその細線を加熱する.熱線に当たる気流によって強制的に奪われる熱を電流で補償し,その電流変化によって速度を算出する.速度と出力電流あるいは電圧の関係を予め校正しておかなければならない煩わしさはあるが,受感部の体積が小さいため流れの高周波数成分までの測定が可能で,速度変動などの乱流計測には欠かせない計測器である.

図5.8に示すような,複数の熱線を配置して,x, y, z方向の速度の3成分を計測できるプローブや空力騒音の音源探査のために渦度の時間変化を計測できるように熱線を配置したプローブ[21]などもある.ただし,熱線風速計による速度計測は,その計測原理上,逆流域や3次元性の強い流れ場では十分な精度が得られない場合が多い.

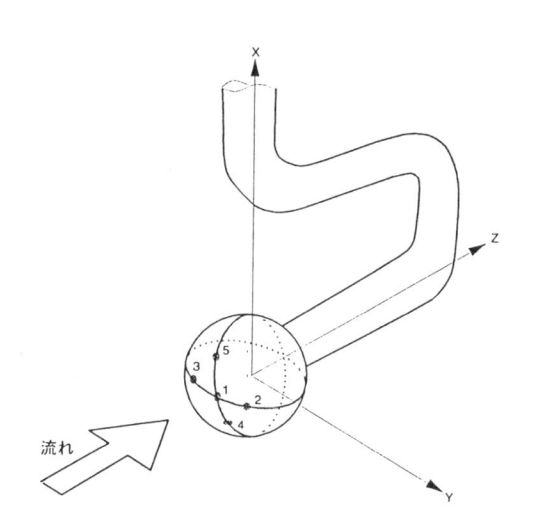

図5.6 5孔ピトー管

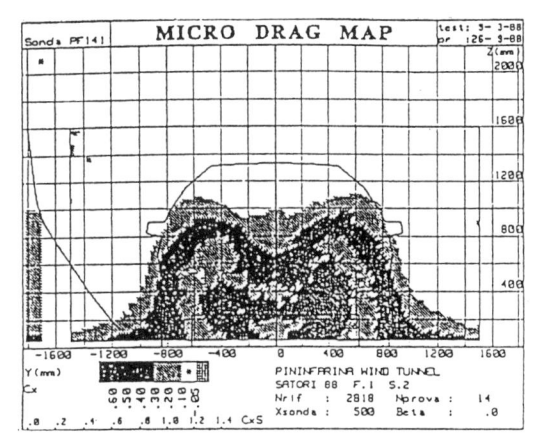

図5.7 マイクロドラッグの例[20]

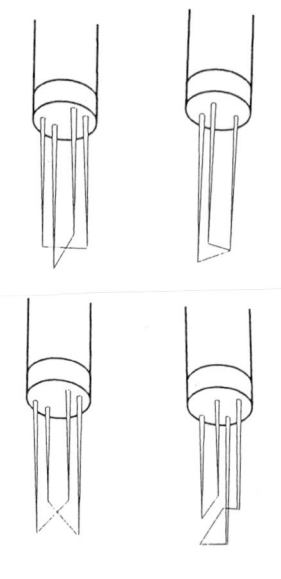

図 5.8 熱線プローブの例[21]

c. レーザ流速計

前述したピトー管や熱線風速計による流れ場の計測では,流れの中に測定用探子(プローブ)を挿入する必要があるため,流れ場はその影響を受けることになる.たとえば,わずかの擾乱によって全面はく離に至るような前縁はく離泡の計測などである.また,ファンなど回転体の近傍や構造物の内部などの物理的にプローブの使用が制限されるような場合もある.このような場合は流れ場にプローブを挿入しない,いわゆる非接触計測が必要であるが,レーザ流速計はその代表的な装置である[22〜24].

レーザ流速計の概要を図 5.9 に示すが,計測原理は,2本のレーザ光が交差する微小な検査体積内を通過するトレーサからの散乱光のドップラ周波数変調によって,その点の速度を算出するものである.

従来,レーザ発光部はレーザ発振器本体と一体であり,使用に際しては光学系の調整が厄介であったが,最近,グラスファイバを用いることで,発光部は発振器本体と分離されたプローブ型となったため,実験装置への設置やトラバース装置と組み合わせた測定点の移動などの取扱いが容易になっている.

計測に際しては,レーザ光を散乱させるためのトレーサを流れ場に注入(シーディング)する必要がある.トレーサは超音波で微細化した水滴や煙の粒子を用いることが多い.

d. 圧力の計測

圧力は速度と同様流れの基本的な物理量であり,流れの現象解明のためには不可欠なものである.単孔ピトー管での計測はマノメータで十分対応できるが,模型などの供試体表面の圧力分布を測定する場合は,多数の点の圧力を短時間で計測する必要がある.また,前述したように最近は,逆流を含む流れを多孔ピトー管で計測する場合も多く,これらの計測は多点の圧力を高速で検出できるセンサあるいは計測システムが不可欠である.

そのため最近は,圧力測定孔に接続した圧力ポートを機械的に切り替えて,一個の圧力センサで順次各点の圧力計測値を電気信号として取り出す方式や,圧力測定孔各々を半導体式圧力センサに接続して,電気的に各点を掃引し圧力計測値を読み取る方式などが用いられている.これらの方法ではきわめて高速で各点の圧力値を検出できるため,横風遭遇時や車の追越し時などの過渡的空気力の算出の際にも応用されている[25].

〔知名 宏,中川邦夫〕

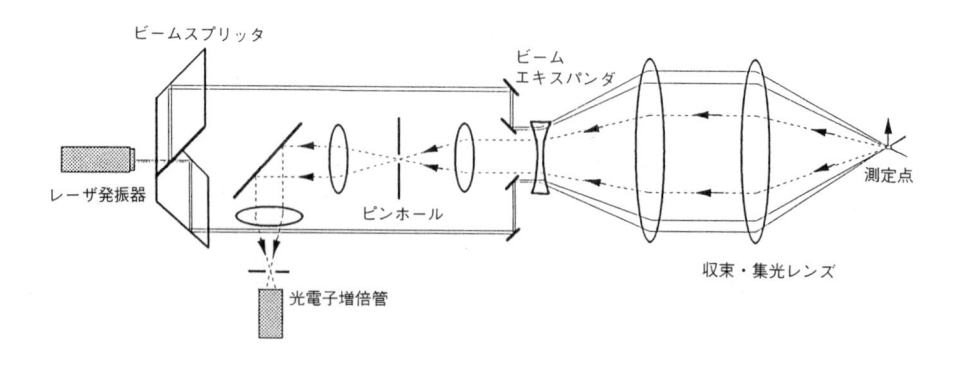

図 5.9 レーザ流速計の原理

5.4 空力実用性能の計測解析

ここで述べる空力実用性能とは，前節で述べた自動車の動力学的特性に関わる問題と次節で述べる空力騒音以外の空力特性を表すものとする．これらには，埃などの巻上げによる車体の汚れ付着，高速走行時のワイパの浮き上がり，エンジンルームの通風性能と呼ばれるエンジンルームへの冷却風の取入れ性能あるいはドアガラスやボデーパネルの吸出し変形などがある．本節ではこれら空力実用性能の試験および計測方法について述べる．ただし，車体のまわりの圧力分布によって生ずるボデーパネルなどの変形問題は，空力的検討と車体各部位の応力解析とを連成して考える必要があるため，ここでは扱わない．

なお，本節で扱う空力実用性に関わる種々の現象とその改善手法などの詳細は，本シリーズ第10巻『自動車のデザインと空力技術』第5章「空力応用技術」を参照されたい．

5.4.1 汚れ付着試験

自動車が走行するとそのまわりには大きな渦が形成される．このため自動車のまわりに浮遊している細かい埃や水滴，あるいは地上に堆積している埃などはこの渦に取り込まれ，巻き上げられて，車体の運動に伴って移動しながら車体に付着する．これらの粒子は，空気中に浮遊している埃や，タイヤによって巻き上げられホイールハウス内壁に衝突して微粒化した泥や水，あるいは排気ガスなどから構成されている．

車体への汚れ付着の防止は，車体の美観確保の意味からはもちろんのこと，後部ガラスの汚れによる運転者の後方視認性の悪化や，汚れ付着によるブレーキランプの輝度低下などの，予防安全の観点からも重要な課題である．汚れの原因となる埃や水の粒子の運動の多くは，車体まわりの流れによって支配されているため，これら粒子の車体への付着防止は，エクステリアデザインの開発段階で，車体まわりの流れ解析とともに車体の汚れやすさを診断し，車体形状の改善によって行う必要がある．しかし現在のところは，模型試験やCFD (Computational Fluid Dynamics) などによる予測手法が十分確立していないこともあり，実車を用いた実験解析が主体になっている．したがって，ここでは走行試験と風洞試験による汚れ付着の計測手法について述べ，最後にCFDによる汚れ付着の予測手法について簡単に触れる．

a．走行試験による汚れ付着の計測

車を走行させて汚れの付着状況を調べる汚れ付着試験は，実際の埃や泥などを付着させるものと，汚れの原因となる粒子を水滴などで代替させるものとがあり，前者にはクロスカントリー路などのいわゆる未舗装路を走行し，自然の埃や泥を付着させる試験と，ダストトンネルを用いる試験がある．ダストトンネルは建屋内に設置された直線路上に一定の厚さで細かい埃を分布させた設備で，トンネル内を車で走行し，巻き上げられた埃の車室内への侵入状況を調査するなどに用いられている．

未舗装路を実車で走行し，汚れ付着状況を調査する試験は，路面や気象状態あるいは車まわりの環境条件を一定に保つことがむずかしいため，試験の再現性に問題はあるが，試験が比較的容易であり，また現実の路面を走行する点では実際的である．一定時間未舗装路を走行後，目視や写真映像によって車体への汚れの付着状況を観察し，汚れパターンの比較から車体形状の良否や改善効果の判定を行う．

一方，ダストトンネルを用いる方法は，車まわりの環境や気象条件あるいは地上の埃の分布条件などを規定しやすく，実路走行試験に比べると再現性は比較的良好である．

これらの実車走行試験の場合は，試験の時間的促進のため，車体表面に透明のグリスを薄く塗布しておき，埃を効果的に付着させるなどの工夫が施されている．また汚れ付着を容易に判定するため，車体表面に予め蛍光塗料を塗布しておき，紫外線（ブラックライト）を照射して，蛍光の発光分布の強弱から汚れ付着量を推定したり，汚れ付着のパターンを分析する方法，あるいは車体表面を予め黒色塗装し，その上に染色浸透探傷剤の原液を塗布して白色にしておき，この状態で濡れた路面を走行すると，水の飛沫が付着した部分が黒色に変化するため，これから汚れ領域を評価する方法[26]などもある．

b．散水による汚れ付着の計測

汚れは長時間にわたって車体表面に集積するため，実路走行による汚れ付着試験は汚れ付着の判定までに多くの試験時間を要する．これに対して，汚れを模擬した粒子を車体まわりに一定の密度で人工的に発生させ，その付着度合いから汚れを判定する方法は，試験

の効率や再現性が良い．ここでは汚れを模擬する粒子として弱酸性の水をノズルから噴霧し，その水滴の付着状況をリトマス紙を用いて判定する手法について述べる．

まず弱酸性の水を入れたタンクを車両に搭載し，散水ノズルを車体の後部に設置する．また適当な大きさに切ったリトマス紙を，汚れ付着を調査する部位に貼り付ける．これらの準備を供試車に施した後，弱酸性の水をノズルから噴霧しながら，規定の速度で走行する．図5.10には散水ノズルなどの汚れ試験装置を搭載した試験車の概要を示している．この状態で走行すると，ノズルから散布された水滴は，車体の後流渦によって巻き上げられ，実際の汚れと同様に車体に付着する．車体に貼り付けられたリトマス紙に水滴が着くと変色し，そのパターンが残る．そこで付着部分（変色部）と未付着部分（未変色部）の面積割合を画像処理手法などを用いて算出し，汚れの付着量や汚れパターンの評価を行う．汚れ付着の評価は，このような散水装置を用いれば風洞試験によっても可能である．ただし一般的な風洞を用いる場合は，風洞床面が静止しているための境界層の存在やタイヤが回転していないことなどの実走行との相違点に留意しなければならない．とくに境界層の存在によって車の床下付近の流速が遅くなり，霧状の水滴は実走行の場合よりも床下付近に長時間滞留するため，車体への付着割合が実走行の場合よりも大きくなることに注意が必要である．風洞内で実走行時の汚れ付着状態を精度良く模擬するためには，前節で述べたムービングベルト装置や，風洞ノズル出口部での境界層吸込みなどの境界層制御装置を用いて，境界層の影響を除去する必要がある．ただし境界層制御装置を有していない風洞では，台などを用いて車体を持ち上げ，床下まわりの流速を実走行の状態に近似する簡便な方法なども用いられている．

また，フリーあるいは駆動ローラなどが風洞床面に具備されている風洞の場合は，このローラの上にタイヤを設置し，回転させることによって，タイヤ回転の影響を加味することができる．

c．CFDによる汚れの予測

CFDによって得られた車体まわりの流れ場情報はさまざまな検討に利用できるが，ここでは流れ場の速度データを利用して，車体への汚れ付着を模擬する手法について述べる．

車体への汚れ付着を厳密に解析するためには，汚れの原因である埃などの粒子の運動を流れの運動方程式と連成して解き，個々の粒子の車体表面への衝突状況を判定する必要がある．しかし実際の埃，水滴などは，その大きさ，形や質量がさまざまであるため，計算のためのモデル化は困難である．また解析精度の向上を図るためには，多くの粒子の運動軌跡を扱う必要があり，その計算量は膨大となる．そこで汚れを一種の濃度と考え，計算された車体まわりの速度データと拡散方程式を用いて，その拡散の度合いから汚れ付着を模擬する手法は，上述の問題点を大幅に緩和できるため，予測手法として有望である．図5.11は予測結果の一例を示しているが，ハッチバックタイプ車，1Boxタイプ車のいずれの汚れ付着パターンも実験結果とほぼ一致している．

5.4.2 通風性能試験

通風性能とはエンジンルームへの空気流の取り入れやすさ，すなわちエンジン冷却風の流入性能を意味している．水冷式エンジンを適正な温度環境で作動させるためには，エンジン冷却水の放熱器，いわゆるラジエータに冷却風を供給して，エンジンからの熱を放熱

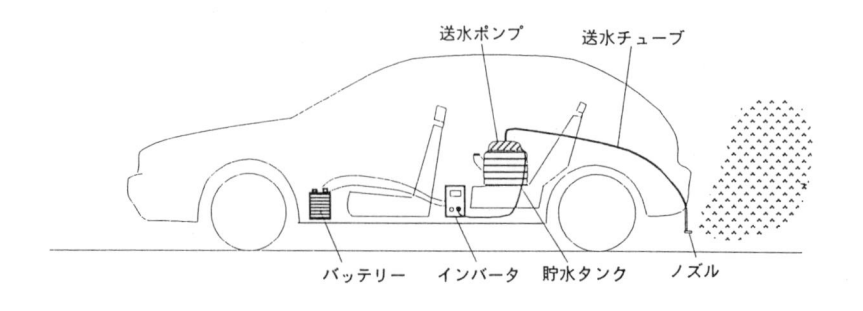

図5.10 汚れ試験用散水装置

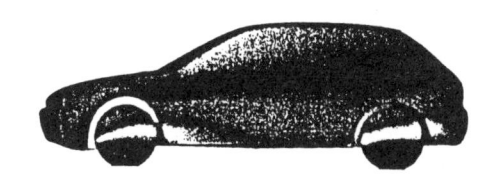

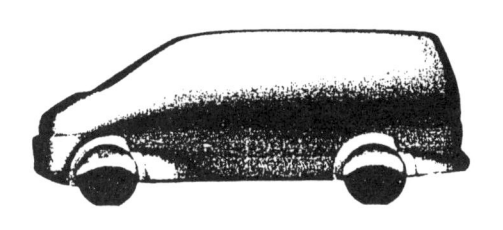

図 5.11 汚れ付着予測結果

させる必要がある．また，エンジンルーム内に置かれた補機類の熱的環境を適正に保つためにも，それらの近傍には適正な冷却風が必要である．このようにエンジンからの排熱を処理するための通風性能は，エンジンの動力で走行する自動車にとっては，最も重要な機能の一つである[27]．

近年，エンジンルームに流入する流れやエンジンルーム内の流れ場の予測には，CFD が積極的に利用されており[28]，開発の初期段階では実開発での活用例も多い．しかし CFD によって通風性能が予測された場合でも，試作車段階になると実車による検証あるいは確認・改良試験が不可欠である[29]．一般に通風性能の試験は，風洞や温度環境と流れを制御できる高温室（環境試験室）などの大型設備を用いて行われている．通風性能は車体前部の形状などで決まる冷却風取入れ部，排出部の圧力，冷却ファン性能およびグリル，熱交換器，エンジンルームなどの通風抵抗によって支配されている[30]．ここでは，通風性能の指標である冷却風とその主要因子である通風抵抗の計測方法，および CFD による通風性能の予測手法などについて述べる．

a．冷却風の計測

エンジンルーム内に流入する流れは，熱交換器の直前あるいは直後に設置した小型の風速センサを用いて，熱交換器を通過する風速として計測する場合が多い．

風速センサとして一般的なピトー管や熱線風速計は，その大きさや取扱いの面から，熱交換器まわりでの使用には適していない．このため熱交換器通過風速の計測には，熱電対の原理から風速を求める熱電式風速計や[31]，図 5.12 に示すようなプロペラの回転数を検出して風速を求めるプロペラ式風速計[32]が広く用いられている．これらはいずれも寸法が小さく，狭い空間で用いるのに適しており，また熱線風速計に比べてその取扱いが比較的容易である．

計測の際には熱交換器に複数個のセンサを直接固定するか，熱交換器と同程度の大きさの格子にセンサを組み付け，それを熱交換器に取り付けたり，あるいは図 5.13 に示すように数個のセンサを 1 列に固定し，トラバース装置を用いてそれを一定間隔で移動し，熱交換器全面の風速分布を計測していく方法などがある．

いずれのセンサもその寸法が小さいため流路圧損としては，無視できる程度である．しかし，一般的に熱交換器を通過する流れは，前方のバンパやグリルなど

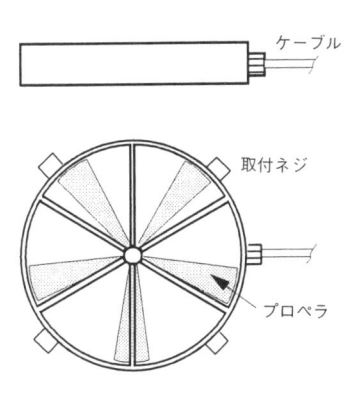

図 5.12 プロペラ式風速計

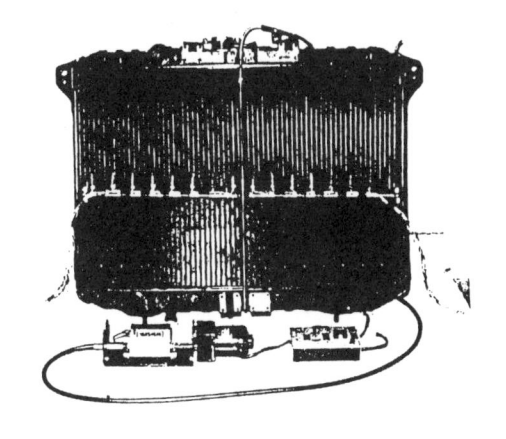

図 5.13 ラジエータ通過風速計測システムの例

の影響によって不均一な風向,風速分布となっているため,センサの指向性が計測精度に大きな影響を及ぼす.

b. 通風抵抗の計測

通風抵抗は冷却風取入れ口の大きさやグリル形状,熱交換器の種類や厚さ,エンジンルームに占めるエンジンの大きさやそのまわりの補機類の配置,アンダカバーの有無などによって支配されているが,通風経路を一つの流管と考えると,通風抵抗は圧力と通風量の関係から求めることができる.

図5.14に示す圧力チャンバは,送風機とチャンバ(圧力室)からなり,チャンバ内の静圧と風量の関係から通風抵抗を算出することができる装置である.また,車両前面に加わるチャンバ内の圧力を近似的に走行時の空気圧と仮定すると,走行時のエンジンルーム内流れを簡易的に模擬することもできる.エンジンルームに取り入れる冷却風が,その通風抵抗と床下からの排出風のために,6分力特性に大きな影響を及ぼすことは良く知られている[33,34].模型試験によって実車の6分力特性を予測する場合,精度の良い予測を可能とするためには,模型のエンジンルーム通風抵抗を実車相当に調整する必要がある.模型のエンジンルーム内流れを実車に模擬することは困難であるが,エンジンルーム全体の通風抵抗を実車相当に設定することによって,通風抵抗と冷却風の床下排出に伴う床下流れとの干渉を模擬することができる.このために実車と同様の装置を用い,模型のエンジンルーム通風抵抗をメッシュの細かい金網やガーゼなどを用いて調整する.

c. CFDによる通風性能の予測

近年,通風性能予測へのCFDの活用は非常に活発であり,熱交換器の通過風速,風量はエンジンルーム,エンジン形状あるいは熱交換器などを数値的にモデル化した計算モデルによって,またエンジンルーム内部の流れ場も,熱交換器部に冷却ファンモデルを付加し,旋回流を模擬した境界条件を与えることなどによって,実用レベルの精度で予測が可能となっている.

基本的な計算手法は外部流解析と同じであるが,扱う形状が複雑になるため計算格子数が膨大となり,CPU時間も外部流解析の場合に比べ増大する.このためモデル化などに工夫をこらし,格子数などを減らして実用的な時間内で結果を得る手法などが試みられている.

なお,通風性能に関わるCFDについては,前述した本シリーズ第10巻「自動車のデザインと空力技術」第5章とともに,第4章を参照されたい.

5.4.3 ワイパ浮上りの計測

フロントワイパはフロントウインド上に設置されているため,車速の影響を直接受ける.高速走行時にはワイパブレードに作用する空気力が大きくなり,ワイパに働くウインド面に垂直方向の力(揚力)によってワイパ全体がウインドガラスから浮上する.このためガラス面上には拭き残しが生じ,運転者の視認性を悪化させる.このようなワイパの高速浮上り特性は,ワイパシステムの特性とそれを搭載する車両のフロントウインド表面の流れによって決まる.従来ワイパの高速浮上は,雨天時の安全性を確保する上で重要な課題であったが,最近は現象の解明が十分行われ[35,36],設計段階である程度の性能が予測できることや特性試験がほぼ確立していることなどのために,問題になる

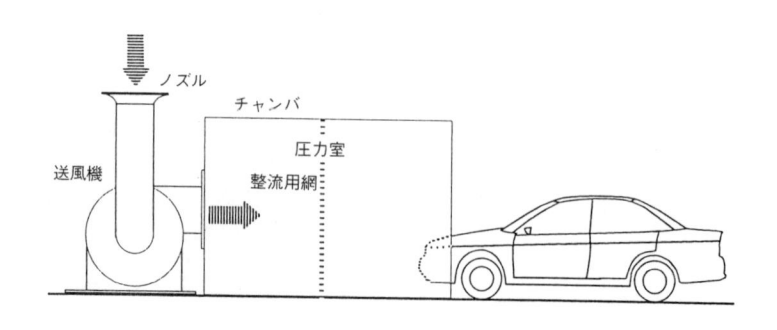

図5.14 冷却風計測用チャンバ

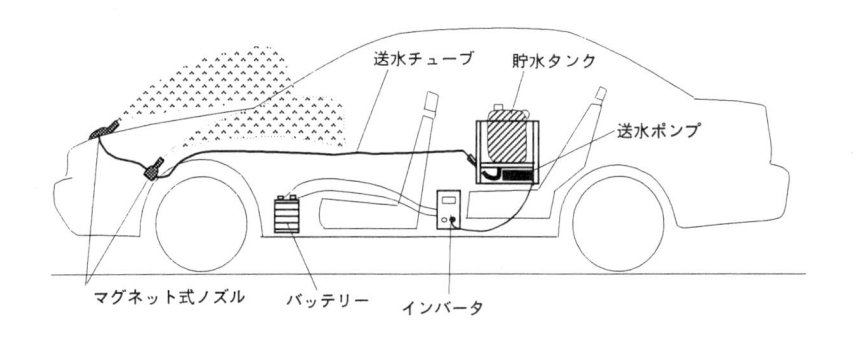

図 5.15　ワイパ浮上り試験散水装置

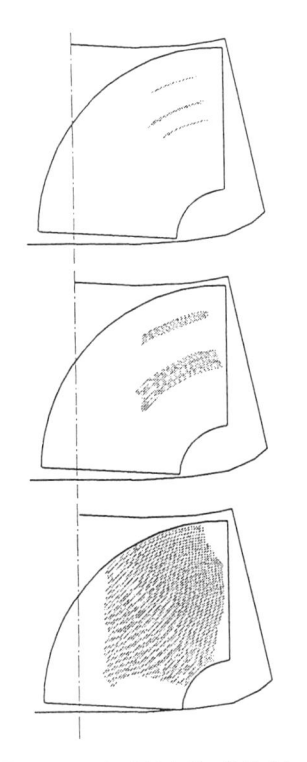

図 5.16　ワイパ浮上り時の払拭パターンの変化

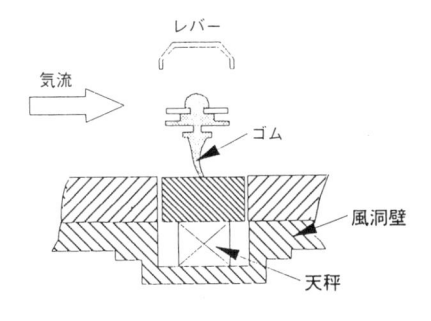

図 5.17　ワイパの空気力の測定方法

ことが少なくなったようである．したがって，ここでは風洞での実車による性能確認試験，ワイパ単体の試験およびCFDによる浮上り予測を簡単に述べる．

a．実車試験

ワイパ浮上り試験を風洞で行う場合，降雨状態を模擬するための専用の散水装置が必要である．散水装置を具備する風洞もあるが，図5.15は走行試験にも使用することができる車載用の散水装置を示している．試験時には，フロントウインドに水が均一に散布されるように散水ノズルの向きや開度を予め調整しておく必要がある．風速（車速）を徐々に増加していき，散水しながらワイパを作動させて，ワイパの作動範囲内でのガラス面の拭き残しの割合をスケッチや写真撮影によって記録に残す．図5.16は車速の異なる場合の拭き残しの状態を示したもので，浮上りの判定は車室内の観察者によって行われる．

実走行の場合にも同様の装置と手法を用いて，ワイパ浮上り特性の計測が可能である．なお風洞試験の場合は，自然風の風向，変動などの影響を加味するため，偏揺角を変化させる，あるいは何らかの補正を施して浮上り車速を判定するなどの配慮が必要である．

b．ワイパ単体試験

風洞設備の一部である天秤を利用して，ワイパ単体を図5.17に示すように設置し，ワイパに作用する空気力を直接測定することによって，揚力の小さいアーム形状や適正なブレード押付け力などを求めることができる．ただし，フロントウインド上の流れ場は3次元的であるため，上述の試験のような2次元的な流れ場で求めた浮上り風速などには，補正が必要であ

148   5. 空 力 特 性

図 5.18 ワイパまわりの圧力分布

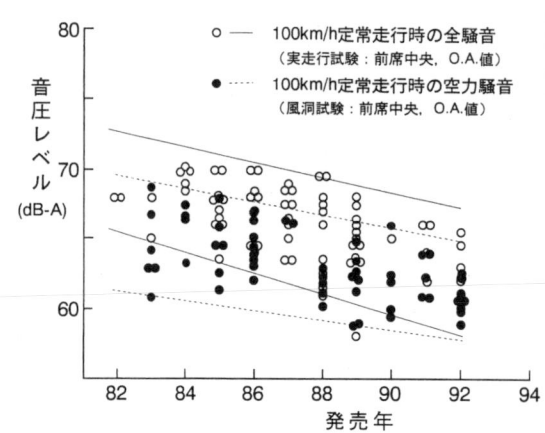

図 5.19 車室内騒音の暦年推移

ることに留意しなければならない.

c．CFD による浮上り予測

CFD を用いてワイパ浮上りを解析するためには，ワイパの 3 次元的な形状と少なくとも車体のフロントウインドまでの形状をモデル化し，車体まわりの流れ場計算と同一の手法によって，ブレードやアームに加わる空気力を算出する必要がある．しかし計算機の容量，計算格子の分解能や形状モデル作成に要する時間などから上述の方法は実用的でない．

そこで，ここでは C_D などの予測のために広く行われている，車体まわりの流れ場計算結果を利用する 2 次元計算による手法について述べる．

まず，ワイパとフロントウインド上の気流の相対速度が最大となるウインド断面の気流速度を車体まわりの流れ場計算結果から抽出する．この速度を代表速度として用い，ワイパ断面形状に作用する空気力を 2 次元計算により求める．図 5.18 は浮上り防止のためのフィンを装着したワイパの 2 次元計算の結果であり，ワイパに加わる圧力の分布を示している．この圧力分布をワイパ表面に沿って積分して浮上り力を算出する．得られたワイパの浮上り力と押付け力との大小によって，ワイパの浮上りが判定できる．

[中川邦夫, 知名　宏]

5.5　空力騒音の計測解析

空力騒音は車体まわりの流れによって発生する流体力学的騒音の総称である．図 5.19 には量産乗用車を対象にした 100 km/h 走行時の車室内騒音全体と空力騒音の暦年推移を示しているが，空力騒音は主に車体隙間の改善や遮音性能の向上などによって，年々低下している．しかし近年エンジン騒音やロードノイズの目覚ましい低減のため，空力騒音は走行騒音の主要因の一つとして顕在化しており，その低減はとくに高速走行時の静粛性確保のための主要課題となっている．

空力騒音は主に車体まわりの流れの非定常性に起因しており，車体外部の音源で発生した騒音が種々の経路を介して車室内に伝達されている．したがって，空力騒音は音源となる車体まわりの流れの非定常性を車体の形状によって，また車室内への伝達をウインドガラス，各部のパネル，ドアまわりのシールなどの伝達経路によって制御しなければならない．しかし音源や伝達経路が複雑であるため，現在のところ空力騒音の発生，伝達に関するメカニズムはまだ十分解明されていない．

このため空力騒音に関する計測は，乗員の聴感と直接関わる車室内の音場だけではなく，騒音発生の源を探るための車体外側の音場，すなわち音源から車体外側への放射音や車まわりの流れの物理量，たとえば圧力変動，速度変動などの計測も必要となっている．

5.5.1　空力騒音の種類と発生メカニズム[37]

自動車の空力騒音の分類については幾つかの考え方があるが，その発生メカニズムから見ると，空力騒音は吸出し音と風切り音に大別でき，さらに風切り音は狭帯域音と広帯域音に分けることができる．

吸出し音は風漏れ音とも呼ばれ，主に車室内外を通じる隙間からの空気の流入出に伴って発生する流体音である．車体の隙間には車速に依存しない静的な隙間と車速に依存して大きさが変化する動的な隙間があ

5.5 空力騒音の計測解析

る.動的隙間の代表例はドアまわりであり,吸出し音の発生部位として問題になる例が多い.走行中のドアガラスなどには負圧が加わるため,ドアサッシュは外側に変位する.その結果,戸当たり部には隙間が生じたり,遮音性能が低下する場合があり,隙間からの空気の流出による騒音の発生や遮音性能の低下に伴う風切り音の増加,すなわち吸出し音が生じる.遮音性能の低下に伴う空力騒音の増加は,発生メカニズムから見ると後述する風切り音として扱うべきである.しかし,吸出し音の計測・評価は,音の透過しやすいテープなどによる隙間シールの有無によって行われる場合が多い ため,このような計測による吸出し音には,常に遮音性能低下に伴う騒音の増加分が含まれている.これらの騒音の分離が困難であることもあり,これらを合わせて吸出し音として扱うのが一般的である.

一方,風切り音は車体まわりの気流の乱れや圧力変動などの流れの非定常性によって発生する流体音が主であり,騒音のスペクトルから見て,狭帯域音と広帯域音に分けることができる.

狭帯域風切り音は純音的なスペトルをもち,しばしば聴覚評価を大幅に悪化させるため,異音として扱われる場合も多い.図 5.20 は自動車に見られる狭帯域騒音の代表的な事例を示したものである[37].図の中には空気力による部材の自励振動現象であるフラッタも示しているが,ここでは便宜的に狭帯域音として含める.

エッジトーンとキャビティトーンは,いずれも空力的な自励振動現象に伴う騒音であり,フード,ドア,ゲートなどの開口部周囲の凹部で発生しやすい.凹部の上流側端部で生じたはく離渦が下流側端部に衝突し,この渦衝突による圧力擾乱の中で,開口部の長さや流速などによって決まる特定の周波数成分が,上部側へフィードバックして再び同一周波数のはく離渦を生じさせる.いわゆる空力的な自励振動現象である.このため,この周波数の渦変動に起因する純音的な騒音,キャビティトーンが発生することになる.サンルーフ開口時などに生ずる非常に耳障りな低周波騒音であるウインドスロップは,開口部で発生したキャビティトーンが車室内容積などで決まるヘルムホルツ共鳴にロックインする現象である[38].

またエオリアントーンは,カルマン渦による騒音であり,ルーフキャリヤやポールアンテナなどで発生する場合が多い.

広帯域風切り音には,気流の乱れや圧力変動による流体音と,流れの圧力変動によって車体の部材が直接加振されて発音する振動音が含まれている.広帯域風切り音は流れと物体の干渉に起因するため,車体の各部位で発生し,その騒音の大きさは車体の形状に依存しているが,車室内で聞こえる風切り音の大きさは,図 5.21 に示すようにほぼ車速度の 5.6 乗に比例している.

ここでは,空力騒音の種類と発生メカニズムの概要について述べたが,空力騒音の発生メカニズムや低減

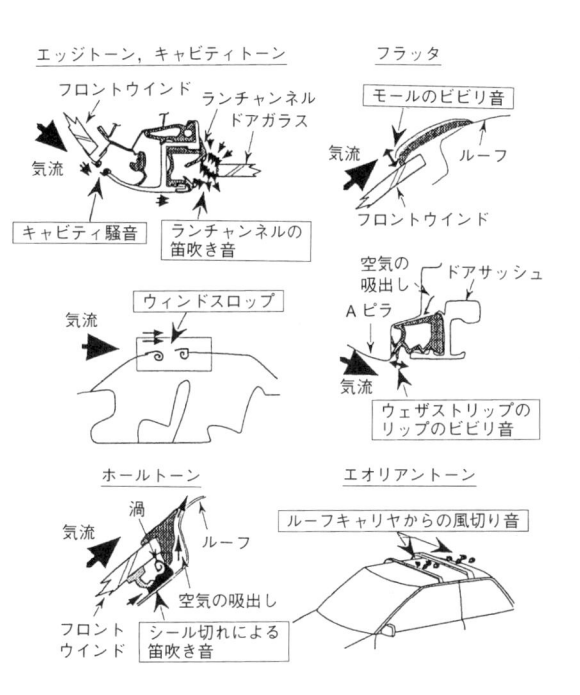

図 5.20 風切り音(狭帯域騒音)の例[37]

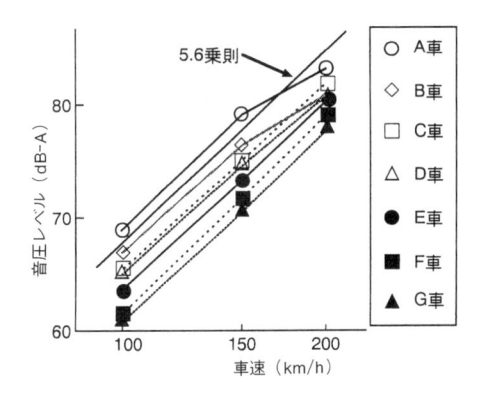

図 5.21 風切り音の車速特性[37]

手法の詳細については，本シリーズ第10巻『自動車のデザインと空力技術』の第6章「空力音」あるいは参考文献37），39），40）などを参照されたい．

5.5.2 計測の目的と計測法の分類

空力騒音に関する計測は，その目的に応じて以下のように分けることができる．1つは乗員に聞こえる騒音あるいは車室内の音場に関する計測であり，他方は車室内に伝達される騒音の音源や騒音発生のメカニズムを理解するための計測である．

前者はもっぱら車室内での音圧計測であり，乗員の耳位置に設置したマイクロホンやダミーヘッドによる音圧の計測が最も一般的である．乗員の聴感との対応から見て，この場合の計測値は空力騒音評価の簡便かつ最も代表的な物理量であり，車両どうしの比較や種々の改善効果の把握などに利用されている．

一方，後者には車室内での音源探査，たとえばマイクロホンによる近接音計測や音響インテンシティ計測，また車両外側での音圧や音響インテンシティ計測あるいは車体表面の圧力変動などの流れの諸物理量の計測などが含まれる．ただしこれらの計測によって得られる諸量はいずれも音源や発生メカニズムの理解を助けるためのものであり，直接車室内音を評価するものではないことに留意する必要がある．

以上では，空力騒音に関する計測手法をその目的に応じて種分けしたが，計測する物理量あるいは計測手法の観点からは，車室内あるいは車室外側の音場などを計測する音響学的な計測と車体まわりの流れ場を計測する流体力学的な計測とに分かれ，車室外の音場計測には風洞気流の中での計測（インフロー計測）と風洞気流の外側からの計測（アウトオブフロー計測）とがある．

以下では主に自動車の空力騒音計測に関して述べることとして，音響学的な計測と流体力学的な計測それぞれの詳細については，第2章「振動騒音乗り心地」，本章他節あるいは参考文献17），18）などを参照されたい．

5.5.3 風洞試験

a．風洞試験と走行試験

従来，車体まわりの流れに関わる種々の空力問題は専ら風洞試験によってその解決が図られてきたが，最近はCFDの活用が活発であり，新型車開発時の風洞試験時間の短縮に寄与しつつある．しかし，現在のところ空力騒音に関するCFDの実開発での活用は，ごく一部に限られており[41~43]，通常は風洞試験あるいは走行試験によって前述の諸量の計測が行われている．

図5.22に風洞試験と走行試験による車室内空力騒音計測結果の一例を示すが，空力騒音に関わる風洞試験は走行試験に比べて，自然風などの外乱の影響がないため計測の再現性に優れ，またエンジン，駆動系あるいはタイヤなどからの騒音がないため空力騒音の抽出が比較的容易であり，さらには偏向風の影響を把握しやすく，また車両の外側からの騒音計測も可能であるなどの利点がある．しかし，一方実際の走行で見られるエンジン騒音，タイヤ騒音などによるマスキング効果がないため，走行騒音に占める空力騒音の影響を

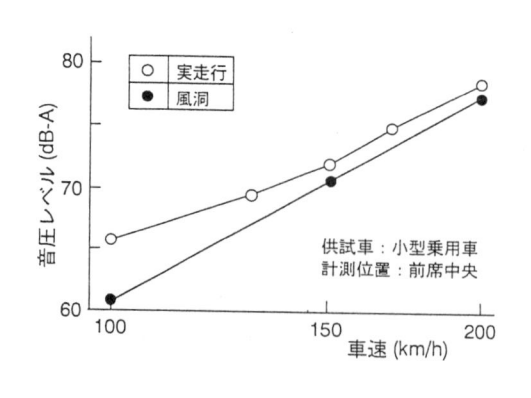

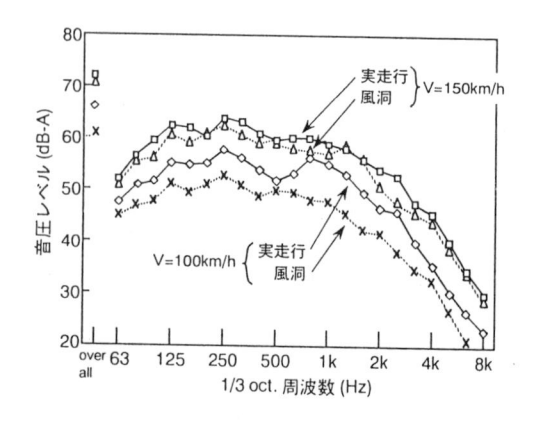

(a) O.A. 特性　　　(b) 騒音スペクトル

図 5.22　走行試験と風洞試験による車室内騒音の比較

過大に評価しやすくなる欠点がある．また風洞試験での聴感評価が走行試験と異なる場合があることから見て，整流された風洞気流による騒音源が自然風下の走行状態と異なっている可能性なども考慮しておく必要がある．

風洞試験，走行試験のそれぞれには，上述のような利点，欠点があるため，走行試験では走行時の空力騒音の寄与度の把握，聴感評価あるいは改良効果の聴感による確認などが主な目的となり，空力騒音の発生要因の分析や低減策の検討は，空力騒音の起因となる車体まわりの流れ場計測とともに，風洞試験によって行われる場合が多い．

従来走行試験では，後述するマイクロホンによる音圧レベルの計測や聴感評価が一般的であったが，最近自然風下の空力騒音の変動[44]に関連して官能評価と車体形状を関係付ける試み[45]や，走行騒音に占める空力騒音の寄与度を官能への影響度を加味して分析する手法[46]などが提案されている．

b．風洞暗騒音の低減

風洞における空力騒音の音響学的計測では，送風機や風洞気流そのものによって発生する暗騒音と呼ばれる風洞固有の騒音の大きさが問題であり，精度の良い計測・評価の実現には，風洞暗騒音の低減あるいは除去が不可欠の課題である．このような観点から，'80年代後半以降，計測部を半無響化した低騒音風洞が相次いで建設されるとともに，送風機の改良，コレクタの最適化，消音器の設置，胴内内貼り吸音材や胴外回りの遮音材設置などの低騒音化技術の適用によって，既設の自動車用風胴の低騒音化も進んでいる[47〜51]．

図 5.23 は '94 年に公表された欧米の代表的自動車用風洞で行われた騒音計測結果の一例で，各風洞の風洞気流内にマイクロホンを設置して暗騒音を計測した結果の比較である[52]．この一連の試験は形式や音響的配慮の異なる風洞における暗騒音や同一車両による空力騒音の比較であり，風洞気流内での計測（インフロー計測），気流の外側からの計測（アウトオブフロー計測）および車室内での計測が行われている．風洞の違い，主に風洞低騒音化の程度によって，インフロー，アウトオブフロー計測結果には明らかな違いが見られるが，車室内音計測結果の相違は比較的小さい．

また図 5.24 は，同一車両を用いた国内風洞と欧州風洞での車室内音計測結果の比較である[53]．この例では暗騒音の比較は示されていないが，風洞形式，音

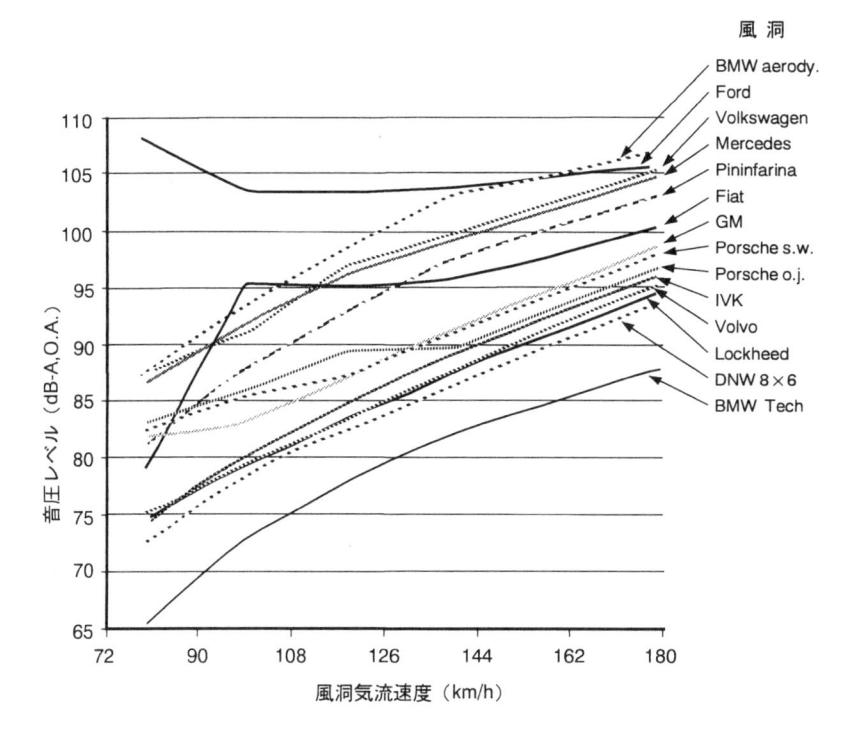

図 5.23 欧米風洞の暗騒音比較（インフロー計測）[52]

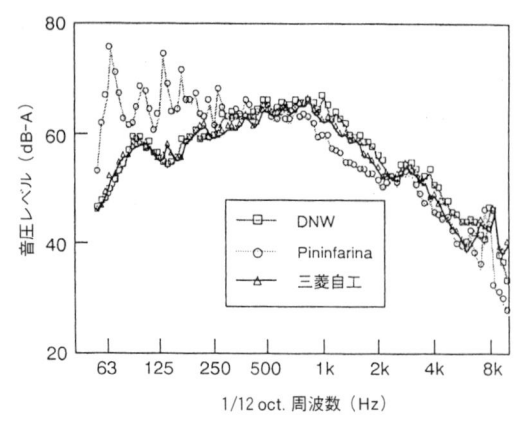

図 5.24 欧州と国内風洞における車室内音計測結果の比較[53]

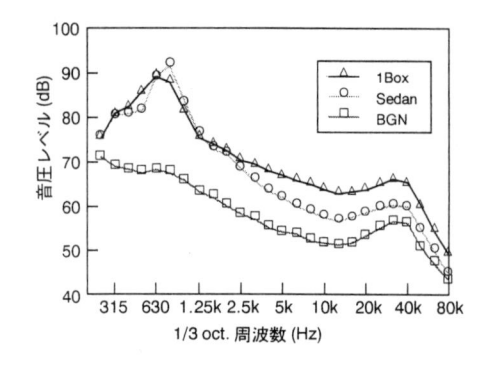

図 5.25 1/10 縮尺模型による空力騒音計測例[53]

響的配慮などの違いによる暗騒音の違いがあるにも関わらず，車室内騒音計測結果は比較的良く一致している．

これらの結果から見ると，風洞試験による空力騒音計測では，風洞暗騒音の低減が不可欠であり，とくに車両からの放射音を遠距離場で計測する場合は，車両の有り，無しによる音圧レベルの差，いわゆる S/N 比はほぼ 10 dB 以上が必要である．しかし車室内騒音計測の場合は音源が計測位置に近いこともあり，暗騒音はある程度以下であれば，車外音計測の場合ほどの決定的な影響を計測値に及ぼさないと考えられる．

従来，国内自動車用風洞を対象にしたこの種の試験結果の公表は，上述の一例のみであるが，現在国内の代表的自動車用風洞の暗騒音比較試験が実施されており，新しい知見が期待できる．

以上では風洞の低騒音化による暗騒音の低減について述べてきたが，計測された音響データから暗騒音を数学的に除去する手法も研究されている[50,54]．

この手法によれば，開放型の測定部をもつ風洞では，車両を気流内に置いて車室内騒音を計測し，次に車両を風洞気流の外に置いて同様に車室内騒音を計測し，前者から後者を引き去ることによって，代数的に暗騒音の影響を除去できたと考えている．また密閉型測定部の風洞にも適用できる手法としては，まず気流内での車室内騒音（暗騒音も含まれているので便宜的に全体騒音と呼ぶ）と，気流中にマイクロホンのみを置いた場合の暗騒音を計測する．次に無風状態の風洞内で既計測の暗騒音をスピーカで再現し，暗騒音のみによる車室内音（暗騒音分）を計測する，あるいは伝達損失を周波数の関数として求める．最後に全体騒音計測値から暗騒音分を差し引く，あるいは暗騒音に伝達損失分を加味して全体騒音から差し引くことによって，暗騒音の影響を除去できたと考えている．

しかしながら，これらの手法を用いる場合でも，全体騒音は暗騒音と比べて 2 dB 以上の S/N 比を確保していなければ，計測値の信頼性は保証されていない．

したがって，風洞で計測される音響データの精度向上には，前述したハードの改善による風洞の低騒音化が本質的である．しかし既設風洞の低騒音化は，改善に要する費用や構造的制限などによって十分にできない場合もあり，このような場合には上述の手法が有効な解決手段になりうると考えられる．ただし，インフローによる暗騒音計測ではマイクロホン自身からの騒音除去がむずかしいこと，また上述の手法では車外音の評価が不可能であることなどを考慮しておかなければならない．

c. 縮尺模型風洞試験

縮尺模型を用いる風洞試験は車体細部形状の模擬度に難しさがあるが，車体形状変更の容易さや種々の計測のハンドリングの良さなどから，新型車開発時のエクステリアデザイン創造過程や基礎的研究に多用されている．しかし現在のところ，自動車の空力騒音を対象にした縮尺模型による風洞試験結果の公表例は，非常に少ない．

図 5.25 は模型風洞試験による空力騒音計測結果の一例であり，1BOX 車とセダンの 1/10 縮尺模型からの放射音をアウトオブフロー計測によって測定している[53]．測定結果には，800 Hz 付近のタイヤ後流のカルマン渦によるエオルス音の領域を除いて，放射音に及ぼす車体形状の違いが明瞭に表されている．

縮尺模型風洞試験による空力騒音計測は，発音源の空間分解能には難があるものの，他の空力特性試験と同様，試験のハンドリングの良さから，基礎的な研究や開発初期段階の空力騒音検討の有効な手段となりうると考えられる．

なお，模型試験結果から実物の騒音特性を予測するためには，何らかの相似側が必要である．図 5.26 に示すように[56]，車類似の形状の場合，発生音のレベルは発音源の面積に，また周波数は渦のスケールに依存すると考えられるので，大まかに見ると，放射音の音圧レベルは代表長さの 2 乗に比例し，周波数は代表速度と代表長さの逆数の積に比例すると考えて良さそうである．

5.5.4 計 測 方 法

前述したように空力騒音に関する計測方法は，音響学的計測として車室内音場の計測と車室外音場の計測，また流体力学的計測として車体まわりの流れ場の計測があり，車室外の音場計測には風洞気流の中での計測（インフロー計測）と風洞気流の外側からの計測（アウトオブフロー計測）とがある．

a．車室内音場の計測

車室内音の計測にはマイクロホンあるいはダミーヘッドが用いられ，また音源の探査にはマイクロホンによる近接計測や音響インテンシティ計測法などが用いられている．

マイクロホンは測定精度や信頼性の面からコンデンサマイクロホンが使用されており，サイズは 1/8，1/4，1/2，1 インチなどがあるが，自動車の空力騒音計測には対象周波数範囲とダイナミックレンジの点から 1/2 インチが最も一般的に用いられている．

空力騒音の評価指標として車室内の代表点で計測される車室内音圧レベルを用いる場合は，前席中央の乗員耳高さあるいは運転者の耳位置などにマイクロホンを設置して車室内音を計測する．また簡易的に音源を探査する場合は，1 個のマイクロホンをピラーやドアガラスなどに接近させて音圧を計測し，これらの音圧の大小によって間接的に音源を探ることができる．この場合，他の音源からの音によるマスキング効果や距離減衰などを考慮すると，マイクロホンの設置位置はガラス面などから数十 mm が適当である．

ダミーヘッドは，人間が両耳で聴取する音と同等の音を測定可能にしようとするものである．人間の頭部を模擬した人工頭の耳部にマイクロホンが設置されており，人間の鼓膜で得られる音圧信号にシミュレートするよう周波数範囲，周波数応答，方向パターンやノイズレベルなどが調整されている．

音響インテンシティ法は音の流れを可視化する手法であり，複数のマイクロホンを使用する．音響インテンシティは音圧と粒子速度の共役複素数ベクトルの積として表されるが，近接して設置した 2 個のマイクロホンで計測される音圧と位相差を用いて算出する．音響インテンシティの計測は，エンジン騒音の音源探査などに活用されているが，空力騒音を車室内で計測する場合は，音源が車体表面全体に分布していることと，車室内が擬似残響音場であることなどのために，その計測はむずかしく，まだ活用例は少ない．図 5.27 は音響インテンシティ法による空力騒音計測結果の一例で，フロアから車室内に伝わる空力騒音の音響インテンシティをベクトル表示したものである[55]．音源がフロア前部にあることが明瞭に示されている．

このように音源の位置，大きさなどが特定できるため，音響インテンシティによる音の可視化は，騒音低減策を探る強力な手法である．今後上述の課題の克服

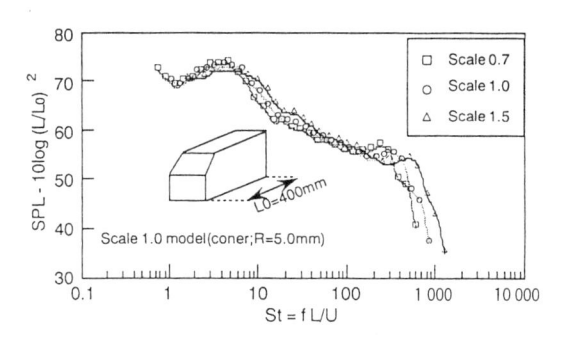

図 5.26　空力騒音に及ぼす寸法効果（自動車類似形状の場合）[53]

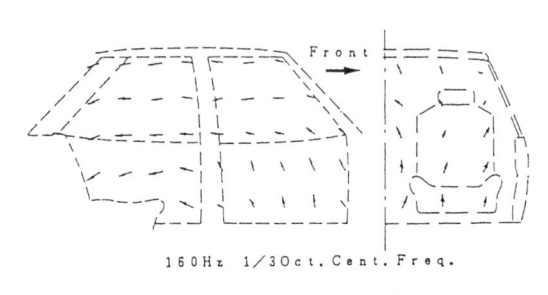

図 5.27　音響インテンシティ法による空力騒音計測例[55]

が図られ，空力騒音計測での活用が期待される．

b．車室外音場の計測

風洞における車室外騒音の計測は，マイクロホンなどを風洞気流中に設置するインフロー計測と風洞気流外に設置するアウトオブフロー計測とがあるが，後者は開放型の測定部をもつ風洞においてのみ可能である．

通常マイクロホンによるインフロー計測では，マイクロホンのセルフノイズ発生を抑制するため，使用するマイクロホンに適したノーズコーンをマイクロホン先端に取り付ける．ノーズコーンは円錐型のキャップでマイクロホン周辺での流れのはく離を防止し，ダイヤフラムが直接気流の圧力変動に曝されることを防ぐためのものである．水平部分にはダイヤフラムに音波を伝えるためのメッシュが設けられている．したがって，ノーズコーンの使用に際しては，流れの方向にノーズコーンを設置することが重要である．ただし，乱流の圧力変動は流れの直角方向にも生じているため，ノーズコーンによるセルフノイズの発生を完全には防ぐことができない．とくに数 kHz 以上の高周波数領域では，得られたデータを十分吟味する必要がある．

最近のインフロー計測手法の一つとして，近距離音場音響ホログラフィ計測法による空力騒音の計測がある[50,56]．これは音源近傍の平面上で音圧のクロススペクトルを計測し，得られるクロススペクトルマトリックスから近距離音場ホログラフィを用いて，音源近傍の音場の音圧，音響インテンシティ分布などを算定するものである．

図 5.28 に計測システムの概要を示す[56]．実車風洞内に置いた供試車の車室内あるいは車室外に設置した数個の基準マイクロホンと，車両側面を移動する小型風防付アレイマイクロホンを用いて音圧を計測する．アレイマイクロホンを計測面全体に移動させながら，すべての計測点で，基準マイクロホンとアレイマイクロホン間のクロススペクトルを測定し，これらによって得られるクロススペクトルマトリックスから，近距離音場音響ホログラフィを用いて車体表面の音圧分布，音響インテンシティ分布などが計算できる．

本手法の場合，車体から発生する空力騒音，マイクロホンのセルフノイズおよび風洞の暗騒音が互いに無相関であるため，クロススペクトル計測時の平均化操作によって，空力騒音以外の成分の除去が可能である．ただし，基準マイクロホンとアレイマイクロホンそれぞれで計測される風洞暗騒音には相関があるため，この影響を無視できるレベルにするためには，暗騒音の十分低い風洞内で計測を行う，あるいは，基準マイクロホンを音源近くに設置するなどの配慮が必要である．

従来，クロススペクトル測定による近距離音場ホログラフィ法は，エンジンなどの騒音源検査や遠距離音場での音圧予測などに用いられている．現在のところ，気流中での空力騒音計測に本手法を用いた例は少ないが，ドアミラーやフロントタイヤまわりに注目した車体側面の音圧分布や音響インテンシティ分布などの計測結果が公表されている[50,56]．これらの結果を見ると，前述した風洞暗騒音の除去を考慮すれば，本手法はインフロー計測による空力騒音音源探査の最も有力な手法の1つと考えられる．

マイクロホンなどの計測探子を風洞気流の外側に設

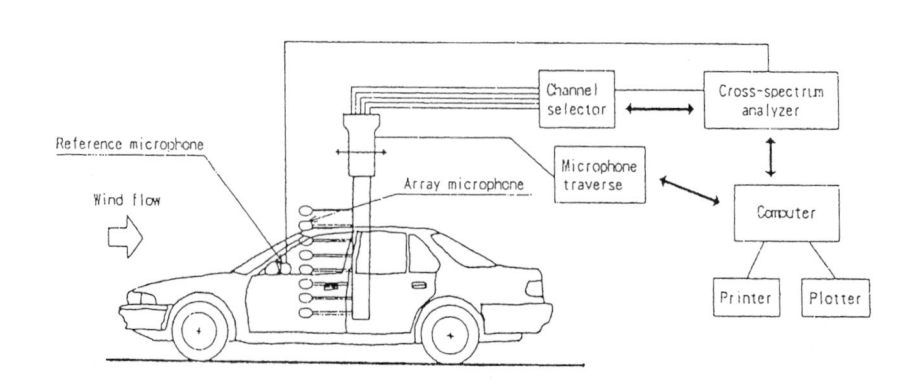

図 5.28　近距離音場音響ホログラフィ法による空力騒音計測システムの概要[56]

5.5 空力騒音の計測解析

置するアウトオブフロー計測の場合は，計測位置が音源である車体表面から離れ，距離減衰が大きくなるため，前述したごとく計測値は風洞暗騒音に大きく影響される．したがって，アウトオブフロー計測は低騒音風洞の使用を前提としなければならない．またこの場合，インフロー計測で問題となるマイクロホンなどのセルフノイズは発生しないが，車体表面からの音波は風洞噴流のせん断層によってその伝達方向と大きさが歪められるため，計測位置で計測される音圧および音源方向にはこれらの考慮が必要である．

計測方法としては，1個あるいは数個のマイクロホンを固定あるいは移動させて，音圧や音圧分布あるいは音響インテンシティを計測するなどが一般的であるが，最近超指向性収音装置を用いた計測も試みられている[57]．

図5.29に超指向性収音装置の基本的な概念を示す．超指向性収音装置は回転楕円体の一部である反射板と1個のマイクロホンによって構成されており，反射板側の焦点にマイクロホンを設置し，反対側の焦点を計測点に合わせることによって，指向特性が得られるようになっている．低騒音風洞で行われた2種類の車両の車外音計測結果によれば，超指向性収音装置によって，車体周囲の車外空力騒音の分布が定量的に把握され，問題となる音源部位が特定されている[57]．

収音装置は鉄道車両などの走行試験に用いられているが，自動車の風洞試験での応用は上述の例のみのようである．空間分解能にはやや難点があるものの，比較的簡便な音源探査手法として，今後の活用が期待される．

c．流れ場の計測

空力騒音，とくに風切り音は車体まわりの流れの非定常性に起因するため，騒音発生のメカニズムを理解するためには，非定常な流れ場の把握が不可欠である．計測の対象は速度，圧力などの時間平均値と速度変動，圧力変動，渦度変動などの乱流場の特性値である．とくに音源を考える場合には，これらの変動諸量の時間平均値，たとえばr.m.s値などよりも，瞬間値，時間微分値あるいは互いの相関などが重要な意味をもつ．

音源は渦の非定常運動に起因していると考えられるため，車体まわりの音源を直接評価するには，車体まわりの渦度変動の計測が必要である．5.3.3項に熱線風速計を用いた渦度計測について簡単に触れたが，現在のところ，車体まわりのような複雑な3次元流れ場での渦度変動計測例は公表されていないようである．

自動車で発生する風切り音の大部分は，流れと物体の干渉，すなわち物体に作用する非定常な流体力によるものであるため，空力騒音の音源を記述するライトヒルとカール（Lighthill-Curle）の理論に従えば，車体表面の圧力変動が最も重要な流れ場の因子であると考えられる．しかも上述の渦度計測に比べて，物体表面の圧力変動の計測は比較的容易であり，計測例も多い[44,58〜60]．

圧力変動の計測には，車体表面近くの境界層を阻害しないよう圧力素子を表面に埋め込むフラッシュマウント法と，圧力孔から圧力素子までを細管で導くプローブマイクロホン法がある．前者はコンデンサマイクロホンのダイヤフラムを車体などの表面に平滑に埋め込む（フラッシュマウント）が，圧力変動の空間相関を考慮すると，マイクロホンは対象とする音の波長よりも小さい径のものを選ぶ必要がある．たとえば1/4マイクロホンを用いて車速100 km/h時の圧力変動を計測する場合，計測周波数の上限はほぼ4.5 kHzである．後者は圧力変動を細管によって圧力素子まで導くため，周波数応答に難点がある．最近の製品では，細管の共鳴や位相遅れなどの影響を電気的に補正しているが，線形な周波数応答を期待すると，プローブマイクロホンによる計測の周波数範囲は，ほぼ1 kHz以下と考えられる．

いずれにしても音源を考える上では，対象とする部位全体の圧力変動情報が必要であるため，広範囲な計測点による圧力変動の同時計測が必要である．

［中川邦夫］

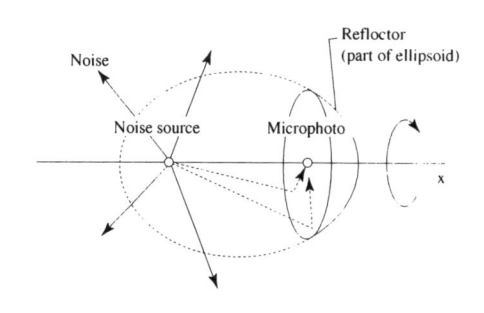

図5.29 超指向性収音装置の基本的な概念[57]

5.6 可視化計測解析

物体まわりの流れやそれによって引き起こされる現象は固体の運動や変形などと異なり，直接それらを観察することは通常困難である．しかし，何らかの方法で流れを直接的に視ることができると現象を直感的に把握でき，問題の解決に役立つことが多い．このため，流れを可視化し観察する手法は実験解析の上でも重要な役割を果たしてきた[61,62]．

車のまわりの流体は空気が大部分であり，また，一部に水あるいはそれらの混合したものもあるため，空気，水に対して用いられる可視化手法が有効である．

また，最近の計算流体力学（CFD）の発達により，実験的な手法で可視化するのが困難な部位や現象に対して数値的に流れ場を解き，その結果を可視化し，現象解明を行うことも可能になってきている．

ここでは，実験的あるいは数値的に可視化を行うための設備や手法について述べる．

なお，ここで述べる実験的な可視化の手法は自動車関係に多用されるものに留めており一般的な手法，設備に関しては詳細に記述したハンドブック[63,64]もあるため，より専門的に検討を行う場合はそれらを利用することをすすめる．

5.6.1 可視化設備

6分力計測試験と併せて通常の風洞でも毛糸を貼り付けたり，煙発生器などの煙を用いての可視化は従来からも行われているが，通常の6分力計測を目的とした風洞はノズルの縮流比をあまり大きくとってないため，気流中の乱れ度や流れの均一性が可視化を行うには不十分な場合が多い[65]．したがって，気流の性質や試験効率の点からも可視化専用の設備のあるほうが望ましい．ここでは主に煙風洞と水槽についてその特徴などを述べる．

a．煙風洞

2次元と3次元がある．図5.30[66]に示したものは特殊な構造のもので，2次元，3次元の風路が1つの送風機に結合されており，同時運転も可能な形式のものである．6分力計測のための風洞との大きな違いは，試験断面およびその上流で可視化に適した良質の気流を得るために，大きな縮流比の絞り部を設けて気流の乱れ度を相対的に小さくしている点である．ま

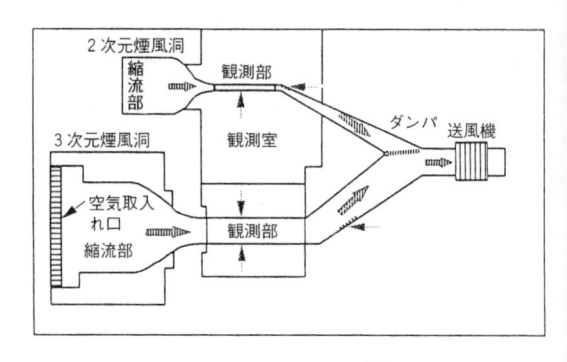

図5.30 煙風洞概要[66]

た，送風機から発生する旋回流や乱れなどの影響を避けるため，送風機を試験断面の下流側に設置する吸込み型の形式が多い．試験断面の側面や上下面には観測窓を設け，また下流部からの観測のために，下流部に湾曲した流路を接続しその一部を透明な樹脂板で構成し観測窓として用いているものも多い．

風速は15m/s程度までの能力をもつ風洞が多いが，高速の気流中では煙の拡散などの問題が生じるため，試験に際しては比較的低い風速で行われる．

流れ場が2次元的と考えられるような場合には，観察したい部分の断面の2次元的な形状の模型を使用する．

3次元の場合，外部流のみの観察には通常の風洞試験で用いるような模型でも可能であるが，エンジンルームや車室内の流れなど内部流を可視化する場合は，模型を透明な樹脂で構成し，また目的の部位が照明光の影にならないように，模型の構造や照明の方法に工夫を要する．

b．水　槽

水槽試験では気流と同等の流速で可視的を行うことは不可能であるが，水の動粘性係数が空気より一桁小さいことを考慮すると比較的低流速でも空気流に近いレイノルズ数での可視化ができる．また，空気と異なり，目的に応じて染料や粒子，粉末など色々なトレーサを用いることができるため，さまざまな可視化手法を適用して現象を観察することが可能である．水槽の形式には水を循環させる回流式，静止した水の中で模型を動かす曳航式，上流のタンクから重力によって水を流す放流式などがある．観測は側面や上面から行われることが多いが，流路中に流れを阻害しないように鏡を設置することで供試体の後方からの観測も可能である．

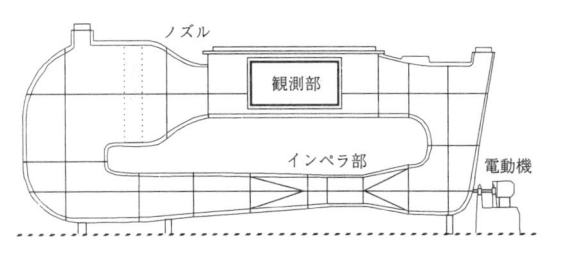

図 5.31 回流水槽[77]

図 5.31 は縦型の回流式の水槽を示す[77]．可視化の流速は用いる可視化方法にもよるが，普通，1 m/s 以下が多い．

なお，回流式は水を循環させるため，長時間使用すると染料や粒子などのトレーサにより水が汚れ，鮮明な可視化像を得るのが困難となる．このため適宜水を交換したり，粒子を用いる試験の場合には，途中で回収するなどの方法を講ずる必要がある．

供試模型は樹脂などで作製され，煙風洞で用いる模型と同様に照明などに対する考慮を盛り込んだ構造とする必要がある．

5.6.2 空気流の可視化

自動車のまわりは空気のため，空気流の可視化手法は重要である．空気流では用いられる手法は限定されているが，ここでは従来から自動車のまわりで行われている手法について述べる．

a．煙線法

煙発生器とノズルを用い，実車あるいは模型まわりの可視化の手法として，使用される頻度が高い．灯油や純度の高い流動パラフィンを加熱して発生する蒸気を煙として用いる．図 5.32 は 1/5 サイズの模型まわりの流れを可視化した例で，2 次元の煙風洞で可視化したものを斜め前方から見たものである．煙は車体の前部など流れが沿っている部分の可視化には適しているが，車体の後部など流れがはく離したり逆流している部分では拡散してしまうため，流れを鮮明にとらえるには不向きである．これを補う方法として，タングステンや白金など電気抵抗の大きい金属線に流動パラフィンや油などを塗布しておき，高電圧のパルスを印加して瞬間的に蒸発させ，その蒸気を用いて可視化するスモークワイヤ法がある．

これは，金属線を任意の場所に設定できるため，逆流域などや局所的に可視化したい部位にも適用される．なお，高電圧を加えると熱のため線が伸びて直線状の煙が形成されない場合があるため，線の端の部分にバネなどを用いて予め張力を与えておくと良い．図 5.33 は 1/5 サイズ模型の前部の流れを可視化した例で，分岐点の位置などが明瞭にわかる．

なお，通常のスモークワイヤ法は高電圧のパルスを用いるため煙発生時間が短く，撮影に際してはカメラのシャッタ速度と煙発生のタイミングを合わせるため電気的に同期させるなど工夫が要る．これを改善するため比較的低電圧を連続的に印加し，金属線から長時間煙を発生させる方法がある．この方法によると直接見たい場所の可視化が長時間行えるため現象把握に対し有効である．さらに塗布する油にアルミ粉を混ぜて油の線への滞留時間を長くして煙を長時間発生させる方法も開発されている[67,68]．

b．オイル法

これは物体表面に予め流動パラフィンと酸化チタンを混ぜたものを塗布しておき，高速の気流中でそのオイルの流れていく様子を観察する．その表面の流れから逆流やよどみ域などを見出して問題のある箇所の抽出や，空力的に好ましい形状を求めていくものであ

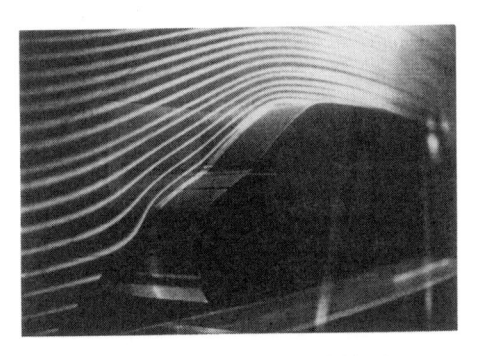

図 5.32 煙線による可視化（2 次元）

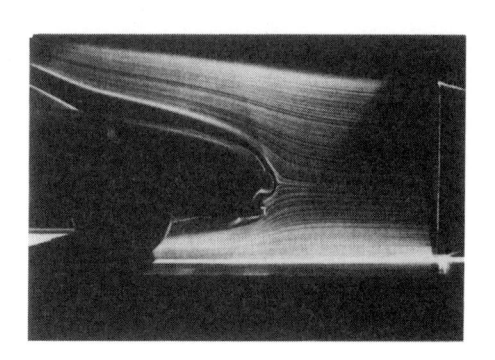

図 5.33 スモークワイヤによる可視化

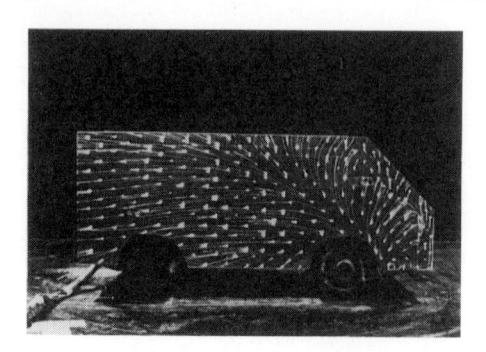

図 5.34 オイル法による可視化

る．図 5.34 は，1/5 模型の表面の流れを表している．オイルは表面全体に薄くまんべんなく塗布する場合と，写真のように点で適当な間隔で塗布するやり方がある．この手法は手軽であり，短時間で表面流れが可視化できるため開発初期段階で，6 分力試験とともに並行して行われることが多い．

c. タフト法

タフトとは気流糸のことで，物体表面に適当な間隔で短い毛糸や絹糸を貼り付けその向きや振れの大きさなどから表面の流れの様子を読み取るものである．流れが安定している場所ではほぼ静止して見え，不安定な場所では振動し，また，逆流しているところでは逆向きになる．図 5.35 は 1/5 模型に適用した例である．ここで注意しなければならないのは，可視化を容易にするために太い毛糸を使用すると流れに対する追随性が悪くなり，流れ場を正しく表さない場合がある．

このほか，蛍光塗料を塗ったタフトに紫外線を照射して可視化する方法もある．この場合，照明にはあまり気を使う必要はなく，またタフトを細くしても可視化できる利点がある．

また，エンジンルームへの気流の流入の方向やピラーまわりの流れを簡便に観察するために細い棒の先に 1 本の長い気流糸を取り付けて可視化する方法もある．

d. 粉　末

煙の場合，逆流域を可視化しようとしても拡散するためうまく行かないことが多い．スモークワイヤを多数配置することで逆流域の空間的な構造，大きさは把握できるが，ワイヤの設定に際しては電極の配置など流れを乱さないような工夫を要する．また，線の位置によっては細かい構造がとらえられないことがある．

このような場合，粉末が効果的である．微細な粉末を上流のノズルから加圧空気とともに噴出し，可視化を行うもので，逆流域の渦が良く可視化できる．流速が速い場合には，炭酸マグネシウムのように比重が大きい粉末でも追随するが，一般には中にガスを封入したマイクロバルーンのような粉末が適している．これは軽く飛散しやすいため，吸引しないよう取扱いに注意を要する．また，流れ場に注入した後，送風機の出口や流速の小さい場所で回収することが必要である．図 5.36 はマイクロバルーンを用いて 1/5 模型の後部の流れを可視化した例である．リヤウインドとトランク上面の渦の構造が良くとらえられており，煙による可視化の弱点を補完できる．

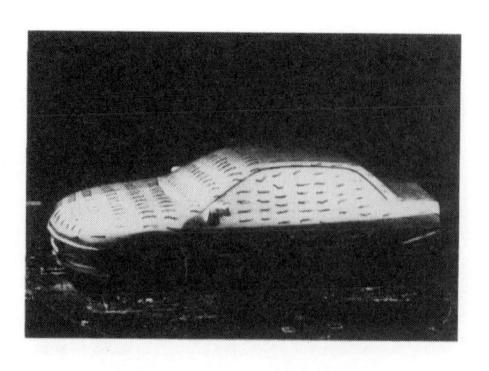

図 5.35 タフト法による可視化

図 5.36 粉末による可視化

5.6.3 水流の可視化

水は空気と異なりさまざまなトレーサを選択できるため，色々な部位の可視化に用いられる．また，水は空気に比べて動粘性係数が大きいため，同一サイズの模型を用いる場合，低流速でも空気と同等のレイノルズ数で可視化できる．このため拡散の問題が生じにく

いトレーサを用いることができ，目視観察や映像を記録するのに適しているという利点がある．

a．染　料

染料は溶剤との混合割合を工夫すると水と同程度の比重に設定できるため，浮力により流脈線が浮き上がったりあるいは垂れ下がったりする問題を低減できる．煙と同様逆流域では拡散するがそこに至る軌跡は明確にとらえることができる．また，いくつかの色を用いることができるため，各部位からの流れの下流側への影響を把握しやすい．これらのトレーサには，たとえばメチレンブルーなどの試薬類が用いられる．

流れ場に注入する方法としては，圧力計測のための静圧孔のように物体表面に穴を設けそこから出す方法や，注射針のような細い管を整形し注入ノズルとして用いる．まわりの流れと同程度の速度で噴出しないと拡散が大きくなるため，噴出速度には微妙な調整が必要である．このため染料を入れた容器の設置位置の高さと注入量を噴出状態を見ながら調節し，可視化を行う．注入量や噴出速度の調節には点滴などに用いる調節弁が扱いやすい．

b．粒　子

水流では流速が比較的小さいためトレーサの浮力の問題が無視できない．また，片状の形をしたトレーサは流れの速度勾配の影響を受けて回転するため，光の反射にむらが出て，明瞭な可視化像が得られないことがある．このため比重が水と同程度で，かつ流れの速度勾配の影響を受けにくい球形のものが望ましい．これにはナイロン12の粒子が適している．これは比重が水と同程度のため流れに対する追随性などが良好で，拡散の問題もなく，逆流域やエンジンルームあるいは車室内など境界形状が複雑な場所での可視化に適している．図5.37は1/3サイズの車室内の流れを示したもので，後席の乗員位置や足元の循環流がとらえられている．このほか，マクロな流れに対しては光の反射のむらをカメラの長時間の露光などで対処することで球形以外の粉末も利用できる．

c．水素気泡

水流に特有の手法で，細かいタングステン線など金属の線を陰極として，高電圧のパルスを印加し，電気分解によって発生する水素の泡をトレーサとして用いるものである．比較的均一で細かい泡を発生させることができ，また水の汚れの問題は生じない．粒子のトレーサと同様で，局所的な流れや逆流域を詳細に観察するのに適しているが，気泡が細かいため照明方法には工夫を要し，また車体外部流のような全体的な大きな流れ場の可視化には不向きである．装置としては市販のものがある．図5.38は1/5サイズのハッチバック車の後部の流れを可視化した例で，リヤウインド部の逆流や床下部からの巻き上がっていく流れが良くわかる．

図5.38　水素気泡による可視化

5.6.4　数値的な可視化

近年の流体数値計算法の発達や計算機の高速化，能力の増大により，大規模な3次元の計算が実用的な時間の範囲で可能になってきている．また，これらの膨大な量の計算結果も専用の後処理ソフトとグラフィックワークステーション（GWS）を用いることで，きわめて短時間で画像化することができる．また，実験ではセンサを用いて空間の一点一点の計測が主体であるため，全場の流れの瞬間的な情報をとらえるのは不可能であるが計算ではそれが可能であり，空間各点の流れの物理量の相関性を把握するのが容易である．さらに，各時間ステップごとの計算結果を専用のビデオ編集システムを用いて編集することで動的な画像を

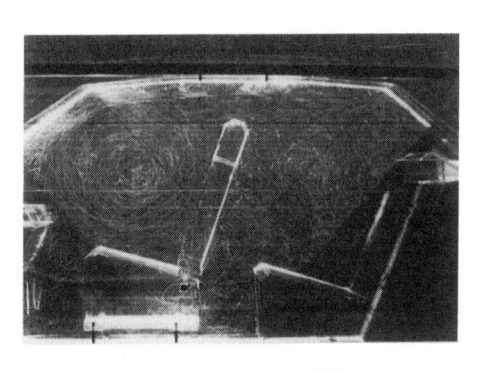

図5.37　粒子による可視化

得ることができ，実験的に可視化が困難な物理現象や物理量の把握も可能となり新しい知見が得られるようになっている．このため，実験を行う風洞に対比させて計算手法と計算機を"数値風洞"と呼ぶことができ[69,73]，計算した結果を画像化する過程は数値的な可視化ととらえることができる．

計算技法やモデル化手法などは本シリーズ第10巻，第4章に詳細に記述されているため，ここではCFDで得られるいくつかの結果とその活用例を示す．

a．流跡線

図5.39に車体中心断面での流跡線の分布を示す．車体前部の分岐点や後部のはく離域の大きさなどがわかる．これは可視化試験の煙と同じように表現できるためわかりやすく，その空間的な広がりや曲がり方などから空力的に好ましい形状かどうかの判断ができる．ただし，あくまで大まかなとらえ方になり，細かい形状修正の指針を得るには不十分である．

b．速度ベクトル

車体まわりの流れ場の直接的な情報を表しており，その点の流速の大きさと向きが矢印で示される．車体の影響などが理解しやすく，これを用いると，たとえば空力特性改善のためのデバイス（リヤスポイラ，エアダムなど）の適正な大きさや配置などが検討できる．さらに時間間隔の短い結果を比較することで瞬間的な変化をとらえることもできる．

c．圧力分布

図5.40に車体表面の圧力分布を示す．ここでは車体表面上の圧力の大きさを色の濃淡で表している．これにより流れをせき止めて圧力が高くなっている部位やはく離して圧力の低い部位などが一目でわかる．この情報から，たとえば抵抗低減のためにはどこの部位の形状を修正すべきかという指針を得ることができる．このほか，等値線で表現し，冷却風や室内換気のための空気取入れ孔，あるいは排出孔の適正位置の検討などにも活用できる．

d．渦度分布

渦度は空力騒音を解析する場合，重要な物理量であることがわかっているが実験的に計測するのが非常に困難で，3次元の瞬間的な分布をとらえるのは現在の計測技術ではほとんど不可能である．計算の場合，速度ベクトル分布の2次的な処理で3軸方向の渦度の成分を得ることができる．図5.41は車体後部の渦度の分布の例で，複雑な流れ構造をした後流部に渦度が集積している様子が示されている[70]．また，図5.42

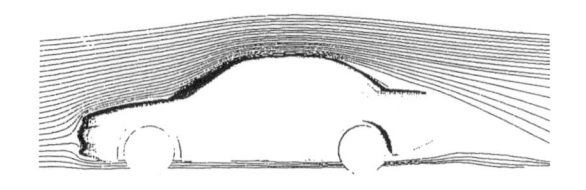

図5.39 流跡線（中心断面）

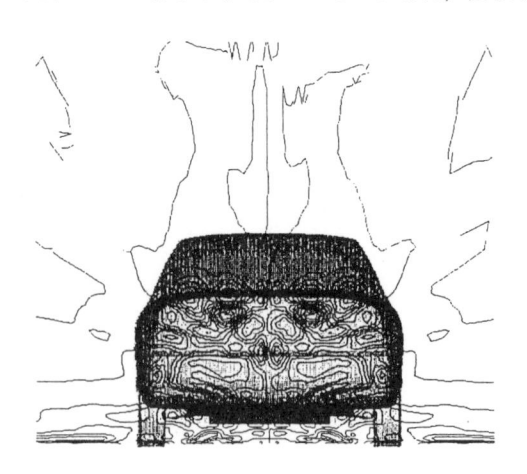

図5.41 車体後部の渦度分布[70]

図5.42 サンルーフ開口部の渦度分布[71]

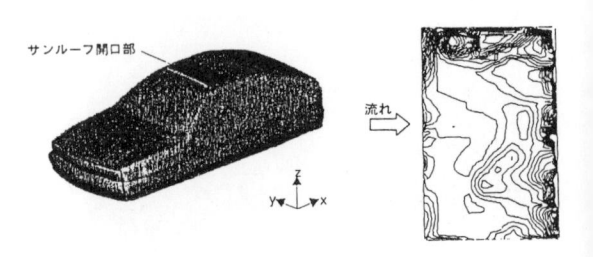

図5.40 表面圧力分布

はサンルーフ開口部の渦度の分布で，この結果からは開口部の渦度の集積が空力者（共鳴音）の主要因であることが把握できる[71]．また，実験的に得られた車室内騒音と計算で得られたサイドウインドまわりの渦度の空間分布を対比することで空力騒音発生メカニズムを把握，検討することも可能である．

e．その他の応用

前述のように車体まわりの流れや渦度の分布あるいは車体表面の圧力分布などから抵抗の大きい場所の推定や他の現象の把握は可能であるが，そのためには流体力学的な洞察が必要である．空力の専門家以外の者がこの解析手法を利用する場合，さらにわかりやすい処理も必要である．一例として，車体表面圧力分布をさらに処理し，車体をいくつの部位に分割してその部分の抵抗を算出する．これにより抵抗に寄与している部位が特定できるため，効率的に抵抗低減の対策が行える．同様の思想で処理システムを構築すると車開発において非常に有用である．

5.6.5 可視化画像処理

従来，実験的に可視化された画像は流れ場の特性を視覚的に把握するために用いられることが主であった．しかしながら，最近の画像処理技術の向上と小型計算機（EWS）の処理能力の増大により膨大な情報をもつ可視化画像の定量的な処理が実用的な時間の範囲で可能となってきており[72,73]，乱流場の解析やエンジン筒内流，車室内流れなど3次元の場への適用も行われてきている[74〜79]．図5.43に3次元での計測手法の概要を示す．画像処理による計測法の利点は

① 非接触型のため流れ場を乱すことがない
② 測定領域全体の同時刻の流れ場の情報が得られる

という点である．その代表的な方法としては

① 可視化粒子個々の運動を追跡して速度ベクトルを算出する方法
② 可視化粒子の空間分布のパターンの相関性から速度ベクトルを算出する方法

がある．

ここでは①の時刻相関法に基づいた画像処理の手順と結果を簡単に述べる．

a．画像処理の手順

画像処理により流れ場の定量データを精度良く得るためには，まず鮮明な可視化画像が必要である．流れ場を可視化した画像は，CCDカメラによりディジタ

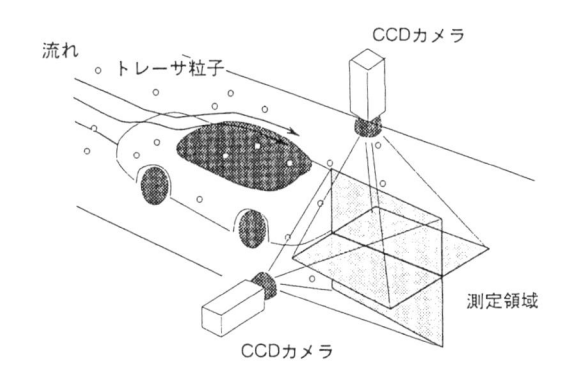

図5.43 画像処理計測手法

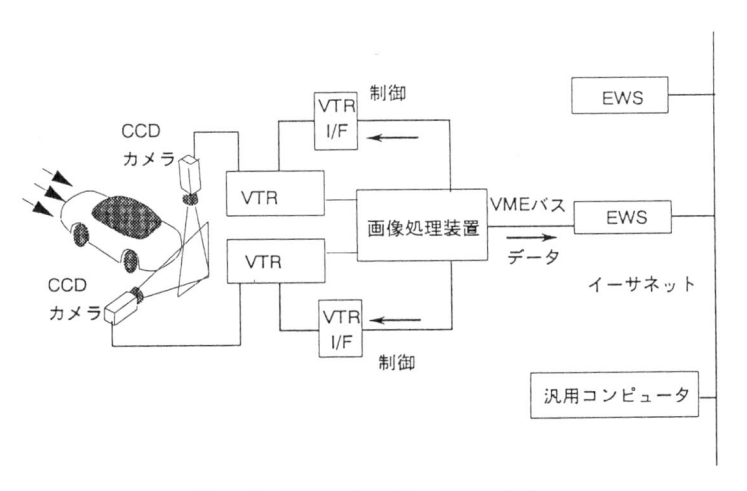

図5.44 可視化画像処理システムの構成

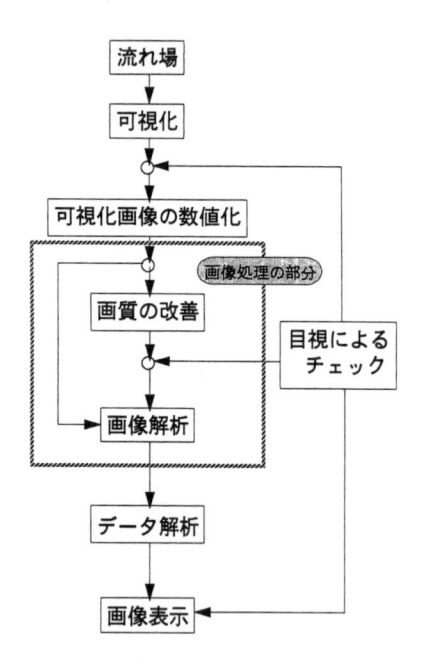

図 5.45 画像処理の手順

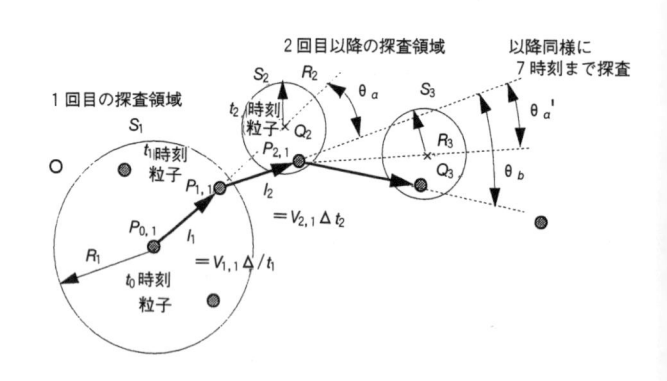

図 5.46 8時刻のトレーサ粒子の追跡方法

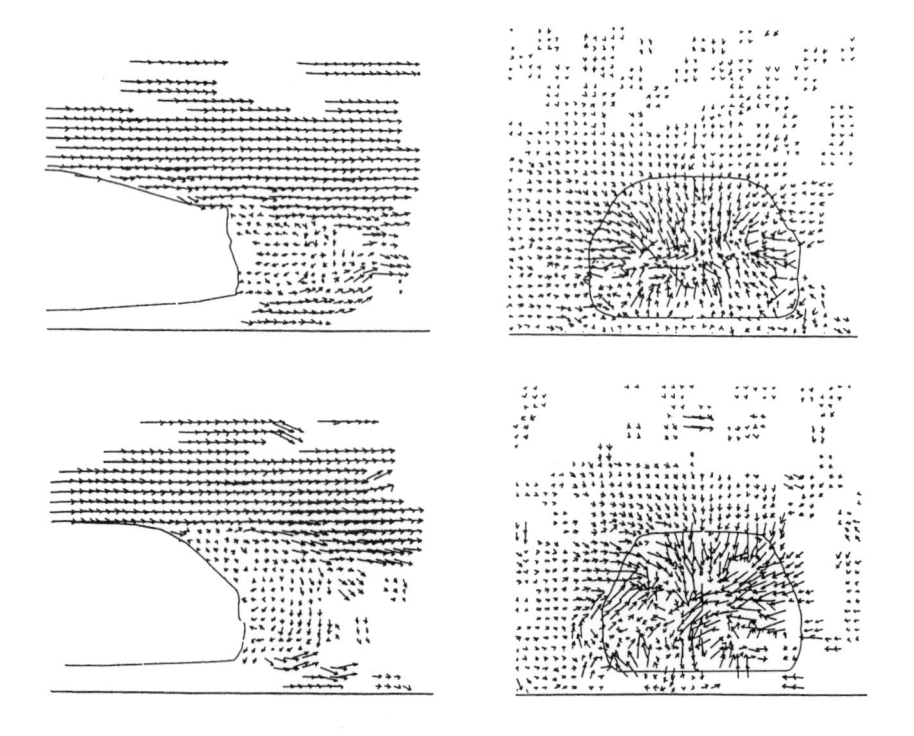

図 5.47 車体後面の速度ベクトル分布[78]

ルの画像として取り込まれる．画像解析が高速処理で行えるならばリアルタイムで結果を得ることもできるが，現状ではまだ処理に要する時間が長く，このため，テープや光ディスクなどに記録された時系列データを順次，自動的に処理していくやり方が行われている．図5.44は計測システムのブロック図で，CCDカメラからの情報はVTRに記録され，画像処理ののち，EWSで2次処理が行われる過程を示す．処理を精度良く行うために，画像データはさらに階調変換，2値化，尖鋭化，平滑化などの処理により画質を改善され，次に画像解析により物理的な意味を考慮して流れ場の情報を抽出していく．これらの過程では画像個々により適正なしきい値などが存在すると思われるが，システムとして構成する場合はある程度平均的な値を用いて処理を行う．図5.45は処理の流れを示すものである．

b．時刻相関法による画像処理計測

画像処理で流れ場を処理する場合，粒子による可視化が適している．基本的には各粒子の短時間の動きを時系列的な画像データとして扱い，それぞれの粒子の動きを追跡することで流れ場の速度ベクトルを算出する．この速度ベクトルが精度良く求められれば，他の物理量の算出は数値風洞での結果と同様，比較的容易に行われる．時刻相関法は可視化粒子の短時間の軌跡を追跡し，対応する粒子の軌跡から空間の速度ベクトルを求める手法で，図5.46は8時刻までの対応する粒子経路を求める過程を示している．最初の探査領域で粒子を一つ選び，この粒子が次の時刻に移動する先を推定する．これを順次8時刻のデータまで繰り返し，判定条件に基づいて適正な粒子経路を求める．詳細は参考文献73)に譲るが，これをすべての粒子に対して適用し，それぞれの軌跡から空間の速度ベクトルを求める．

c．計測結果例

図5.47に，ファストバックおよびハッチバック車の中心断面と車体後方の流れを計測した例を示す[78]．二つのタイプの車の後流構造の違いがとらえられておりこの手法が流れの空間構造を把握するのに有用であることを表している．

[知 名　宏]

参 考 文 献

1) W. H. Hucho (ed.) : Aerodynamics of Road Vehicles, Butterworths (1987)
2) 柴田，迫田，中川：自動車の空力的諸特性の研究，三菱重工技報，Vol. 19, No. 4 (1982)
3) E. C. Maskell : A Theory of the Blockage effects on bluff bodies and stalled wings in a closed wind tunnel, R. A. E. Report, No. Aero 2685 (1963)
4) 橋口，三谷，眞野，柴井，大黒，岸田：新設模型風洞，マツダ技報，No. 9, p. 170-179 (1991)
5) 小林，前田，石場，原，鈴木：空力シミュレーションの実験的アプローチ―模型用風洞の開発―，自動車技術，Vol. 48, No. 4, p. 48-53 (1994)
6) 可視化情報学会編：日本の低速風洞，可視化情報学会誌，Vol. 14, Suppl. No. 3, p. 48-53 (1994)
7) 柴田：三菱自工の風洞，自動車研究，Vol. 5, No. 2, p. 49-56 (1983. 2)
8) 高木：自動車の風洞実験におけるグラウンドシミュレーション，自動車技術会学術講演会前刷集，No. 931, 9301629 (1993)
9) 山口，中津留，高木，新保：ムービングベルト付風洞を用いた自動車模型の床下流れの研究，自動車技術会論文集，Vol. 24, No. 2, 9303690 (1993)
10) 今泉：多重吸込み・吹出し方式の地面板法について，自動車技術会学術講演会前刷集，No. 952, 9534766 (1995)
11) 白石，宮木，三浦：F3000 1/4モデルの空力特性調査，自動車技術会学術講演会前刷集，No. 931, 9301638 (1993)
12) 山崎，本島，古起：レーシングカーの車体下面の圧力に対するムービングベルトの効果，自動車技術会学術講演会前刷集，No. 931, 9301647 (1993)
13) 風洞建設推進部，鉄道総研が建設を進めている大型低騒音風洞の概要：RRR, 7 (1994)
14) A. Cogotti, R. Buchheim, A. Garrone, and A. Kuhn : Comparison Tests Between Some Full-Scale European Automotive Wind Tunnels-Pininfarina Reference Car, SAE Paper, No. 800139 (1980)
15) R. Buchheim, R. Unger, G. W. Carr, A. Cogotti, A. Garrone, A. Kuhn and L. U. Nilsson : Comparison Tests Between Major European Automotive Wind Tunnels, SAE Paper, No. 800140 (1980)
16) R. Buchheim, R. Unger, P. Jousserandot, E. Merker, F. K. Schenkel, Y. Nishimura and D. J. Wilsden : Comparison Tests Between Major European and North American Automotive Wind Tunnels, SAE Paper, No. 830301 (1983)
17) 谷，小橋，佐藤：流体力学実験法，岩波書店，(1977)
18) 日本機械学会編：技術資料　流体計測法
19) 山口，高木：新開発の13孔ピトー管による逆流の計測，自動車技術，Vol. 50, No. 3, p. 86-91 (1996)
20) A. Cogotti : Prospects for Aerodynamic Research in the Pininfarina Wind Tunnel, XXIII FISITA Congress (1990)
21) 飯田，藤田，高野，蒔田：多線式熱線流速計を用いた乱流計測システムの開発，機械学会関西支部，第250回講演会 No. 914-4, p. 128-130 (1991)
22) 佐藤，高木：2チャンネルレーザドップラ流速計による自動車模型まわりの流れの計測，日産技報 No. 31, p. 66-75 (1992.6)
23) A. Cogotti and H. Berneburg : Engine Compartment Airflow Investigations Using a Laser-Doppler-Velocimeter, SAE Paper, No. 910308 (1991)
24) 片岡，中野，大野：三次元レーザ流速計を用いた車室内流れ場等の計測，自動車技術，Vol. 49, No. 3, p. 45-50 (1995)

25) 山本, 柳本, 福田, 知名, 中川：追い越され時の空気入力と車両挙動, 自動車技術会学術講演会前刷集, No. 956, 9540147 (1995)
26) 三宅, 藤本, 渡部, 竹山：バン型トラックの後流可視化, 自動車技術会学術講演会前刷集, No. 933, 9303104 (1993)
27) 星：自動車の熱管理入門, 山海堂(1979)
28) 浮田, 蟹江, 知名：車体形状を考慮したエンジンルーム温度場予測, 機械学会熱工学講演会講演論文集, No. 940-55, p. 261-263 (1994.11)
29) 八木沢, 岩切, 星野, 松原, 高木：エンジンルーム内熱流れ解析手法の開発, 日産技報, No. 22, p. 56-62 (1986.12)
30) 妹尾, 知名, 二之湯, 亀山：機関冷却システムの基本設計手法, 自動車技術, Vol. 40, No. 4, p. 478-483 (1986)
31) 藤掛, 片桐, 鈴木：ラジエータ用風速・風温分布計, 自動車技術会論文集, No. 21, p. 125-132 (1980)
32) 小熊, 高田, 林, 小松原：ラジエータ冷却風量測定法, 自動車技術会学術講演会前刷集, No. 952, 9534757 (1995.5)
33) 濃沢, 日浅, 吉本：空気抵抗に及ぼすエンジン冷却風の影響, 自動車技術会論文集, No. 40, p. 76-84 (1989)
34) 片岡, 浮田, 知名：床下, エンジンルームを含む車体空力特性の数値解析, 自動車技術会論文集, Vol. 25, No. 2, 9432282 (1994.4)
35) 柴田, 迫田, 郡, 永井, 冨谷：浮き上がりにくい自動車用フロントウインドワイパの開発, 三菱重工技報, Vol. 16, No. 2, p. 60-66 (1979)
36) 賽諸, 菅, 角田：自動車用ワイパの流体力学的特性, 自動車技術会学術講演会前刷集, No. 842, 842039 (1984)
37) 中川：空力騒音の発生メカニズムとその低減手法, 自動車技術会1995年春季大会「空力・騒音ジョイントフォーラム」講演前刷集, 95366011 (1995)
38) 小池, 片岡, 中川, 大野：ウインドスロップの解析, 自動車技術会論文集, Vol. 24, No. 2, 9303708 (1993)
39) A. R. George：Automobile Aerodynamic Noise, SAE Paper, No. 900315 (1990)
40) A. R. George and J. R. Callister：Aerodynamic Noise of Ground Vehicles, SAE Paper, No. 911027 (1991)
41) 福島, 小野, 塩澤, 佐藤, 姫野：自動車の空力騒音数値解析システムの開発, 自動車技術会学術講演会前刷集, No. 953, 9535521 (1995)
42) 花岡, 青木, 朱：計算流体力学手法による車周りの風音解析, 自動車技術会学術講演会前刷集, No. 953, 9535530 (1995)
43) 尾川：空力騒音は流れの数値計算（CFD）を使ってどこまで予測できるか, 自動車技術会1995年春季大会「空力・騒音ジョイントフォーラム」講演前刷集, 9536610 (1995)
44) 炭谷, 篠原：自動車周りの空力騒音に関する研究－第1報, 自動車技術会学術講演会前刷集, No. 941, 9432859 (1994)
45) 織田, 後藤, 炭谷, 北原, 卜部：変動感を伴う空力騒音へのニューラルネットワークの適用, 自動車技術会学術講演会前刷集, No. 953, 9535512 (1995)
46) 星野, 寺澤, 小沢, 加藤：車室内音のバランス評価, 自動車技術会学術講演会前刷集, No. 953, 9535954 (1995)
47) N. Ogata, N. Iida and Y. Fujii：Nissan's Low-Noise Full-Scale Wind Tunnel, SAE Paper, No. 870250 (1987)
48) 西川：新設低騒音, 多目的風洞について, 自動車技術, Vol. 46, No. 1 (1992)

49) J. Wiedmann, et al.：Audi Aero-Acoustic Wind Tunnel, SAE Paper, No. 930300 (1993)
50) A. Cogotti：Aeroacoustic Testing Improvements at Pininfarina, SAE Paper, No. 940417 (1994)
51) R. Kunstner, J. Potthoff and U. Essers：The Aero-acoustic Wind Tunnel of Stuttgart University, SAE Paper, No. 950625 (1995)
52) E. Mercker and K. Pengel：On the Induced Noise of Test Section in Different Wind Tunnels and in the Cabin of a Passenger Car, SAE Paper, No. 940415 (1994)
53) 永吉, 小池, 中川：乗用車の空力騒音と車体形状, 自動車技術会学術講演会前刷集, No. 953, 9535549 (1995)
54) A. Lorea, et al.：Wind-Tunnel Method for Evaluating the Aerodynamic Noise of Cars, SAE Paper, No. 860215 (1986)
55) 吉松, 郡：音響インテンシティ法による空力騒音音源探査, 自動車技術会学術講演会前刷集, No. 851, 851015 (1985)
56) 小峰, 土屋, 山下, 中村：近距離場音響ホログラフィを用いた空力騒音測定手法, 自動車技術会学術講演会前刷集, No. 921, 921010 (1992)
57) 人見, 飯田, 前田, 手塚：車外空力騒音の解析, 自動車技術会学術講演会前刷集, No. 901, 901066 (1990)
58) W. R. Stapleford and G. W. Car：Aerodynamic Noise in Road Vehicles, Part 1：The Relationship between Aerodynamic Noise in Saloon Cars, MIRA Report, No. 1971/2 (1971)
59) 金丸, 各務, 定方：車両形状と風切り音の一考察, 自動車技術, Vol. 42, No. 12 (1988)
60) 尾川, 神本, 黒田：空力騒音予測手法に関する実験的研究（剥離渦による空力騒音の特性と発生メカニズム）, 自動車技術会学術講演会前刷集, No. 931, 9301674 (1993)
61) 迫田, 中川, 亀山：自動車の開発における流れの可視化, 流れの可視化, Vol. 6, No. 21, p. 41-48 (1986.4)
62) 奥出：流れの観察, 内燃機関, Vol. 27, No. 341, p. 60-68 (1988.3)
63) 流れの可視化学会編：流れの可視化ハンドブック, 朝倉書店 (1986)
64) Wen-Jei Yang (ed.)：Handbook of Flow Visualization, Hemisphere (1989)
65) 上山, 大村, 大橋, 森田：煙風洞の高性能化の研究, 三菱重工技報, Vol. 16, No. 3, p. 1-7 (1979.5)
66) K. Yanagimoto, K. Nakagawa, H. China, T. Kimura, M. Yamamoto, T. Sumi and H. Iwamoto：The Aerodynamic Development of a Small Specialty Car, SAE Paper, No. 940325 (1994)
67) 深町, 大屋, 中村：流れの可視化におけるスモークワイヤー法の一改良, 九州大学応用力学研究所所報, No. 65, 別刷 (1987)
68) N. Hukamachi, Y. Ohya and Y. Nakamura：An improvement of the smoke-wire method of flow visualization, Fluid Dynamics Research, Vol. 179, p. 23-29, North-Holland (1991)
69) 河口, 橋口, 春名, 岡本：数値風洞を用いた空力解析, マツダ技報, No. 10, p. 182-191 (1992)
70) 中川, 福田, 柳本, 知名：後流制御による空力性能の向上, 自動車技術会論文集, Vol. 27, No. 2, 9634620 (1996)
71) 知名, 浮田, 蟹江：サンルーフ車開口部の流体振動現象の可視化, 可視化情報, Vol. 14, Suppl. No. 2, p. 101-104 (1994)
72) 小林敏雄代表：Particle-Imaging Velocimetry の実用化に

関する調査研究，(研究課題番号 03352018)，平成3年度化学研究費補助金（総合研究 (B)）研究成果報告書，(1992.3)

73) 小林敏雄：ディジタル画像処理による流れ場解析システムの開発，東京大学生産技術研究所(1988)

74) 奥野，福田，三和田，小林：シャボン玉を用いた気流の3次元計測技術の開発，自動車技術会学会講演会前刷集，No. 924, 924080 (1992)

75) 佐藤，佐田，笠木，高村：画像処理を用いた三次元乱流気流計測技術の開発，自動車技術会学術講演会前刷集，No. 933, 9303087 (1993)

76) 佐藤，常見：レーザを用いた流れの可視化画像解析システム，自動車技術会学術講演会前刷集，No. 943, 9433920 (1994)

77) 長谷川，宮本，小林：自動車用空調機内外の流れの可視化画像計測，自動車技術会学術講演会前刷集，No. 945, 9437179 (1994)

78) 吉田，知名，林，蟹江：三次元可視化画像処理手法の車周り流れ場への適用，三菱自動車テクニカルレビュー No. 6, p. 56-65 (1994)

79) 望月，外野：4時刻法による車体後流等の気流の計測，自動車技術，Vol. 48, No. 3 (1994)

6

人間工学特性

　自動車の魅力は，高い出力，高い制動力，低い燃費などの高い機能的魅力をもつことと，心地よく走る，美しいデザインなどの高い感性的魅力をもつことの両方があいまって感じられるものである．たとえばエンジンの出力も気になるし，気持ち良い走りも大切であることなどがその例である．この両者は密接に関係し，製品の魅力を作り上げている．

　自動車は幅広い先端技術が高度に集約されている工業製品である．そこで，新しい感覚，感性的魅力の実現には，これまでより進んだ先端技術の裏付けが必要なことが多い．しかしながら，やみくもに最先端の技術を折り込んだから良いというわけではない．そこには人間の感覚，感性によって高い評価を受けるものでないと，受け入れられないというようなこともある．このことは，一見ハードな自動車という製品は人間側からの感覚，感性的計測が製品評価の重要な柱となっている，大変ソフトな製品だともいえる．たとえば，人間工学特性を多く含んだ自動車の設定特性と総合制御技術の関係を見てみる．総合制御とは表6.1[1)]の通りエンジン，ドライブトレーン，サスペンション，ステアリング，ブレーキなどを相乗効果が出るように有機的に制御することにより，運転しやすさ，安全性，快適性などの性能を車両トータルとして飛躍的に向上させることをねらったシステム化技術である．表6.1の設定特性，具体的制御目標を見ても感性的表現が多く，このシステムの評価には多くの人間工学特性の計測解析技術が必要であることがわかる．そこで，人間そのものを計測する技術，人間側からの感覚，感性的評価を計測，解析する技術を広い意味での人間工学的特性の計測，分析技術と考え，以下で事例を入れながら概述する．

　人間工学特性の計測解析技術の対象とこの計測解析技術の種類は表6.2の通り大別すると5種類の技術からなる．

・人間の形態的特性計測技術
・人間の動態的特性計測技術
・生理的計測技術
・感覚的知覚的計測技術
・感性評価技術　　　　　　　　　　　　［柳瀬 徹夫］

6.1　人間の形態的特性計測解折技術

　人間の形態計測は，一般の工業計測に比較していくつかの難しさをもっている．
・変動しやすい表面形状である．
・非静止的である．
・過渡的な存在である．
・全く自由曲面である．
・不可触部がある．

　以上のような3次元的な自由曲面を有する形態を取り扱うことは技術的に非常にむずかしく，従来行われて来た方法は，その形状を代表すると思われるいくつかの部分について，ほとんどは長さを計測することであった．

　しかし，オプトエレクトロニクス，画像処理技術などの技術の進歩とともに，人体の形態計測に対しても技術開発が進められており，着実に進歩を遂げてきている．人体の形態計測における技術の目標は，

・非接触計測
・3次元計測
・短時間計測
・自動計測

であり，技術開発は，この目標に向かって進められている．

　以上，人間の形態的特性計測法を分類すると図6.1のようになる[2)]．

表6.1 新技術の設定特性と人間工学特性[1]

		設定特性	具体的制御目標	電子制御スリップ4WD	電子制御LSD	油圧サスペンション	前後輪アクティブステア	リアアクティブステア	ワイドタイヤ	A/T	エンジン	ブレーキ	シート
基本制御	選択モード/判断する状況	SPORT	運転の楽しめる特性	きびきびとした走りの特性							○	○		○
		AUTO	状況に応じСPORTからCOMFORTの間の特性を選択								○	○		○
		COMFORT	大人の運転をする特性	ゆったりとした走りの特性							○	○		○
状況判断によりさらに変化させる制御		渋滞	無用な加減速の防止	アクセル感度低減	○							○		
		高速走行 (通常)	安定した走りの性能	直進安定性向上	○	○	○		○					
		(横風)	影響を受けにくい性能	外乱安定性向上				○	○					
		山岳路走行	挙動の収束性の高い特性	操舵応答性向上			○		○					
			タイヤに応じた応答性	操舵ゲイン増大とオーバステア方向へ	○									○
			気分に応じてドリフト走行	ステア特性応答性の最適配分	○	○			○		○			
		悪路走行	走破性向上	駆動力の最適配分	○	○								
			フラット感と乗り心地との両立	車高アップ	○		○							
		雨の降り始め、雪路へ入ったとき	状況変化に対する人の不慣れさへの対応	ストロークと荷重の最適バランス	○	○		○			○		○	○
		雨、雪	タイヤがロック、スリップしない特性	安定性向上	○	○							○	
			車がスピンやドリフトアウトしない特性	制駆動力の最適配分	○	○	○		○				○	
		緊急回避	ハンドルでの回避性能向上	余分な制駆動力のカット	○				○					
			ブレーキでの回避性能向上	弱すぎ・発散の防止		○								
				切り過ぎ・発散の防止	○		○							
				最短停止距離									○	

168　6. 人間工学特性

6.1 人間の形態的特性計測解析技術

表 6.2 人間工学特性計測技術の種類

車の特性	重視される視点	課題	計測技術
移動性	機能性	負荷の低減	人間の形態的特性計測技術
社会性	安全性	快適性の向上 利便性の向上	人間の動態的特性計測技術 生理的計測技術 感覚，知覚の計測技術
嗜好性	楽しさ，好み	感性訴求性能	感性評価技術

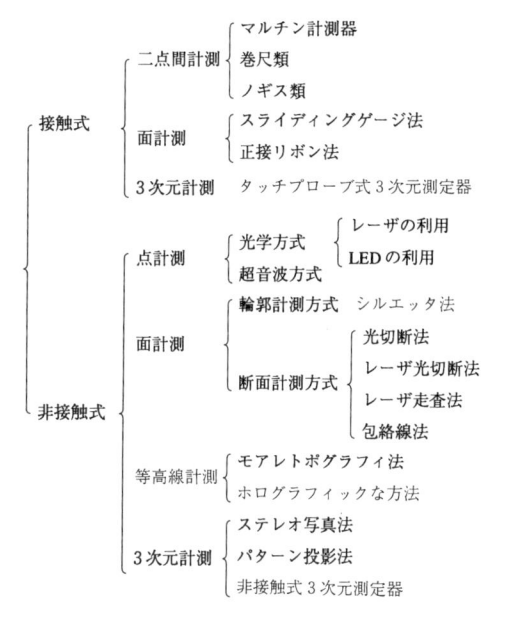

図 6.1 人間の形態的特性計測の例[2]

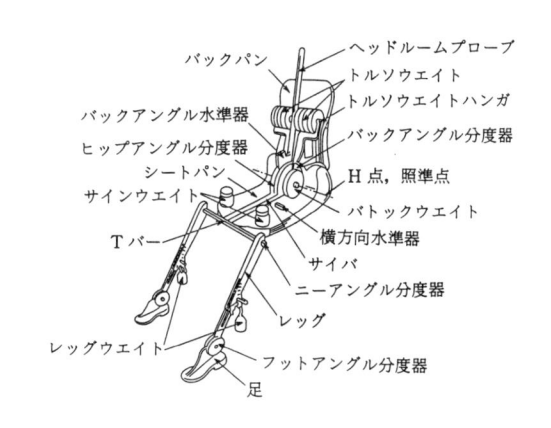

図 6.2 3次元マネキンの各部名称

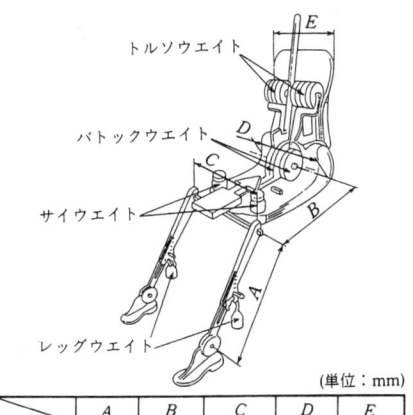

図 6.3 3次元マネキンの各部寸法，質量

（単位：mm）

	A	B	C	D	E
50パーセンタイル	417	432	108〜424	393	395
95パーセンタイル	459	456	108〜424	393	395

（単位：kg）

	シートパン及びバックパン	トルソウエイト	バトックウエイト	サイウエイト	レッグウエイト	計
各部質量	16.6	31.2	7.8	6.8	13.2	75.6

6.1.1 計測値のデータベースとモデル化

以上のような方法で測定された人間の形態的特性測定値は一部データベース化，モデル化されている．たとえば，フランスのERGODATAは450万人の身体計測値をデータベース化している．日本でもHQL（人間生活工学研究センター）が，日本人約 34 000 人の178項目の身体計測値と3次元身体形状データをデータベース化[3]している．こうしたデータは徐々にモデル化され，たとえば自動車室内寸法の測定の原点として使われるようになっている．居住空間測定に使われている3 DMはJIS D 4607[4]において，日本人成人男子の身長，体重などの50パーセンタイルに相当するものを制定している．しかしながら，世界各国のユーザーが使用する国際商品である自動車に対し，日本人だけに限定した規格では，実情と合わなくなってきており，SAE J 826[5]を基本とした図6.2，図6.3のようなSAE 3 DMを使用する必要性が増大している．

［柳瀬徹夫］

6.2 人間の動態的特性計測解折技術

動作の計測とは，身体各部の空間的配置とその時間的な変化を計測するものである．ただし，姿勢および手先などの到達域，ハンドリーチなどの計測では空間的情報の方が問題となる．一方，時間的情報を含む動作の計測では，通常は身体の部分または全体の剛体的運動，すなわち骨格運動を計測するが，シートの設計には身体運動に伴う軟部組織の変形が問題になることがある．これとは逆に，車室内機器のレイアウト設計などでは人の体の一部を質点と見た動きを知りたい場合もある．したがって，動態計測機器の設計ないしは選定用件は図6.4に示すような要素を多次元的に選び計測することになる．技術的制約条件としては，指の動きか全身の動きかといった計測対象の絶対寸法と，それが動きまわる場合の計測すべき範囲，サンプル周期に関連した運動の速さ，機器の安定性とデータ量に関係する動作の継続時間，精度，計測に伴う自然な運動への干渉の許容度などがある．一例としてピアノ演奏における指の動きの計測では，対象が小さく，運動範囲は広く，動きは早く，時間も10分以上になり，精度も程々で，運動への干渉があってはならないなど，非常に制約が多い．このように，動態的計測では計測対象とその目的により機器の要求性能が大きく異なるために，実際の計測では専用機器を開発するか，既存の機器を改造して用いることが多い．したがって，動態的計測では基本的な計測技術の開発とともに，その利用技術の開発も重要な課題となる．

6.2.1 到達域と身体運動の計測

市販の汎用的な運動計測機器は主として身体の粗大運動の計測に適し，身体表面の標点座標もしくは相対関節角度を計測することができる．標点位置の座標データへの変換には，図6.5に示すようにさまざまな方法がある[1]．従来のムービーカメラによる写真計測手法は身体各部の空間位置を画像として記録し，その時間的変化は微小時間内の次の画像を撮影することで記録するものである．この手法は動作の視覚的イメージを直接記録できる点で優れているが，座標データへの変換は煩雑である．テレビカメラ方式はこの画像処理をコンピュータにより自動化することができるが，画像情報を1次元の電気信号に変換するために，分解能とコマ数およびシャッタスピードに限界がある．これに対して半導体カメラは標点の座標値を実時間で直接得ることができるが，逆に画像の記録はできない．

より簡便な方法としては計測標点にランプをつけ，暗室内でカメラシャッタを開放にして撮影する光点軌跡法，反射標点を用い，回転シャッタあるいは明滅光源を用いて撮影するクロノサイクログラムまたは多重

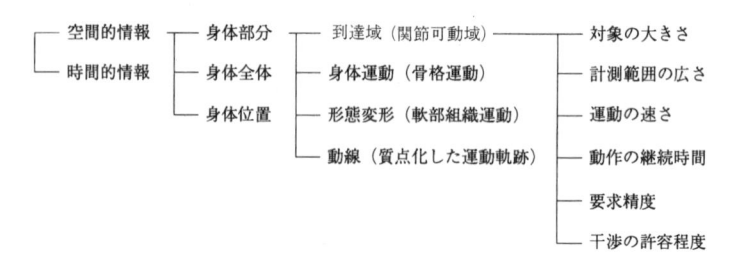

図6.4　人間の形態的特性計測要素

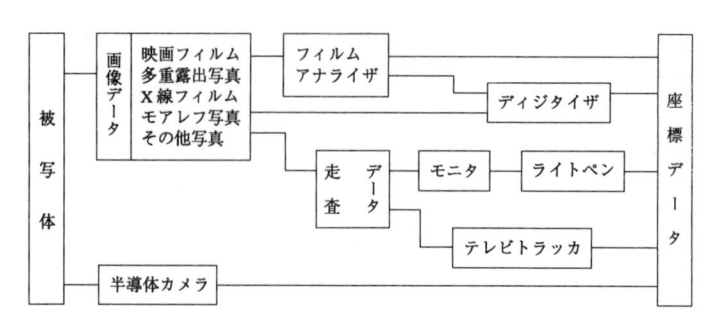

図6.5　画像計測手法の分類[1]

露出写真方法がある．これらの画像には光源の明滅周期による時間情報も記録することができるが，標点間の時刻の対応および絶対時間の読取り精度は劣る．

一方，これらの光学的方法とは別に，身体関節部に電気角度計を取り付け，関節角度の直接測定を行う方法や小型加速度計による運動加速度の計測手法がある．両者は非撮像型かつ接触式計測手法であるが，計測スペースを要せずに実時間計測を行える利点がある．また，運動周期のような時間情報のみが必要な場合には身体の接触によって作動する電気接点を設けることにより，簡便に計測することもできる．以上の運動計測手法の分類とその計測手法の特徴を表6.3に示す．運動計測は多重露出写真などの静止画像から映画に移り，さらに実時間が重視され，現在ではゴニオメータと半導体カメラが多用されるようになっている．

たとえば，車室内の居住空間広さを評価する上で，着座姿勢や3DMによる基準寸法を測定して，人体寸法と照らし合わせて見ることが大切である．この方法は，車両設計段階における図面検討に使用されるなどの多くの利点があり，最もよく活用されている．しかし，これだけでは居住空間評価は不十分である．つまり，乗員の運転操作や乗降動作などの挙動を計測し

表6.3 運動計測手法の分類と特徴

計測手法	空間情報	時間情報
映　　　画	画　　像	コマ時間
テ　レ　ビ	画　　像	走査時間
半導体カメラ	座　　標	実時間
ゴニオメータ	角　　度	実時間
光点写真	軌　　跡	明滅時間
多重露出写真	画　　像	露光時間
加速度計	加速度	実時間
接点スイッチ	――	実時間

表6.4 ヘッドルーム評価基準[7]

評価項目		評価ライン	考慮要因			
			着座姿勢&動作	公差・ばらつき	人体要因	走行条件
前席	通常の運転姿勢		運転姿勢 シート位置は設計基準位置	シート 天井 ボデー	頭髪 (商用車 ヘルメット)	悪路走行時の振動
	前方身起し		安楽姿勢から直立姿勢への変化	↑	頭髪	一般走行路面振動
	左右への首振り		安楽姿勢	↑	↑	
後席	通常の着座姿勢		安楽姿勢	↑	↑	悪路走行時の振動
	前方身起し		安楽姿勢から直立姿勢への変化	↑	↑	一般走行路面振動
	後方への首振り		安楽姿勢 後方首振り	↑	↑	↑
	3人掛け		安楽姿勢	↑	↑	↑

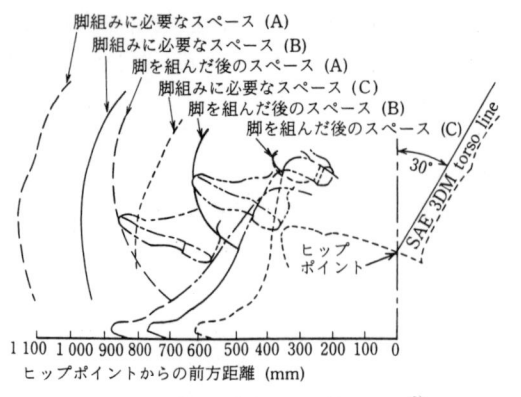

図 6.6 足組みのためのレッグスペース[8]

て，居住空間を評価することも必要である．このためにはルーフ，ドアおよびフロアなどのボデー各部が3次元的に可変するモックアップを活用し，実際に各種動作を行って評価する方法もある．動作計測では，被験者の各基準点の軌跡，距離，速度あるいは，加速度を画像解析器などにより求めることで，快適な動作に必要な空間などを3次元的に求めたり定量的に空間のレベルを評価することも可能である．その例として，運転操作における必要なヘッドスペースの評価項目を動作計測により求めたものが表6.4であり[7]，後席乗員が着座姿勢において，足組みのために必要なレッグスペースを求めたものが，図6.6である[8]．

6.2.2 形態変形の計測

運動に伴う形態の変化は，基本的には前項に示す形態的特性計測技術を高速化することで可能となる．一方，この変化は動態的特性計測技術の多点化によっても可能となる．すなわち，身体表面に多数の標点もしくは基準メッシュを直接描くことができるなら，動画像の計測手法を適用することができる．また，モアレ写真をテレビカメラで連続的に記録する動的モアレ法もある．ただし，これらの計測では，一般にデータ処理に多大な時間を要する．筋肉の膨隆や特定部位の皮膚の伸張などの計測には，図6.7に示す金属薄板とひずみゲージを利用したルーフゲージ[9]や，炭素繊維[10]，感圧ゴム[11]，導電性繊維[12]などの柔軟素材のセンサの応用が考えられる． ［柳瀬徹夫］

6.3 生理的計測解折技術

生理的特性は，血液（赤血球数，白血球数など），循環（血圧，心拍数など），呼吸（呼吸数，換気量など），内分泌（各ホルモン血中濃度），感覚（痛みなどの皮膚感覚，眼，耳などの感覚），神経（神経伝導速度など），筋（筋収縮など），体液調節（体液量，体液pHなど），体温調節（核心温など），大脳活動（脳波など），多重多様にわたる．たとえば快適性などではこれらすべてが関連する可能性がある．英国ラフボロー大学 I.C.E. (Research Institute for Consumer Ergonomics) が，運転者の軽度なストレス（信号待ち，右折など）の測定に関してレポートしている．実験は台上実験と実車実験が行われた．台上実験では，被験者は眼前のモニタでトラックの追跡操作を行いながら，別のモニタに呈示される9個の単語の中から目的の単語を探す，という作業を行う．応答はステアリング上に設けたレバーで行う．この単語探しをストレスとし，10秒間の呈示を低ストレス，1秒間の呈示を高ストレスとして被験者9名に表6.5のような

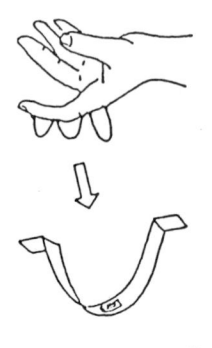

図 6.7 ルーフゲージ[9]

表 6.5 計測指標

	項 目
生理計測	・アドレナリン/ノルアドレナリン
	・平均心拍
	・心拍分散
	・静脈血圧
	・動脈血圧
	・呼吸数
	・呼吸数分散
	・筋電
行動計測	・握力
	・まばたき
	・着座姿勢
心理計測	・官能評価（SACL）
	・官能評価（VAS）

SACL : Stress/Arousal Check List
VAS : Visual Analog Scales

各種生理的計測を行った．実車実験では予め選定したコース（交差点右折，ロータリーを含む市街地および郊外走行からなる約 18 km の環状ルート）で，①先導車の追跡走行と，②単独走行を行い各種生理的計測を被験者 18 名に実施した．分析は計測値の平均値および指標間の相関を計算した．その結果，計測した指標中全実験を通じ一貫した変化を示すものは認められず，日常運転時に経験する軽度なストレスの検出はむずかしい，との結果を得た．しかしその中では下記の理由により，心理計測（SACL および VAS）が軽度運転ストレス測定指標として可能性を有している．

① ストレスを感じる程度はそれを感じる個人の心理的要因に左右されるため
② 実車実験では一部アドレナリン／ノルアドレナリンとの相関が見られたため

このレポートでは運転時軽度ストレス計測として，生理計測，行動計測，心理計測を同時に行い，それぞれの値の変化を調べると同時に，各指標間の相関についても表 6.6 のように検討している点に特徴がある．この報告内容では，明確な有意差が認められた指標は得られていないが，種々の計測を行いその結果を総合的に評価する方法は，明確な指標が得られにくい生理

表 6.6 各指標間の相関

	アドレナリン	ノルアドレナリン	平均心拍	心拍分散	収縮期血圧	拡散期血圧	呼吸数	握力	SACL/ストレス	SACL/刺激	VAS/ストレス	VAS/疲労
アドレナリン												
ノルアドレナリン												
平均心拍	0.29	0.32										
心拍分散	0.31	0.00										
収縮期血圧	0.28	0.44	0.11 −0.53									
拡散期血圧	−0.09	0.28	−0.14 −0.26									
呼吸数	−0.11	0.00	0.65 −α			0.71 −α						
握力							0.7					
SACL/Stress	0.35	0.47		0.73								
SACL/Arousal	−0.28	−0.65										
VAS/Stress		0.58										
VAS/Tiredness		0.48	0.37 0.48				0.71 0.42					

（注）数字上段：午前の被験者（8 名），数字下段：午後の被験者（10 名）

図 6.8 アドレナリン値変化

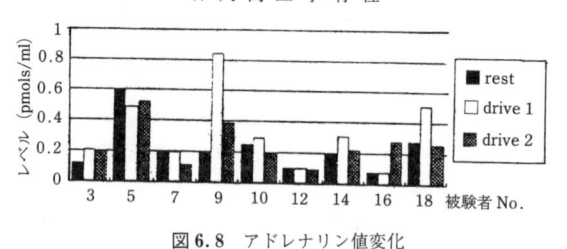

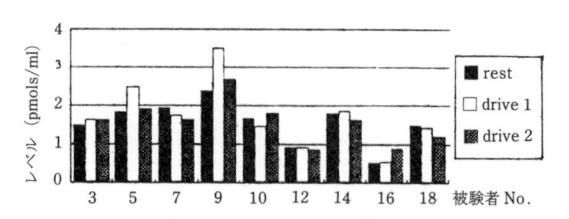

図 6.9 ノルアドレナリン値変化
実車実験結果，driver 1：追跡走行，driver 2：単独走行．

的計測において可能性のある手法であろう．図 6.8 と図 6.9 は実車実験での追跡走行時，単独走行時，休憩時のアドレナリン値，ノルアドレナリン値の変化である．また，覚醒水準・注意水準の計測は，睡眠から覚醒に至る人間の基本的行動や脳内で行われている情報処理過程を理解するために欠くことのできない要素であると同時に，自動車運転場面において運動行動の評価への応用が期待されるものである．その主要な計測対象は，脳波，誘発電位，眼球運動，まばたき，瞳孔反応，皮膚電気活動，脳波流図などである．頭皮上においた電極から記録される脳波は，大脳の働きを反映した電位変化であり，意識状態の計測に有利な手法である．脳波のほかに，脈拍，呼吸，皮膚電気活動，眼球運動，頚部の筋電位，顔の表情，まばたきなどいくつかを同時計測することもある．記録される脳波の電位は，低いレベルなので，電気的シールド，不分極電極の使用，高感度差動増幅，安定した姿勢の保持などによって初めて良好な記録が期待できる．複雑な脳活動を反映して，複雑な変動を示す脳電位の解析に関して，人の眼による周波数，振幅，タイプなどの分析から，連続スペクトル分析器を用いる方法，重ね書き法による誘発電位の抽出などを経て，現在では計算機を用いた加算平均，相関分析，パワースペクトラムの算出，異なる誘導部位間のコヒーレンス，位相差を求めることができるようになった．感覚刺激と誘発電位の発生とを結び付けたモデルの提案，脳電位の機能的意義とその定量的計測法の開発も進められている．こうした計測法を利用した例の一つが以下の運転者の覚醒度評価法である． [柳瀬 徹夫]

6.3.1 運転者の覚醒度評価法

自動車運転者の覚醒度を評価することは，予防安全に関する研究の分野で，とくに居眠り運転防止の研究において重要な役割を果たす．居眠り運転は，運転者の覚醒度が著しく低下した状態であり，認知，判断，操作のすべての能力が低下するため，事故時の致死率が高い．したがって，居眠り運転を防止することは重要であり，居眠り状態を精度よく検出する技術，居眠り運転状態を解消する技術について，これまでにさまざまな研究，開発が行われている．検出技術としては，操舵角から運転者の覚醒度低下を検出する装置[15]や，皮膚電位から覚醒度低下を検出する装置[16]などが開発されている．これらの開発の中で，覚醒度評価技術は，そのまま，居眠り状態の検出技術として用いられたり，前記技術の有効性を確認することに用いられる．また，別の観点から居眠り運転を防止する技術としては，運転者の覚醒状態を把握し，常に運転に適した状態に維持するマンマシンシステム（適応型覚醒度維持システム）[17]に関する研究がなされ，運転者の覚醒度評価技術は，このシステムにおいて不可欠な役割を担っている．

6.3.2 覚醒度評価の指標

運転者の覚醒度の低下は生理的現象，運転操作，車

両状態などに現われ，中でも生理的現象は覚醒度の変化の様子を現す指標であることが従来から知られ，実験の際は必ず1つ，または複数の生理指標を測定する．生理指標は測定法によって大きく2つに分類され，脳波（EEG：electroencephalography），眼球運動（EOG：electrooculography），心電図（ECG：electrocardiography），皮膚電位水準（SPL：skin potential level）などのように，センサを身体に装着し，直接的に生体信号を検出する方法と，カメラなどで運転者の顔を撮影し，表情を観察したり，まばたきの様子を画像認識によりとらえ，生理的な覚醒度の低下を判断する方法[18]がある．複数の生体信号を測定する場合にはポリグラフの方式がよく用いられる．これは，身体に装着した電極などのセンサ，増幅器，記録器，モニタなどから構成される計測ユニットにより，複数の信号を同時に連続記録するものである．

a．脳波による覚醒度評価

臨床的に脳波測定は，多点に電極を貼付する方法で行うが，準備に非常に手間がかかり被験者に煩わしさを与えることから，覚醒度を評価する実験の際には耳たぶを基準電極とし，頭頂部または後頭部からの単極誘導や，頭頂部と後頭部からの双極誘導により測定する方法が用いられる．

脳波により覚醒度を定量化する方法の1つにα-attenuation test[19]がある．この方法は，開閉眼を2分間ずつ3回繰り返し，その12分間について5秒ごとの脳波のパワースペクトルを求め，次式の定義に基づき覚醒度を算出する．

$$覚醒度 = C/O \quad (6.1)$$

ここで，C：閉眼中のα波の総パワースペクトル，O：開眼中のα波の総パワースペクトル，である．α-attenuation test を運転中に実施することはできないが，運転後の覚醒度の低下，休息後の覚醒度の上昇などの評価に用いることができる．

次に，走行中の運転者の覚醒度を脳波により求める方法の一例を説明する．

まず，台上で選択反応作業を行い，被験者の脳波パワーから眠気の程度，すなわち覚醒度を表す反応時間を予測する重回帰式を求めておく．次に実車走行中の被験者の脳波を測定し，得られた脳波パワーから反応時間（覚醒度）を予測する．脳波の計測は前述の双極誘導により連続して行い，得られた脳波データはま

ず，δ波（1～3 Hz），θ波（4～7 Hz），α波（8～13 Hz），β波（18～30 Hz）の帯域にフィルタリングする．次に，各帯域の脳波データをそれぞれサンプリング時間1（s），平均時間1（s）の脳波パワーに変換し，平滑化処理を行う．反応時間については対数変換を施した後，脳波と同様に平滑化処理を行う．平滑化を行った反応時間を目的変数，4帯域の脳波パワーを説明変数とし，平滑化時間を変えて重回帰分析を行う．各被験者について重相関係数が最大になる場合を求めると，脳波と反応時間との間には高い相関があり，図6.10に示すように，重回帰式を用いて脳波から反応時間を精度よく予測することができる[20]．また，図6.11より，実車走行中の運転者の脳波から予測した覚醒度と眠気の自覚症状とは変化の様子がかなり一致することが確認されている[20]．

脳波，眼球運動，顔の表情をポリグラフの方式で計測し，3つの生体信号を合わせて覚醒度を評価する方法[21,22]もある．脳波データからはα波をフィルタリングし，その振幅と出現量に応じて図6.12のよう

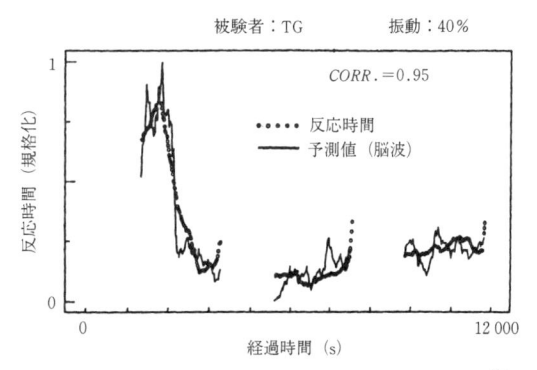

図6.10 反応時間と脳波パワーからの予測値の時間推移[20]

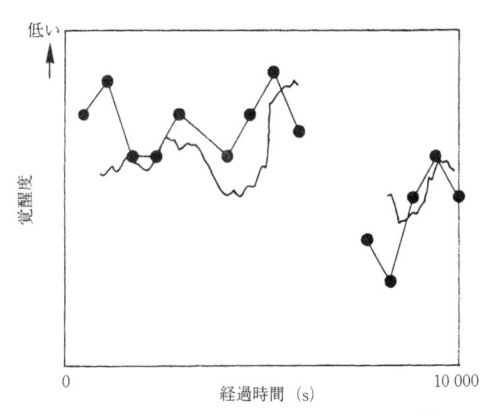

図6.11 実車による覚醒度評価手法の検証結果[20]

176   6. 人間工学特性

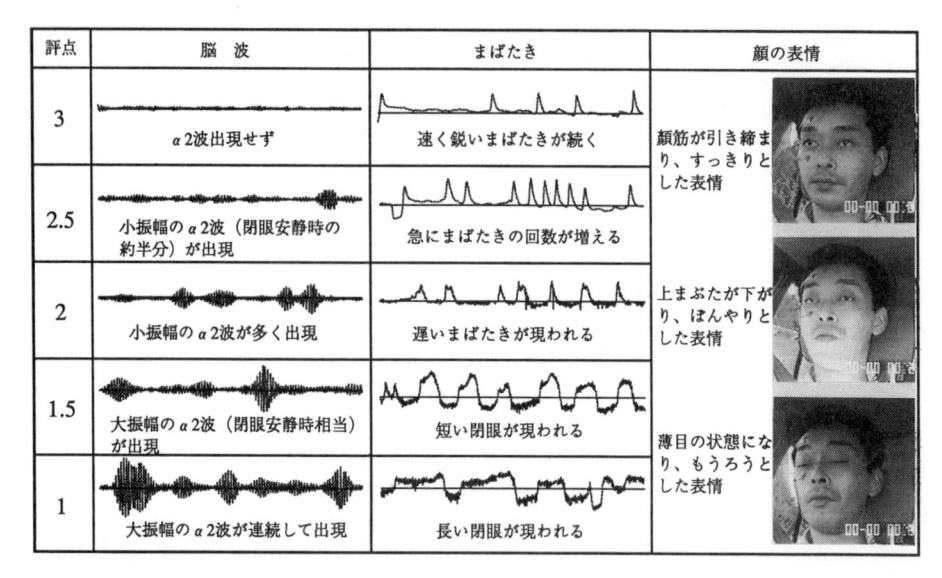

評点	脳波	まばたき	顔の表情
3	α2波出現せず	速く鋭いまばたきが続く	顔筋が引き締まり、すっきりとした表情
2.5	小振幅のα2波（閉眼安静時の約半分）が出現	急にまばたきの回数が増える	
2	小振幅のα2波が多く出現	遅いまばたきが現われる	上まぶたが下がり、ぼんやりとした表情
1.5	大振幅のα2波（閉眼安静時相当）が出現	短い閉眼が現われる	薄目の状態になり、もうろうとした表情
1	大振幅のα2波が連続して出現	長い閉眼が現われる	

図6.12 脳波，まばたき，顔の表情の評点基準（覚度指標）

に5段階に分類する．また，眼球運動はまばたきの様子に応じて5段階に分類し，顔の表情は3段階に分類し，それぞれの評点を合わせて覚醒度の指標（覚度指標）とする．覚度指標とトラッキング作業の制御能力との対応を調べることにより，覚度指標から運転者の覚醒状態が推定されている[21]．

脳波は覚醒度の変化を最も顕著に示し，客観性の高い評価指標であるが，頭部に電極を装着することから被験者へ煩わしさを与えるという欠点もある．また，導出の際にノイズが混入しやすいため，本来はシールドルームで測定するのが望ましい．また，頭皮から導出される脳波は非常に微弱な電位で発汗などの影響を受けやすいため，室温などを整えておく必要がある．

b．眼球運動による覚醒度評価

眼球運動の測定は眼の上下，および左右に電極を貼り付け，垂直方向の眼電位（EOG），水平方向の眼電位を導出する方法が一般的に用いられる．とくに，垂直方向の眼電位を測定することにより，まばたきの様子がわかるため，これを覚醒度の指標として用いることが多い．

まばたきを定量化する一手法として，図6.13に示すように，まぶたの下降から上昇までの間で加速度のピークとなる点をまばたきの開始および終了と定義し，まばたきの持続時間を求める．まばたきの持続時間と後述する暫定覚醒度[23]とは相関があり，図6.14に示すように，暫定覚醒度の時間変化と，まばたきの持続時間から回帰式を用いて求めた暫定覚醒度とが非常によく対応していることがわかる．

また，水平方向の眼電位から飛越運動を解析し，図6.15のように定義される移動時間と移動速度においても，暫定覚醒度と相関があることが確認されている[23]．

暫定覚醒度は走行中に撮影された運転者の表情，副

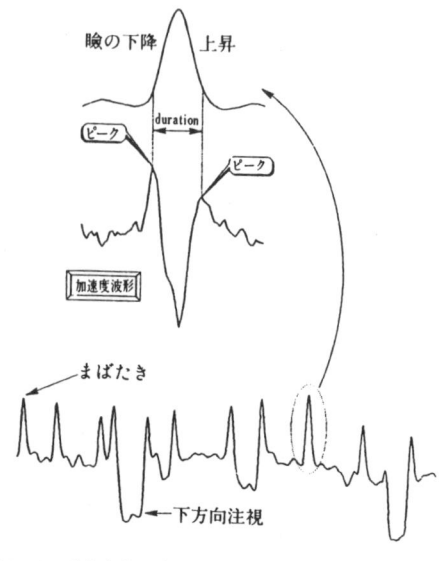

図6.13 垂直方向眼球運動のEOG波形とdurationの定義

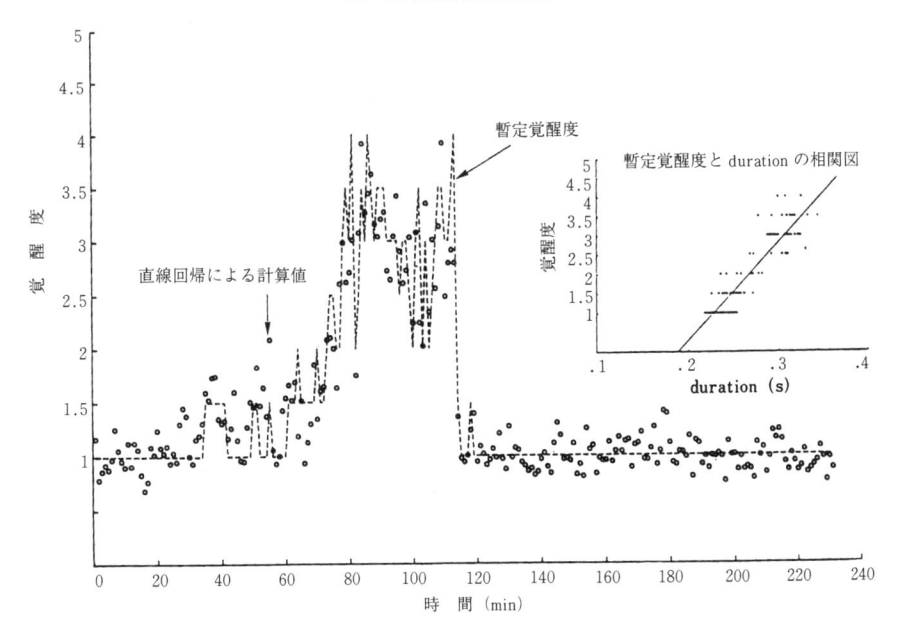

図6.14 暫定覚醒度とdurationの直線回帰による計算値（sub. KY）

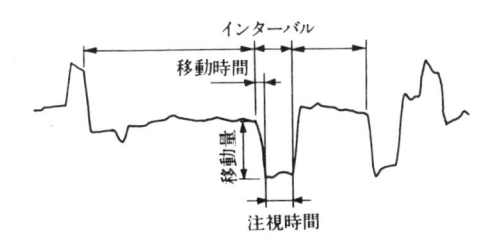

図6.15 飛越運動のEOG波形と各データの定義

次動作（あくび，座り直しなど運転とは直接関係のない動作），前方の視界のビデオ画像から，表6.7に示す基準に従って1〜5までの各指標の中間状態（1.5，2.5など）を含めて9段階で定量化する．

電極を用いずにまばたきを測定する方法として，COG（capacito-oculography）という計測装置を用いる方法[24]がある．図6.16に示すように，COGのシステムはゴーグルのプラスチックレンズ面に厚さ約

表6.7 暫定覚醒度の評価基準

指標	表情から観察される状態（運転能力の変化など）	副次動作の特徴	注視の様子	車両の挙動（蛇行の有無）
1	完全に目が醒めている（リラックスしており，運転能力，反応時間とも最良の状態）	運転と直接関係のない動作はほとんど見られない	頻度は多い（車線変更時以外にも適当な間隔で左右を確認している）	蛇行はない
2	やや眠気を催している	あくび，座り直し，顔や体をさわる動作が散発するようになる	車線変更と無関係な注視の頻度が減少	蛇行はない
3	明らかに眠いのがわかる（突発的なイベントに対し緊急回避動作の反応遅れが予想される）	副次動作の頻度が多い	車線変更する時以外は左右の確認をしなくなる	小レベルの蛇行が観察されるようになる
4	周期的に居眠りをしている	居眠り時は副次動作はなくなるが，一時的に覚醒度が回復したときに動作が集中	ほとんど正面しか見ていない	周期的に蛇行が認められる（時に車線をはみだすことがある）
5	ほとんど居眠りをしている（単独事故につながる直前の状態）	副次動作はほとんどない	視点が定まっていない	大レベルのものが続いており，車線をキープできていない

(a) 原理　　　　　　　　　　(b) 装置

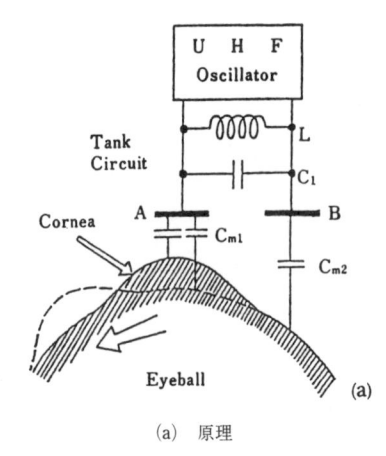

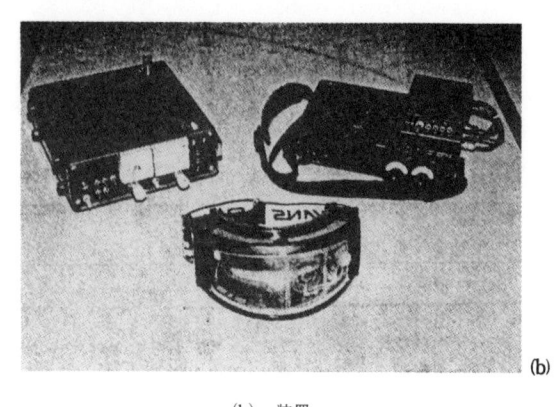

図 6.16　COG システム（ゴーグル，受信器，カセットデータレコーダ）[24]

0.01 μm の半透明の金属電極を接着し，この電極と眼球やまぶたなどの突出部分との距離変化による空間静電容量の変化によって，ゴーグルに組み込んだ UHF 発振器を周波数変調するものである[24]．COG により測定したまばたきの発生パターンは，次のような方法で解析される．発生間隔が1秒未満のまばたきが連続して3回以上発生した場合をまばたきの群発と定義し，単位時間内の群発回数（その群に含まれる間隔の数）を群発発生数とする．群発発生数の最大値を示す時点が，覚醒度低下の警戒状態である眠気状態に対応することを見出している．

また，カメラで顔を撮影し，画像認識により閉眼発生状態を把握する方法[18]もある．所定時間の閉眼信号回数の積算値が図 6.12 の覚度指標と相関があり，図 6.17 に示すように閉眼積算値による覚醒度判定基準と覚度指標との対応が見られることから，画像認識による覚醒度評価手法もまた，覚醒度低下状態の検出に有効な手法と考えられている．

まばたきによる覚醒度評価は脳波と同様に客観性が高く，電極を装着せずに測定することが可能であるため，運転者にとって煩わしくなく，車載装置として汎用性の高い指標である．

c．心拍による覚醒度評価

心拍数は，胸部3点に電極を貼付して心電位を導出することにより計測される．運転者が自動車に乗り込む前の活動状態から運転状態，覚醒度低下状態，居眠りに至る全過程における運転者の心拍数の絶対水準の時間変化を図 6.18 に示す．運転者の覚醒度は，心拍数絶対水準，およびビデオ画像による表情，操作状況などの観察により，「高覚醒状態」，「覚醒安定状

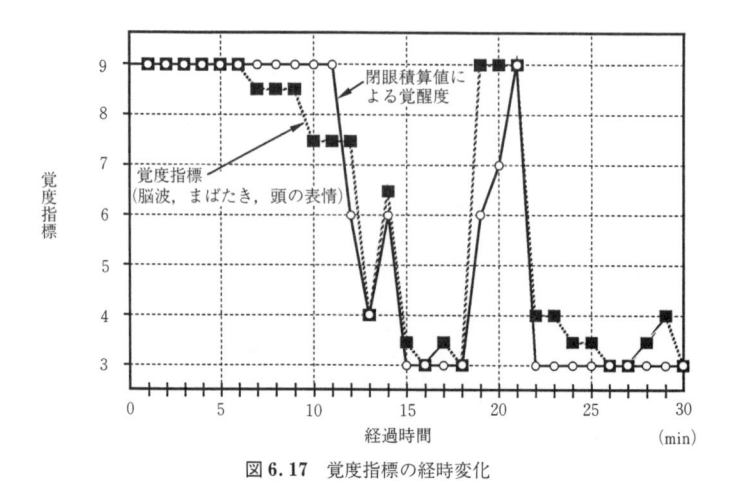

図 6.17　覚度指標の経時変化

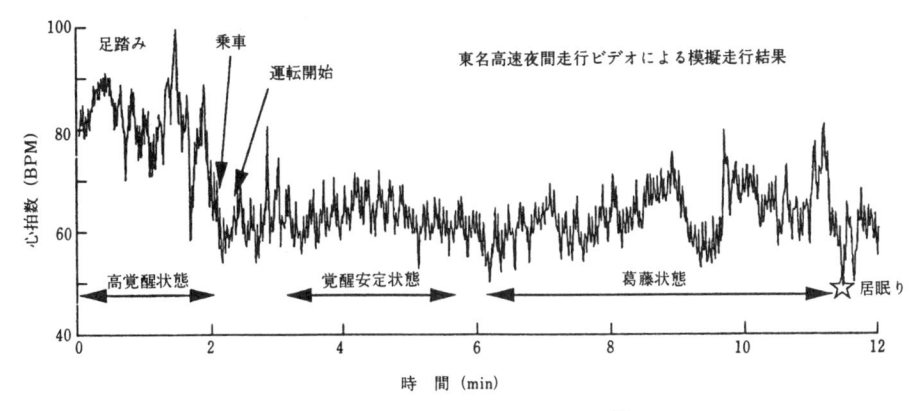

図6.18 典型的な心拍数絶対水準時歴[25]

態」，「葛藤状態」，「居眠り状態」に分類される[25]．「高覚醒状態」では足踏みで心拍数が高揚され，「覚醒安定状態」では着座による筋活動低下，運転への精神集中で心拍数の絶対水準および変動が低下する．「葛藤状態」では眠気を我慢するため，あくび，および体動により心拍数が大きく変動し，絶対水準の平均値が覚醒安定状態を上回る．「葛藤状態」において心拍数の絶対水準が「覚醒安定状態」より低い水準となると，「居眠り」が発生する．また，各覚醒状態について心拍数変動のパワースペクトラム解析を行ったところ，図6.19に示すようにp1, p2, p3, p4の4つのピークが認められる．p1は血圧調整成分，p2は精神活動，p3は呼吸成分，p4は運動成分と推定され，p2パワーの低下が居眠り状態の指標となりうると考えられている[25]．

心拍数の変動を心電位よりも簡便に計測できる方法として，脈波を測定する方法[26]がある．指先脈波のゆらぎは心電位R-R間隔より得られる瞬時心拍のゆらぎと同期し，図6.20のように覚醒度が高いときにはゆらぎが小さく，覚醒度が低下した状態では大きくなり，約0.02 Hz程度のゆらぎが顕著になる．さらに，ゆらぎの程度を定量化する方法として，図6.21に示すようなリターンマップが用いられる．まず，ある時間間隔でデータをサンプリングし，隣り合うデータをx座標，y座標として連続的にプロットする．ゆらぎが大きいとリターンマップの面積が広く，かつ密

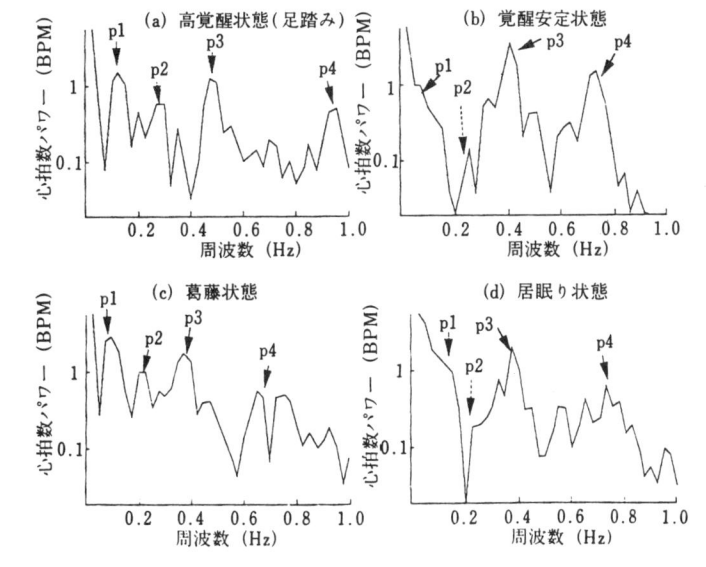

図6.19 各覚醒状態の心拍数変動パワースペクトラム[25]

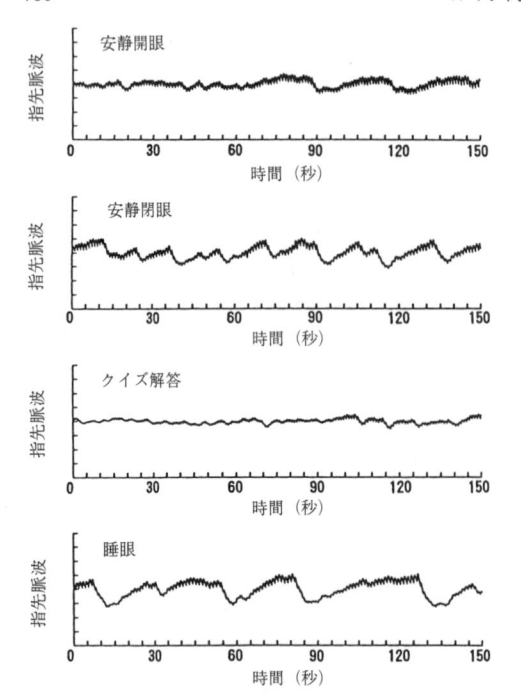

図 6.20 異なる覚醒度における指先脈波の時系列波形例

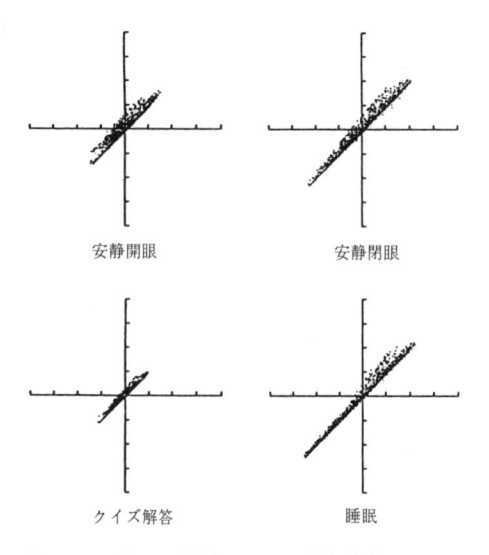

図 6.21 異なる覚醒度における指先脈波のリターンマップ例

度が粗となる．次にリターンマップの面密度（ある半径の領域内に存在する点の平均個数）と，モーメント（重心まわりのモーメント）を求め，基準となる覚醒状態の面密度とモーメントの値と，他の覚醒状態の値との比較を行う．覚醒度が低下すると，リターンマップの面密度が低下し，モーメントが増大することによ

り，指先脈波のゆらぎから覚醒度を推定することができると考えられている．

心拍数については，手掌部などから導出できるため，脳波，眼電位と比べると被験者への煩わしさが少ないといえる．しかし，心拍数の絶対水準に関しては個人差がきわめて大きく，心拍変動のゆらぎに関してはそのメカニズムが不明確であるため，さらなる検討が望まれる．

d．皮膚電位による覚醒度評価

手掌部から導出される皮膚電位活動の長期的な変動成分（DC～0.5 Hz 程度の低周波成分）である皮膚電位水準（SPL）もまた，覚醒度を反映することが知られている．

SPL は測定部位である手掌部と，基準部位である前腕部に電極を装着して導出する．運転中，または作業中の SPL を測定する際には，運転，作業に支障のないように手掌母指球部で測定してもよい．また，SPL を運転に支障のない簡便な方法で測定できる装置が開発され[16]，図 6.22 に示すように小型で軽量な腕時計タイプの装置を用い，身体に電極を貼り付けずに SPL を測定することもできる[16]．

測定部位と基準部位の両電極間の電位差は，覚醒時には約 50 mV の負電位を示すが，入眠とともに上昇し，睡眠時には 10～20 mV の負電位となる．SPL の変化は入眠時において顕著であり，入眠後の変化は少ないため，入眠の 1 つの指標と考えられている．

図 6.23 は反応作業を行わせたときの SPL の時間変化を示す[27]．ボタン押し反応の欠落，および大幅な遅延から居眠り状態と判定される時期は，SPL 曲線の底部に集中し，居眠り状態は SPL の下降と対応していることがわかる．

次に，覚醒状態から安静状態に至る SPL の相対変

図 6.22 腕時計タイプの覚醒度モニタ[16]

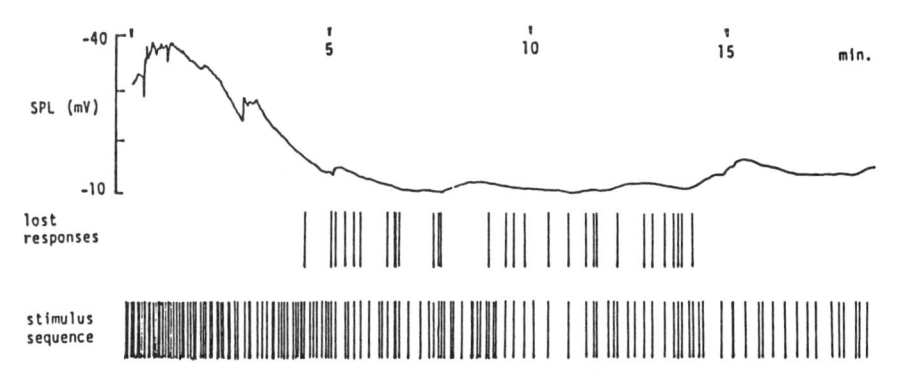

図 6.23 SPL と覚醒水準との関係[27]

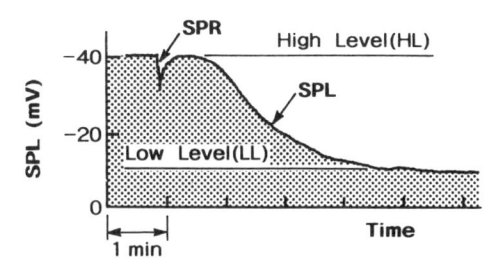

図 6.24 SPL の電位変化パターン

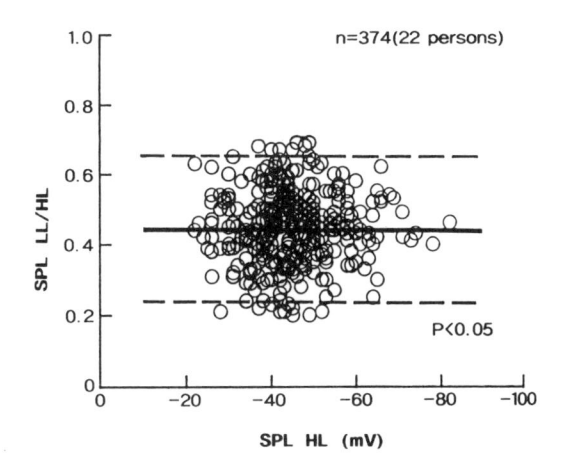

図 6.25 SPL LL/HL の分布

化を調べる方法[16]について説明する．図 6.24 のように，覚醒状態での高い SPL 値（HL：High Level）および安静状態での低い SPL 値（LL：Low Level）を抽出し，SPL-HL に対する SPL-LL の比 LL/HL を算出する．図 6.25 より，LL/HL は SPL-HL の値によらず 0.4 程度を中心に分布し，ある一定値（0.7）以下となることから，LL/HL を指標とすれば覚醒度低下時点を判定できる．

皮膚電位も心拍数と同様，簡便な方法で測定できる指標であるが，絶対水準に個人差が見られることや，長期的な変動をとらえることから，リアルタイムな覚醒度評価への適用に関し，課題が残されている．

[平松真知子]

6.4 感覚的知覚的計測解析技術

感覚的知覚的計測技術の理論的基礎の一つは，ウェーバー-フェヒナー（Weber-Fechner）の法則にある．これを前提にして，人間の感覚の世界と物理的計測値の世界との関係を科学的に解明すべく，精神物理学が，フェヒナー（1860）によって創設された．ウェーバー-フェヒナーの法則は，人間に対する外界からの物理的刺激を R とし，これによって生ずる感覚量を E とすれば，両者の関係として，

$$E = K \log R \tag{6.2}$$

の形で表されるものである．

これは諸感覚に共通な現象として認められているものである．精神物理的測定法は，人間に対する外界からの刺激の物理量と，これによって生ずる感覚量との関係を求めるものであり，感覚的知覚的計測における重要な方法である[28]．こうした計測技術によって計測される対象は視覚的刺激であったり，聴覚的刺激であったり，触覚的刺激であったりする．たとえば，視覚でわれわれが物を見るとき，実際のとおりにそのまま見えていると考えがちだが，実は見えている世界は外界そのものではない．われわれの視覚は主観的なもので，実際の対象の物理的・客観的性質を必ずしも正確に反映しない場合がある．その典型的な例がさまざ

まな錯視である．しかし，見えているものが実際の通りでないからといって，その違いはデタラメなまちがいとは限らない．ある条件でどんな人にも起こるまちがいなら，それは視覚系の特性に起因するシステマティックな違いかもしれないし，その違いはどこかで人の生活に有利に働いているものなのかもしれない．そこでまず，見え方を計量的に測定するための感度の指標を紹介する．

6.4.1 精神物理学的測定法

精神物理学的測定法により測定される定数は，刺激閾（絶対閾）や弁別閾などの閾に関する定数と，PSE (Point of Subjective Equality) すなわち主観的等価点または等価値および等価差異値，等比値，等比差異値などPSEに属する定数に大別できる．閾もPSEも感覚の変化に対応する刺激強度であり，感度の指標と考えられる．

a．閾値の測定

われわれが外界のものを見るとき，明るさや大きさなどの物理的な刺激強度は一般に大きいほど見やすく，あるということがはっきりわかる．一方，刺激強度があまり小さくなると，物理的にはゼロでなくてもわれわれには見えなくなる．また，2つの刺激の違いも，2つの刺激の強度差が大きければ違いがはっきりわかるが，あまり小さい差では2つのものが違うのかどうかわからなくなる．

視認性など見えるか見えないかの境目の最低の刺激強度を刺激閾または絶対閾，相違が気づかれるか気づかれないかの境目の刺激強度差を弁別閾または刺激間の相違がやっとわかる差異ということから丁度可知差異ともいう．刺激閾と弁別閾をあわせて閾といい，その測定値を閾値という．閾値が低いほど，感度は高い．かつては，閾は感覚量の連続体上でのある種の障壁のようなものと考えられていた．刺激強度が十分に大きければ閾を超えて感覚が生じ，人間は刺激の存在に気がつくが，刺激が弱すぎれば閾を超えず，感覚は生じない．閾値は感覚次元に対応して刺激連続体上で測定された閾の対応点と考えられた．

しかし，われわれはそのときどきの状況によって，同じ刺激であっても同じように見えるとは限らない．同じ強度の刺激が常に感覚連続体上の一点に対応するとは限らないのである．ある刺激を多数回提示したときに生じる感覚連続体上の分布は正規分布すると仮定

されている．閾付近では，刺激強度の増大にともなって分布の一部が閾を超える割合が増大する．われわれはその割合に応じて刺激の存在や変化に気づくのである．実際，ある刺激強度まで全く見えず，ある刺激強度に達すると急に100%見えるようになるといった不連続な変化をすることはほとんどない．したがって測定においては閾値は確率的に定義され，通常判断回数の50%において気づかれるような**刺激強度**と定義されることが多い．

b．PSEの測定

精神物理学的測定法で測定される別のタイプの定数として，PSEがある．閾が特定反応（たとえば視認）とその他の反応との転換点に対応する刺激強度である．PSEは2つの刺激が互いに等価と考えられるときの刺激強度であり，標準刺激を一定に保ち，比較刺激を変化させて標準刺激と主観的に等しく見えるときの刺激強度を測定する．

6.4.2 信号検出理論

従来「見えた」という反応は，その刺激により閾以上の感覚が生じたためと考えられ，無刺激の状態では閾を超える感覚は生じないはずと考えられていた．しかし実際に無刺激の場合も含めて実験すると，無刺激でも「見えた」という反応が生じることがある．閾値は，「見えた」という反応の生起率によって決定されるので，従来の方法では極端な場合，被験者が刺激とは無関係にいつも「見えた」と答えていたとしても感度がよいということになってしまい，被験者の反応の基準によって閾値が左右された．図6.26に示す信号検出理論では，感度の指標 d' と反応バイアス β を求め，感度の指標から非感覚的要因を分離する．この理

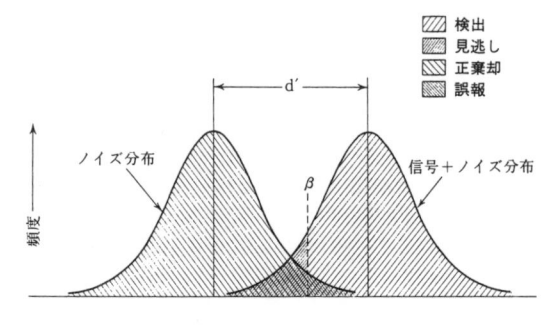

図6.26 信号検出のモデル

論では，無刺激の場合も何もないのではなく，ノイズがあると考える．刺激を提示した場合には，刺激に加えてノイズもあると考える．

6.4.3 マグニチュード推定法

マグニチュード推定法では閾上の刺激を用い，物理量に対応する心理量を直接被験者に推定させる．被験者は刺激の物理的特性に対して，どんな数でも主観的な印象に比例した数を割り当てるだけである．たとえば，この明るさは100で，別の明るさは25というように．マグニチュード推定法は簡便であり，適用範囲も広く有効な方法であるが，絶対ゼロ点の意味などについては異論もある．

6.4.4 測　定　法

視覚での測定法は多岐にわたり，閾値やPSEなどの定数を測定する精神物理学的測定法の他，各種の尺度構成法が用いられる．尺度構成法は，さまざまな心理的反応を数量化する方法で，たとえば，光の明暗，大きさ，奥行き，速度などの反応について行われる．尺度構成法は尺度の水準によって異なり，間隔尺度，比例尺度では弁別閾法，一対比較法などの間接構成法と，マグニチュード推定法などの直接構成法がある．ここでは精神物理学的測定法を中心に取り上げる．

a．調　整　法

調整法は歴史的には平均偏差法と呼ばれた方法で，PSEを測定するのに適した方法であるが，閾の測定にも用いられる．調整法の基本的な手続きは，被験者に標準刺激と比較しながら比較刺激を連続的に変化させて，予め決められた反応の転換点（たとえば，同じ大きさに見えるところ）の刺激強度を測定するというものである．被験者に直接反応の転換点を求めることが調整法の特色であり，「主観的に等しいと思われるよう比較刺激を調整する」などの教示が与えられる．比較刺激は，刺激強度が小さいものから大きいものへ変化する上昇系列と，大きいものから小さいものへ変化する下降系列の両方を用い，変化方向による系列の効果を統制するが，通常，反応の転換点付近での系列の逆行は許されている．

調整法は，比較的容易に実施でき，また短時間に多くのデータを得ることができる．その反面，測定における操作が被験者に任されているため，操作の透明性や再現可能性が不十分であり，被験者が意図的に測定値を左右することも可能である．また，被験者によっては反応の転換点を求めることが容易でない場合もあり，注意が必要である．

b．極　限　法

極限法は極小変化法とも呼ばれ，閾やPSEの測定に用いられるが，とくに閾値測定に適している．極限法では，比較刺激の系列は実験者によって予め一定の間隔に定められ，上昇系列と下降系列が用いられる．被験者の反応の種類は多くの場合2種類（二件法）または3種（三件法）に限られており，たとえば，「大きい」「小さい」または，「大きい」「不明」「小さい」などである．測定値は，反応が変化した前後の2つの刺激の中央値とする．極限法は，調整法よりは手間がかかるが比較的手続きが簡単で実施も容易である．また調整法と比較して操作の透明性や再現可能性の点で優れている．しかし，時間誤差，空間誤差，系列誤差など各種の恒常誤差が入る可能性が高く，また系列の打切り方や測定値の決め方にも問題がある．

c．上　下　法

上下法は極限法の変形と考えられ，本来火薬の爆発試験に用いられた方法である．上下法では，反応が変化した時点で刺激系列を今まで上昇なら下降，下降なら上昇に反転させ，1試行前の刺激に戻って再び反応を求める．このようにして系列を予め決められた回数反転させ，反応が変化した前後の刺激の中央値を測定値としてその平均を求める．この方法は少ない刺激提示で多くのデータが得られ効率的であるが，提示される刺激が常に求める閾やPSEの付近を上下することになるので被験者の負担が大きい．

d．恒　常　法

恒常法は恒常刺激法とも呼ばれ，閾やPSEの測定に幅広く用いられる．恒常法で提示される刺激は実験者によって予め一定間隔で数段階（通常4～7段階）に決められるが，提示順序がランダムである点が極限法と異なる．刺激はそれぞれ20～100回程度ずつ提示され，被験者は各刺激に対して所定の反応を行う．反応は反応変化点を中心としてばらつくと考えられるため，刺激ごとに反応の出現確率を求め，反応が50％になる点を反応変化点と考えて数学的方法によって推定する．恒常法は，被験者の予測の入る余地がないため，反応の任意抽出という点では最も優れており，系列誤差も避けられる．結果の処理方法も洗練されており適用範囲も広いが，反面，多大な時間と労力が必

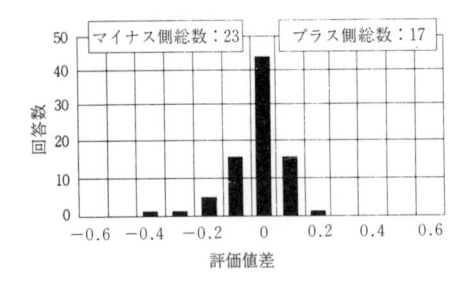

(a) タスク無の場合とタスク有の場合との誘目性の評価値差（前照灯消灯状態）

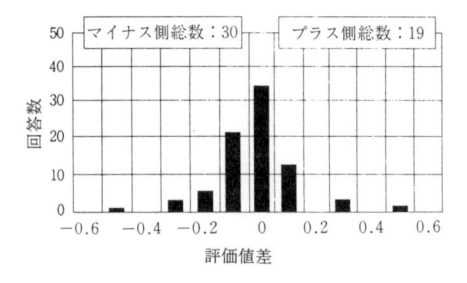

(b) タスク無の場合とタスク有の場合との誘目性の評価値差（すれ違いビーム点灯状態）

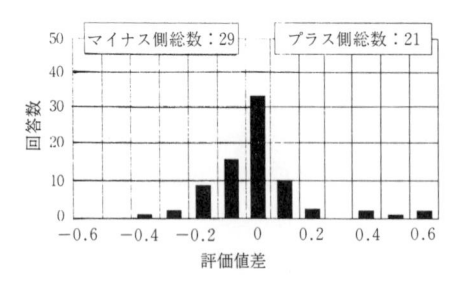

(c) タスク無の場合とタスク有の場合との誘目性の評価値差（すれ違いビームと補助灯点灯状態）

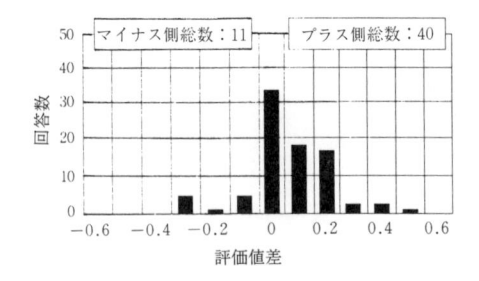

(d) タスク無の場合とタスク有の場合との誘目性の評価値差（走行ビーム点灯状態）

図 6.27　誘目性一対比較評価結果[30]

要で，変化しやすい不安定な事象の測定には向かないという欠点もある[29]．

6.4.5　一対比較法と視線計測

昼間時の二輪自動車の前照灯，補助灯の点灯が誘目性に与える効果を測定するために，乗用車と二輪自動車を並列に走行させどちらが目につきやすいかについて評価実験を行った例を紹介する．誘目性評価は一対比較による主観評価を観察者に暗算作業を行わせるという副次的なタスクを同時に課して，観察者の注意が対象に集中しないように設定した二重課題法による場合とタスクを負荷しない場合，アイカメラによる観察者の注視時間の測定という3種の測定を行っている．その結果は次の通りとなった．

① 二輪自動車の灯火各種点灯条件に関して，走行ビーム点灯状態が最も誘目性が高かった（図6.27）[30]．
② 二重課題法による副次的なタスクの影響は走行ビーム点灯状態のみで見られた（図6.27）．
③ アイカメラの注視時間と主観的な誘目性の評価

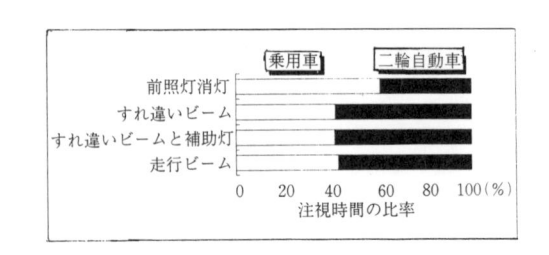

(a) 乗用車と二輪自動車との注視時間の比率（タスク無の場合）

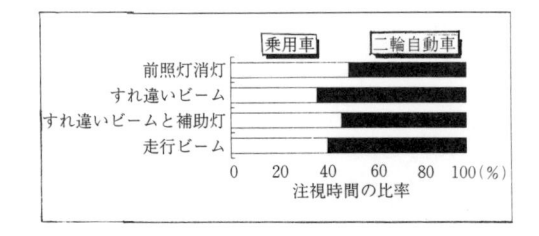

(b) 乗用車と二輪自動車との注視時間の比率（タスク有の場合）

図 6.28　アイカメラ注視時間による比較[30]

結果との関連は強くなかった（図6.28）[30]．

④ 副次的なタスクの有無が注視時間に及ぼす影響は少なかった（図6.28）．　　　　　　　　［柳瀬徹夫］

6.5　感性評価技術

今ほど消費者が種々の商品の購入に際して嗜好性を重視している時代はない．これまでは機能的により優れたもの，価格が安いものが商品の選択動機の中でメインの購買動機となってきた．しかし，商品を好きだから選んだという答えがもう無視できない比率をしめ，この嗜好性を含む心理反応を計測せざるを得なくなってきている．

官能検査は，人間の感覚の強さの検査であり，刺激強度を増せば，感覚の強さも増すが，同じ種類で強度だけを変化させた刺激のどれがどのくらいの感覚の強さかを調べるのが1型と呼ばれるものである．これは感覚的知覚的計測技術で述べた精神物理学的測定法などに対応する．一方好みなどの感性評価を含む操作性や快適性，高級感の官能検査の必要が叫ばれるようになってきた．これらは感性評価，官能検査2型と呼ばれている．では好みや快適性などはどのようにとらえたら良いのであろうか．快適性などでは次の例がある．物理量が大きくなるにつれて一般に増大し，頂点に達した後，減少するものである．この物理量をS，快適性をRと表すと，次式のように，2次式で表現できる．

$$R = aS^2 + bS + C \quad (6.3)$$

この式の実例が次の例である．上の式では，物理量がS1つであるが，この実験では2つ，温度xと湿度yである点が異なっている．快適性の程度をzとすると次の式のような結果が得られ，図6.29のようになった．

$$z = -0.3389(x-27.39)^2 - 0.02(y-53.71)^2 + 91.79 \quad (6.4)$$

この式から，温度が27.39℃，湿度が53.71%のときが快適となった．

快適性については車室内臭気低減の例もある．以下がその評価試験の例である．　　　　　　［柳瀬徹夫］

6.5.1　内装材料臭評価試験

内装材料の匂いは新しい車で強く匂うため，新車臭として好む人もいるが，基本的には悪臭であり，車酔いの一因ともされることから臭気の低減が必要である．ここでは，臭気低減のための内装材料評価試験法として官能評価と機器分析について紹介する．

a．官能評価

臭気成分の中にはごく微量でも強い匂いを放つものがあり，現在のところ人間の鼻が最も精度のよい分析器である．しかし，人間の判断は個人差やばらつきが大きいため，実験条件や判断基準の統制が必要となる．内装材料臭の官能評価方法には，実際に車に乗って評価する方法，匂いの呈示装置図6.30を用いて評価する方法などがあるが，ここでは匂い袋で評価する方法を紹介する．

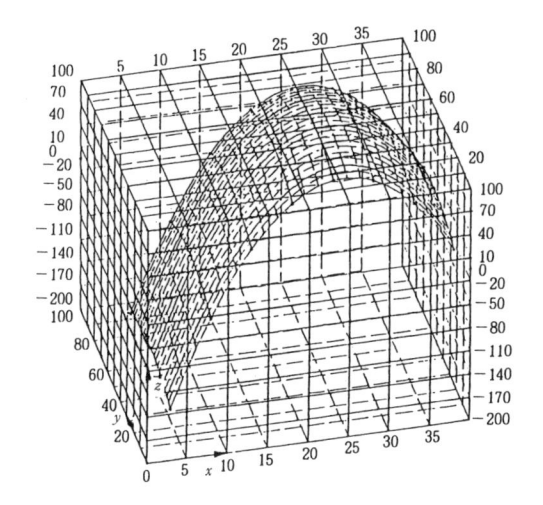

図6.29　快適度と環境温度，湿度の関係

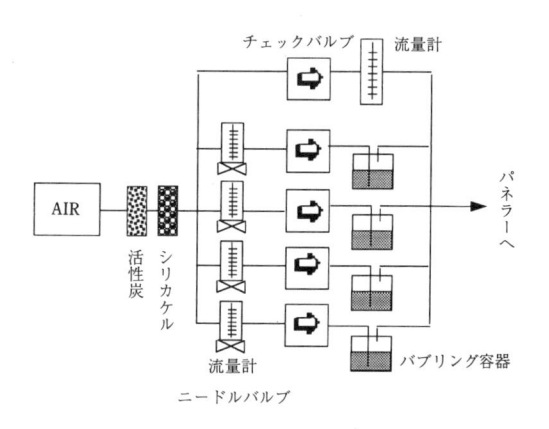

図6.30　匂い呈示装置

(i) 匂い袋による内装材料臭の評価

匂い袋は臭気評価用に作成された無臭の袋で，袋についているガラスの筒から匂いを評価する．サンプルを1種類ずつ匂い袋に入れ，活性炭を通した無臭の空気を同量ずつ充填した後しばらく室温に放置し，さらに中が見えないように無臭の黒袋をかぶせて評価を行う．

(ii) 評価の方法

匂いを評価する方法としては匂いプロフィール法やマグニチュード推定法，一対比較法，また従来から感覚を測定する方法として用いられているSD法 (semantic differential method) などさまざまな方法が考えられるが，快適性を表す用語や車両コンセプト用語を使って評価を行うことのできるSD法を用いることが多い（図 6.31）．しかし，匂いのSD法評価では一般的に判断の基準が作りにくいため，判断基準のしっかりしている専門家パネラーを被験者として選ぶか，判断基準を作らせるため予めサンプルを学習させるなどの処置が必要である．また，SD法を行う場合にはサンプルの数が尺度数より多いことが望ましく，最低でもパネラー×サンプルの数が尺度数より多いことが必要である．

(iii) パネラーの選定

匂いに対する個人差は非常に大きいため，判断のばらつきを最小限にするために評価が正確で安定しているパネラーを選ぶことは重要である．パネラーの選定にはいくつかの方法があるが，1つには，嗅覚測定用基準臭（オルファクトメータ）を用いる方法がある．オルファクトメータは0を正常嗅覚者の閾値濃度とし，10倍単位に8段階の濃度を設定したもので，5種類の基準臭をそれぞれどの程度の濃度から匂いを判定できたかでパネラーの嗅覚感度を検査することができる．また，SD法などで得られたデータを個人差多次元尺度法や三相因子分析で分析し，各軸にどの程度感度が良いかによってパネラーを選定することもできる．

また，嗅覚は温度や湿度，その日の体調などにも左右されるため，体調の悪い人はパネラーには選ばない，実験前には喫煙や飲食を慎んでもらう，厳密な実験であれば湿度が高く，気温も比較的高い梅雨の時期を避けるなどの注意が必要である[32]．

(iv) サンプル濃度の統制

匂い袋での実験では袋の中に一定量のサンプルを注入し，一定量の無臭空気を充填することで袋内の濃度の統制を行うが，サンプルの揮発状態などで濃度が変化することも考えられるため，濃度の統制が必要である．そこで，匂いセンサや検知管で測定を行う．匂いセンサはどんな匂いでも匂い強度を測定でき，汎用性がある．また検知管による測定は物理量（濃度）が測定できるため，サンプルが単体成分であり，成分が明らかな場合には有効な手段である．

(v) 評価の統計的分析

官能評価で得られるデータには大きく分けて ①名義尺度，②順序尺度，③間隔尺度，④比例尺度，の4つがある．名義尺度は数値の大小に意味のない尺度（性別，年齢など），順序尺度は数値の大小関係が保証されている尺度（好みの順番など），間隔尺度は大小関係に加え距離関係も保証され，加減が可能な尺度（温度，知能指数など），比例尺度は数値の大小関係，距離関係の他に比率関係も保証され，加減乗除が可能な尺度（身長，体重など）である．通常SD法では順序尺度，一対比較法では間隔尺度が得られる．

間隔尺度と比例尺度のデータに対しては因子分析や重回帰分析など，名義尺度と順序尺度については数量化Ⅰ～Ⅳ類が用いられるが，SD法で得られたデータについては間隔尺度を仮定して因子分析を行うことが多い[32]．

(vi) 官能評価の例

内装材料がどのように評価されているかSD法による官能検査を行った例を示す．

評価尺度 過去の臭気研究の事例や社内で臭気評価に使用している言葉などを選び，予備調査でサンプル間の分散が小さい言葉や似かよった言葉を削り，24対を設定した．

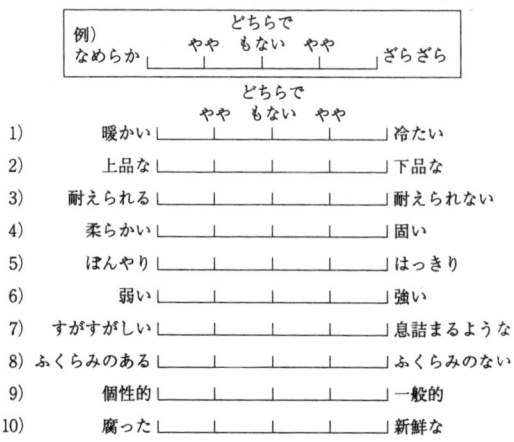

図 6.31 SD法の例

あなたは車室内の匂いを嗅いだときにどんな感じを受けましたか
自分が受けたイメージに一番近い部分に丸をつけて下さい．

| 例) なめらか | どちらで やや もない やや | ざらざら |

		どちらで やや もない やや	
1)	暖かい		冷たい
2)	上品な		下品な
3)	耐えられる		耐えられない
4)	柔らかい		固い
5)	ぼんやり		はっきり
6)	弱い		強い
7)	すがすがしい		息詰まるような
8)	ふくらみのある		ふくらみのない
9)	個性的		一般的
10)	腐った		新鮮な

6.5 感性評価技術

サンプル 内装材料12種類，車内によく見られる匂い3種類，サンプルの偏りを防ぐためにさまざまな特徴をもつ匂い9種類の24種類を用いた．

パネラー 20～40歳代の男女計80名

分析 SD法で得られたデータを因子分析した結果，24対の尺度は ①快適性，②強さ，③柔らかさ，の3つの因子に要約でき，内装材料の匂いは全体的に「不快」で「硬い」という評価を受けていることがわかった（図6.32）．また，内装材料の匂いの中ではウレタン臭は割合評価が良く，反対に天井芯材臭は最も不快とされた．

b. 機器分析

臭気の物理的分析には主にガスクロマトグラフ（GC：Gas Chromatograph）が用いられる．中でも官能検査と機器分析を結びつける嗅覚GCは臭気成分の特定に有効である．嗅覚GCは，GCのカラム出口で流路を二分し，一方をGCの検出器に接続，もう一方でパネラーが匂いを評価し，GCのピークに対応した匂いの質を明らかにする方法である（図6.33）．またGCで得られたピークを質量分析（CGで分離した

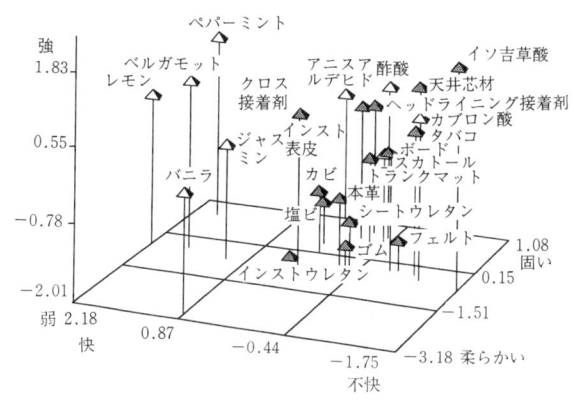

図6.32 匂い空間におけるサンプルの位置づけ（因子得点のプロット）

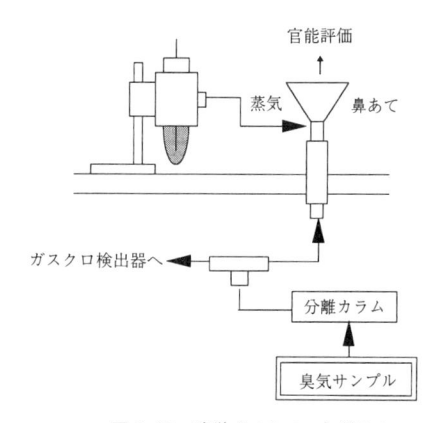

図6.33 嗅覚ガスクロマトグラフ

表6.8 内装材料臭の主要成分

内装材料	嗅覚GC匂い表現	化合物名
天井心材	糞尿臭	フェノール
	心材臭(1)	カプロラクタム
	甘い焦げ臭	トルエンジイソシアネート
	心材臭(2)	ピーク確認できず
	甘い匂い	ステアリン酸
	その他のピーク	メチレンジフェノール類（2.2, 4.4）
接着剤	接着剤臭	メチルエチルケトン
	その他のピーク	トリクロロエタン類（1.1.1, 1.1.2）
		エタノール，1.4 ジオキサン，トルエン
シートウレタン	ウレタン臭	ジプロピレングリコール類
		含窒素酸素化合物
	ステンレス臭	トルエンジイソシアネート
	アーモンド臭	ベンズイミダゾール-2-オン
		1.3 ジハイドロ-5-メチル
	石鹸臭	ヘキサデカメチルヘプタシロキサン
	その他のピーク	ブチルハイドロキシトルエン
		ジオクチルフタレート
		シオキサン化合物（シリコン系）
ドアトリム塩ビ	塩ビ臭	n-デカノール
	プラスチック臭	n-ドデカノール
	その他のピーク	n-トリデカノール，n-テトラデカノール
		n-ペンタデカノール
		ビスフェノールA，DOP

成分を電子衝撃でイオン化し，その開裂様式から化合物を推定する分析方法）し，匂い評価と対応させることによって臭成分と匂いの関連を特定することができる（表6.8）．

(i) 嗅覚GC分析の例 嗅覚GCにより内装材料の成分を分析した例を図6.34に示す．まず，エーテルで抽出したサンプルをGCの分離カラムに注入し，匂い嗅ぎ口で一つ一つのピークをどんな印象の匂いか評価していく．同じサンプルを質量分析器でも分析し，一つ一つのピークの成分を特定する．その後，ウレタンの匂いと評価されたピークと成分の特定された質量分析器のピークとを対応づけることによって，ウレタンの匂いの基となっている成分を明らかにすることができる．

c. 車室内の低臭気化対策

内装材料はそれ自体でも不快な匂いであり，また車内に香りを着けた場合に香りと混ざってより不快な匂いになるため，内装材料の低臭気化は重要である．そこで，内装材料臭評価で「不快」と評価された材料については対策が必要となる．低臭気化の手段としては① 材料もしくはその添加剤の変更 ②マスキングにより匂いが洩れないようにする ③ アニールにより予め臭物質量の低減をする，の3つがあり，効果とコスト変動の両面から効率の良い方法を選ぶことが必要である（表6.9）[30]．

d. 匂いの生理的評価

匂いの生理的評価は，生体の感覚受容メカニズムもまだ明らかになっておらず，嗅覚中枢が脳の深部に位置するため，他の感覚よりも立ち遅れているのが現状である．しかし，匂いの感覚野は五感の中で最も言語中枢と離れていることから，嗅覚を言葉に置き換えることが非常にむずかしいため，生理的な分野の研究の発達が期待されている．最近では，脳波や脳磁波を使った研究が行われるようになってきた．脳波では，脳の表象の電位変化から匂いを嗅ぐことによる感情の変化などを，脳磁波では，脳の磁場変化から深部の活性化状態などを測定することができる．

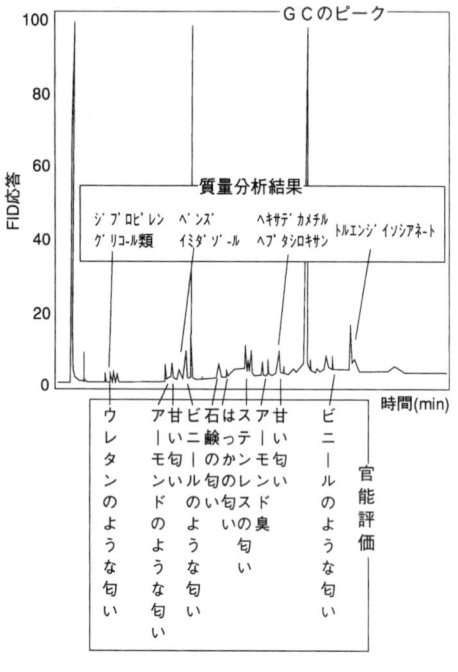

図6.34 GC分析例

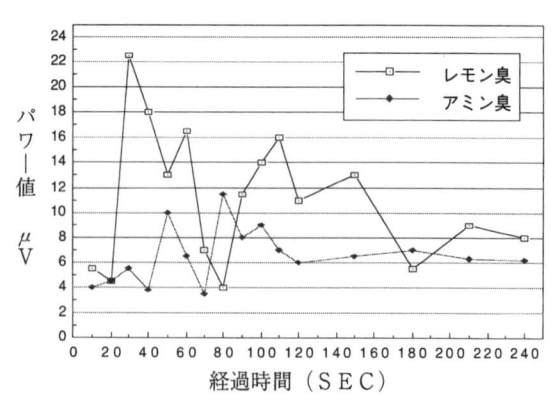

図6.35 α_1波パワー値の時系列変化

表6.9 低臭気化の手段[30]

部品名	臭気質	改善内容	改善前	改善後
座席用発泡ウレタン	アミン臭，ウレタン臭	アニール110℃×100分	3.9	2.0
天井用芯材	アミン臭，フェノール臭	基材裏面をPEフィルムでシール	3.0	2.8
ドアトリム芯材	木材臭，こげ臭	基材両面をPEフィルムでシール	2.4	2.2
フロアカーペット	フェノール臭	防振用フェルト→一部反応性に変更したアミン触媒	2.6	2.3
防振用注入ウレタン	アミン臭	触媒を非アミン系に変更	3.8	2.0
メルシートA	石油アスファルト臭	10ミクロン以上の塗装	2.0	1.5
メルシートB	溶剤臭（トルエン，キシレン）	乾燥工程で十分乾燥	2.0	1.5

図6.35 はトポグラフィ（脳波地図：頭に複数の電極を貼り付け，それぞれの電位変化を可視化したもの）で測定した結果である．図6.35より，快適な匂いであるレモンを呈示したときの方が，車の内装材の匂いを呈示したときよりも快適性と関連が強いとされるα波が多く出現していることがわかる．匂いの生理的な計測技術はまだ未成熟ではあるが，このように客観的な匂いの評価を得ることも官能検査とともに必要であろう．

[早野陽子]

6.5.2 感性評価法

車室内温度の快適性も車室内臭気の快適性も車室内環境に対してもつ人間の感情だと考えられる．ただし感情の中でも，身体運動や表情などが変化するような強い感情（情動または情緒）や，比較的長時間にわたる感情状態である気分（mood），喜び，悲しみ，怒り，怖れ，淋しさ，不安，といったレベルの個人の内部の体験としてとらえられるものでなく，感覚に付随する感情調（affective tone）ないし感覚的感情（sensory feeling）という形でとらえられるもの，言いかえれば人間の感情でも比較的表層の部分の感情だと考えられる．

こうした感情を測定するのは，こうした感情調や感覚的感情が人間の嗜好を形成し，感情や嗜好が人間の行動に影響を与えている媒介過程だからである（図6.36）．言いかえるとイメージの内容を知ることは快適性，美しさ感，高級感，といった感性評価の内容を知ることでもあるからである．そうしてこうした感情測定法（感性評価法）には自由連想法，選択法，評定法，SD法などの直接測定法や一対比較法や多次元尺度構成法（MDS法：Multiple Dimentional Structure Method）による間接測定法や感性構造を把握するためのインタビュー法などがある．ここでは直接測定法を中心にまとめる．

a．自由連想法

感性を測定する方法としては最も原始的な方法であり，「（モデルなどを見て）あなたはどのような言葉を想い浮かべますか？」というような質問をし，被験者に想い浮かぶ言葉をどんどんあげてもらう手法である．この手法により，その刺激がもつ「連想的意味」を知ることができる．連想的意味は辞書が定義する意味とは違って，決して固定したものではなく，個人の体験やマスコミの影響を受けて，常に流動する性質をもっている．こうしてとらえた連想的意味の内容を定性的に分析する以外に計量化する方法も考えられている．そのうちの1つとして，ノーブル（Noble）の「有意味インデックス」がある．この$\bar{m}$（meaningfulness 有意味性）は次のように定義される．

$$\bar{m} = \frac{\sum R}{N} \quad (6.5)$$

Rは一つの刺激に対し，一人の被験者が抽出した連想語数であり，Nは被験者数である．ノーブルの$\bar{m}$は，もちろん意味内容それ自体を直接インデックスするものではないが，ある特定のグループの中で，たとえば赤い室内とピンクの室内の有意性をそれぞれ決め，比較することを可能にする．赤い室内について連想される言葉が，ピンクの室内について連想される言葉がよりも多ければ多いほど，そして両者の$\bar{m}$と$\bar{m}$の差が大きければ大きいほど，2つの室内の「有意性」には差があることになる．ノーブルは，実験によってこの「有意性」と，「精通度」あるいは「親近性」（familiarity）との間には一貫した対応関係があることを見つけている．すなわち，有意性の高い対象はわれわれにより身近な対象であるということになる．

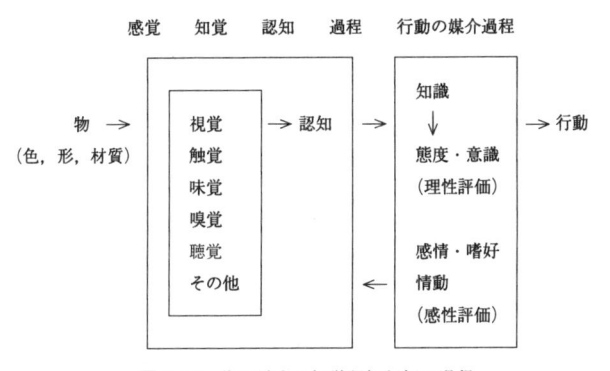

図6.36 物に対する知覚認知評価の過程

連想的意味の別の側面をインデックスする指標として，情報理論における情報量（H）の利用も行われている．ここではシャノン（Shannon）の情報インデックス（H）を求める方程式をオスグッド（Osgood）らが変形して，抽出された連想語の「一般性」を表すインデックスとして用いているので紹介する．

$$-H_i(j) = \frac{1}{N_T}(f_i \log_2 f_i - \sum f_{ij} \log_2 f_{ij}) \quad (6.6)$$

ここで，N_T：全刺激に対する反応総数，f_{ij}：ある1つの連想語がn個の刺激のひとつから抽出された頻度，f_i：ある一つの連想語がすべての刺激を通じて抽出された総頻度，である．

$H_i(j)$は，刺激（i）が与えられたときに個々の連想語（j）のもつ不確実性（uncertainly）を示し，与えられた刺激からその連想語が抽出される平均値的確率を示す．$H_i(j)$価の絶対値が高ければ高いほど，不確実性，あるいは予測性の欠如も大となる．

また全く別の側面からの計量化に多次元尺度構成法（MDS法）を使ったものもある．この方法は，各刺激間の全連想語数の中にどの程度共通連想語があったかの割合を心理的距離が近いか遠いかの測度とし，MDSを行うものである．

b．選択法，評定法

選択法は自由連想法の内容の自由さ，豊富さを犠牲にしても，できるだけ共通の側面について比較検討できるようなものをという要望により作られたもので，初めから数十の言葉や選択肢を選んでおき，その中からあてはまるものを選んでもらう方法である．形容詞を選んでもらうという，制限連想法として使われたり好きなものを選んでもらうという嗜好調査法として使われたりする．この方法は調査法がシンプルでわかりやすく，比較的短時間に実施可能なためフィールド調査によく使用される．評定法はいくつかの文章または単語（形容詞など）が，どれくらいぴったりするかという程度を，7段階や9段階などで評定してもらう方法である．図6.37の戸田などの嗜好尺度はこれにあたる．図6.38のスマイリー尺度もこの変形であるが，多民族国家で英語を話せない人も多いというアメリカならではの方法である．

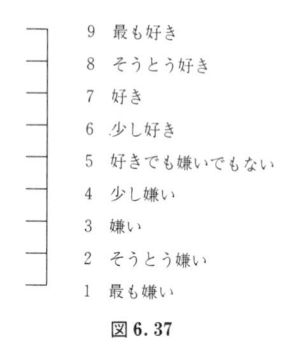

c．SD法

感性の測定において，基本的に求められることは，正確な記述とスムーズな伝達が可能でなくてはならない．したがって，感性測定に基本的に要請されるものは，次の3点にしぼって考えることが可能である．

(i) 客観的科学的測定 測定される感性は，その対象の全貌を示していなくてはならない．その全貌をとらえることが不可能であればその対象の何%かを，あるいはどの側面をとらえているかを知り得なければならない．

(ii) 数量的表示 確実に結果を伝達するためには，数量的表示によることが最も簡便なわけであって，感性測定の結果も量的な比較が可能でなくてはならない．2つの対象の感性評価結果を比較した場合にその差がどの程度であるかを一義的に示し得なくてはならないのである．

(iii) 効果的測定 調査の実施にあたっては無駄のないことが前提となる．類似の側面についての多項目の調査は効果が少ない．感性評価は，可能な限り多

```
9 最も好き
8 そうとう好き
7 好き
6 少し好き
5 好きでも嫌いでもない
4 少し嫌い
3 嫌い
2 そうとう嫌い
1 最も嫌い
```

図6.37

「この商品について，あなたの感じを最もよく表している顔の下の箱の中にチェックしてください」

図6.38　スマイリー尺度（コンチネンタル・カン社）

次元的であり，しかも独立でなくてはならない．2つの対象で感性評価を比較するにあたっても，ある種の側面のみについての比較では，目的は十分達成されない．こうした3つの要請を充足する方法としてオスグッドのSD法[1]がある．第一の要請に対しては，尺度値として各感性特性の数量化がなされ，第二の要請に対しては同様に数値による表示が可能である因子得点 D-Score が算出しうる．また第三の要請に対しては，意味空間を因子分析によって設定している．

(iv) 実施手順 SD法は，刺激尺度，被験者の3要素から成立する．感性測定にあたっては，まず何を対象とするか，何を測ろうとするかを明確にすることが第一に必要となる．その対象によって，次のスケールや被験者の選定法が異なってくる．測定対象が決定したら，次の段階は，その対象の全貌を最もよくとらえ，しかも効率のよいスケールを選定しなくてはならない．その方法としては2つある．すなわち，標準スケールの利用と個別スケールの作成である．

(v) 評定の実施 対象とスケールが決定すれば，次の段階は，いかなる被験者を用いて実施するかという問題が残されている．どのような被験者を用いるかは，主としてその対象の条件によって規定される．

(vi) スケールの数と評定段階 スケールの数は，主としてその調査サイズおよび目的によって決定される．飽戸が日本語版標準尺度の抽出を行った際も，オスグッドが英語について行った場合にも50のスケールを利用している．しかし多くの対象を評定する場合には，これはいささか多すぎるといえよう．

ある対象についての感性空間を因子分析によって規定するような場合にはできるだけ多面的なスケールを用いるようにしなければならない．しかし，対象の因子空間がある程度推測されている場合や，特定の感性側面を重視する場合は，これにこだわる必要はない．

評定段階は，3，5，7，9，11などの奇数段階を用いるわけであるが，通常は5ないし7件法が用いられている．

(vii) 結果の処理 得られたデータの基本的な資料は，度数分布である．この度数分布に基づいて，尺度値，標準偏差が算出される．尺度値が算出されれば，これは心理尺度（距離尺度）上の値であるから，自由に距離尺度に適用しうる統計的手法，各種相関分析法などを用いることができる．

d．心理物理尺度値と感性評価値の関係

SD法により，色彩に対する感性評価構造を検討した結果の多くは比較的一致しており，オスグッドと同様に，活動性，潜在性，評価性の三因子が抽出されているものがほとんどである．たとえば，1962年に行われた大山ら（表6.10）の因子分析結果と1984年に行われた中川ら（表6.11）の結果とは大変良く一致しており，色彩感性評価構造は時系列的変化に対してほとんど不変であることがわかる．こうした研究により最近では色の心理物理尺度から感性評価を予測することなども行われている[35]．色彩感性評価データに三相因子分析を適用し，得られた各色の因子別得点をもとに，スプライン関数を用いてマンセル表示系（色立体）の明度と彩度の平面上での回帰曲面を求め，色彩感性評価の評価性因子の等値軌跡が描ける（図6.39）．これによりあるマンセル明度と彩度の色に対する評価性尺度値を予測できることになる．またこの三相因子分析により，被験者個人の因子軸それぞれに

表6.10 単色SD法の因子分析結果

	FACTOR 1	FACTOR 2	FACTOR 3
LIKE	0.95821	0.01919	0.10618
DYNAMIC	0.28020	0.90085	-0.23400
GAY	0.64452	0.72629	0.20207
BEAUTY	0.92164	0.27989	0.12320
MERRY	0.61881	0.74209	-0.00312
NATURAL	0.82109	-0.26685	0.35779
WARM	-0.08704	0.83959	-0.01229
BRIGHT	0.63465	0.58178	0.47683
STABLE	0.21982	-0.74981	-0.34942
HARD	0.29036	0.50781	0.78869
HEAVY	0.50122	0.40808	0.74733
THICK	0.43922	-0.09999	0.87541
STRONG	0.08531	0.16901	-0.96778

表6.11 単色SD法の因子分析結果

	FACTOR 1	FACTOR 2	FACTOR 3
LIKE	0.82556	-0.05328	0.06978
BEAUTY	0.84909	-0.08865	0.18788
BRIGHT	0.57368	-0.27597	0.59085
WARM	-0.01442	-0.10051	0.76926
MERRY	0.56195	-0.10913	0.66176
GAY	0.52407	0.06698	0.62961
THICK	-0.10869	0.85869	0.14935
HEAVY	0.38436	-0.75418	0.17347
HARD	-0.03258	0.71726	-0.34308
STRONG	0.10081	0.84730	0.20094
CLEAR	0.80437	-0.06750	0.15399
DYNAMIC	-0.19944	-0.20918	-0.76408

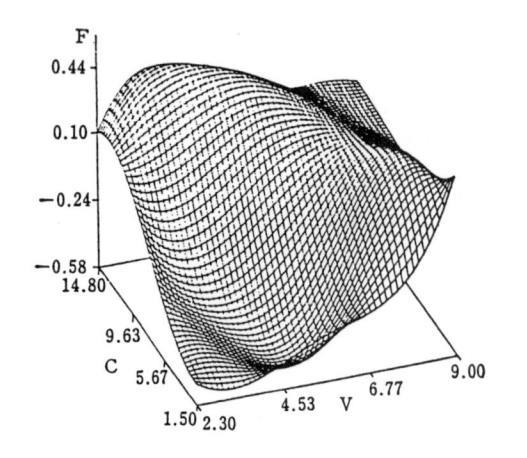

図 6.39 マンセル明度彩度平面上の色彩感情評価性因子等値軌跡

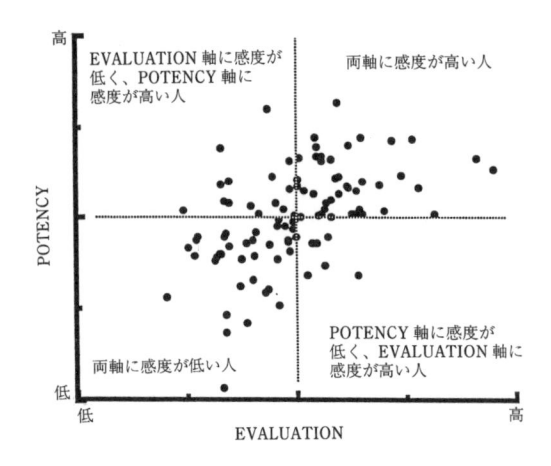

図 6.40 三相因子分析個人感度

対する感度も測定することが可能となった（図6.40）．色の感性的評価に対して全体的に感度の低い人と高い人はどういう割合であったのか，評価性の尺度に対してとくに感度の低い人はどの程度の割合いるのかなどの分析が可能となった． ［柳瀬徹夫］

参考文献

1) 日産自動車㈱：NEO-X 広報資料
2) 大型技術懇話会通商産業省生活産業局：人間生活工学検討委員会報告書 (1988)
3) 人間生活工学研究センター編：人体計測データベース構築に関する事業報告書 (1994)
4) JIS D 4607：自動車室内寸法測定用3次元座位人体模型 (1977)
5) SAE J 826
6) 山崎信寿：動作分析概論，総合リハ，Vol.10, No.2, p.225-230 (1982)
7) 戸井ほか：快適空間について，マツダ技報，No.2, p.4-13 (1984)
8) 北村ほか：乗用車の居住空間に関する一評価法，日産技報，No.9, p.15-23 (1974)
9) 伊藤英世：掴み手の動作機能解析，バイオメカニズム 3, 東京大学出版会，p.145-154 (1975)
10) 近西郁夫：炭素繊維のバイオメカニズムへの応用，バイオメカニズム学会誌，Vol.4, No.2, p.14-23 (1980)
11) 森本正治，土屋和夫：導電性ゴムを応用した関節角度計の試作，人間工学，No.20（特別号），p.252-253 (1984)
12) 前野郁尚ほか：伸張導電シートの生体計測への応用，第10回バイオメカニズムシンポジウム前刷集，p.271-280 (1987)
13) 永島淑行：自動車技術ハンドブック，3．試験・評価編，第9章，p.207-269 (1991)
14) Loughborough Univ. Research Institute for Consumer Ergonomics Report : METHODS FOR MONITORING DRIVERS STRESS
15) 世古恭俊ほか：覚醒度低下時の運転操作解析，自動車技術会学術講演会前刷集，No.841, p.69-74 (1984)
16) 児玉 悟ほか：皮膚電位を用いた覚醒度検出装置の開発，自動車技術会学術講演会前刷集，No.912, p.213-216 (1991)
17) 岸 篤秀ほか：ドライバの覚醒度評価手法について，自動車技術，Vol.46, No.9, p.17-22 (1992)
18) 金田雅之ほか：居眠り運転警報システムの開発，日産技報，No.34, p.85-91 (1993)
19) 道盛章弘ほか：ドライブによる覚醒度の変化とその回復方法，人間工学，No.27（特別号），p.208-209
20) 岸 篤秀：マツダ技報，Vol.10, p.206 (1992)
21) 柳島孝幸ほか：脳波などを用いた自動車運転者の覚醒度の評価法について，人間工学会第20回大会論文集，p.256-257 (1979)
22) 平松真知子ほか：香りが覚醒に及ぼす効果の研究，日産技報，No.33, p.57-63 (1993)
23) 山本恵一ほか：大型トラックの長時間運転時の覚醒度評価の検討，自動車技術，Vol.46, No.9, p.23-28 (1992)
24) 保坂良資：まばたき発生パターンを指標とした覚醒水準評価の一方法，人間工学，Vol.19, No.3, p.161-167 (1983)
25) 川上祥央：運転者の覚醒度低下，自動車技術，Vol.46, No.9, p.29-33 (1992)
26) 片山 硬ほか：覚醒度と脈波のゆらぎ，自動車研究，Vol.15, No.10, p.10-12 (1993)
27) 西村千秋ほか：いねむり運転防止システムの研究，IATSS 研究・研修助成報告集，Vol.3, p.67-72 (1982)
28) 大型技術懇話会通商産業省生活産業局：人間生活工学検討委員会報告書 (1988)
29) 高橋伸子：こころの測定法，見え方を測る，実務教育出版，p.24-45 (1994)
30) 森田和元，益子仁一，岡田竹雄，伊藤紳一郎：二輪自動車の誘目性等に及ぼす副次的タスクの影響，自動車技術会学術講演会前刷集，No.935 (1993.10)
31) 後 洋ほか：車室内匂いコントロール技術開発の現状と展望，自動車技術，Vol.45 (1991)
32) 増山英太郎，小林茂雄：センソリー・エバリュエーション (1989)
33) 斉藤幸子：臭気不快度の評価方法，昭和63年度製品科学研究所研究講演会 (1988)
34) C. E. Osgood, G. J. Saci and P. H. Tannenbaum : The measurement of meaning, Iniver. of Illinois Press (1957)
35) 中川正宣，富家 直，柳瀬徹夫：色彩感情空間の構成，色彩学会雑誌，Vol.8, No.3 (1984)

索　引

ア

IIR フィルタ　58
RPM (Rollover Prevention Metric)　112
アイドル振動　64, 87
アイドル騒音（車内音）　92
圧電素子形　55
圧力分布　160
アーム式振り子試験　127
安定性　95
安定性試験　107

イ

ECG（心電図）　175
EEG（脳波）　175
EGR 率の計測　45
EOG（眼球運動）　175
ERGODATA　169
EUROSID-1 ダミー　126, 130
位相ドップラ法（PDPA）　17, 20
1 次元正規化エネルギースペクトル E　6
一対比較法　68, 184, 186
イメージシフト法　7
インピンジャ　44

ウ

ウィグナー（Wigner）分布　59
ウィーブテスト　103
ウィーン（Wien）の式　34
ウェーバー-フェヒナー（Weber-Fechner）の法則　107, 181
ウェーブレット変換　59
うるささ　67

エ

ABS (Anti-lock Brake System)　102
AOM（音響光学素子）　9
FFT 法　4, 57
FID 法（水素炎イオン化法）　38
FIR フィルタ　120
FIR フィルタ処理　58
FTIR 法（フーリエ変換赤外吸収法）　38, 40
H1 補正　60
H2 補正　61
HIC (Head Injury Criteria)　121
LAFS（リニア空燃比センサ）　44
LDV（レーザドップラ流速計）　1
LDV 光学系　17
LIEF 法（レーザ誘起エキサイプレクス蛍光法）　25
LIF 法（レーザ誘起蛍光法）　22, 25, 34
LII 法（レーザ誘起赤熱法）　35
LIPF 法（前期解離蛍光法）　34
LISF 法（飽和蛍光法）　34
MAC (Mode Assuarance Criteria)　66, 82
MDS 法（多次元尺度構成法）　68, 189
MPI エンジン　47
MPSS 加振法　70, 79
NDIR 法（非分散型赤外線吸収法）　37
S トレース法　47
SD 法　68, 186, 190
SID ダミー　126
SIL (Speech Interference Level)　67
SOF（可溶性有機物質）　43
SPI エンジン　48
SPL（皮膚電位水準）　175
SPR (Side Pull Ratio)　111
SSF (Static Stability Factor)　111
エオリアントーン　149
エッジトーン　149
エンジンオイル消費率の計測　47
エンジン騒音　90
円旋回試験　103
煙線法　157
煙風洞　156

オ

OMA (Optical Multi-channel Analyser)　31
On-Center Handling　103
オイル法　157
オクターブバンド分析　58
オスグッド（Osgood）　190
オディエ（Odier）　108
音響インテンシティ計測法　63, 78, 93, 153
音響光学素子（AOM）　9
音響ホログラフィ計測法　63, 93
音源探査法　93
音質　68

カ

回転格子式 LDV　5
火炎断面　33
火炎発光　29
化学イオン化質量分析法　42
化学発光　29
化学発光法（CLD 法）　39
覚醒水準　174
覚醒度評価法　174
可視化画像処理　161
加振試験　84
加振入力波形　60
ガスクロマトグラフ（GC）　187
風切り音　149, 155
風漏れ音　148
画像処理　161
加速度　99
カテゴリ連続判断法　68
過渡応答試験　104
過渡分布　160
カーボンバランス法　44
かみ合い音　74
可溶性有機物質（SOF）　43
ガラ音　75
カルマンフィルタ　72
眼球運動（EOG）　175
感性評価（法）　185, 189
慣性モーメントの計測　95
官能検査　185
官能評価　68, 185
官能評価試験法　68

キ

希薄燃焼火炎　30
ギヤノイズ　91
キャビティトーン　149
吸音　80
嗅覚　186
嗅覚 GC　187
吸気騒音　76
境界層制御　138
胸部傷害指数　121
極限法　183
曲線適合　65
居住空間　171
寄与率計測法　93
気流糸　158
近距離音場音響ホログラフィ計測法　154
金属酸化物粉末粒子　1

ク

空気流の可視化　157
空気力　140
空燃比の計測　44
空力騒音の計測解析　64, 148
空力特性　137
クエンチングの計測　45
駆動系ねじり振動　74

索引

ケ
クローズドループ 98
形態変形の計測 172
ケプストラム 60
検出半角 18
減衰係数 17

コ
高圧噴射 20
光学式速度計 99
恒常刺激法 183
恒常法 183
合成加速度 121
校正信号発生装置 119
高速度ビデオ 12
行動計測 173
後方散乱式 3
後方散乱式 LDV 3
コヒーレンス法 64
こもり音 64, 74, 90
混合気の計測解析 20

サ
サージ 87
サスペンション 80, 95
三件法 183
3 次元 PTV 11
暫定覚醒度 176
サンプリング周波数 117
サンプリング法 42
散乱係数 17

シ
CARS 法 37
CFD (Computational Fluid Dynamics) 143-148, 150
CLD 法（化学発光法） 39
COG (capacito-oculography) 177
CSV (Critical Sliding Velocity) 112
CT 処理 18
CVS 法（定容量サンプリング法） 42
GC（ガスクロマトグラフ） 187
指圧解析 27
シェーク 70, 88
四塩化チタン法 23, 33
紫外・可視光2波長吸収・散乱光度法 18
時間-周波数分析 59
時間分解形蛍光法（TRLIF 法） 34
磁気圧法 38, 40
閾値 182
時刻相関法 163
システム同定法 65
視線計測 184
実車風洞 137
室内円旋回試験 109
室内走行試験 108
シーディング粒子 1
シミー 70
遮音 80
尺度構成法 183
しゃくり振動 87
車載計測システム 115
シャシダイナモ試験 69
シャシダイナモメータ 108
車室音響 80
車室外音場の計測 154
車室外騒音 92
車室内音場の計測 153
車室内騒音 79, 88, 152
車体シェーク 88
車体の振動騒音 78
シャドウグラフ法 22
車内音（アイドル騒音） 92
シャノン (Shannon) 190
車両応答 99
周期カウント法 4
重心高測定 95
周波数間隔分析 67
周波数分析 57
自由連想法 189
縮尺模型風洞試験 152
シュピント (Spindt) 44
シュリーレン撮影 22
乗員傷害値 115, 120
上下法 183
衝突用ダミー 123
ショック 87
シリコンオイル粒子散乱法 17
信号検出理論 182
身体運動の計測 170
心電図 (ECG) 175
振動計測器 56
振動騒音の計測解析 55
心拍 178
心理計測 173

ス
水槽試験 156
水素炎イオン化法 (FID 法) 38
水素気泡 159
吸出し音 148
水流の可視化 158
数値風洞 160
スカラ和法 64
スキャニング LDV 7
すす 34
スチーブンス (Stevens) 67
ステアリング 95
ステップ入力 105
スピーカ加振法 61
スモークワイヤ法 157

セ
静的負荷試験 134
静的ロールオーバ安定性指標 111
制動安定性試験 102
生理的計測 172
赤外吸収法 22

ソ
旋回制動 103
前期解離蛍光法 (LIPF 法) 34
選択法 190
前方散乱式 3
前方散乱式 LDV 3
前面衝突ダミー 123, 133
染料 159

ソ
騒音計測器 56
走行軌跡 99
走行騒音 89
操縦性 95
操舵応答性試験 103
速度ベクトル 160
側面衝突ダミー 126, 133
ソックスレー抽出法 44
ソーン値 67

タ
タイヤ 81
タイヤ特性 97
タイヤノイズ 91
ダイリューショントンネル 43
多孔質粒子 1
多次元尺度構成法 (MDS 法) 68, 189
多点ランダム加振 70
タフト法 158
ダミー 115
単一正弦波入力 104

チ
着座姿勢 171
着火前反応 32
注意水準の計測 174
中空粒子 1
超指向性収音装置 155
調整法 183
直進安定性試験 100
直接法 42

ツ
ツヴィッカー (Zwicker) 67
通風性能試験 144
通風抵抗の計測 146

テ
DFT (Discrete Fourier Transform) 57
DSP (Digital Signal Processor) 28, 57
TEOM 法 44
TMPD (N,N,N',N'-tetramethyl-p-phenylenediamine) 25
TRLIF 法（時間分解形蛍光法） 34
TTI (Thoracic Trauma Index) 121
TTR (Till Table Ratio) 111
抵抗線ひずみ形 55
ディジタルフィルタ処理 120
ディスクブレーキ 84

定比分析 58
定幅分析 58
定容量サンプリング法（CVS法） 42
テイラー（Taylor）の仮説 6
テストコース 98
手放し安定性試験 107
伝達関数合成法 66, 81
伝達特性計測 102
天秤 139

ト

透過型光学系 17
透過光減衰法 17
筒内噴射 15
頭部落下試験 127
突起乗り越し 86
ドップラ周波数 2
ドップラバースト信号 17
トラッキング分析 58, 72
トラバース計測 3
ドラム台上試験 80
ドラムブレーキ 84
トリップロールオーバ安定性指標 112
トレーサ粒子 7

ナ

内装材料臭評価試験 185
流れの計測解析 1
流れ場の計測 155

ニ

匂い 186
匂いプロフィール法 186
二件法 183
2次凝集粒子 1
2色法 34
2点同時LDV 7
人間工学 167
人間の形態的特性計測解析 167
人間の動態的特性計測解析 170

ネ

熱線風速計 141
燃焼の計測解析 27
燃料噴霧 14
燃料輸送の計測 47

ノ

脳波（EEG） 175
ノッキングの計測 46
ノーブル（Noble） 189
ノーマルモード加振法 70
乗り心地 85
乗り心地計測 84

ハ

排気ガスの計測解析 37
排気騒音 77
排気流量の計測 46

背景光撮影法 15, 23
ハイブリットIIダミー 123, 128
ハイブリットIIIダミー 123, 129
ハーシュネス 80, 85
バタワース型ディジタルフィルタ 120
パティキュレートの計測 43
バリトウ（Baritaud） 26
バルクフローの計測 4
パルス失陥法 103
パルス入力 105
ハンドリングロールオーバ試験 112
ハンドル角の計測 100

ヒ

PAS法 44
PDPA（位相ドップラ法） 17, 20
PIV（Particle Image Velocimetry） 7, 23
PLIF法 34
PM（Particulate Matter） 43
PSE（Point of Subjective Equality） 182
PTV（Particle Tracking Velocimetry） 7, 9
ピトー管 141
火花点火エンジン 27
皮膚電位水準（SPL） 175
非分散型赤外線吸収法（NDIR法） 37
評定法 190
ヒルベルト変換 60

フ

VC（Viacous Crierion） 121
フィルタ処理 117
風洞 137
風洞暗騒音 151
副室付ディーゼルエンジン 28
部分構造合成法 66
フラウンホーファ回折法 17
ブラッコ（Bracco） 33
フラッタ 149
フラットベルト式試験装置 108
フーリエ変換 57
フーリエ変換赤外吸収法（FTIR法） 38, 40
振り子衝撃試験 130
ブレーキ 83
ブレーキジャダ 84
ブレーキ鳴き 83
プレサンプリングフィルタ処理 117
フレッチャー（Fletcher） 67
ブレード押付け力 147
粉末 158
噴霧の計測解析 14

ヘ

ベクトル合成法 64
ページ（Page）の方法 59
偏向性試験 100
変速ショック 88

ホ

包絡線分析 59, 67
飽和蛍光法（LISF法） 34
ホッテル（Hottel） 34
ポリグラフ 175
ホール（Hall） 44
ホールトーン 149
ホログラフィ法 17
ホワイトカーボン 1

マ

マイクロスフェア 1
マイクロバルーン 1
マイスター（Meister） 66
マグニチュード推定法 183, 186
まばたき 178

ミ

ミー（Mie）の理論 17

ム

ムービングベルト装置 139

メ

メルトン（Melton） 25

モ

模型風洞 138
モーダルパラメータ 65

ヨ

横風安定性試験 101
横ずれ量計測 101
汚れ付着試験 143
ヨハンソン（Johansson） 26
ヨーモーメント 110

ラ

ライトヒルとカール（Lighthill-Curle）の理論 155
落下式衝撃試験 133
ラドワン（Radwan） 119
ラマン散乱法 22
ランダム入力 104
ランバート-ベール（Lambert-Beer）の法則 17
ランブリングノイズ 73

リ

リアクツェク（Rihaczec）の方法 59
リターンマップ 179
リニア空燃比センサ（LAFS） 44
粒子 159
粒子座標 13
流跡線 160
流速計測 2

レ

レイリー散乱法 22, 24

レーザシート　9, 11
レーザシート法　1, 7, 15
レーザドップラ振動計　56
レーザドップラ振動計測　63
レーザドップラ流速計（LDV）　1
レーザホモダイン法　7
レーザホログラフィ　56
レーザホログラフィ振動計測法　61
レーザ誘起エキサイプレクス蛍光法
　　（LIEF法）　25
レーザ誘起蛍光法（LIF法）　22, 25, 34
レーザ誘起赤熱法（LII法）　35
レーザ流速計　142
レジデュー値　71
レビン（Levin）の方法　59
連続正弦波入力　105

ロ

ロードノイズ　64, 80, 85, 91

路面外乱安定性試験　100
路面形状計測方法　86
路面摩擦　98
ロールオーバ試験　111
ローレンツ（Lawrenz）　26

ワ

ワイパ浮上りの計測　146
ワインドアップ振動　88

自動車技術シリーズ7
自動車の計測解析技術（普及版）　　　定価はカバーに表示

1998年4月15日	初　版第1刷
2005年3月10日	第2刷
2008年8月20日	普及版第1刷

編　集　（社）自動車技術会
発行者　朝　倉　邦　造
発行所　株式会社　朝　倉　書　店
　　　　東京都新宿区新小川町6-29
　　　　郵便番号　162-8707
　　　　電　話　03(3260)0141
　　　　ＦＡＸ　03(3260)0180
　　　　http://www.asakura.co.jp

〈検印省略〉

ⓒ1998〈無断複写・転載を禁ず〉　　ショウワドウ・イープレス・渡辺製本

ISBN 978-4-254-23777-1　C 3353　　　　Printed in Japan

元農工大 樋口健治著

自動車技術史の事典

23085-7 C3553　　B 5 判 528頁 本体22000円

著者の長年にわたる研究成果を集大成して，自動車の歴史を主にエンジン開発史の視点から，豊富な図表データとともに詳説した。付録には，名車解説，著名人解説，自動車博物館リスト，著名なクラシック・カーのスペック一覧表なども収録。〔内容〕自動車とは何か／自動車の開発前史／自動車時代の到来／エンジン／特殊エンジン／車種別のエンジン技術／日本車のエンジン／エンジン研究の歴史／パワートレーン／フレームとシャシ／ボディと内外装備品／走行性能研究の歴史／他

前東大 大橋秀雄・横国大 黒川淳一他編

流体機械ハンドブック

23086-4 C3053　　B 5 判 792頁 本体38000円

最新の知識と情報を網羅した集大成。ユーザの立場に立った実用的な記述に最重点を置いた。また基礎を重視して原理・現象の理解を図った〔内容〕【基礎】用途と役割／流体のエネルギー変換／変換要素／性能／特異現象／流体の性質／【機器】ポンプ／ハイドロ・ポンプタービン／圧縮機・送風機／真空ポンプ／蒸気・ガス・風力タービン／【運転・管理】振動／騒音／運転制御と自動化／腐食・摩耗／軸受・軸封装置／省エネ・性能向上技術／信頼性向上技術・異常診断［付録：規格・法規］

中原一郎・渋谷寿一・土田栄一郎・笠野英秋・
辻 知章・井上裕嗣著

弾性学ハンドブック

23096-3 C3053　　B 5 判 644頁 本体29000円

材料に働く力と応力の関係を知る手法が材料力学であり，弾性学である。本書は，弾性理論とそれに基づく応力解析の手法を集大成した，必備のハンドブック。難解な数式表現を避けて平易に説明し，豊富で具体的な解析例を収載しているので，現場技術者にも最適である。〔内容〕弾性学の歴史／基礎理論／2次元弾性理論／一様断面棒のねじり／一様断面ばりの曲げ／平板の曲げ／3次元弾性理論／弾性接触論／熱応力／動弾性理論／ひずみエネルギー／異方性弾性論／付録：公式集／他

早大 山川 宏編

最適設計ハンドブック
――基礎・戦略・応用――

20110-9 C3050　　B 5 判 520頁 本体26000円

工学的な設計問題に対し，どの手法をどのように利用すれば良いのか，最適設計を利用することによりどのような効果が期待できるのか，といった観点から体系的かつ実際的な応用例を挙げて解説。〔内容〕基礎編（最適化の概念，最適設計問題の意味と種類，最適化手法，最適化テスト問題）／戦略編（概念的な戦略，モデリングにおける戦略，利用上の戦略）／応用編（材料，構造，動的問題，最適制御，配置，施工・生産，スケジューリング，ネットワーク・交通，都市計画，環境）

産業技術総合研究所人間福祉医工学研究部門編

人間計測ハンドブック

20107-9 C3050　　B 5 判 928頁 本体36000円

基本的な人間計測・分析法を体系的に平易に解説するとともに，それらの計測法・分析法が製品や環境の評価・設計においてどのように活用されているか具体的な事例を通しながら解説した実践的なハンドブック。〔内容〕基礎編（形態・動態，生理，心理，行動，タスクパフォーマンスの各計測，実験計画とデータ解析，人間計測データベース）／応用編（形態・動態適合性，疲労・覚醒度・ストレス，使いやすさ・わかりやすさ，快適性，健康・安全性，生活行動レベルの各評価）

東工大 伊藤謙治・阪大 桑野園子・早大 小松原明哲編

人間工学ハンドブック

20113-0 C3050　　B 5 判 860頁 本体34000円

"より豊かな生活のために"をキャッチフレーズに，人間工学の扱う幅広い情報を1冊にまとめた使えるハンドブック。著名な外国人研究者10数名の執筆協力も得た国際的な企画。〔内容〕人間工学概論／人間特性・行動の理解／人間工学応用の考え方とアプローチ／人間工学応用の方法論・技法と支援技術／人間データの獲得・解析／マン-マシン・インタフェース構築の応用技術／マン-マシン・システム構築への応用／作業・組織設計への応用／環境設計・生活設計への「人間工学」的応用

上記価格（税別）は 2008 年 7 月現在